数学竞赛中奇妙的多项式

Awesome Polynomials for Mathematics Competitions

[美]蒂图·安德雷斯库(Titu Andreescu)
[美]纳维德·萨法伊(Navid Safaei) 著
[美]亚历山德罗·文图洛(Alessandro Ventullo)

罗 炜 译

哈爾濱工業大學出版社
HARBIN INSTITUTE OF TECHNOLOGY PRESS

黑版贸登字 08-2022-066 号

内容简介

本书从多个角度阐明了多项式有关的重要的理论事实并展示了相关的应用. 本书共包含 8 章, 252 个示例, 104 道详细解答的习题, 以及 77 个附加的有趣问题.

本书适合高等院校师生和对多项式内容感兴趣的读者阅读收藏.

图书在版编目(CIP)数据

数学竞赛中奇妙的多项式/(美)蒂图·安德雷斯库
(Titu Andreescu),(美)纳维德·萨法伊
(Navid Safaei),(美)亚历山德罗·文图洛
(Alessandro Ventullo)著;罗炜译. —哈尔滨:哈
尔滨工业大学出版社,2024.1(2024.9 重印)
书名原文:Awesome Polynomials for Mathematics
Competitions
ISBN 978-7-5767-1162-2

Ⅰ.①数… Ⅱ.①蒂… ②纳… ③亚… ④罗… Ⅲ.
①不等式 Ⅳ.①O178

中国国家版本馆 CIP 数据核字(2024)第 010887 号

SHUXUE JINGSAI ZHONG QIMIAO DE DUOXIANGSHI

策划编辑	刘培杰 张永芹	
责任编辑	聂兆慈	
封面设计	孙茵艾	
出版发行	哈尔滨工业大学出版社	
社 址	哈尔滨市南岗区复华四道街 10 号 邮编 150006	
传 真	0451-86414749	
网 址	http://hitpress. hit. edu. cn	
印 刷	哈尔滨市颉升高印刷有限公司	
开 本	787 mm×1 092 mm 1/16 印张 27.25 字数 498 千字	
版 次	2024 年 1 月第 1 版 2024 年 9 月第 2 次印刷	
书 号	ISBN 978-7-5767-1162-2	
定 价	78.00 元	

(如因印装质量问题影响阅读,我社负责调换)

美国著名奥数教练蒂图·安德雷斯库

序　言

在《117 个多项式问题：来自 Awesome Math 夏季课程》受到读者广泛欢迎之后，我们决定出版第二本关于多项式的书．现代数学竞赛的格局不断演变，使得参赛者比以往任何时候都能够接触到更多的多项式．最近，几乎所有的高级别数学竞赛都至少有一个关于多项式的问题．尽管这个专题的重要性越来越强，但是只有很少的习题书是专门针对它的．因此，多项式所包含的"浩瀚宇宙"应该得到更加彻底的探索．

在本书中，我们从多个角度阐明了这个主题，给出了重要的理论事实，展示了相关的应用．本书共 8 章，包含了 252 个示例，104 道习题及详细解答，还附加了 77 个有趣的问题，进一步加强了本书主题的阐述．在前 7 章，为了帮助读者熟悉和掌握概念，强调了几个策略和重要的引理．

第 1 章介绍了反射多项式及其相关应用．

第 2 章回顾了复数，展示了与复数密切相关的多项式问题．

第 3 章着重介绍了寻找未知多项式的基本思想．

第 4 章给出了两个"唯一性引理"及其深刻的含义．我们扩展这些引理的主要目的是减少求解一大类多项式方程的困难．解决此类问题的传统方法与使用唯一性引理的方法之间有明显的差异．从教学经验中看，我们发现这两个引理对学生的帮助很大．

第 5 章研究了通过渐近性态刻画多项式的根的相关方法，这些应用超出了量化多项式的范围．

第 6 章深入研究了拉格朗日插值公式并提出了几个有趣的问题．

第 7 章通过相关例子阐明了牛顿公式，及其在代数和数论中的应用．

最后，为了巩固前 7 章的学习成果，我们在第 8 章提出了 77 个附加题．

本书的内容是代数思想与教学经验相结合的结果．必须牢记，概念化、抽象的逻辑思维能力是通过专注地思考富有洞察力、扩展性强、可实际操作的题目得到的．我们希望读者能彻底内化每一章的内容．

必须指出，Richard Stong 为本书提供了丰富的想法和有见地的建议，如果没有他的杰出工作，这本书就不会是现在的样子. 我们也感谢 Peter Boyvalenkov，Alexander Khrabrov，Fedor Petrov，Bayasagalan Banzarach 和 Yan Loi Wong 的帮助.

蒂图·安德雷斯库　　纳维德·萨法伊　　亚历山德罗·文图洛

目 录

第 1 章 $x^d P \left(\dfrac{1}{x} \right)$ 形式的多项式　　　　1

1.1 基本性质 1

1.2 多项式系数的平方和 2

1.3 $x^d P \left(\dfrac{1}{x} \right)$ 的根 4

1.4 自反多项式 7

1.5 杂题 13

1.6 习题 17

第 2 章 复数和多项式 (I)　　　　20

2.1 不是实数的数 20

2.2 复数的基本性质 20

2.3 共轭的应用 22

2.4 复数性质的应用 24

　　2.4.1 复数的三角形式 27

2.5 单位根 33

2.6 多项式的复根 36

2.7 根的复数性质的应用 45

2.8 根的三角表示 47

2.9 多项式和三角不等式 51

　　2.9.1 三角不等式的某些方面 51

　　2.9.2 多项式与三角不等式 53

　　2.9.3 一个有用的引理 58

2.10 一个有用的恒等式 59

2.11 通过复根定义多项式 62

2.12 杂题 68

2.13 习题 70

第 3 章　多项式函数方程 (I) 　　　　　　　　　　　　　　74

3.1 基本性质 74

3.2 两个多项式何时恒等? 76

3.3 比较系数 80

    3.3.1 改写技巧 83

3.4 对无穷多值成立的方程 91

3.5 多项式周期函数是常数 94

3.6 多项式 $P(x+1) - P(x)$ 98

3.7 最大公约式和整除性 105

3.8 多项式的奇偶性 109

    3.8.1 用 $-x$ 替换 x 109

    3.8.2 进一步的技巧 111

3.9 定义新多项式 113

    3.9.1 利用对称性 116

3.10 杂题 119

3.11 习题 123

第 4 章　多项式函数方程 (II): 唯一性引理 　　　　　　　127

4.1 第一唯一性引理 127

4.2 第二唯一性引理: 归纳和唯一性 134

4.3 习题 148

第 5 章　多项式函数方程 (III): 利用根 　　　　　　　　150

5.1 基本事实 150

5.2 构造根的无穷序列 154

5.3 比较两边多项式的所有根 160

5.4 $P(Q(x))$ 型的式子 162

    5.4.1 一些基本性质 162

    5.4.2 $P(Q(x))$ 和 $P(x)$ 的根 164

5.5 渐近性引理 167

5.6 杂题 175

5.7 习题 179

第 6 章 拉格朗日插值公式　　**181**

  6.1　插值公式 181

  6.2　构造恒等式 186

  6.3　比较首项系数 188

  6.4　一个有用的特殊情形 197

  6.5　存在性和唯一性证明 203

  6.6　$\binom{x}{d}$ 的新奇理解 208

  6.7　习题 214

第 7 章 牛顿恒等式　　**216**

  7.1　牛顿恒等式的两种形式 216

  7.2　牛顿恒等式和数论:简单题 227

  7.3　牛顿恒等式和多项式 230

  7.4　牛顿恒等式和数论:提高题 236

  7.5　习题 239

第 8 章 附加题　　**242**

习题解答　　**253**

  第 1 章　$x^d P\left(\frac{1}{x}\right)$ 形式的多项式 253

  第 2 章　复数和多项式 (I) 264

  第 3 章　多项式函数方程 (I) 284

  第 4 章　多项式函数方程 (II):唯一性引理 308

  第 5 章　多项式函数方程 (III):利用根 313

  第 6 章　拉格朗日插值公式 320

  第 7 章　牛顿恒等式 325

  第 8 章　附加题 334

索引　　**403**

第 1 章 $x^d P\left(\dfrac{1}{x}\right)$ 形式的多项式

在某些情况下,换一种方式描述会使问题更容易解决.

例如,我们可以考察多项式 $a_0 x^d + \cdots + a_d$,而不是 $a_d x^d + \cdots + a_0$. 我们可能由此发现一些被忽视的结论. 这两种形式之间的变换

$$P(x) = a_d x^d + \cdots + a_0 \mapsto a_0 x^d + \cdots + a_d$$

可以简洁地描述为 $P(x) \mapsto x^d P\left(\dfrac{1}{x}\right)$.

1.1 基本性质

> **反射多项式**
>
> 对于多项式 $P(x) = a_d x^d + \cdots + a_0$,多项式
>
> $$x^d P\left(\frac{1}{x}\right) = a_0 x^d + \cdots + a_d$$
>
> 称为 $P(x)$ 的**倒数多项式**或**反射多项式**.

接下来,我们称 $x^d P\left(\dfrac{1}{x}\right)$ 为反射多项式. 例如,$P(x) = 2x^3 - 3x^2 + 1$ 的反射多项式是 $x^3 - 3x + 2$,$Q(x) = 4x^3 - 3x$ 的反射多项式是 $-3x^2 + 4$.

简单地说,反射多项式的系数是把原始多项式的系数倒序排列. 有时候,反射多项式比原始多项式的次数低,这与原始多项式的零点重数相关. 也就是说,如果 $P(x)$ 是 d 次多项式,0 是 r 重根,那么 $P(x) = x^r Q(x), Q(0) \neq 0$. 很容易发现

$$x^d P\left(\frac{1}{x}\right) = x^d x^{-r} Q\left(\frac{1}{x}\right) = x^{d-r} Q\left(\frac{1}{x}\right).$$

反射多项式 $x^d P\left(\dfrac{1}{x}\right) = x^{d-r} Q\left(\dfrac{1}{x}\right)$ 的次数是 $d - r$.

例 1.1. 设 $P(x)$ 是非负整系数 5 次多项式, 满足对于所有 $x \neq 0$, 有 $P(x) = x^6 P\left(\dfrac{1}{x}\right)$ 和 $P(2) = 10P(1)$ 成立. 求 $\dfrac{P(3)}{P(2)}$ 的最大可能值.

解 设 $P(x) = ax^5 + \cdots + c$. 若 $c \neq 0$, 则多项式 $x^6 P\left(\dfrac{1}{x}\right)$ 的次数为 6, 不可能等于 5 次多项式 $P(x)$. 因此 $c = 0$. 设 $P(x) = xQ(x)$, $Q(x)$ 是某个 4 次多项式, 代入得到

$$P(x) = xQ(x) = x^6 P\left(\frac{1}{x}\right) = x^5 Q\left(\frac{1}{x}\right).$$

于是得到 $Q(x) = x^4 Q\left(\dfrac{1}{x}\right)$, 说明 $Q(x)$ 可以写成 $Q(x) = ax^4 + bx^3 + cx^2 + bx + a$, 其中 a, b, c 是非负整数. 进一步, 从 $P(2) = 10P(1)$ 得到 $2Q(2) = 10Q(1)$. 因此有 $17a + 10b + 4c = 5(2a + 2b + c), 7a = c$. 然后,

$$
\begin{aligned}
\frac{P(3)}{P(2)} = \frac{3Q(3)}{2Q(2)} &= \frac{3(82a + 30b + 9c)}{10(2a + 2b + c)} = \frac{3(145a + 30b)}{10(9a + 2b)} \\
&= \frac{3(29a + 6b)}{2(9a + 2b)} = \frac{6a + 3(27a + 6b)}{2(9a + 2b)} \\
&= \frac{9}{2} + \frac{3a}{9a + 2b} = \frac{9}{2} + \frac{1}{3 + \frac{2b}{3a}}.
\end{aligned}
$$

由于 $\dfrac{2b}{3a} \geqslant 0$, 因此 $\dfrac{9}{2} + \dfrac{1}{3 + \frac{2b}{3a}} \leqslant \dfrac{9}{2} + \dfrac{1}{3} = \dfrac{29}{6}$. 等号当 $b = 0$ 时成立, 多项式为 $P(x) = x(ax^4 + 7ax^2 + a) = ax(x^4 + 7x^2 + 1)$. □

1.2 多项式系数的平方和

设 $P(x) = a_d x^d + \cdots + a_0$, 考虑乘积

$$P(x)P\left(\frac{1}{x}\right) = (a_d x^d + \cdots + a_1 x + a_0)(a_d x^{-d} + \cdots + a_1 x^{-1} + a_0).$$

这是一个有理函数, 它的常数项有特别的意义, 由 $a_r x^r \cdot a_r x^{-r} = a_r^2$ 形式的项求和给出. 也就是说, 这个乘积的常数项是多项式 $P(x)$ 的系数的平方和.

多项式系数的平方和

一个多项式 $P(x)$ 的系数的平方和是乘积 $P(x)P\left(\dfrac{1}{x}\right)$ 的常数项.

例 1.2. 证明: 多项式 $P_{2n}(x) = (6x^2 + 5x + 1)^n$ 的系数的平方和与 $Q_{2n}(x) = (3x^2 + 7x + 2)^n$ 的系数的平方和相等.

证明 注意到 $P_{2n}(x)$ 和 $Q_{2n}(x)$ 的系数平方和分别等于乘积 $P_{2n}(x)P_{2n}\left(\dfrac{1}{x}\right)$ 和

$Q_{2n}(x)Q_{2n}\left(\dfrac{1}{x}\right)$ 的项 x^0 的系数，根据因式分解

$$P_{2n}(x) = (6x^2 + 5x + 1)^n = (3x+1)^n(2x+1)^n$$

和

$$Q_{2n}(x) = (3x^2 + 7x + 2)^n = (3x+1)^n(x+2)^n,$$

有

$$
\begin{aligned}
P_{2n}(x)P_{2n}\left(\frac{1}{x}\right) &= (3x+1)^n(2x+1)^n\left(\frac{3}{x}+1\right)^n\left(\frac{2}{x}+1\right)^n \\
&= \frac{(3x+1)^n(2x+1)^n(x+3)^n(x+2)^n}{x^{2n}}
\end{aligned}
$$

以及

$$
\begin{aligned}
Q_{2n}(x)Q_{2n}\left(\frac{1}{x}\right) &= (3x+1)^n(x+2)^n\left(\frac{3}{x}+1\right)^n\left(\frac{1}{x}+2\right)^n \\
&= \frac{(3x+1)^n(x+2)^n(3+x)^n(2x+1)^n}{x^{2n}}.
\end{aligned}
$$

比较二者，得到

$$Q_{2n}(x)Q_{2n}\left(\frac{1}{x}\right) = P_{2n}(x)P_{2n}\left(\frac{1}{x}\right).$$

因此两个乘积中的项 x^0 的系数相同. □

例 1.3. 假设对于所有 $x \neq 0$，有

$$\left(x + \frac{1}{x} + \sqrt{2}\right)^{12} = \sum_{k=0}^{24} c_k x^{k-12}.$$

求 $\displaystyle\sum_{k=0}^{24}(-1)^k c_k^2$ 的值.

韩国数学奥林匹克，第二轮 2006

解 作代换 $x \mapsto -\dfrac{1}{x}$，可以得到

$$\left(x + \frac{1}{x} - \sqrt{2}\right)^{12} = \sum_{k=0}^{24} c_k(-1)^{k-12}x^{12-k} = \sum_{k=0}^{24} c_k(-1)^k x^{12-k}.$$

和原始等式相乘, 有

$$
\begin{aligned}
\left(x+\frac{1}{x}+\sqrt{2}\right)^{12}\left(x+\frac{1}{x}-\sqrt{2}\right)^{12} &= \left(\left(x+\frac{1}{x}\right)^2-2\right)^{12} \\
&= \left(x^2+\frac{1}{x^2}\right)^{12} \\
&= \left(\sum_{k=0}^{24} c_k x^{k-12}\right)\left(\sum_{k=0}^{24}(-1)^k c_k x^{12-k}\right).
\end{aligned}
$$

考察最后式子中的项 x^0 的系数, 得到

$$
[x^0]\left(\sum_{k=0}^{24} c_k x^{k-12}\right)\left(\sum_{k=0}^{24}(-1)^k c_k x^{12-k}\right)=\sum_{k=0}^{24}(-1)^k c_k^2
$$

恰好是我们要求的量. 因此答案是

$$
\left(x^2+\frac{1}{x^2}\right)^{12}=\frac{(x^4+1)^{12}}{x^{24}}
$$

中 x^0 的系数, 也就是分子中 x^{24} 的系数. 根据二项式定理, 知

$$
(x^4+1)^{12}=\sum_{k=0}^{12}\binom{12}{k}x^{4k},
$$

得到项 x^{24} 的系数是 $\binom{12}{6}=924$, 因此 $\sum_{k=0}^{24}(-1)^k c_k^2=924$. $\qquad\square$

1.3 $\quad x^d P\left(\dfrac{1}{x}\right)$ 的根

若 $r\neq 0$ 是多项式 $P(x)$ 的一个根, 则 $P(r)=0$, 于是 r^{-1} 是 $x^d P\left(\dfrac{1}{x}\right)$ 的一个根. 也就是说, 多项式 $P(x)$ 的根中去掉 0, 然后将剩余的元素求倒数, 就得到反射多项式的根. 更准确地说, 有下面的定理.

> **定理**
>
> 设 $\{r_1,\cdots,r_d\}$ 是多项式 $P(x)$ 的所有非零根 (计算重数), 则 $P(x)$ 的反射多项式的所有根是 $\{r_1^{-1},\cdots,r_d^{-1}\}$.

例 1.4. 若多项式 ax^5+bx^4+c 恰好有三个不同的实根, 证明: cx^5+bx+a 也恰好有三个不同的实根.

N. Aghakahanov, 俄罗斯数学奥林匹克, 第三轮 *2012*

证明 若 $r = 0$ 是 $ax^5 + bx^4 + c$ 的根,则 $c = 0$,于是多项式 $ax^5 + bx^4 = x^4(ax + b)$ 最多有两个不同实根,矛盾. 因此 $ax^5 + bx^4 + c$ 的三个不同的实根 r, s, t 均非零. 记 $P(x) = ax^5 + bx^4 + c$,则 $cx^5 + bx + a = x^5 P\left(\dfrac{1}{x}\right)$ 是其反射多项式. 因此 $\dfrac{1}{r}, \dfrac{1}{s},$ $\dfrac{1}{t}$ 是 $cx^5 + bx + a$ 的根. 最后,因为 $P(x)$ 剩余两个根不是实根,所以 $cx^5 + bx + a$ 的剩余两个根也不是实根. □

例 1.5. 设首项系数为 1 的四次多项式 $P(x)$ 的四个根是 $1, 2, 3, 4$,首项系数为 1 的四次多项式 $Q(x)$ 的四个根是 $1, \dfrac{1}{2}, \dfrac{1}{3}, \dfrac{1}{4}$. 求 $\lim\limits_{x \to 1} \dfrac{P(x)}{Q(x)}$.

解法一 因为 $Q(x)$ 和 $P(x)$ 的根互为倒数,因此 $Q(x) = Cx^4 P\left(\dfrac{1}{x}\right)$,其中 $C \in \mathbb{R}$.

设 $P(x) = x^4 + \cdots + a$,根据韦达定理,有

$$a = 1 \times 2 \times 3 \times 4 = 24.$$

因此

$$x^4 P\left(\frac{1}{x}\right) = 24x^4 + \cdots + 1.$$

比较 $Q(x) = Cx^4 P\left(\dfrac{1}{x}\right)$ 两边的首项系数,得到 $24C = 1$,$C = 1/24$. 因此 $Q(x) = \dfrac{1}{24} x^4 P\left(\dfrac{1}{x}\right)$,于是

$$
\begin{aligned}
\frac{P(x)}{Q(x)} &= \frac{24 P(x)}{x^4 P\left(\frac{1}{x}\right)} \\
&= \frac{24(x-1)(x-2)(x-3)(x-4)}{x^4 \left(\frac{1}{x} - 1\right)\left(\frac{1}{x} - 2\right)\left(\frac{1}{x} - 3\right)\left(\frac{1}{x} - 4\right)} \\
&= \frac{24(x-1)(x-2)(x-3)(x-4)}{(1-x)(1-2x)(1-3x)(1-4x)} \\
&= -\frac{24(x-2)(x-3)(x-4)}{(1-2x)(1-3x)(1-4x)}
\end{aligned}
$$

对所有的 $x \neq 1$ 成立. 因此 $\lim\limits_{x \to 1} \dfrac{P(x)}{Q(x)} = -24$. □

解法二 根据假设可知

$$P(x) = (x-1)(x-2)(x-3)(x-4),$$

$$Q(x) = (x - 1)\left(x - \frac{1}{2}\right)\left(x - \frac{1}{3}\right)\left(x - \frac{1}{4}\right).$$

因此

$$\frac{P(x)}{Q(x)} = \frac{(x-2)(x-3)(x-4)}{\left(x - \frac{1}{2}\right)\left(x - \frac{1}{3}\right)\left(x - \frac{1}{4}\right)}.$$

取 $x = 1$, 得到 $\dfrac{P(1)}{Q(1)} = -24.$ $\square$

例 1.6. 设多项式

$$P(x) = a_{2d}x^{2d} + a_{2d-1}x^{2d-1} + \cdots + a_1 x + a_0$$

的根为 $r_1, \cdots, r_{2d}$. 对所有的 $0 \leqslant i, j \leqslant 2d$, 有

$$2^i \frac{a_i}{a_{2d-i}} = 2^j \frac{a_j}{a_{2d-j}}.$$

令 $\displaystyle\sum_{\substack{i,j=1 \\ i \neq j}}^{2d} \frac{r_i}{r_j} = k$, 计算 $P(x)$ 所有根的和.

解 令 $j = d$, 得到 $a_i = 2^{d-i}a_{2d-i}$, 于是 $2^d a_i = 2^{2d-i}a_{2d-i}$. 比较 x^i 的系数可以得到

$$2^d P(x) = x^{2d} P\left(\frac{2}{x}\right).$$

因此, 若 r 是 $P(x)$ 的根, 则 $\dfrac{2}{r}$ 也是一个根. 因为

$$\sum_{\substack{i,j=1 \\ i \neq j}}^{2d} \frac{r_i}{r_j} = \left(\sum_{i=1}^{2d} r_i\right)\left(\sum_{i=1}^{2d} \frac{1}{r_i}\right) - 2d,$$

利用

$$\sum_{i=1}^{2d} \frac{2}{r_i} = \sum_{i=1}^{2d} r_i,$$

得到

$$k = \sum_{\substack{i,j=1 \\ i \neq j}}^{2d} \frac{r_i}{r_j} = \frac{1}{2}\left(\sum_{i=1}^{2d} r_i\right)^2 - 2d,$$

解得

$$\sum_{i=1}^{2d} r_i = \pm\sqrt{2(k + 2d)}.$$

      $\square$

1.4　自反多项式

考察一个多项式的反射多项式可能有用，而反射多项式的一个更特别的应用是反射不变的多项式，也就是满足

$$P(x) = x^d P\left(\frac{1}{x}\right)$$

的多项式. 这样的多项式称为自反多项式. 例如, $x^2 + x + 1$ 是自反多项式.

从定义可以立刻得到，自反多项式的刻画是系数序列有反射对称性，即 $a_d = a_0, a_{d-1} = a_1, \cdots$. 于是很容易判断给定的多项式是否是自反的，但是对于解题应用来说，使用更代数化的描述通常很方便. 我们将给出两个代数刻画，第一个是完全初级的，但使用了一个技巧；第二个使用了代数基本定理.

例 1.7. 给出实系数 d 次自反多项式 $P(x)$ 的一个代数刻画.

解法一 先考虑 d 是偶数的情形. 将多项式写成

$$P(x) = a_d x^d + \cdots + a_1 x + a_0,$$

可以发现 $a_{d-i} = a_i$ 对所有的 $i = 0, 1, \cdots, \frac{d}{2}$ 均成立. 提出一个因子 $x^{\frac{d}{2}}$, 得到

$$P(x) = x^{\frac{d}{2}}\left(a_d\left(x^{\frac{d}{2}} + \frac{1}{x^{\frac{d}{2}}}\right) + \cdots + a_{\frac{d}{2}+1}\left(x + \frac{1}{x}\right) + a_{\frac{d}{2}}\right).$$

因为

$$x^{k+1} + \frac{1}{x^{k+1}} = \left(x + \frac{1}{x}\right)\left(x^k + \frac{1}{x^k}\right) - \left(x^{k-1} + \frac{1}{x^{k-1}}\right),$$

归纳后可以看出 $x^k + \dfrac{1}{x^k}$ 总可以写成 $x + \dfrac{1}{x}$ 的多项式. 也就是说，存在实系数多项式 $T_k(x)$, 使得 $x^k + \dfrac{1}{x^k} = T_k\left(x + \dfrac{1}{x}\right)$. 上面的关系可以给出递归定义 T_k 的方法：

$$T_0(y) = 2, T_1(y) = y, T_{k+1}(y) = yT_k(y) - T_{k-1}(y), k \geqslant 1.$$

因此

$$\begin{aligned}
P(x) &= x^{\frac{d}{2}}\left(a_d T_{\frac{d}{2}}(x) + a_{d-1} T_{\frac{d}{2}-1}(x) + \cdots + a_{\frac{d}{2}}\right) \\
&= x^{\frac{d}{2}} Q\left(x + \frac{1}{x}\right),
\end{aligned}$$

$Q(x)$ 是某个实系数多项式.

若 d 是奇数，取 $x = -1$，得到 $P(-1) = (-1)^d P(-1) = -P(-1)$，因此 $P(-1) = 0$. 这说明 -1 是 P 的一个根，记 $P(x) = (x+1)P_1(x)$，$P_1(x)$ 是 $d-1$ 次多项式. 因为 P 是自反的，所以有

$$
\begin{aligned}
(x+1)P_1(x) &= P(x) = x^d P\left(\frac{1}{x}\right) \\
&= x^d \left(\frac{1}{x} + 1\right) P_1\left(\frac{1}{x}\right) = x^{d-1}(x+1)P_1\left(\frac{1}{x}\right),
\end{aligned}
$$

于是 $P_1(x) = x^{d-1} P_1\left(\frac{1}{x}\right)$，因此 P_1 也是自反的. 将偶数情形的结果应用到 P_1，得到

$$
P(x) = x^{\frac{d-1}{2}}(x+1)R\left(x + \frac{1}{x}\right),
$$

其中 $R(x)$ 是某个实系数多项式.   □

解法二 很明显，0 不是 $P(x)$ 的根，否则反射多项式的次数低于 $P(x)$ 的次数，矛盾. 我们已经知道，若 r 是 $P(x)$ 的任意根，则 $\frac{1}{r}$ 是反射多项式的根，因此它也是 $P(x)$ 的根. 现在我们可能想要说，可以将 P 的根按 r_i 和 $\frac{1}{r_i}$ 配对. 一个难点是，当 $r = \frac{1}{r}$ 时，$r = \pm 1$，可能无法配对.

考虑 $r = 1$ 的情况. 假设 1 是 $P(x)$ 的 k 重根，于是可以写成

$$
P(x) = (x-1)^k P_1(x), \qquad P_1(1) \neq 0.
$$

因为 P 是自反的，所以有

$$
(x-1)^k P_1(x) = x^d \left(\frac{1}{x} - 1\right)^k P_1\left(\frac{1}{x}\right) = (-1)^k x^{d-k}(x-1)^k P_1\left(\frac{1}{x}\right),
$$

所以

$$
P_1(x) = (-1)^k x^{d-k} P_1\left(\frac{1}{x}\right).
$$

代入 $x = 1$，发现 $P_1(1) = (-1)^k P_1(1)$，因为 $P_1(1) \neq 0$，我们得到 k 是偶数，因此等于 1 的这些根是可以配对的.

现在设 -1 是 P 的 s 重根，还有一些成对的根记为 r_i 和 $\frac{1}{r_i}$，$1 \leqslant i \leqslant k$. 由于

$$
\left(x - r_i\right)\left(x - \frac{1}{r_i}\right) = x^2 - \left(r_i + \frac{1}{r_i}\right)x + 1,
$$

若设 C 是 P 的首项系数，则有

$$
P(x) = C(x+1)^s \prod_{i=1}^k \left(x^2 - \left(r_i + \frac{1}{r_i}\right)x + 1\right).
$$

继续将其写成

$$P(x) = C x^k (x+1)^s \prod_{i=1}^{k}\left(x + \frac{1}{x} - \left(r_i + \frac{1}{r_i}\right)\right),$$

我们看到最后的式子是 $x^k(x+1)^s Q\left(x + \dfrac{1}{x}\right)$ 的形式,其中 $Q(x)$ 是某个实系数 k 次多项式,s,k,d 满足 $d = s + 2k$. 反之,显然这样的多项式也是自反的. □

聪明的读者会注意到,两种解决方案中给出的刻画并不完全一样,但差异很小. 我们可以尽可能多地配对,而不是取出 P 的所有等于 -1 的根. 这将给我们留下两种情况:$s = 0$ 或 $s = 1$,分别对应于 d 为奇数和偶数,就和第一个解决方案中的情况一致. 等价地,我们是使用了下面的恒等式来减小 s:

$$(x+1)^2 = x\left(x + \frac{1}{x} + 2\right).$$

这些代数刻画,特别是第二个方案,可给出自反多项式基于根的第三个刻画. 若 $P(x)$ 是偶数次的自反多项式,则根(计算重数)可以配对成 r 和 $\dfrac{1}{r}$,或者等价地用多重集 $\{r_1, r_2, \cdots, r_{d/2}, \dfrac{1}{r_1}, \dfrac{1}{r_2}, \cdots, \dfrac{1}{r_{d/2}}\}$ 来表示所有根. 若 $P(x)$ 的次数是奇数,则唯一不成对的根是 -1,剩余的根可以如上配对.

自反多项式

如果多项式 $P(x) = a_d x^d + a_{d-1} x^{d-1} + \cdots + a_1 x + a_0$ 满足关系 $P(x) = x^d P\left(\dfrac{1}{x}\right)$,那么称 $P(x)$ 是一个**自反多项式**. 进一步,自反多项式 $P(x)$ 的系数满足

$$a_k = a_{d-k}, \qquad \forall\, k = 0, 1, \cdots, d$$

而且存在多项式 $Q(x)$,满足

$$P(x) = x^k (x+1)^{d-2k} Q\left(x + \frac{1}{x}\right),$$

其中 $\deg Q(x) = k$. 若次数 d 是偶数,则 $P(x)$ 的根的可重集合可以写成

$$\left\{ r_1, r_2, \cdots, r_{d/2}, \frac{1}{r_1}, \frac{1}{r_2}, \cdots, \frac{1}{r_{d/2}} \right\}.$$

若 d 是奇数,则根的集合可以写成

$$\left\{ -1, r_1, r_2, \cdots, r_{(d-1)/2}, \frac{1}{r_1}, \frac{1}{r_2}, \cdots, \frac{1}{r_{(d-1)/2}} \right\}.$$

例 1.8. 刻画所有的实系数 d 次多项式 $P(x)$,满足关系:

(i) $P(x) = -x^d P\left(\dfrac{1}{x}\right)$;

(ii) $P(x) = x^d P\left(-\dfrac{1}{x}\right)$.

解 与自反多项式的情况一样,我们可以给出两种刻画,一种是根据系数的显式刻画,另一种是代数刻画.

记 $P(x) = a_d x^d + a_{d-1} x^{d-1} + \cdots + a_1 x + a_0$,然后在关系式 (i) 中比较 x^k 的系数,得到

$$a_k = -a_{d-k}, \qquad \forall\, k = 0, 1, \cdots, d.$$

在 (ii) 中同样考虑,则得到

$$a_k = (-1)^{d-k} a_{d-k}, \qquad \forall\, k = 0, 1, \cdots, d.$$

注意到在上式中将 k 改成 $d-k$,还得到 $a_{d-k} = (-1)^k a_k$,因此 $a_k = (-1)^k a_{d-k}$,d 必然是偶数.

现在看代数刻画,有

(i) 显然 $P(1) = 0$. 记 $P(x) = (x-1)^r P_1(x)$,其中 $P_1(1) \neq 0$,我们发现

$$(x-1)^r P_1(x) = (-1)^{r+1} x^{d-r} (x-1)^r P_1\left(\dfrac{1}{x}\right),$$

也就是说,

$$P_1(x) = (-1)^{r+1} x^{d-r} P_1\left(\dfrac{1}{x}\right), \qquad \forall\, x \in \mathbb{R}.$$

取 $x = 1$,得到 $P_1(1) = (-1)^{r+1} P_1(1)$. 因为 $P_1(1) \neq 0$,所以 $r+1$ 是偶数,$P_1(x) = x^{d-r} P_1\left(\dfrac{1}{x}\right)$,也就是说,$P_1$ 是 $d-r$ 次自反多项式. 从例 1.7 中可得

$$P_1(x) = x^k (x+1)^{d-r-2k} Q\left(x + \dfrac{1}{x}\right),$$

因此

$$P(x) = x^k (x-1)^r (x+1)^{d-r-2k} Q\left(x + \dfrac{1}{x}\right),$$

其中 $Q(x)$ 是某个实系数 k 次多项式,r 是正奇数. 容易看出,这样的多项式都满足题目条件.

(ii) 利用代换 $x \mapsto -\dfrac{1}{x}$,得到 $P\left(-\dfrac{1}{x}\right) = \dfrac{P(x)}{(-1)^d x^d}$. 对比原始式子,得到 d 是偶数. 此外,如果 r 是 $P(x)$ 的根,那么 $-\dfrac{1}{r}$ 也是相同重数的根. 如例 1.7 的第二

个解答,我们可以将不等于 $\pm i$ 的根配对成 r_j 和 $-\dfrac{1}{r_j}, 1 \leqslant j \leqslant k$. 由于 P 具有实系数,i 和 $-i$ 作为根的重数相同,各有 $(d-2k)/2$ 个. 由于

$$(x - r)\left(x + \frac{1}{r}\right) = x^2 - \left(r - \frac{1}{r}\right)x - 1 = x\left(x - \frac{1}{x} - \left(r - \frac{1}{r}\right)\right),$$

若记 C 为 P 的首项系数,则有

$$
\begin{aligned}
P(x) &= C(x^2 + 1)^{(d-2k)/2} \prod_{i=1}^{k}\left(x^2 - \left(r_i - \frac{1}{r_i}\right)x - 1\right)\\
&= Cx^k(x^2 + 1)^{(d-2k)/2} \prod_{i=1}^{k}\left(x - \frac{1}{x} - \left(r_i - \frac{1}{r_i}\right)\right)\\
&= Cx^k(x^2 + 1)^{(d-2k)/2} Q\left(x - \frac{1}{x}\right)
\end{aligned}
$$

其中 $Q(x)$ 是某个实系数 k 次多项式. $\qquad\square$

例 1.9. 设 $P(x) = a_n x^n + \cdots + a_0$ 是复系数非零多项式,$\lambda \in \mathbb{C}$. 如果 $a_{n-i} = \lambda a_i$ 对所有的 $i = 0, 1, \cdots, n$ 都成立,那么称 $P(x)$ 是 λ-**自反多项式**.

(i) 证明:若多项式是 λ-自反的,则 $\lambda \in \{-1, 1\}$.

(ii) 证明:若 $P(x)$ 是 λ-自反的,$Q(x)$ 是 μ-自反的,则 $PQ(x)$ 是 $\lambda\mu$-自反的,其中 $\lambda, \mu \in \{-1, 1\}$.

Marcel Țena, 数学公报[1] B 8/2007, C:3205

证明 (i) 设 $a_i \in \mathbb{C}$ 是 $P(x)$ 的一个系数,则

$$a_i = a_{n-(n-i)} = \lambda a_{n-i} = \lambda(\lambda a_i) = \lambda^2 a_i,$$

所以 $\lambda^2 = 1$,说明 $\lambda \in \{-1, 1\}$.

(ii) 显然,n 次多项式 $P(x)$ 是 λ-自反多项式当且仅当 $\lambda P(x) = x^n P\left(\dfrac{1}{x}\right)$. 也就是说

$$P\left(\frac{1}{x}\right) = \frac{\lambda P(x)}{x^n}.$$

类似地,m 次多项式 $Q(x)$ 是 μ-自反的当且仅当

$$Q\left(\frac{1}{x}\right) = \frac{\mu Q(x)}{x^m}.$$

---

[1] *Gazeta Matematică* 是罗马尼亚的一个数学杂志——译者注

两个式子两边分别相乘, 得到

$$PQ\left(\frac{1}{x}\right) = P\left(\frac{1}{x}\right)Q\left(\frac{1}{x}\right) = \frac{\lambda\mu P(x)Q(x)}{x^{n+m}} = \frac{\lambda\mu PQ(x)}{x^{n+m}},$$

因为 $PQ(x)$ 的次数是 $n+m$, 说明 $PQ(x)$ 是 $\lambda\mu$-自反的. $\square$

例 1.10. 设多项式 $P(x) = x^4 + ax^3 + bx^2 + ax + 1$ 有两个实根的乘积为 -1, 求 a 和 b 的取值范围.

解 设 r 和 s 是满足 $rs = -1$ 的根, 于是必然有 $r \neq \frac{1}{s}$, 而且由于 r 和 s 是实数, 也必然有 $r \neq s$. 注意 P 是偶数次的自反多项式, 因此它的根配对互为倒数. 这样得到 P 的四个根是 $r, s, \frac{1}{r}, \frac{1}{s}$. 根据韦达定理, 有

$$r + s + \frac{1}{r} + \frac{1}{s} = -a, \qquad 2 + rs + \frac{1}{rs} + \frac{r}{s} + \frac{s}{r} = b.$$

因此

$$\frac{(r+s)(rs+1)}{rs} = -a, \qquad rs + \frac{(r+s)^2 + 1}{rs} = b.$$

由于 $rs = -1$, 我们得到

$$a = 0, \qquad b = -(r+s)^2 - 2 = -\left(r - \frac{1}{r}\right)^2 - 2 \leqslant -2.$$

于是 $P(x) = x^4 + bx^2 + 1, b \leqslant -2$. $\square$

例 1.11. 设整数 $n > 1$, 证明: 多项式

$$P(x) = x^n - x^{n-1} - \cdots - x - 1$$

恰好有一个正实根.

证明 考虑多项式

$$Q(x) = -x^n P\left(\frac{1}{x}\right) = x^n + x^{n-1} + \cdots + x - 1.$$

很明显, 若 $x > 0$, 则右边是严格递增的函数, 因此它最多切割每条水平线一次. 这意味着 $Q(x)$ 至多有一个正实根, 因此 $P(x)$ 也至多有一个正实根. 由于 $Q(0) = -1 < 0, Q(1) = n - 1 > 0$, 因此 $Q(x)$ 在区间 $(0,1)$ 中恰好有一个实根. 映射 $x \mapsto \frac{1}{x}$ 不改变根的符号, 因此 $P(x)$ 恰好有一个正实根 (大于 1). $\square$

1.5　杂题

在这一节, 我们给出关于自反多项式的一些相对更困难的例题. 对大部分题目, 你可以考虑下面的解题策略.

策略

(i) 定义合适的多项式.

(ii) 考虑反射多项式.

(iii) 研究它的根或者系数.

例 1.12. 求所有的实系数多项式, 具有形式

$$f(x) = x^{2n} + a_1 x^{2n-1} + \cdots + a_{n-1} x^{n+1} + a_n x^n + a_{n-1} x^{n-1} + \cdots + a_1 x + 1,$$

并且有 $2n$ 个实根, 其中 $|a_i| \leqslant 2, i = 1, 2, \cdots, n$.

Plamen Penchev, 保加利亚国家队选拔考试 2015

解 因为 $f(x)$ 是偶数次自反多项式, 所以可设 $f(x)$ 的根是 $x_1, \cdots, x_n, \dfrac{1}{x_1}, \cdots,$ $\dfrac{1}{x_n}$. 将 $f(x)$ 写成 $f(x) = g(x)h(x)$, 其中

$$g(x) = (x - x_1) \cdots (x - x_n)$$

$$h(x) = \left(x - \frac{1}{x_1}\right) \cdots \left(x - \frac{1}{x_n}\right).$$

根据韦达定理, 可设

$$g(x) = x^n + b_1 x^{n-1} + \cdots + b_{n-1} x + b_n, \quad h(x) = x^n + \frac{b_{n-1}}{b_n} x^{n-1} + \cdots + \frac{b_1}{b_n} x + \frac{1}{b_n}.$$

因此

$$|a_n| = \left| b_n + \frac{1}{b_n} + \frac{b_1^2 + \cdots + b_{n-1}^2}{b_n} \right| \leqslant 2,$$

也就是说,

$$-2 \leqslant b_n + \frac{1}{b_n} + \frac{b_1^2 + \cdots + b_{n-1}^2}{b_n} \leqslant 2.$$

配方得到

$$\left(\sqrt{|b_n|} - \frac{1}{\sqrt{|b_n|}} \right)^2 + \frac{b_1^2 + \cdots + b_{n-1}^2}{|b_n|} \leqslant 0.$$

所以必然有 $b_1 = \cdots = b_{n-1} = 0$ 且 $b_n = \pm 1$. 于是可能的多项式只能是 $(x^n \pm 1)^2$ 的形式, 其中 n 是某个正整数. 这些多项式的根都是 ± 1 的 n-次根, 若 $n \geqslant 3$ 或者 $n = 2$ 取了正号, 则得到复根. 最终所有的可能是 $(x-1)^2, (x+1)^2$ 和 $(x^2-1)^2$.

如果将题目理解为有 $2n$ 个实根, 包含重数, 那么上面就是答案. 如果将题目理解为有 $2n$ 个不同的实根, 那么不存在这样的多项式. □

例 1.13. 设 a 是非零整数, 证明: $P(x) = x^n + ax^{n-1} + \cdots + ax - 1$ (其中除去首尾的系数均为 a) 是整系数不可约多项式.

Marian Andronache, Ian Savu, 罗马尼亚国家队选拔考试 1990

证明 注意到

$$-x^n P\left(\frac{1}{x}\right) = x^n - ax^{n-1} - \cdots - ax - 1.$$

因此必要时考虑上面的多项式, 可以不妨设 $a > 0$. 因为 $P(0) = -1 < 0$, $P(1) = (n-1)a > 0$, 所以 $P(x)$ 在区间 $(0,1)$ 内至少有一个实根, 设为 r. 记

$$P(x) = (x-r)\left(x^{n-1} + b_{n-2}x^{n-2} + \cdots + \frac{1}{r}\right),$$

我们发现 $b_{n-2} = r + a, b_{n-3} = rb_{n-2} + a = a + ar + r^2$, 等等. 容易看出 $1 < b_{n-2} < b_{n-3} < \cdots < \frac{1}{r}$, 我们需要下面的引理.

引理 设 $Q(x) = a_d x^d + \cdots + a_0$, $0 < a_d < a_{d-1} < \cdots < a_0$, 则 $Q(x)$ 的任何根的模长均大于 1.

引理的证明 注意到 $(x-1)Q(x) = a_d x^{d+1} + (a_{d-1} - a_d)x^d + \cdots - a_0$, 显然 $r = 1$ 不是 $Q(x)$ 的根. 假设 $r \neq 1$ 是 $Q(x)$ 的根, 则

$$a_0 = a_d r^{d+1} + (a_{d-1} - a_d)r^d + \cdots + (a_0 - a_1)r.$$

因此

$$\begin{aligned}
|a_0| &= |a_d r^{d+1} + (a_{d-1} - a_d)r^d + \cdots + (a_0 - a_1)r| \\
&\leqslant |a_d| \cdot |r|^{d+1} + \cdots + |a_0 - a_1| \cdot |r|.
\end{aligned}$$

若 $|r| \leqslant 1$, 则有

$$|a_0| \leqslant a_d + a_{d-1} - a_d + \cdots + a_0 - a_1 = a_0,$$

因此每一步的等号都成立. 这说明必然有 $|r| = 1$, 并且所有的复数 $a_d r^d, \cdots, (a_1 - a_2)r^2, (a_0 - a_1)r$ 有相同的辐角. 特别地, $\dfrac{a_1 - a_2}{a_0 - a_1}r$ 必然是实数, r 必然为正, 结合 $|r| = 1$ 给出 $r = 1$. 这和假设 $r \neq 1$ 矛盾, 引理证明完毕.

回到我们的问题, 将引理应用到 $\dfrac{P(x)}{x - r}$, 表明 r 是 P 的模长不超过 1 的唯一的根. 假设 $P(x) = Q(x)R(x)$ 是非平凡的整系数多项式分解, 不妨设 $Q(x)$ 和 $R(x)$ 都是首项系数为 1 的多项式. 因为 $Q(0)R(0) = 1$, 所以 $Q(0) = R(0) = \pm 1$. 因此 $Q(x)$ 的所有根的乘积为 ± 1, 说明 Q 至少有一个模长不超过 1 的根. 同理 $R(x)$ 也至少有一个模长不超过 1 的根, 这和 $P(x)$ 只有一个模长不超过 1 的根矛盾. □

注 根据上面的结果, 我们可以证明一些更有趣的困难问题. 下面的这个题目出现在 1988 年的《美国数学月刊》上, 是上面问题当 $a = -1$ 时的特例.

证明: 多项式 $P(x) = x^n - x^{n-1} - \cdots - x - 1$ 不可约.

我们继续给出一些有理论用处的问题.

例 1.14. 设整数 $n \geqslant 2$, 多项式

$$P(x) = x^n + a_{n-1}x^{n-1} + \cdots + a_1 x + 1$$

的系数为正整数, 并且满足 $a_k = a_{n-k}, k = 1, 2, \cdots, n - 1$. 证明: *存在无穷多正整数的数对 (x, y), 使得 $x \mid P(y)$ 并且 $y \mid P(x)$.*

Remus Nicoară, 罗马尼亚国家队选拔考试 1997

证明 因为 $1 \mid P(P(1))$ 并且 $P(1) \mid P(1)$, 所以 $(1, P(1))$ 满足题目条件. 现在假设 $(x, y), x \leqslant y$ 满足题目条件. 我们将证明 $\left(y, \dfrac{P(y)}{x}\right)$ 也满足题目条件.

首先, 因为 $x \mid P(y)$, 所以 $\dfrac{P(y)}{x}$ 是整数, 显然还有 $\dfrac{P(y)}{x} \mid P(y)$. 我们只需证明 $y \mid P\left(\dfrac{P(y)}{x}\right)$. 从

$$x \mid P(y) = y^n + a_{n-1}y^{n-1} + \cdots + a_1 y + 1$$

得到 $\gcd(x, y) = 1$. 因此 x 有一个模 y 的乘法逆元, 也就是说 $\dfrac{1}{x}$ 模 y 相当于整数. 由于 $P(y) \equiv 1 \pmod{y}$, 因此

$$P\left(\frac{P(y)}{x}\right) \equiv P\left(\frac{1}{x}\right) \pmod{y}.$$

进一步, 多项式 $P(x)$ 满足 $x^n P\left(\dfrac{1}{x}\right) = P(x)$, 在上面同余式两边乘以 x^n, 得到

$$x^n P\left(\frac{P(y)}{x}\right) \equiv x^n P\left(\frac{1}{x}\right) = P(x) \equiv 0 \pmod{y},$$

因此 $y \mid x^n P\left(\dfrac{P(y)}{x}\right)$. 利用 $\gcd(x,y)=1$, 得到 $y \mid P\left(\dfrac{P(y)}{x}\right)$. 这样, $\left(y, \dfrac{P(y)}{x}\right)$ 也是满足题目条件的整数对. 最后, 注意到

$$P(y) \geqslant 1 + y^n > y^2 \geqslant xy,$$

所以 $\dfrac{P(y)}{x} > y$. 因此从满足题目条件的任意正整数对开始, 我们可以得到较大值更大的正整数对, 也满足题目条件. 迭代这个过程, 就得到了无穷多对满足题目条件的正整数. □

下一个题目有一个有趣的故事. 纳维德·萨法伊 (Navid Safaei) 在准备参加一个面向大学生的国际数学竞赛 (IMC) 时研究了这个问题.

例 1.15. 设 $P(x) = dx^d - x^{d-1} - x^{d-2} - \cdots - x - 1$, 证明: $P(x)$ 有 d 个不同的根, 除了 1, 模长都小于 1.

证明 注意到

$$(x-1)P(x) = dx^{d+1} - (d+1)x^d + 1.$$

若某个根 r 的重数超过 1, 则有 $P(r)=P'(r)=0$. 上式两边求导得到

$$\begin{aligned}(x-1)P'(x) + P(x) &= d(d+1)x^d - d(d+1)x^{d-1} \\ &= d(d+1)x^{d-1}(x-1).\end{aligned}$$

代入 $x=r$, 有 $r^{d-1}(r-1)=0$, 因此 $r=0,1$. 只需再检查 $r=1$, 但是

$$P'(1) = d^2 - (d-1+d-2+\cdots+1) = d^2 - \frac{d(d-1)}{2} = \frac{d^2+d}{2} > 0.$$

因此 $P(x)$ 没有重根. 现在, 我们证明 $P(x)$ 的根, 除了 1, 模长都小于 1. 考虑多项式

$$-x^d P\left(\frac{1}{x}\right) = x^d + x^{d-1} + \cdots + x - d.$$

我们证明这个多项式的根 $z \neq 1$ 满足 $|z| > 1$. 否则, 若有根 z 满足 $|z| \leqslant 1$, 则

$$d = z^d + z^{d-1} + \cdots + z$$

给出

$$
\begin{aligned}
d = |z^d + z^{d-1} + \cdots + z| &\leqslant |z^d| + |z^{d-1}| + \cdots + |z| \\
&= |z|^d + |z|^{d-1} + \cdots + |z| \\
&\leqslant d,
\end{aligned}
$$

每一步均需等号成立. 这说明 $z, z^2, \cdots, z^d$ 的辐角均相同, 再根据第二个不等式, 这些数的模长均为 1. 因此 $\dfrac{z^2}{z} = z$ 是模长为 1 的正实数, 即 $z = 1$, 矛盾. □

1.6　习题

习题 1.1. 设自然数 $a_1, \cdots, a_n$ 的和为 2020, 求最小的正实数 t, 使得方程

$$
\sum_{i=1}^{n} \frac{a_i x^i}{1 + x^{2i}} = t
$$

只有一个正实根.

习题 1.2. 设 $a_0 + a_1 x + a_2 x^2 + \cdots + a_{2n} x^{2n}$ 是 $(1 + x + x^2)^n$ 展开后得到的多项式, 计算:

   (i) $a_0 + a_2 + \cdots + a_{2n}$;

   (ii) $a_1 + a_3 + \cdots + a_{2n-1}$;

   (iii) $a_0 a_1 - a_1 a_2 + a_2 a_3 - \cdots - a_{2n-1} a_{2n}$.

意大利数学奥林匹克 1994

习题 1.3. 设 $P(x) = a_n x^n + \cdots + a_0$ 是复系数非零多项式, 如果 $a_k = a_{n-k}$ 对所有的 $k \in \{0, 1, \cdots, n\}$ 成立, 或者 $a_k = -a_{n-k}$ 对所有的 $k \in \{0, 1, \cdots, n\}$ 成立, 我们就称 $P(x)$ 是准自反多项式. 对准自反多项式, 定义符号 $[P(x)] \in \{\pm 1\}$: 若 $a_k = a_{n-k}$ 对所有的 $k \in \{0, 1, \cdots, n\}$ 成立, 则 $[P(x)] = 1$; 若 $a_k = -a_{n-k}$ 对所有的 $k \in \{0, 1, \cdots, n\}$ 成立, 则 $[P(x)] = -1$.

   (i) 证明: 若 $P(x)$ 和 $Q(x)$ 是准自反多项式, 则 $PQ(x)$ 也是准自反多项式, 并且 $[PQ(x)] = [P(x)][Q(x)]$.

   (ii) 证明: 若 $P(x)$ 和 $PQ(x)$ 是准自反多项式, 则 $Q(x)$ 也是准自反多项式, 并且 $[Q(x)] = \dfrac{[PQ(x)]}{[P(x)]}$.

Marcel Ţena, 尼古拉·特奥多雷斯库比赛 2007

习题 1.4. 自反多项式

$$P(x) = \sum_{j=0}^{d} a_j x^j$$

满足 $a_1 = a_{d-1}$, $a_2 = a_{d-2}, \cdots, a_d = a_0$. 考虑能整除 $x^{1234} - x^3 - x + 1$ 的所有整系数自反多项式, 求其中次数最大的一个.

习题 1.5. 首项系数为 1 的多项式 $f(x) = a_n x^n + a_{n-1}x^{n-1} + \cdots + a_0$ 的所有根 $x_1, x_2, \cdots, x_n$ 在区间 $[-1,1]$ 内, 并且它的系数满足 $a_{n-i} = a_i, i = 0, 1, \cdots, n$. 证明: $f(x) = (x+1)^p(x-1)^{2q}$, 其中 p, q 是非负整数, $p + 2q = n$.

Marcel Ţena, 数学公报 B 5/2009, 26158

习题 1.6. 设

$$P(x) = a_{2n}x^{2n} + a_{2n-1}x^{2n-1} + \cdots + a_0$$

满足 $a_k = a_{2n-k}, k = 0, 1, \cdots, n$.

(i) 证明: 存在多项式 Q, 满足

$$P(x) = x^n Q\left(x + \frac{1}{x}\right).$$

(ii) 若 $a_0 = a_{2n} = 1, |a_n| < 2$, 证明: $P(x)$ 至少有一个复根.

罗马尼亚数学奥林匹克

习题 1.7. 对 $P(x) = a_d x^d + \cdots + a_1 x + a_0$, 定义

$$C(P(x)) = a_d^2 + a_{d-1}^2 + \cdots + a_1^2 + a_0^2.$$

令 $P(x) = 3x^2 + 7x + 2$, 求一个实系数多项式 $Q(x)$, 满足 $Q(0) = 1$, 并且 $C((P(x))^n) = C((Q(x))^n)$ 对所有的正整数 n 成立.

习题 1.8. 求所有的正整数 n, 使得存在实系数多项式 $P(x)$ 满足

$$P(x^{1998} - x^{-1998}) = x^n - x^{-n}, \quad \forall\, x \neq 0.$$

越南数学奥林匹克 1998

习题 1.9. 设整数 $n \not\equiv 2 \pmod 3$, 证明: 多项式 $P(x) = x^n + x + 1$ 在整系数范围内不可约.

习题 1.10. 设 n 是正偶数,实数 $c_1,\cdots,c_n$ 满足 $\displaystyle\sum_{i=1}^{n}|c_i-1|<1$. 证明:多项式

$$P(x)=2x^n-c_{n-1}x^{n-1}+c_{n-2}x^{n-2}-\cdots-c_1x+2$$

没有实根.

罗博森,美国国家队选拔考试 2014

习题 1.11. 设复数 $a_1,\cdots,a_n$ 的模长均为 $r>0$,T_s 为 $a_1,\cdots,a_n$ 中任取 s 个的乘积之和. 假设 $T_{n-s}\neq 0$,证明:$\left|\dfrac{T_s}{T_{n-s}}\right|=r^{2s-n}$.

习题 1.12. 对于多项式 $P(x)=b_dx^d+\cdots+b_0$, 定义 $b_0b_1+b_1b_2+\cdots+b_{d-1}b_d$ 为 $P(x)$ 的相邻系数乘积之和. 确定是否存在实数 r 和 s, 使得对任意正整数 k, $(x^2+rx+s)^k$ 的相邻系数乘积之和等于 $(2x^2+7x+3)^k$ 的相邻系数乘积之和.

习题 1.13. 设整系数多项式 $P(x)=x^d+a_{d-1}x^{d-1}+\cdots+a_1x+a_0$ 的次数 $d\geqslant 3$,对所有的 $k=1,2,\cdots,d-1$,a_k+a_{d-k} 是偶数,a_0 也是偶数. 已知 $P(x)=Q(x)R(x)$,其中 $R(x)$ 和 $Q(x)$ 是整系数非常数多项式,$\deg Q(x)\leqslant \deg R(x)$,并且 $R(x)$ 的系数都是奇数. 证明:$P(x)$ 有整数根.

第 2 章　复数和多项式 (I)[1]

2.1　不是实数的数

非实数的存在最早是由意大利数学家杰罗拉莫·卡尔丹在 1545 年左右研究三次方程时发现的. 然而,直到 18 世纪末,这个新的数字家族才被完全理解.

引入复数的最初目的是求解多项式方程.(即使三次方程有三个实根,也可能需要用复数以及根式来表示这些根.)处理这些新数字对学者来说是一个挑战(部分原因是符号错误和假设不正确). 因此,为复数的计算法则找到一个定义明确的框架需要很长时间,并且涉及 17 和 18 世纪数学界的许多知名人士.

复数

设 $a, b \in \mathbb{R}$,一个**复数**是 $a + \mathrm{i}b$ 形式的数,其中 $\mathrm{i}^2 = -1$. 我们通常用 z 表示一个复数,即

$$z = a + \mathrm{i}b.$$

如果 $a = 0$,那么我们称 $z = \mathrm{i}b$ 是一个**虚数**.

2.2　复数的基本性质

我们用 $\mathbb{C}$ 表示所有复数的集合,即

$$\mathbb{C} = \{a + \mathrm{i}b \mid a, b \in \mathbb{R}, \mathrm{i}^2 = -1\}.$$

定义 2.1. 设 $z = a + \mathrm{i}b$ 是一个复数,实数 a 和 b 分别称为 z 的**实部**和**虚部**,记作

$$a = \operatorname{Re}(z), \qquad b = \operatorname{Im}(z).$$

---

[1]这本书中关于复数和多项式只有这一章,可能作者会在计划中的多项式第三卷再写关于复数和多项式的内容——译者注

定义 2.2. 设 $z = a + \mathrm{i}b$ 和 $w = c + \mathrm{i}d$ 都是复数,和 $z + w$ 自然可定义为

$$z + w = (a + \mathrm{i}b) + (c + \mathrm{i}d) = (a + c) + \mathrm{i}(b + d),$$

将 w 替换为 $-w$,得到两个复数的差为

$$z - w = (a + \mathrm{i}b) - (c + \mathrm{i}d) = (a - c) + \mathrm{i}(b - d).$$

显然,$z = a + \mathrm{i}b$ 是一个实数当且仅当 $b = 0$. 因此对于两个复数 $z = a + \mathrm{i}b$ 和 $w = c + \mathrm{i}d$,有

$$z = w \iff z - w = 0 \iff (a - c) + \mathrm{i}(b - d) = 0 \iff a = c,\ b = d.$$

定义 2.3. 两个复数 $z = a + \mathrm{i}b$ 和 $w = c + \mathrm{i}d$ 的乘积 $z \cdot w$ 由分配律和关系式 $\mathrm{i}^2 = -1$ 给出,即

$$z \cdot w = (a + \mathrm{i}b)(c + \mathrm{i}d) = ac + \mathrm{i}ad + \mathrm{i}bc + \mathrm{i}^2 bd = (ac - bd) + \mathrm{i}(ad + bc).$$

对于复数 $z = a + \mathrm{i}b \neq 0$,数

$$\frac{1}{z} = \frac{1}{a + \mathrm{i}b} = \frac{1}{a + \mathrm{i}b} \cdot \frac{a - \mathrm{i}b}{a - \mathrm{i}b} = \frac{a}{a^2 + b^2} - \mathrm{i}\frac{b}{a^2 + b^2}$$

称为 z 的**逆**. 所以可以定义两个复数 $z = a + \mathrm{i}b$ 和 $w = c + \mathrm{i}d$ $(w \neq 0)$ 的商为

$$\frac{z}{w} = z \cdot \frac{1}{w} = (a + \mathrm{i}b)\left(\frac{c}{c^2 + d^2} - \mathrm{i}\frac{d}{c^2 + d^2}\right) = \frac{ac + bd}{c^2 + d^2} + \mathrm{i}\frac{bc - ad}{c^2 + d^2}.$$

定义 2.4. 复数 $z = a + \mathrm{i}b$ 的**共轭**定义为

$$\overline{z} = a - \mathrm{i}b.$$

注意到一个复数 z 的共轭 $\overline{z}$ 和 z 相加或相乘均得到实数,实际上有

$$z + \overline{z} = 2a = 2\mathrm{Re}(z), \qquad z \cdot \overline{z} = a^2 + b^2.$$

复数的共轭是根式共轭的一个推广(即 $a - b\sqrt{d}$ 是 $a + b\sqrt{d}$ 的共轭).

共轭的性质

对所有的复数 $z, w \in \mathbb{C}$, 有:

(i) $\overline{z+w} = \overline{z} + \overline{w}$;

(ii) $\overline{z-w} = \overline{z} - \overline{w}$;

(iii) $\overline{zw} = \overline{z} \cdot \overline{w}$;

(iv) 若 n 是非负整数, 则 $\overline{z^n} = \overline{z}^n$;

(v) 若 $z \neq 0$, 则 $\overline{\left(\dfrac{1}{z}\right)} = \dfrac{1}{\overline{z}}$;

(vi) 若 $w \neq 0$, 则 $\overline{\left(\dfrac{z}{w}\right)} = \dfrac{\overline{z}}{\overline{w}}$;

(vii) $\overline{(\overline{z})} = z$.

定义 2.5. 复数 $z = a + ib$ 的**模**或**模长**是实数

$$|z| = \sqrt{a^2 + b^2}.$$

模是一个乘性函数(满足 $|zw| = |z| \cdot |w|$), 而且我们会看到, 它是实数绝对值的一个推广.

模的性质

设 $z, w \in \mathbb{C}$, 则有:

(i) $-|z| \leqslant \mathrm{Re}(z) \leqslant |z|$, $-|z| \leqslant \mathrm{Im}(z) \leqslant |z|$;

(ii) 对所有的 $z \in \mathbb{C}$, 有 $|z| \geqslant 0$, 进一步, $|z| = 0$, 当且仅当 $z = 0$;

(iii) $|z| = |-z| = |\overline{z}|$;

(iv) $z\overline{z} = |z|^2$;

(v) $|zw| = |z| \cdot |w|$;

(vi) 若 $z \neq 0$, 则 $\left|\dfrac{1}{z}\right| = \dfrac{1}{|z|}$;

(vii) 若 $w \neq 0$, 则 $\left|\dfrac{z}{w}\right| = \dfrac{|z|}{|w|}$.

2.3 共轭的应用

设 $P(x) = a_d x^d + \cdots + a_0$ 是一个实系数多项式, 因为实数的共轭是其本身, 利用共轭的性质, 我们得到下面的重要事实.

$$P(\overline{z}) \quad = \quad a_d \overline{z}^d + \cdots + a_1 \overline{z} + a_0$$

$$= \overline{a_d z^d} + \cdots + \overline{a_1 z} + \overline{a_0}$$
$$= \overline{a_d z^d + \cdots + a_1 z + a_0}$$
$$= \overline{P(z)}.$$

从这个事实继续推导, 可以得到下面的推论:

$$P(z)P(\overline{z}) = P(z)\overline{P(z)} = |P(z)|^2.$$

例 2.1. 设 $P(x)$ 是实系数多项式, 若 $P(1+\mathrm{i}) = 5 - 6\mathrm{i}$, 则 $P(1-\mathrm{i}) = 5 + 6\mathrm{i}$.

例 2.2. 设 $\omega = \dfrac{-1 + \mathrm{i}\sqrt{3}}{2}, P(x) = ax - b$, 则

$$P(\omega)P(\overline{\omega}) = (a\omega - b)(a\overline{\omega} - b) = a^2 \omega \cdot \overline{\omega} - ab(\omega + \overline{\omega}) + b^2.$$

因为 $\omega \cdot \overline{\omega} = |\omega|^2 = 1, \omega + \overline{\omega} = -1$, 所以

$$P(\omega)P(\overline{\omega}) = a^2 + ab + b^2.$$

另外, 还有 $P(\omega) = \dfrac{-a - 2b}{2} + \mathrm{i}\left(\dfrac{a\sqrt{3}}{2}\right)$, 因此

$$|P(\omega)|^2 = \frac{1}{4}(a + 2b)^2 + \frac{3}{4}a^2.$$

于是得到

$$a^2 + ab + b^2 = \frac{1}{4}(a + 2b)^2 + \frac{3}{4}a^2.$$

例 2.3. 证明恒等式:

$$(a^2 + ab + b^2)(b^2 + bc + c^2)(a^2 + ac + c^2)$$
$$= (a^2 b + b^2 c + c^2 a)^2 + (b^2 a + c^2 b + a^2 c)^2$$
$$+ (a^2 b + b^2 c + c^2 a)(b^2 a + c^2 b + a^2 c).$$

证明 设 $P(t) = (ta - b)(tb - c)(tc - a)$. 由例 2.2 可知

$$P(\omega)P(\overline{\omega}) = (a^2 + ab + b^2)(b^2 + bc + c^2)(a^2 + ac + c^2).$$

另外,

$$P(t) = abct^3 - (a^2 b + b^2 c + c^2 a)t^2 + (b^2 a + c^2 b + a^2 c)t - abc.$$

因为 $\omega^3 = 1$, 所以

$$P(\omega) = -(a^2b + b^2c + c^2a)\omega^2 + (b^2a + c^2b + a^2c)\omega.$$

再次应用例 2.2, 得到

$$
\begin{aligned}
|P(\omega)|^2 &= |-(a^2b + b^2c + c^2a)\omega^2 + (b^2a + c^2b + a^2c)\omega|^2 \\
&= |(b^2a + c^2b + a^2c) - (a^2b + b^2c + c^2a)\omega|^2 \\
&= (a^2b + b^2c + c^2a)^2 + (b^2a + c^2b + a^2c)^2 \\
&\quad + (a^2b + b^2c + c^2a)(b^2a + c^2b + a^2c).
\end{aligned}
$$

$\square$

2.4 复数性质的应用

你现有的关于复数的知识是继续阅读这个主题的基础.

例 2.4. 求模长为 1 的复数 ω, 使得

$$z = (\omega + 2)^3(\omega - 3)^2$$

的模长达到最大值.

解 设 $\omega + \overline{\omega} = 2\mathrm{Re}(\omega) = t$. 设 a 是一个实数, 显然有

$$|\omega - a|^2 = (\omega - a)(\overline{\omega} - a) = 1 + a^2 - at.$$

因此

$$|z|^2 = (|\omega + 2|^2)^3 \cdot (|\omega - 3|^2)^2 = (5 + 2t)^3 \cdot (10 - 3t)^2.$$

现在我们的目标是最大化 $(5 + 2t)^3 \cdot (10 - 3t)^2$. 根据均值不等式, 可得

$$(5 + 2t)^3 \cdot (10 - 3t)^2 \leqslant \left(\frac{3(5 + 2t) + 2(10 - 3t)}{5}\right)^5 = 7^5.$$

因此 $|z| \leqslant 7^{\frac{5}{2}}$, 等号当 $5 + 2t = 10 - 3t$, 即 $t = 1$ 时成立. 这给出 $\mathrm{Re}(\omega) = \dfrac{1}{2}$, 于是 $\omega = \dfrac{1 \pm \mathrm{i}\sqrt{3}}{2}$. $\square$

例 2.5. 求所有模长为 1 的复数 z, 满足

$$\sum_{k=1}^{1006} |z^{2k+1} - z^{2k}| = \sum_{k=1}^{1006} |z^{2k} - z^{2k-2}|.$$

解 注意到

$$|z^{2k+1} - z^{2k}| = |z^{2k}| \cdot |z - 1| = |z - 1|,$$

$$|z^{2k} - z^{2k-2}| = |z^{2k-2}| \cdot |z^2 - 1| = |z^2 - 1|.$$

因此题目相当于求 z,满足

$$|z - 1| = |z^2 - 1| = |z - 1| \cdot |z + 1|.$$

因此 $|z - 1| = 0(z = 1)$ 或者 $|z + 1| = 1$. 因为 $|z| = 1$,所以 $\bar{z} = 1/z$,然后有

$$|z + 1|^2 = (z + 1)\left(\frac{1}{z} + 1\right) = 2 + z + \frac{1}{z},$$

给出方程 $z^2 + z + 1 = 0$,解得 $z = \dfrac{-1 \pm \mathrm{i}\sqrt{3}}{2}$. 最终我们有三个解:$z = 1, \dfrac{-1 \pm \mathrm{i}\sqrt{3}}{2}$.

　　这个问题的最后一步还有一个几何方法,需要使用下一节的例题中讨论的复平面的概念:模长为 1 的数是以 0 为圆心的单位圆,$|z + 1| = 1$ 的解是以 -1 为圆心的单位圆. 两个圆的交点是 $z = \dfrac{-1 \pm \mathrm{i}\sqrt{3}}{2}$.　　　□

例 2.6. 设复数 z 满足 $\left|\dfrac{z + \mathrm{i}}{1 + z}\right| = 1$,证明:

$$|z^{2010} + \mathrm{i}z^{2009} + \cdots + \mathrm{i}^{2009}z + \mathrm{i}^{2010}| = |z^{2010} + z^{2009} + \cdots + z + 1|.$$

证明 设 S 是复平面上满足 $|z + \mathrm{i}| = |1 + z|$ 的点的集合. 显然 S 中的所有点到 $-\mathrm{i}$ 和 -1 的距离相同,因此 S 是以这两点为端点的线段的垂直平分线,即

$$S = \{z \in \mathbb{C} \mid z = x(1 + \mathrm{i}), x \in \mathbb{R}\}.$$

利用等比数列求和公式,有

$$|z^{2010} + \mathrm{i}z^{2009} + \cdots + \mathrm{i}^{2009}z + \mathrm{i}^{2010}| = \left|\frac{z^{2011} - \mathrm{i}^{2011}}{z - \mathrm{i}}\right|,$$

$$|z^{2010} + z^{2009} + \cdots + z + 1| = \left|\frac{z^{2011} - 1}{z - 1}\right|.$$

因为 $z \in S, |z - \mathrm{i}| = |z - 1|$,所以只需证明

$$|z^{2011} - \mathrm{i}^{2011}| = |z^{2011} - 1|,$$

即

$$|z^{2011} + \mathrm{i}| = |z^{2011} - 1|.$$

注意到

$$
\begin{aligned}
z^{2011} &= (x(1+\mathrm{i}))^{2011} \\
&= x^{2011}(1+\mathrm{i})^3((1+\mathrm{i})^4)^{502} \\
&= x^{2011}\cdot 2(\mathrm{i}-1)(-4)^{502} \\
&= 2^{1005}\cdot x^{2011}\cdot(\mathrm{i}-1),
\end{aligned}
$$

因此 $z^{2011}\in R=\{z\in\mathbb{C}\mid z=y(\mathrm{i}-1),y\in\mathbb{R}\}$. 显然集合 R 上的所有点满足 $|r-1|=|r+\mathrm{i}|$. 因此有 $|z^{2011}+\mathrm{i}|=|z^{2011}-1|$. $\qquad\square$

例 2.7. 求所有的复数 $z=a+b\mathrm{i}$, 其中 a,b 是有理数, 并且对某个正整数 n 有 $z^n=1$.

解 设 $a=\dfrac{p}{q},b=\dfrac{r}{s}$, 其中 p,q,r,s 是整数, 并且 $q,s\geqslant 1,\gcd(p,q)=\gcd(r,s)=1$. 设 $\gcd(q,s)=d$, 于是 $q=dq_1,s=ds_1,\gcd(q_1,s_1)=1$, 并且

$$(a^2+b^2)^n=|z|^{2n}=1.$$

因此 $a^2+b^2=1$, $p^2s_1^2+r^2q_1^2=d^2q_1^2s_1^2$. 于是 $s_1^2\mid r^2q_1^2$, 利用前面的互素性, 有 $s_1=1$. 类似地, 有 $q_1=1$, 于是 $q=s$. 也就是说, 有 $p^2+r^2=q^2$, 并且 $\gcd(p,q)=\gcd(r,q)=1$. 容易得到 $\gcd(p,r)=1$, 并且 p,r 的奇偶性不同, 于是 q 是奇数. 最后, 将方程 $z^n=1$ 写成 $(p+r\mathrm{i})^n=q^n$, 我们发现 $\operatorname{Re}((p+r\mathrm{i})^n)=q^n$. 于是

$$
\begin{aligned}
q^n &= p^n-\binom{n}{2}p^{n-2}r^2+\binom{n}{4}p^{n-4}r^4+\cdots \\
&= p^n-\binom{n}{2}p^{n-2}(q^2-p^2)+\binom{n}{4}p^{n-4}(q^2-p^2)^2+\cdots.
\end{aligned}
$$

将此方程模 q 化简, 发现

$$p^n\left(1-\binom{n}{2}+\binom{n}{4}-\cdots\right)\equiv 0\pmod{q}.$$

另外, 根据二项式定理, 有

$$1-\binom{n}{2}+\binom{n}{4}-\cdots=\operatorname{Re}((1+\mathrm{i})^n).$$

因为 $z^{4n}=1$, 所以 $n'=4n$ 也满足题目的条件. 我们可以不妨设 $4\mid n$, 设 $n=4k$, k 是正整数. 于是

$$(1+\mathrm{i})^{4k}=((1+\mathrm{i})^2)^{2k}=(2\mathrm{i})^{2k}=(-4)^k,$$

给出 $p^{4k}(-4)^k\equiv 0\pmod{q}$. 因为 q 是奇数, 并且 $\gcd(p,q)=1$, 所以必然有 $q=1$. 因此 $p=\pm 1,r=0$ 或者 $p=0,r=\pm 1$, 得到 $z=\pm 1,\pm\mathrm{i}$. $\qquad\square$

2.4.1　复数的三角形式

复数的代数方法非常强大,但还有另一种非常有用的几何方法,使我们能够应用三角函数来研究复数.

考虑欧氏平面 $\mathbb{R}^2$ 上的笛卡儿坐标系,对复数 $z = x + \mathrm{i}y$ $(x, y \in \mathbb{R})$ 我们可以关联唯一一个点 $(x, y) \in \mathbb{R}^2$,通常称为复数 z 的**像**.

这样,我们定义了一个一一映射

$$f : \mathbb{C} \to \mathbb{R}^2, \qquad x + \mathrm{i}y \mapsto (x, y).$$

若 z 的像是 P,则复数 z 称为点 P 的**复坐标**. 若用极坐标表示 P,则有

$$x = \rho \cos \theta, \qquad y = \rho \sin \theta,$$

于是 $\rho \in [0, \infty)$ 表示线段 OP 的长度,$\theta \in [0, 2\pi)$ 是线段 OP 和水平轴的夹角.

定义 2.6. 设 $z = x + \mathrm{i}y$ 为复数,$P(x, y)$ 和 $O(0, 0)$ 为平面上的点. 定义 z 的**辐角**,记为 $\mathrm{Arg}(z)$,为线段 OP 与坐标系的正水平轴形成的顺时针夹角的值.

当复数 z 连续变化时,我们希望辐角也连续变化,因此规定辐角的值只确定到相差 2π 的整数倍. 如果辐角值取在区间 $[0, 2\pi)$ 内,那么称这个值为**辐角主值**,记作 $\arg(z)$. 一般约定,$z = 0$ 的辐角是未定义的.

如果复数 $z = x + \mathrm{i}y$ 的模长和辐角分别为 $|z| = \rho$ 和 $\arg(z) = \theta$,那么有 $x = \rho \cos \theta$ 和 $y = \rho \sin \theta$.

复数的三角形式

设 z 是复数,$\rho \in [0, \infty)$ 是其模长,$\theta \in [0, 2\pi)$ 是其辐角,那么

$$z = \rho(\cos \theta + \mathrm{i} \sin \theta).$$

这称为 z 的**三角形式**.

当我们需要乘或除几个复数时,使用三角形式更方便.

定理 2.7. 设 $z = \rho_1(\cos \theta_1 + \mathrm{i} \sin \theta_1), w = \rho_2(\cos \theta_2 + \mathrm{i} \sin \theta_2)$,则有:

(i) $zw = \rho_1 \rho_2 \left(\cos(\theta_1 + \theta_2) + \mathrm{i} \sin(\theta_1 + \theta_2) \right).$

(ii) 若 $w \neq 0$,则 $\dfrac{z}{w} = \dfrac{\rho_1}{\rho_2} \left(\cos(\theta_1 - \theta_2) + \mathrm{i} \sin(\theta_1 - \theta_2) \right).$

证明 留作练习. □

此定理有下面的一个推论.

棣莫弗公式

设 $z = \rho(\cos\theta + i\sin\theta)$ 是一个复数,则

$$z^n = \rho^n(\cos n\theta + i\sin n\theta)$$

对所有的正整数 n 成立. 若 $z \neq 0$,则公式对所有的整数 n 成立.

证明 若 $n > 0$,应用定理 2.7 的 (i) 部分到 $z = z_1 = \cdots = z_n$,得到

$$z^n = \underbrace{\rho \cdot \rho \cdots \rho}_{n\text{次}}(\cos(\underbrace{\theta + \theta + \cdots + \theta}_{n\text{次}}) + i\sin(\underbrace{\theta + \theta + \cdots + \theta}_{n\text{次}}))$$

$$= \rho^n(\cos n\theta + i\sin n\theta).$$

若 $z \neq 0$,则公式在 $n = 0$ 的情形是显然的. 若 $n < 0$,取 $-n = m$,得到

$$\begin{aligned} z^n = z^{-m} &= \frac{1}{z^m} \\ &= \frac{1}{\rho^m(\cos m\theta + i\sin m\theta)} \\ &= \rho^n(\cos m\theta - i\sin m\theta) \\ &= \rho^n(\cos n\theta + i\sin n\theta). \end{aligned}$$

$\square$

满足 $|z| = 1$ 的点的几何轨迹是以原点为圆心的半径为 1 的圆,称为**单位圆**. 单位圆上的所有点都有三角表示 $z = \cos\theta + i\sin\theta$. 单位圆内的所有点都有三角表示 $z = \rho(\cos\theta + i\sin\theta)$,其中 $\rho < 1$;单位圆外的所有点都有三角表示 $\rho(\cos\theta + i\sin\theta)$,其中 $\rho > 1$.

现在我们来看一些例题.

例 2.8. 计算 $(1+i)^{2019}$ 和 $(3 + i\sqrt{3})^{2019}$.

解 使用三角形式

$$1 + i = \frac{1}{\sqrt{2}}\left(\cos\frac{\pi}{4} + i\sin\frac{\pi}{4}\right),$$

我们得到

$$(1+i)^{2019} = 2^{-\frac{2019}{2}}\left(\cos\frac{2019\pi}{4} + i\sin\frac{2019\pi}{4}\right).$$

进一步,由于 $\dfrac{2019\pi}{4} = 252 \cdot 2\pi + \dfrac{3\pi}{4}$,有

$$\cos\frac{2019\pi}{4} + \mathrm{i}\sin\frac{2019\pi}{4} = -\frac{1}{\sqrt{2}} + \frac{\mathrm{i}}{\sqrt{2}},$$

因此

$$(1+\mathrm{i})^{2019} = 2^{-1010}(-1+\mathrm{i}).$$

类似地,

$$3 + \mathrm{i}\sqrt{3} = 2\sqrt{3}\left(\frac{\sqrt{3}}{2} + \frac{\mathrm{i}}{2}\right) = 2\sqrt{3}\left(\cos\frac{\pi}{6} + \mathrm{i}\sin\frac{\pi}{6}\right),$$

所以

$$
\begin{aligned}
(3+\mathrm{i}\sqrt{3})^{2019} &= 3^{\frac{2019}{2}} \cdot 2^{2019}\left(\cos\frac{2019\pi}{6} + \mathrm{i}\sin\frac{2019\pi}{6}\right) \\
&= 3^{\frac{2019}{2}} \cdot 2^{2019}\left(\cos\frac{3\pi}{6} + \mathrm{i}\sin\frac{3\pi}{6}\right) \\
&= 3^{\frac{2019}{2}} \cdot 2^{2019}\mathrm{i}.
\end{aligned}
$$

$\square$

例 2.9. 设 $z = \cos 40° + \mathrm{i}\sin 40°$,计算

$$|z + 2z^2 + \cdots + 9z^9|^{-1}.$$

AHSME 1984

解 显然 $z = \cos\dfrac{2\pi}{9} + \mathrm{i}\sin\dfrac{2\pi}{9}$,因此 $z^9 = 1$. 记 $A = z + 2z^2 + \cdots + 9z^9$,于是

$$z \cdot A = z^2 + 2z^3 + \cdots + 8z^9 + 9z = A - (z + z^2 + \cdots + z^9) + 9z.$$

注意到

$$z + z^2 + \cdots + z^9 = z(1 + z + \cdots + z^8) = z\left(\frac{z^9-1}{z-1}\right) = 0,$$

因此 $z \cdot A = A + 9z$,即 $A = \dfrac{9z}{z-1}$. 于是

$$\frac{1}{|A|} = \frac{|z-1|}{9|z|} = \frac{|z-1|}{9}.$$

又因为

$$z - 1 = \cos\frac{2\pi}{9} - 1 + \mathrm{i}\sin\frac{2\pi}{9},$$

所以

$$|z-1|^2 = \left(\cos\frac{2\pi}{9}-1\right)^2 + \left(\sin\frac{2\pi}{9}\right)^2 = 2-2\cos\frac{2\pi}{9} = 4\sin^2\frac{\pi}{9}.$$

于是 $|z-1| = 2\sin\frac{\pi}{9}$，得到

$$\frac{1}{|A|} = \frac{2}{9}\sin\frac{\pi}{9} = \frac{2}{9}\sin 20°.$$

$\square$

例 2.10. 设 $C_1,\cdots,C_n$ 是实数，定义

$$g(\theta) = C_1\cos\theta + C_2\cos 2\theta + \cdots + C_n\cos n\theta.$$

若 $g(\theta) > -1$ 对所有的 $\theta > 0$ 成立，证明：$C_1 + \cdots + C_n \leqslant n$.

中国国家队选拔考试 2004

证明 设 $z = \cos\frac{2\pi}{n+1} + \mathrm{i}\sin\frac{2\pi}{n+1}$，于是

$$z^{n+1} = \cos(2\pi) + \mathrm{i}\sin(2\pi) = 1.$$

因为 $z^{n+1}-1 = (z-1)(z^n + z^{n-1} + \cdots + 1)$，所以 $z^n + z^{n-1} + \cdots + 1 = 0$. 取

$$\theta_1 = \frac{2\pi}{n+1}, \quad \theta_2 = \frac{4\pi}{n+1}, \quad \cdots, \quad \theta_n = \frac{2n\pi}{n+1},$$

得到

$$\begin{aligned}
g(\theta_1) &= \mathrm{Re}(C_1 z + C_2 z^2 + \cdots + C_n z^n) \geqslant -1, \\
g(\theta_2) &= \mathrm{Re}(C_1 z^2 + C_2 z^4 + \cdots + C_n z^{2n}) \geqslant -1, \\
&\vdots \\
g(\theta_n) &= \mathrm{Re}(C_1 z^n + C_2 z^{2n} + \cdots + C_n z^{n^2}) \geqslant -1.
\end{aligned}$$

将这些不等式相加，得到

$$\mathrm{Re}((C_1 + \cdots + C_n)(z + z^2 + \cdots + z^n)) \geqslant -n.$$

由于 $z + z^2 + \cdots + z^n = -1$，因此完成了证明. $\square$

例 2.11. 设复数 z 满足 $|z+1| > 2$，证明：$|z^3+1| > 1$.

Walter Janous, 国际数学竞赛 (IMC) 2012

证明 由于

$$|z^3 + 1| = |z + 1| \cdot |z^2 - z + 1| > 2|z^2 - z + 1|,$$

只需证明 $|z^2 - z + 1| > \dfrac{1}{2}$. 设 $z + 1 = \rho(\cos\alpha + i\sin\alpha)$，其中 $\rho > 2$，则

$$z^2 - z + 1 = (z+1)^2 - 3(z+1) + 3 = \rho^2(\cos 2\alpha + i\sin 2\alpha) - 3\rho(\cos\alpha + i\sin\alpha) + 3.$$

因此

$$|z^2 - z + 1|^2 = \rho^4 + 9\rho^2 + 9 - (6\rho^3 + 18\rho)\cos\alpha + 6\rho^2(2\cos^2\alpha - 1)$$

$$= 12\left(\rho\cos\alpha - \frac{\rho^2 + 3}{4}\right)^2 + \frac{1}{4}(\rho^2 - 3)^2 > 0 + \frac{1}{4} = \frac{1}{4},$$

我们就完成了证明. $\square$

例 2.12. 设 $A = \{1, z, \cdots, z^{n-1}\}$，$B = \{1, 1+z, \cdots, 1+z+\cdots+z^{n-1}\}$，而 $z = \cos\dfrac{2\pi}{n} + i\sin\dfrac{2\pi}{n}$. 求集合 $A \cap B$.

Marian Tetiva,罗马尼亚数学奥林匹克预选题 2003

解 注意到 $1 \in A \cap B$，假设 $\omega \neq 1$ 属于 $A \cap B$. 由于 $\omega \in B$，可以设

$$\omega = \frac{z^{k+1} - 1}{z - 1},$$

其中 $1 \leqslant k \leqslant n - 1$. 因为 $z^n = 1$，$|z| = 1$，所以 A 中的所有元素的模长为 1，并且 n 次幂均为 1. 特别地，由于 $\omega \in A$，因此 $|\omega| = 1$. 于是 $\left|\dfrac{z^{k+1} - 1}{z - 1}\right| = 1$，说明 $|z^{k+1} - 1| = |z - 1|$. 根据棣莫弗公式，有

$$|z^{k+1} - 1| = \left|\cos\frac{2(k+1)\pi}{n} - 1 + i\sin\frac{2(k+1)\pi}{n}\right|$$

$$= 2\left|\sin\frac{(k+1)\pi}{n}\right| = 2\sin\frac{(k+1)\pi}{n},$$

而

$$|z - 1| = \left|\cos\frac{2\pi}{n} - 1 + i\sin\frac{2\pi}{n}\right| = 2\left|\sin\frac{\pi}{n}\right| = 2\sin\frac{\pi}{n}.$$

因此

$$\sin\frac{(k+1)\pi}{n} = \sin\frac{\pi}{n},$$

得到

$$\frac{(k+1)\pi}{n} = \pi - \frac{\pi}{n} = \frac{(n-1)\pi}{n},$$

说明 $k = n - 2$. 于是

$$\omega = \frac{z^{k+1} - 1}{z - 1} = \frac{z^{n-1} - 1}{z - 1} = \frac{\frac{1}{z} - 1}{z - 1} = -\frac{1}{z}.$$

然而, $\omega \in A$ 给出 $1 = \omega^n = \left(-\frac{1}{z}\right)^n = (-1)^n$, 说明 n 必然是偶数. 此时容易验证 $z^{n/2 - 1} = -\frac{1}{z}$ 确实属于 A. 因此, 若 n 是奇数, 则 $A \cap B = \{1\}$; 若 n 是偶数, 则 $A \cap B = \left\{1, -\frac{1}{z}\right\}$.   □

例 2.13. 设 a, b, c 是三个模长为 1 的复数, 证明:

$$\left|\frac{ab}{a^2 - b^2}\right| + \left|\frac{bc}{b^2 - c^2}\right| + \left|\frac{ac}{c^2 - a^2}\right| \geqslant \sqrt{3}.$$

Michelle Bataille, 数学难题[2]

证明 显然我们可以假设 a^2, b^2, c^2 互不相同. 设

$$a = \cos\alpha + \mathrm{i}\sin\alpha, \quad b = \cos\beta + \mathrm{i}\sin\beta, \quad c = \cos\gamma + \mathrm{i}\sin\gamma.$$

于是

$$\begin{aligned}
\left|\frac{ab}{a^2 - b^2}\right| &= \frac{1}{\left|\frac{a}{b} - \frac{b}{a}\right|} \\
&= \frac{1}{\left|(\cos(\alpha - \beta) + \mathrm{i}\sin(\alpha - \beta)) - (\cos(\beta - \alpha) - \mathrm{i}\sin(\beta - \alpha))\right|} \\
&= \frac{1}{2|\sin(\alpha - \beta)|}.
\end{aligned}$$

现在需要证明

$$\frac{1}{|\sin(\alpha - \beta)|} + \frac{1}{|\sin(\beta - \gamma)|} + \frac{1}{|\sin(\gamma - \alpha)|} \geqslant 2\sqrt{3}.$$

根据均值不等式, 我们有

$$\begin{aligned}
&\frac{1}{|\sin(\alpha - \beta)|} + \frac{1}{|\sin(\beta - \gamma)|} + \frac{1}{|\sin(\gamma - \alpha)|} \\
&\geqslant \frac{3}{\sqrt[3]{|\sin(\alpha - \beta)\sin(\beta - \gamma)\sin(\gamma - \alpha)|}}.
\end{aligned}$$

注意到

$$|\sin(\alpha - \beta)\sin(\beta - \gamma)\sin(\gamma - \alpha)| = |\sin(\alpha - \beta)\sin(\beta - \gamma)\sin(\pi + \gamma - \alpha)|.$$

[2] *Crux Mathematicorum*, 加拿大的一个数学杂志, 登载高中和大学程度的数学题目——译者注

令 $X = \alpha - \beta, Y = \beta - \gamma, Z = \pi + \gamma - \alpha$, 则 $X + Y + Z = \pi$.

熟知[3], 当 $X + Y + Z = \pi$ 时, 有

$$|\sin X \cdot \sin Y \cdot \sin Z| \leqslant \left(\frac{\sqrt{3}}{2}\right)^3.$$

因此

$$\frac{3}{\sqrt[3]{|\sin(\alpha - \beta)\sin(\beta - \gamma)\sin(\gamma - \alpha)|}} \geqslant 2\sqrt{3}.$$

$\square$

2.5 单位根

定义 2.8. 设 z 是一个复数, 满足条件 $\omega^n = z$ 的数 ω 称为 z 的一个n 次根.

我们想要找到表示出 z 的所有 n 次根的方法.

定理 2.9. 设 z 是非零复数, 则 z 恰好有 n 个不同的 n 次根. 如果

$$z = \rho(\cos\theta + \mathrm{i}\sin\theta), \quad \rho > 0, \quad \theta \in [0, 2\pi),$$

那么这些 n 次根为

$$\omega_k = \sqrt[n]{\rho}\left(\cos\frac{\theta + 2k\pi}{n} + \mathrm{i}\sin\frac{\theta + 2k\pi}{n}\right), \qquad k = 0, 1, \cdots, n-1.$$

证明 设 $\omega = r(\cos\varphi + \mathrm{i}\sin\varphi)$ 是 z 的一个 n 次根, 根据 $\omega^n = z$, 有

$$r^n(\cos n\varphi + \mathrm{i}\sin n\varphi) = \rho(\cos\theta + \mathrm{i}\sin\theta).$$

两个复数相等当且仅当它们的模长相等, 辐角相差 2π 的整数倍, 因此有

$$r^n = \rho, \qquad n\varphi = \theta + 2k\pi, \qquad k \in \mathbb{Z},$$

解得 $r = \sqrt[n]{\rho}, \varphi_k = \dfrac{\theta + 2k\pi}{n}$, 因此

$$\omega_k = \sqrt[n]{\rho}\left(\cos\frac{\theta + 2k\pi}{n} + \mathrm{i}\sin\frac{\theta + 2k\pi}{n}\right), \qquad k \in \mathbb{Z}.$$

由于对 $k = 0, 1, \cdots, n-1$, 有 $0 \leqslant \varphi_k < 2\pi$, 因此几个 n 次根 $\omega_0, \omega_1, \cdots, \omega_{n-1}$ 互不相同. 若 $0 \leqslant r \leqslant n-1$ 是整数 k 除以 n 的余数, 则 $k = nq + r, q \in \mathbb{Z}$, 然后有

$$\varphi_k = \frac{\theta + 2(nq + r)\pi}{n} = \frac{\theta + 2r\pi}{n} + 2q\pi = \varphi_r + 2q\pi,$$

所以 $\omega_k = \omega_r$, 也就是说对所有的整数 k, 均有 $\omega_k \in \{\omega_0, \omega_1, \cdots, \omega_{n-1}\}$. $\square$

---

[3]例如, 可以参考《112 个几何不等式》, P58.

注 在定理中取 $z = 1$,我们得到 n **次单位根**,即方程 $\omega^n = 1$ 的所有解. 它们是

$$\omega_k = \cos\frac{2k\pi}{n} + \mathrm{i}\sin\frac{2k\pi}{n}, \qquad k = 0, 1, \cdots, n-1.$$

在复平面上,$z \neq 0$ 的 n 次根的像形成一个中心在原点的正 n 边形的顶点. n 次单位根形成的正 n 边形中心在原点,一个顶点在 $(1, 0)$.

我们可以总结并给出 n 次单位根的一些性质,其证明留给读者.

单位根

方程 $z^n = 1$ 的复根称为 n **次单位根**,记

$$U_n = \{z \in \mathbb{C} \mid z^n = 1\} = \left\{\omega_k = \cos\frac{2k\pi}{n} + \mathrm{i}\sin\frac{2k\pi}{n} \,\middle|\, k = 0, 1, \cdots, n-1\right\}$$

为 n 次单位根的集合,有如下的性质:

(i) 若 ω_i, ω_j 都是 n 次单位根,则 $\omega_i\omega_j$ 也是一个 n 次单位根;

(ii) 复 n 次单位根可以分开配对为 $\left\{\omega_i, \dfrac{1}{\omega_i}\right\}$;

(iii) 对任何 $\omega \in U_n$ 和整数 $i, j, i \equiv j \pmod{n}$,有 $\omega^i = \omega^j$.

定义 2.10. 如果一个 n 次单位根不是 $k (k < n)$ 次单位根,那么称其为一个**本原的单位根**,即满足

$$z^n = 1, \quad 且 \quad z^k \neq 1, \qquad \forall\, k = 0, 1, \cdots, n-1.$$

也就是说,如果 ω 是本原 n 次单位根,那么 n 是最小的正整数,满足 $\omega^n = 1$.

定理 2.11. 一个 n 次单位根 $\omega_k = \cos\dfrac{2k\pi}{n} + \mathrm{i}\sin\dfrac{2k\pi}{n}, 0 \leqslant k \leqslant n-1$,是本原 n 次单位根当且仅当 $\gcd(k, n) = 1$.

证明 首先,我们证明,如果 ω_k 是本原 n 次单位根,那么 $\gcd(k, n) = 1$. 只需证明,若 $\gcd(k, n) = g > 1$,则 ω_k 不是本原的. 设 $k = gk_1$,计算发现

$$\omega_k^{n/g} = (\omega_1^k)^{n/g} = \omega_1^{nk_1} = ((\omega_1)^n)^{k_1} = 1^{k_1} = 1.$$

因此 ω_k 是 $\dfrac{n}{g}$ 次单位根,而 $\dfrac{n}{g} < n$,所以 ω_k 不是本原的.

接下来证明,若 $k \in \{0, 1, \cdots, n-1\}, \gcd(k, n) = 1$,则 ω_k 是本原 n 次单位根. 用反证法,假设 ω_k 不是本原 n 次单位根,则存在 $m \in \{1, 2, \cdots, n-1\}$ 使得 $\omega_k^m = 1$,即

$$\cos\frac{2km\pi}{n} + \mathrm{i}\sin\frac{2km\pi}{n} = 1.$$

因此 $\dfrac{km}{n}$ 为整数, 即 $n \mid km$. 因为 $\gcd(k,n)=1$, 所以 $n \mid m$, 这与 $1 \leqslant m \leqslant n-1$ 矛盾. $\qquad\square$

推论 2.12. 对所有的正整数 n, 存在 $\varphi(n)$ 个本原 n 次单位根, 其中 φ 是欧拉函数.

例 2.14. 设 $n=12$, 我们有

$$\omega = \cos\frac{\pi}{6} + \mathrm{i}\sin\frac{\pi}{6}, \qquad \omega^5 = \cos\frac{5\pi}{6} + \mathrm{i}\sin\frac{5\pi}{6},$$

$$\omega^7 = \cos\frac{7\pi}{6} + \mathrm{i}\sin\frac{7\pi}{6}, \qquad \omega^{11} = \cos\frac{11\pi}{6} + \mathrm{i}\sin\frac{11\pi}{6}.$$

共 $\varphi(12)=4$ 个 12 次本原单位根.

例 2.15. 设 $a_1,\cdots,a_d$ 是 d 个非零复数, 不必互不相同. 设不同的正整数 k,l 满足 $a_1^k,\cdots,a_d^k$ 和 $a_1^l,\cdots,a_d^l$ 是两组完全一样的数. 证明: $a_1,\cdots,a_d$ 都是单位根.

证明 题目的条件说明存在一一映射 $\sigma : \{1,2,3,\cdots\} \to \{1,2,3,\cdots\}$, 使得若 $\sigma(j)=m$, 则 $a_j^k = a_m^l$. 考虑序列 $1,\sigma(1),\sigma(\sigma(1)),\cdots$, 因为 σ 是有限集上的一一映射, 存在正整数 r,s 使得 $\sigma^{(r)}(1)=\sigma^{(s)}(1)$, 其中 $0 \leqslant r < s \leqslant n-1$ (此处我们定义 $\sigma^{(0)}(1)=1$). 因为 σ 是一一映射, 所以 $\sigma^{(s-r)}(1)=1$. 因此 $a_1^k = a_{\sigma(1)}^l$, $a_{\sigma(1)}^k = a_{\sigma^{(2)}(1)}^l$, 于是 $a_1^{k^2} = a_{\sigma^{(2)}(1)}^{l^2}$, 迭代下去得到

$$a_1^{k^{s-r}} = a_{\sigma^{(s-r)}(1)}^{l^{s-r}} = a_1^{l^{s-r}}.$$

因为 $l \neq k$, 所以整数 $n = |l^{s-r} - k^{s-r}|$ 满足 $a_1^n = 1$. 这说明 a_1 是一个单位根. 同样的论述说明 $a_1,\cdots,a_d$ 中的每一个都是单位根. $\qquad\square$

例 2.16. 设 $a_1,\cdots,a_n$ 是多项式 $1+x+x^2+\cdots+x^n$ 的根, 求最小的正整数 m, 使得 $a_1^m,\cdots,a_n^m$ 在复平面上的像位于一条直线上, 其中:

(i) $n = 2011$.

(ii) $n = 2010$.

解 (i) 设 $P(x)=1+x+x^2+\cdots+x^{2011}$, 则 $a_1,\cdots,a_{2011}$ 是多项式 $(x-1)P(x) = x^{2012}-1$ 的根, 因此模长为 1. 这些点都在单位圆上. 每条直线与圆至多相交于两个点, 记为 A,B, 可以假设 $a_1^m,\cdots,a_{2011}^m$ 都是 A 或 B. 不妨设其中至少有 1006 个数等于 A, 它们都是多项式 $x^m - A$ 的根, 因此 $m \geqslant 1006$. 实际上

$$x^{2012} - 1 = (x^{1006}-1)(x^{1006}+1),$$

因此 $a_1^{1006}, \cdots, a_{2011}^{1006}$ 每个数是 1 或 -1,证明了 $m = 1006$ 是最小值.

(ii) 我们证明 $a_1^m, \cdots, a_{2010}^m$ 共线当且仅当 m 是 2011 的倍数. 设 $P(x) = 1 + x + x^2 + \cdots + x^{2010}$,于是 $a_1, \cdots, a_{2010}$ 都是多项式 $(x-1)P(x) = x^{2011} - 1$ 的根,其模长为 1. 更准确地说,$P(x)$ 的根是

$$\varepsilon_k = \cos \frac{2k\pi}{2011} + \mathrm{i}\sin \frac{2k\pi}{2011},$$

其中 $k = 1, \cdots, 2010$. 如果 m 是 2011 的倍数,那么 $a_k^m = 1$ 对所有的 k 成立,因此,所有的数 $a_1^m, \cdots, a_{2010}^m$ 相同,必然共线.

现在假设 m 不是 2011 的倍数. 注意到 2011 是素数,ε_k 都是 2011 次本原单位根. 如前一部分所说,如果 $\varepsilon_1^m, \cdots, \varepsilon_{2010}^m$ 共线,那么它们取到最多两个不同的值. 根据抽屉原则,存在 $1 \leqslant i < j \leqslant 2010$,$\varepsilon_i^m = \varepsilon_j^m$. 注意到 $\varepsilon_k = \varepsilon_1^k$,因此 $1 = \dfrac{\varepsilon_j^m}{\varepsilon_i^m} = \varepsilon_{j-i}^m$,这与 ε_{j-i} 是本原 2011 次单位根以及 m 不是 2011 的倍数矛盾. $\qquad\square$

2.6 多项式的复根

经过前面的准备工作,我们终于到了本章的主要部分. 在本节中,我们需要使用上述所有知识. 此外,我们需要有关下面这些主题的全面知识:

(i) 多项式的整除性.

(ii) 根的概念.

(iii) 韦达定理.

(iv) 如果一个复数 z 是实系数多项式 $P(x)$ 的根,那么 $\bar{z}$ 也是多项式 $P(x)$ 的一个根. 也就是说,我们可以把 $P(x)$ 的所有复根按 $\{z, \bar{z}\}$ 的方式配对.

推论 2.13. 事实 (iv) 推出:多项式 $P(x)$ 若有非实根 z,则包含因子

$$(x - z)(x - \bar{z}) = x^2 - 2\mathrm{Re}(z)x + |z|^2.$$

例 2.17. 设非实数 z 满足 $z^3 + 1 = 0$,计算

$$\left(\frac{z}{z-1}\right)^{2018} + \left(\frac{1}{z-1}\right)^{2018}.$$

解 因为 $z^3 + 1 = (z+1)(z^2 - z + 1)$,$z \neq -1$,所以 $z^2 - z + 1 = 0$,$z - 1 = z^2$,于

是有

$$\left(\frac{z}{z-1}\right)^{2018} + \left(\frac{1}{z-1}\right)^{2018} = \left(\frac{z}{z^2}\right)^{2018} + \left(\frac{1}{z^2}\right)^{2018}$$
$$= \left(\frac{1}{z}\right)^{2018} + \left(\frac{1}{z^2}\right)^{2018}$$
$$= \frac{z^{2018}+1}{z^{2\cdot2018}}.$$

$2018 \equiv 2 \pmod 3$，因此

$$z^{2018} = (z^3)^{672} \cdot z^2 = (-1)^{672} \cdot z^2 = z^2,$$

继续化简得到

$$\left(\frac{z}{z-1}\right)^{2018} + \left(\frac{1}{z-1}\right)^{2018} = \frac{z^2+1}{z^4} = \frac{z^2+1}{-z} = \frac{z}{-z} = -1.$$

$\square$

例 2.18. 设多项式 $f(x),g(x),h(x),k(x)$ 满足

$$(x^2+1)h(x) + (x-1)f(x) + (x-2)g(x) = 0,$$
$$(x^2+1)k(x) + (x+1)f(x) + (x+2)g(x) = 0$$

对所有的 $x \in \mathbb{C}$ 成立. 证明：$f(x),g(x)$ 可被 x^2+1 整除.

证明 代入 $x = \mathrm{i}$,得到

$$(\mathrm{i}-1)f(\mathrm{i}) + (\mathrm{i}-2)g(\mathrm{i}) = 0, \quad (\mathrm{i}+1)f(\mathrm{i}) + (\mathrm{i}+2)g(\mathrm{i}) = 0.$$

从上面的方程组中解出 $f(\mathrm{i}),g(\mathrm{i})$,容易发现 $f(\mathrm{i}) = g(\mathrm{i}) = 0$. 类似地,可以得到 $f(-\mathrm{i}) = g(-\mathrm{i}) = 0$. 因此 $f(x),g(x)$ 都同时被 $x-\mathrm{i}$ 和 $x+\mathrm{i}$ 整除,于是它们同时被 $(x-\mathrm{i})(x+\mathrm{i}) = x^2+1$ 整除. $\square$

例 2.19. 设 $P(x) = x^4 + 14x^3 + 52x^2 + 56x + 16$,而 z_1,z_2,z_3,z_4 是多项式 $P(x)$ 的根. 若 $\{a,b,c,d\} = \{1,2,3,4\}$,求表达式 $|z_az_b + z_cz_d|$ 的最小值.

解 注意到 $Q(x) = \frac{1}{16}P(2x) = x^4 + 7x^3 + 13x^2 + 7x + 1$ 是自反多项式. 如果 r 是 $P(x)$ 的一个根,那么代入 $x = \frac{r}{2}$ 发现 $\frac{r}{2}$ 是 $Q(x)$ 的一个根,于是 $\frac{2}{r}$ 也是 $Q(x)$ 的一个根,因此 $\frac{4}{r}$ 是 $P(x)$ 的一个根. 因为 $P(0) = 16, P(-1) = -1, P(-2) = 16$,

所以 $P(x)$ 在 $(-\infty, -2)$ 上有两个根. 根据上一段, 它还在 $(-2, 0)$ 中有两个根. 因此 P 的所有根为负数, 将其记为 $z_1 \leqslant z_2 \leqslant z_3 \leqslant z_4 < 0$. 应用排序不等式得到

$$|z_a z_b + z_c z_d| \geqslant \frac{1}{2}(z_1 z_4 + z_2 z_3 + z_3 z_2 + z_4 z_1) = z_1 z_4 + z_2 z_3.$$

由于 $z_1 z_4 = z_2 z_3 = 4$, 因此最小值为 8. □

我们将用下面的例子来评估读者在上一章和本章目前为止的学习成果.

例 2.20. 计算下面多项式的所有根的模长之和:

$$P(x) = 20x^8 + 7\mathrm{i}x^7 - 7\mathrm{i}x + 20.$$

解 若 r 是多项式 $P(x)$ 的根, 则 $P(r) = 0$. 经计算得到

$$\frac{P(r)}{r^4} = 20r^4 + 7\mathrm{i}r^3 - \frac{7\mathrm{i}}{r^3} + \frac{20}{r^4} = 20\left(r^4 + \frac{1}{r^4}\right) + 7\mathrm{i}\left(r^3 - \frac{1}{r^3}\right).$$

现在假设 $r = \mathrm{i}t$, 则

$$0 = 20\left(r^4 + \frac{1}{r^4}\right) + 7\mathrm{i}\left(r^3 - \frac{1}{r^3}\right) = 20\left(t^4 + \frac{1}{t^4}\right) + 7\left(t^3 + \frac{1}{t^3}\right).$$

设 $y = t + \dfrac{1}{t}$, 利用例 1.7 的解法一中的多项式 T_3 和 T_4, 我们得到

$$20((y^2 - 2)^2 - 2) + 7(y^3 - 3y) = 0.$$

因此

$$20y^4 + 7y^3 - 80y^2 - 21y + 40 = 0.$$

设 $Q(y) = 20y^4 + 7y^3 - 80y^2 - 21y + 40$, 注意到

$$Q(-2) > 0, \quad Q(-1) < 0, \quad Q(0) > 0, \quad Q(1) < 0, \quad Q(2) > 0.$$

于是 $Q(y)$ 有 4 个实根, 均在区间 $(-2, 2)$ 内. 若 y 是其中的一个根, 则相应的 t 满足 $t + \dfrac{1}{t} = y$, 改写为 $t^2 - yt + 1 = 0$, 解出

$$t = \frac{y}{2} \pm \mathrm{i}\sqrt{1 - \frac{y^2}{4}}.$$

因此对每个 y, 我们得到两个相应的 t 值, 都在单位圆上. 这样一共得到 P 的 8 个根 $r = \mathrm{i}t$, 均在单位圆上. 因为多项式

$$P(x) = 20x^8 + 7\mathrm{i}x^7 - 7\mathrm{i}x + 20$$

的次数是 8, 这些就是所有的根. 因为我们有 8 个模长为 1 的根, 所以答案是 8. □

例 2.21. 多项式 $P(x) = (1 + x + \cdots + x^{17})^2 - x^{17}$ 有 34 个复根,具有形式

$$z_k = r_k(\cos 2\pi\alpha_k + \sin 2\pi\alpha_k), \quad k = 1, 2, \cdots, 34$$

其中 $0 < \alpha_1 \leqslant \cdots \leqslant \alpha_{34} < 1$. 计算

$$\alpha_1 + \alpha_2 + \alpha_3 + \alpha_4 + \alpha_5.$$

解 将 $P(x)$ 中的项按等比数列求和,得到

$$
\begin{aligned}
P(x) &= \left(\frac{x^{18} - 1}{x - 1}\right)^2 - x^{17} = \frac{(x^{18} - 1)^2 - x^{17}(x - 1)^2}{(x - 1)^2} \\
&= \frac{x^{36} - x^{19} - x^{17} + 1}{(x - 1)^2} = \frac{(x^{19} - 1)(x^{17} - 1)}{(x - 1)^2}.
\end{aligned}
$$

因此

$$(x - 1)^2 P(x) = (x^{19} - 1)(x^{17} - 1).$$

注意到 $P(1) \neq 0$,因此 $P(x)$ 的根是 $(x^{19} - 1)(x^{17} - 1)$ 除去两个 1 的所有根. 于是 $P(x)$ 的根具有形式

$$\cos \frac{2k\pi}{17} + i\sin \frac{2k\pi}{17} \quad \text{或者} \quad \cos \frac{2k\pi}{19} + i\sin \frac{2k\pi}{19}.$$

因此所有的 r_k 为 1,并且 $\alpha_1 = \dfrac{1}{19}, \alpha_2 = \dfrac{1}{17}, \alpha_3 = \dfrac{2}{19}, \alpha_4 = \dfrac{2}{17}, \alpha_5 = \dfrac{3}{19}$. 于是

$$\alpha_1 + \alpha_2 + \alpha_3 + \alpha_4 + \alpha_5 = \frac{159}{323}.$$

$\square$

例 2.22. 设

$$P(x) = 24x^{24} + \sum_{j=1}^{23} (24 - j)(x^{24-j} + x^{24+j}),$$

$z_1, z_2, \cdots, z_r$ 是 $P(x)$ 的所有根. 若 $z_k^2 = a_k + ib_k$,计算 $\displaystyle\sum_{i=1}^{r} |b_k|$ 的值.

解 将 $P(x)$ 的式子展开,得到

$$P(x) = x^{47} + 2x^{46} + 3x^{45} + \cdots + 23x^{25} + 24x^{24} + 23x^{23} + \cdots + 2x^2 + x,$$

我们进一步计算得到

$$(x - 1)P(x) = x^{48} + x^{47} + \cdots + x^{25} - x^{24} - x^{23} - \cdots - x^2 - x$$

$$(x-1)^2 P(x) = x^{49} - 2x^{25} + x = x(x^{24}-1)^2.$$

因为 $P(1) \neq 0$，所以 P 的根是 0 和除去 1 的所有 24 次单位根. 由于在 $z = 0$ 的根对目标和式的贡献为零, 因此我们关注其他的 23 个根

$$z_k = \cos\frac{k\pi}{12} + \mathrm{i}\sin\frac{k\pi}{12}, \quad k = 1, \cdots, 23.$$

经计算得到

$$z_k^2 = \cos\frac{k\pi}{6} + \mathrm{i}\sin\frac{k\pi}{6}.$$

因为 $1 \leqslant k \leqslant 23$, 所以 $\left|\sin\frac{k\pi}{6}\right| \in \left\{\frac{1}{2}, \frac{\sqrt{3}}{2}, 1, \frac{\sqrt{3}}{2}, \frac{1}{2}, 0\right\}$, 每个值取四次[4]. 因此

$$\sum_{i=1}^{r}|b_k| = 8 + 4\sqrt{3}.$$

$\square$

例 2.23. 设 $z_1, \cdots, z_{2016} \neq 1$ 是方程 $x^{2017} = 1$ 的根, 计算 $\sum_{k=1}^{2016}\frac{1}{1+z_k}$.

解 由于 $x^{2017} - 1$ 的所有非实数根可以配对为 $z_k, \overline{z_k} = \frac{1}{z_k}$, 因此

$$\begin{aligned}
\sum_{k=1}^{2016}\frac{1}{1+z_k} &= \sum_{k=1}^{1008}\left(\frac{1}{1+z_k} + \frac{1}{1+\frac{1}{z_k}}\right)\\
&= \sum_{k=1}^{1008}\left(\frac{1}{1+z_k} + \frac{z_k}{1+z_k}\right)\\
&= \sum_{k=1}^{1008}1 = 1008.
\end{aligned}$$

$\square$

注 前面这个题利用了一个有趣的结论: 如果 $z \neq -1$ 是单位圆上的一个复数, 那么 $\mathrm{Re}\left(\frac{1}{1+z}\right) = \frac{1}{2}$. (可以用几何来证明, 例如反演——译者注.)

例 2.24. 设 z 是 $z^{23} = 1$ 的非实数根, 计算 $\sum_{k=0}^{22}\frac{1}{z^{2k}+z^k+1}$.

---

[4] $P(x)$ 是 47 次多项式, 那些 24 次单位根都是 2 重根, 如果对题目的理解是所有根计算重数, $r = 47$, 那么答案要再乘以 2, 译者注.

解 注意到 $z^{23} - 1 = (z-1)(z^{22} + z^{21} + \cdots + z + 1)$, $z \neq 1$, 因此有

$$z^{22} + z^{21} + \cdots + z^2 + z = -1.$$

更一般地, 如果 k 不是 23 的倍数, 那么 z^k 也满足 $(z^k)^{23} = z^{23k} = 1$, 而且不是实数, 因此 $z^{22k} + z^{21k} + \cdots + z^k = -1$. 另一个观点是 $k, 2k, \cdots, 22k$ 构成模 23 的缩系, 因此

$$z^{22k} + z^{21k} + \cdots + z^k = z^{22} + z^{21} + \cdots + z^2 + z = -1.$$

总之有

$$\sum_{k=0}^{22} \frac{1}{z^{2k} + z^k + 1} = \frac{1}{3} + \sum_{k=1}^{22} \frac{1}{z^{2k} + z^k + 1} = \frac{1}{3} + \sum_{k=1}^{22} \frac{z^k - 1}{z^{3k} - 1}.$$

因为 $z^{24} = z$, 所以

$$\sum_{k=0}^{22} \frac{1}{z^{2k} + z^k + 1} = \frac{1}{3} + \sum_{k=1}^{22} \frac{(z^{24})^k - 1}{z^{3k} - 1} = \frac{1}{3} + \sum_{k=1}^{22} \sum_{l=0}^{7} z^{3kl}.$$

利用上面的计算结果, 得到

$$
\begin{aligned}
\sum_{k=1}^{22} \sum_{l=0}^{7} z^{3kl} &= \sum_{k=1}^{22} 1 + \sum_{k=1}^{22} (z^{3k} + z^{6k} + z^{9k} + z^{12k} + z^{15k} + z^{18k} + z^{21k}) \\
&= 22 + 7 \cdot \sum_{k=1}^{22} z^k = 22 - 7 = 15,
\end{aligned}
$$

所以

$$\sum_{k=0}^{22} \frac{1}{z^{2k} + z^k + 1} = \frac{1}{3} + 15 = \frac{46}{3}.$$

$\square$

例 2.25. 设 $r_1, \cdots, r_{2018}$ 是方程 $z^{2019} = 1$ 的非实数根, 计算

$$\frac{r_1 + \cdots + r_{2018} + 2018}{(1 + r_1) \cdots (1 + r_{2018})}.$$

解 因为 $z^{2019} - 1 = (z-1)(z^{2018} + z^{2017} + \cdots + z + 1)$, 所以 $r_1, \cdots, r_{2018}$ 是 $z^{2018} + z^{2017} + \cdots + z + 1$ 的所有根, 于是有

$$z^{2018} + z^{2017} + \cdots + z + 1 = (z - r_1) \cdots (z - r_{2018}).$$

韦达定理给出 $r_1 + \cdots + r_{2018} = -1$. 进一步, 代入 $z = -1$ 得到

$$
\begin{aligned}
(-1 - r_1) \cdots (-1 - r_{2018}) &= (1 + r_1) \cdots (1 + r_{2018}) \\
&= (-1)^{2018} + (-1)^{2017} + \cdots + (-1) + 1 \\
&= 1.
\end{aligned}
$$

因此

$$
\frac{r_1 + \cdots + r_{2018} + 2018}{(1 + r_1) \cdots (1 + r_{2018})} = \frac{2017}{1} = 2017.
$$

$\square$

例 2.26. 设 $P(x) = x^5 - x^2 + 1, Q(x) = x^2 + 1$. 记 $P(x)$ 的根为 r_1, r_2, r_3, r_4, r_5. 计算乘积

$$
Q(r_1)Q(r_2)Q(r_3)Q(r_4)Q(r_5).
$$

解 设 $P(x) = (x - r_1) \cdots (x - r_5)$, 计算可得

$$
\begin{aligned}
\prod_{j=1}^{5} Q(r_j) &= \prod_{j=1}^{5} (r_j + \mathrm{i}) \prod_{j=1}^{5} (r_j - \mathrm{i}) \\
&= P(-\mathrm{i})P(\mathrm{i}) = |P(\mathrm{i})|^2 \\
&= |\mathrm{i} + 2|^2 = 5.
\end{aligned}
$$

$\square$

例 2.27. 设实系数多项式 $x^4 + 3x^3 + ax^2 + bx + c$ 在 $(-1, 1)$ 内有四个根. 证明:

$$
(1 - a + c)^2 + (3 - b)^2 \geqslant \left(\frac{5}{4}\right)^8.
$$

Nguyen Viet Hung, 数学反思 U392

证明 设 x_1, x_2, x_3, x_4 是 $P(x) = x^4 + 3x^3 + ax^2 + bx + c$ 的根, 则有

$$
P(\mathrm{i}) = 1 - 3\mathrm{i} - a + b\mathrm{i} + c = (\mathrm{i} - x_1)(\mathrm{i} - x_2)(\mathrm{i} - x_3)(\mathrm{i} - x_4)
$$

$$
|P(\mathrm{i})|^2 = (1 - a + c)^2 + (3 - b)^2 = (1 + x_1^2)(1 + x_2^2)(1 + x_3^2)(1 + x_4^2).
$$

现在要证明

$$
(1 + x_1^2)(1 + x_2^2)(1 + x_3^2)(1 + x_4^2) \geqslant \left(\frac{5}{4}\right)^8.
$$

这等价于

$$\ln(1+x_1^2) + \ln(1+x_2^2) + \ln(1+x_3^2) + \ln(1+x_4^2) \geqslant 8\ln\frac{5}{4}.$$

利用函数 $g(x) = \ln(1+x^2)$ 在区间 $(-1,1)$ 上是凸函数和琴生不等式, 得到

$$\frac{\sum\limits_{k=1}^{4} \ln(1+x_k^2)}{4} \geqslant \ln\left(1 + \left(\frac{\sum\limits_{k=1}^{4} x_k}{4}\right)^2\right),$$

又因为 $x_1 + x_2 + x_3 + x_4 = -3$, 我们得到结论. $\qquad\square$

例 2.28. 设多项式 $P(x)$ 和 $Q(x)$ 满足

$$P(x^3) + Q(x) = P(x) + x^5 Q(x),$$

并且 $\deg P = 4, P(0) = 0$. 证明: $P(x)$ 的所有非零根在单位圆上.

乌克兰数学奥林匹克 2010

证法一 设 $P(x) = a_4 x^4 + a_3 x^3 + a_2 x^2 + a_1 x$, 将原始方程写成

$$P(x^3) - P(x) = (x^5 - 1)Q(x).$$

于是

$$P(x^3) - P(x) = a_4(x^{12} - x^4) + a_3(x^9 - x^3) + a_2(x^6 - x^2) + a_1(x^3 - x)$$

被 $x^5 - 1$ 整除. 由于

$$x^{12} - x^4 \equiv x^2 - x^4 \pmod{x^5 - 1},$$
$$x^9 - x^3 \equiv x^4 - x^3 \pmod{x^5 - 1},$$
$$x^6 - x^2 \equiv x - x^2 \pmod{x^5 - 1},$$

我们得到

$$a_4(x^2 - x^4) + a_3(x^4 - x^3) + a_2(x - x^2) + a_1(x^3 - x)$$

被 $x^5 - 1$ 整除, 此多项式次数不超过 4, 因此必然为零. 比较系数得到 $a_1 = a_2 = a_3 = a_4$. 所以

$$P(x) = a_4(x^4 + x^3 + x^2 + x) = a_4 x\left(\frac{x^4 - 1}{x - 1}\right),$$

我们完成了证明. 此外, 容易计算得到

$$Q(x) = a_4(x^7 + x^4 + x^2 + x).$$

$\square$

证法二 设 ω 是一个本原 5 次单位根, 也就是说, $\omega^5 = 1$, 但对 $k = 1, 2, 3, 4$, 有 $\omega^k \neq 1$. 将 $x = \omega, \omega^2, \omega^3, \omega^4$ 代入题目条件, 得到

$$P(\omega^3) = P(\omega), \quad P(\omega^6) = P(\omega) = P(\omega^2),$$

$$P(\omega^9) = P(\omega^4) = P(\omega^3), \quad P(\omega^{12}) = P(\omega^2) = P(\omega^4).$$

因此 $P(\omega) = P(\omega^2) = P(\omega^3) = P(\omega^4)$, 然后

$$\begin{aligned} P(x) &= P(\omega) + C(x - \omega)(x - \omega^2)(x - \omega^3)(x - \omega^4) \\ &= P(\omega) + C(1 + x + x^2 + x^3 + x^4), \end{aligned}$$

其中 C 是某个实数.

由于 $P(0) = 0$, 因此 $P(\omega) = -C$, 这给出

$$P(x) = C(x + x^2 + x^3 + x^4) = Cx(x+1)(x^2+1).$$

因此 P 的非零根为 -1 和 $\pm i$, 它们都在单位圆上. $\square$

例 2.29. 求所有的正整数 $n \geqslant 4$, 使得存在不同的复数 a, b, c, 满足

$$(a - b)^n + (b - c)^n + (c - a)^n = 0$$

并且它们在复平面上的像成为等边三角形的顶点.

Vlad Mihaly, 罗马尼亚数学奥林匹克 2020

解 设 $\omega = \dfrac{-1 + i\sqrt{3}}{2}$ 是一个本原三次单位根. 若 z 是任意复数, 考虑它在复平面上的像, 则 ωz 的像是把 z 的像逆时针绕着原点旋转 $120°$ 得到的点.

设 a, b, c 是一个等边三角形. $a - b$ 表示从顶点 b 到顶点 a 的向量. 因为等边三角形的边长度相同, 外角均为 $120°$, 所以 $b - c$ 和 $c - a$ 分别是 $a - b$ 顺时针和逆时针旋转 $120°$ 得到的向量. 因此 a, b, c 是等边三角形的顶点当且仅当

$$\{b - c, c - a\} = \{\omega(a - b), \omega^2(a - b)\}.$$

（可以由此导出事实：a, b, c 构成正三角形，当且仅当 $a + \omega^{\pm 1} b + \omega^{\pm 2} c = 0$，或者等价地，当且仅当

$$0 = (a + \omega b + \omega^2 c)(a + \omega^{-1} b + \omega^{-2} c) = a^2 + b^2 + c^2 - ab - bc - ca,$$

但是我们不需要用这个形式.）

将所给的方程除以 $(a - b)^n$，我们得到

$$1 + \omega^n + \omega^{2n} = 0.$$

若 $3 \mid n$，则 $1 + \omega^n + \omega^{2n} = 3$，方程不成立. 若 $3 \nmid n$，则 $\omega^n = \omega^{\pm 1}$，方程变为 $1 + \omega^{\pm 1} + \omega^{\pm 2} = 0$，确实成立. 因此答案是 n 不是 3 的倍数. $\square$

例 2.30. 设 $P(x) = (x^{2009} - 2009)(x^{2008} - 2008) \cdots (x - 1)$，求所有的复数 a 使得 $P(x)$ 是 $(x - a)^2$ 的倍数.

解 我们在定理 2.9 中看到，多项式 $x^k - k$ 的根是圆心在原点，半径为 $\sqrt[k]{k}$ 的圆上的 k 个等分点. 特别地，$x^k - k$ 形式的多项式没有重根. 若 $P(x)$ 被 $(x - a)^2$ 整除，则 a 是重根，必然是某两个因式的根.

于是存在 m 和 n，$1 \leqslant m < n \leqslant 2009$，使得 $x^m - m$ 和 $x^n - n$ 有一个公共根. 于是对应的圆重合，得到 $\sqrt[m]{m} = \sqrt[n]{n}$. 函数 $f(x) = x^{\frac{1}{x}}$ 在区间 $(e, +\infty)$ 上是一个减函数[5]，在 $(1, e)$ 上是增函数，只需考察导数

$$f'(x) = f(x) \cdot \frac{1 - \ln x}{x}$$

的符号即可. 因此必然有 $m < e < n$，于是 $m = 1, 2$，$n \geqslant 3$. 对于 $m = 1$ 显然无解. 对于 $m = 2$，有解 $\sqrt{2} = \sqrt[4]{4}$，由于 f 在 $(e, +\infty)$ 上递减，因此这是唯一的解. 这个解给出 $x^2 - 2$ 和 $x^4 - 4$ 的公共根为 $\pm\sqrt{2}$，因此 $a = \pm\sqrt{2}$. $\square$

2.7 根的复数性质的应用

这一节给出一些利用复数知识的具体方法和技巧，例如极值元素.

例 2.31. 设 $P(x)$ 是整系数不可约非常数多项式，证明：对所有的整数 $n \geqslant m \geqslant 0$，

$$P(x + m + 1) \cdots P(x + n)$$

不是任何有理系数多项式的平方.

纳维德·萨法伊

---

[5]显然我们只需要这个结论的离散情形. 这可以通过归纳法或者均值不等式证明——译者注.

证明 用反证法,假设

$$P(x+m+1)\cdots P(x+n)=Q(x)^2,$$

其中 $Q(x)$ 是有理系数多项式,$n \geqslant m \geqslant 0$. 于是上式的所有根都是重根,然而我们将证明它至少有一个单根. 设 α 是 $P(x)$ 的一个根,使得 $\mathrm{Re}(\alpha)$ 最小. 因为 P 不可约,所以 α 是 P 的一个单根(否则 P 是 α 的极小多项式,若 α 是重根,则 P 整除 P',矛盾). 因此 $\alpha - n$ 是 $P(x+n)$ 的单根. 然而

$$P(x+m+1), \cdots, P(x+n-1)$$

的根具有形式 $\beta - k, m+1 \leqslant k \leqslant n-1, \beta$ 是 $P(x)$ 的根. 于是

$$\mathrm{Re}(\beta - k) > \mathrm{Re}(\beta - n) \geqslant \mathrm{Re}(\alpha - n),$$

所以 $\alpha - n$ 是题目中乘积式的单根,完成了证明. $\qquad\square$

下面的例子中,我们需要用到根的概念和模长的性质.

例 2.32. 设 $a < 1, z$ 是多项式

$$(a-2)x^{2018} + a\mathrm{i}x^{2017} + a\mathrm{i}x + 2 - a$$

的根,求 $|z|$.

高中数学杂志 *07/2018*

解 整理得到 $z^{2017}((a-2)z + a\mathrm{i}) = (a-2) - a\mathrm{i}z$,因此

$$|z|^{2017} = \left| \frac{(a-2) - a\mathrm{i}z}{(a-2)z + a\mathrm{i}} \right|.$$

现在设 $z = x + \mathrm{i}y, x, y$ 是实数,则

$$\left| \frac{(a-2) - a\mathrm{i}z}{(a-2)z + a\mathrm{i}} \right| = \left| \frac{(a-2) - a\mathrm{i}(x+\mathrm{i}y)}{(a-2)(x+\mathrm{i}y) + a\mathrm{i}} \right| = \left| \frac{a - 2 + ay - \mathrm{i}ax}{x(a-2) + \mathrm{i}(a + y(a-2))} \right|.$$

因此

$$\left| \frac{(a-2) - a\mathrm{i}z}{(a-2)z + a\mathrm{i}} \right|^2 = \frac{(a-2+ay)^2 + a^2x^2}{(a-2)^2x^2 + (a+y(a-2))^2},$$

然后有

$$\left| \frac{(a-2) - a\mathrm{i}z}{(a-2)z + a\mathrm{i}} \right|^2 - 1 = \frac{(a-2+ay)^2 + a^2x^2}{(a-2)^2x^2 + (a+y(a-2))^2} - 1$$

$$= \frac{4(1-a)(1-(x^2+y^2))}{(a-2)^2x^2 + (a+y(a-2))^2} = \frac{4(1-a)(1-|z|^2)}{(a-2)^2x^2 + (a+y(a-2))^2}.$$

现在

$$|z|^{4034} - 1 = \frac{4(1-a)(1-|z|^2)}{(a-2)^2x^2 + (a+y(a-2))^2}$$

中分母是正数,而 $a < 1$,因此 $|z|^{4034} - 1$ 和 $1 - |z|^2$ 必须同号,必有 $|z| = 1$. $\qquad\square$

2.8 根的三角表示

这一章需要一些复杂的三角计算,读者可能需要参考一些讲三角的书[6].

例 2.33. 求最小的正整数 n,使得多项式

$$P(z) = \sqrt{3}z^{n+1} - z^n - 1$$

有一个根在单位圆上.

摩尔多瓦数学奥林匹克 2008

解 设 z 是 $P(z)$ 的根,且 $|z| = 1$. 由 $z^n\left(z\sqrt{3} - 1\right) = 1$ 得到 $|z^n| \cdot |z\sqrt{3} - 1| = 1$. 因为 $|z| = 1$,所以 $\left|z\sqrt{3} - 1\right| = 1$. 记 $z = \cos\theta + i\sin\theta$,则

$$\left|z\sqrt{3} - 1\right| = \left|\sqrt{3}\cos\theta - 1 + i\sqrt{3}\sin\theta\right| = 1$$

给出

$$\left(\sqrt{3}\cos\theta - 1\right)^2 + 3\sin^2\theta = 1.$$

因此 $4 - 2\sqrt{3}\cos\theta = 1$,解出 $\cos\theta = \frac{\sqrt{3}}{2}$,$\theta = \pm\frac{\pi}{6}$. 代入到原来的方程,得到

$$\sqrt{3}\left(\cos\left(\pm\frac{\pi}{6}\right) + i\sin\left(\pm\frac{\pi}{6}\right)\right)^{n+1} - \left(\cos\left(\pm\frac{\pi}{6}\right) + i\sin\left(\pm\frac{\pi}{6}\right)\right)^n - 1 = 0.$$

因此

$$\sqrt{3}\cos\left(\pm\frac{(n+1)\pi}{6}\right) - \cos\left(\pm\frac{n\pi}{6}\right) - 1 = 0,$$

$$\sqrt{3}\sin\left(\pm\frac{(n+1)\pi}{6}\right) - \sin\left(\pm\frac{n\pi}{6}\right) = 0.$$

第一个方程可以写成

$$\begin{aligned} 1 &= \sqrt{3}\left(\frac{\sqrt{3}}{2}\cos\left(\frac{n\pi}{6}\right) - \frac{1}{2}\sin\left(\frac{n\pi}{6}\right)\right) - \cos\left(\frac{n\pi}{6}\right) \\ &= \frac{1}{2}\cos\left(\frac{n\pi}{6}\right) - \frac{\sqrt{3}}{2}\sin\left(\frac{n\pi}{6}\right) = \cos\left(\frac{(n+2)\pi}{6}\right), \end{aligned}$$

---

[6]例如,可以参考蒂图和冯祖鸣的《103 个三角问题:来自美国国家队训练营》或者蒂图·安德雷斯库和弗拉德·克里桑著,李鹏译的《115 个三角问题:来自 Awesome Math 夏季课程》.

这对 $n \equiv 10 \pmod{12}$ 成立. 第二个方程可以写成

$$
\begin{aligned}
0 &= \sqrt{3}\left(\frac{\sqrt{3}}{2}\sin\left(\frac{n\pi}{6}\right) + \frac{1}{2}\cos\left(\frac{n\pi}{6}\right)\right) - \sin\left(\frac{n\pi}{6}\right) \\
&= \frac{1}{2}\sin\left(\frac{n\pi}{6}\right) + \frac{\sqrt{3}}{2}\cos\left(\frac{n\pi}{6}\right) = \sin\left(\frac{(n+2)\pi}{6}\right)
\end{aligned}
$$

对 $n \equiv 4 \pmod 6$ 成立. 因此题目中的多项式有单位圆上的根, 当且仅当 $n \equiv 10 \pmod{12}$, 最小的这样的数是 $n = 10$. □

例 2.34. 证明: 若 $P(z) = z^{n+1} - z^n - 1$ 有根在单位圆上, 则 $n + 2$ 是 6 的倍数.

证明 若 r 是一个根, $|r| = 1$, 则

$$
r^{n+1} - r^n = 1, \quad r^n(r-1) = 1.
$$

因此 $|r|^n |r-1| = 1$, $|r-1| = 1$. 现在

$$
1 = |r-1|^2 = (r-1)(\bar{r}-1) = |r|^2 + 1 - 2\mathrm{Re}(r) = 2 - 2\mathrm{Re}(r),
$$

得到 $\mathrm{Re}(r) = \dfrac{1}{2}$, 于是有

$$
\mathrm{Im}(r) = \pm\sqrt{1 - \frac{1}{4}} = \pm\frac{\sqrt{3}}{2}
$$

$$
r = \frac{1}{2} \pm \mathrm{i}\frac{\sqrt{3}}{2} = \cos\left(\frac{\pi}{3}\right) \pm \mathrm{i}\sin\left(\frac{\pi}{3}\right).
$$

代入得到

$$
r^{n+1} - r^n - 1 = \cos\left(\frac{(n+1)\pi}{3}\right) \pm \mathrm{i}\sin\left(\frac{(n+1)\pi}{3}\right) - \cos\left(\frac{n\pi}{3}\right) \mp \mathrm{i}\sin\left(\frac{n\pi}{3}\right) - 1 = 0
$$

因为 $r^{n+1} - r^n - 1 = 0$, 所以

$$
\cos\left(\frac{(n+1)\pi}{3}\right) - \cos\left(\frac{n\pi}{3}\right) - 1 = 0, \quad \sin\left(\frac{(n+1)\pi}{3}\right) - \sin\left(\frac{n\pi}{3}\right) = 0.
$$

利用和差化积公式得到

$$
-2\sin\left(\frac{\pi}{6}\right)\sin\left(\frac{(2n+1)\pi}{6}\right) - 1 = 0, \quad 2\sin\left(\frac{\pi}{6}\right)\cos\left(\frac{(2n+1)\pi}{6}\right) = 0,
$$

化简为

$$
\sin\left(\frac{(2n+1)\pi}{6}\right) = -1, \quad \cos\left(\frac{(2n+1)\pi}{6}\right) = 0.
$$

这两个式子成立当且仅当 $2n+1 \equiv 9 \pmod{12}$, 或者说 $n \equiv 4 \pmod 6$, 因此 $n+2$ 是 6 的倍数. □

例 2.35. 设 a 和 b 是非零实数, $z_0 \in \mathbb{C} \setminus \mathbb{R}$ 是方程 $z^{n+1} + az + nb = 0$ 的一个根, n 是正整数. 证明: $|z_0| \geqslant \sqrt[n+1]{b}$.

Mihály Bencze, 数学反思 U296

证明 设 $z_0 = |z_0|(\cos\alpha + i\sin\alpha)$, 其中 $\sin\alpha \neq 0$. 从给定的方程得到

$$|z_0|^{n+1}\cos(n+1)\alpha + a|z_0|\cos\alpha + nb = 0$$

$$|z_0|^{n+1}\sin(n+1)\alpha + a|z_0|\sin\alpha = 0.$$

将第一个方程乘以 $\sin\alpha$, 第二个方程乘以 $\cos\alpha$, 两边相减, 得到

$$|z_0|^{n+1}\sin n\alpha = nb\sin\alpha$$

由于 $\sin\alpha \neq 0$, 因此 $\sin n\alpha \neq 0$, 然后有

$$|z_0|^{n+1} = \frac{nb\sin\alpha}{\sin n\alpha}. \tag{2.1}$$

可以对 n 归纳证明 $|\sin n\alpha| \leqslant n|\sin\alpha|$, 因为 $\sin\alpha \neq 0$, 所以 $|\sin n\alpha| < n|\sin\alpha|$. 从式 (2.1) 得到

$$|z_0|^{n+1} = |b|\frac{n|\sin\alpha|}{|\sin n\alpha|} \geqslant |b|,$$

因此 $|z_0| \geqslant \sqrt[n+1]{|b|} \geqslant \sqrt[n+1]{b}$, 我们完成了证明. □

例 2.36. 求多项式

$$P_d(x) = \sum_{k=0}^{d} 2^k \binom{2d}{2k} x^k (x-1)^{d-k}$$

的所有实根.

解 显然 $P_d(x) > 0$ 对所有的 $x > 1$ 成立. 假设 $x < 0$, 记 $x = -t, t > 0$, 则有

$$
\begin{aligned}
P_d(x) &= P_d(-t) = \sum_{k=0}^{d} 2^k \binom{2d}{2k}(-t)^k(-t-1)^{d-k} \\
&= (-1)^d \sum_{k=0}^{d} 2^k \binom{2d}{2k} t^k(t+1)^k.
\end{aligned}
$$

若 d 是偶数, 则 $P_d(x) > 0$; 若 d 是奇数, 则 $P_d(x) < 0$. 于是 $P_d(x)$ 没有 $x < 0$ 的根, 所有的根 x 满足 $x \in [0,1]$. 我们容易写出

$$P_d(x) = \sum_{k=0}^{d} \binom{2d}{2k} \left(\sqrt{2x}\right)^{2k} \left(i\sqrt{1-x}\right)^{2d-2k}.$$

若定义

$$Q_d(x) = \sum_{k=0}^{d} \binom{2d}{2k-1} \left(\sqrt{2x}\right)^{2k-1} \left(\mathrm{i}\sqrt{1-x}\right)^{2d-2k+1},$$

则有

$$P_d(x) + Q_d(x) = (\sqrt{2x} + \mathrm{i}\sqrt{1-x})^{2d},$$
$$P_d(x) - Q_d(x) = (\sqrt{2x} - \mathrm{i}\sqrt{1-x})^{2d}.$$

因此

$$2P_d(x) = \left(\sqrt{2x} + \mathrm{i}\sqrt{1-x}\right)^{2d} + \left(\sqrt{2x} - \mathrm{i}\sqrt{1-x}\right)^{2d}.$$

注意到 $\left|\sqrt{2x} + \mathrm{i}\sqrt{1-x}\right| = \sqrt{1+x}$,所以

$$\sqrt{\frac{2x}{1+x}} + \mathrm{i}\sqrt{\frac{1-x}{1+x}}$$

是复平面上第一象限中单位圆上的一个点. 可以找到角度 $\alpha \in \left[0, \frac{\pi}{2}\right]$,使得

$$\cos\alpha = \sqrt{\frac{2x}{1+x}}, \quad \sin\alpha = \sqrt{\frac{1-x}{1+x}}.$$

于是有

$$\left(\sqrt{\frac{2x}{1+x}} + \mathrm{i}\sqrt{\frac{1-x}{1+x}}\right)^{2d} = \cos 2d\alpha + \mathrm{i}\sin 2d\alpha$$
$$\left(\sqrt{\frac{2x}{1+x}} - \mathrm{i}\sqrt{\frac{1-x}{1+x}}\right)^{2d} = \cos 2d\alpha - \mathrm{i}\sin 2d\alpha.$$

然后得到

$$P_d(x) = \frac{(\sqrt{1+x})^d}{2}\left(\left(\sqrt{\frac{2x}{1+x}} + \mathrm{i}\sqrt{\frac{1-x}{1+x}}\right)^{2d} + \left(\sqrt{\frac{2x}{1+x}} - \mathrm{i}\sqrt{\frac{1-x}{1+x}}\right)^{2d}\right),$$
$$= (\sqrt{1+x})^d \cos 2d\alpha.$$

这样当 $\cos 2d\alpha = 0$ 时我们得到 $P_d(x)$ 的根,此时 $2d\alpha = k\pi + \frac{\pi}{2}$,或者等价地说, $\alpha = \frac{(2k+1)\pi}{4d}$,其中 $k = 0, \cdots, d-1$. 结果得到的根是

$$x = \frac{\cos^2\alpha}{1+\sin^2\alpha} = \frac{\cos^2\frac{(2k+1)\pi}{4d}}{1+\sin^2\frac{(2k+1)\pi}{4d}}.$$

由于函数

$$f(t) = \frac{\cos^2 t}{1+\sin^2 t}$$

在区间 $t \in [0, \pi/2]$ 上递减,这些根是不同的. 我们在区间 $[0,1]$ 上找到了 d 个实根,而 P_d 的次数为 d,这就是所有的根. □

2.9　多项式和三角不等式

对于实数, 绝对值满足的三角不等式是 $|a+b| \leqslant |a| + |b|$, 等号成立当且仅当 a 和 b 同号. 类似地, 对两个复数 z_1, z_2, 有不等式

$$|z_1 + z_2| \leqslant |z_1| + |z_2|.$$

可以给出这个不等式的几何证明, 只需注意到在复平面上 $|z - w|$ 表示点 z 和 w 的距离. 我们也可以给出一个纯代数证明. 若 $z_2 = 0$, 则不等式变成 $|z_1| \leqslant |z_1|$, 显然成立. 假设 $z_2 \neq 0$, 不等式两边同除以 $|z_2|$, 记 $\dfrac{z_1}{z_2} = z_3$, 需要证明

$$|z_3 + 1| \leqslant |z_3| + 1.$$

现在注意到

$$|z_3 + 1|^2 = (z_3 + 1)(\overline{z_3} + 1) = |z_3|^2 + 2\mathrm{Re}(z_3) + 1.$$

由于 $\mathrm{Re}(z_3) \leqslant |z_3|$, 因此有

$$|z_3 + 1|^2 \leqslant |z_3|^2 + 2|z_3| + 1 = (|z_3| + 1)^2.$$

所以 $|z_3 + 1| \leqslant |z_3| + 1$, 等号成立当且仅当 $\mathrm{Re}(z_3) = |z_3|$, 也就是说, z_3 是一个非负实数, 即 $\dfrac{z_1}{z_2}$ 是一个非负实数. 几何上看, 这相当于说 z_1, z_2 在复平面上的像落在原点出发的同一条射线上.

将这个不等式和归纳法结合得到下面的推论.

推论 2.14 (三角不等式). 设 $z_1, z_2, \cdots, z_n$ 是复数, 则有下面的推论:

$$|z_1 + z_2 + \cdots + z_n| \leqslant |z_1| + |z_2| + \cdots + |z_n|.$$

等号成立当且仅当 $z_1, z_2, \cdots, z_n$ 在复平面上的像都在原点出发的同一条射线上. 等价地说, $\dfrac{z_i}{z_j}$ 都是非负实数, 其中 $1 \leqslant i, j \leqslant n$ 且 $z_j \neq 0$.

2.9.1　三角不等式的某些方面

这一节, 我们从几何与三角方面研究三角不等式.

例 2.37. 设 x, y, z 是正实数, 证明:

$$\frac{xy}{\sqrt{(x^2 + xz + z^2)(y^2 + yz + z^2)}} + \frac{xz}{\sqrt{(x^2 + xy + y^2)(z^2 + yz + y^2)}}$$
$$+ \frac{zy}{\sqrt{(z^2 + zx + x^2)(y^2 + yx + x^2)}} \geqslant 1.$$

证明 设 $\omega = \cos\dfrac{2\pi}{3} + i\sin\dfrac{2\pi}{3} = \dfrac{-1+i\sqrt{3}}{2}$ 是一个本原三次单位根,考虑三个复数 $A = x, B = \omega y, C = \omega^2 z$. $|A - B| = |x - y\omega|$,于是计算得到

$$|A - B| = \sqrt{(x - y\omega)(x - y\overline{\omega})} = \sqrt{x^2 + y^2 - xy(\omega + \overline{\omega})} = \sqrt{x^2 + xy + y^2}.$$

类似地,有 $|A - C| = \sqrt{x^2 + xz + z^2}, |B - C| = \sqrt{y^2 + yz + z^2}$.

于是原始要证明的不等式变成

$$\frac{|A| \cdot |B|}{|A - C| \cdot |B - C|} + \frac{|A| \cdot |C|}{|A - B| \cdot |B - C|} + \frac{|B| \cdot |C|}{|A - B| \cdot |A - C|} \geqslant 1.$$

而根据三角不等式,我们得到

$$\frac{|A| \cdot |B|}{|A - C| \cdot |B - C|} + \frac{|A| \cdot |C|}{|A - B| \cdot |B - C|} + \frac{|B| \cdot |C|}{|A - B| \cdot |A - C|}$$

$$\geqslant \left| \frac{AB}{(A - C)(B - C)} + \frac{BC}{(B - A)(C - A)} + \frac{AC}{(A - B)(C - B)} \right| = 1.$$

$\square$

例 2.38. 设 $a \geqslant 2, x_1, \cdots, x_n$ 为实数. 证明:

$$A = \cos x_1 + \frac{\cos x_2}{a} + \cdots + \frac{\cos x_n}{a^{n-1}},$$

$$B = \sin x_1 + \frac{\sin x_2}{a} + \cdots + \frac{\sin x_n}{a^{n-1}}$$

不能同时为零.

数学公报

证明 若 $n = 1$,则 $A^2 + B^2 = 1$. 假设 $n \geqslant 2$,并且 $A = B = 0$. 设 $z_k = \cos x_k + i\sin x_k, k = 1, 2, \cdots, n$. 于是 $A + iB = 0$,得到

$$z_1 + \frac{z_2}{a} + \cdots + \frac{z_n}{a^{n-1}} = 0.$$

因此

$$\begin{aligned}
1 = |z_1| &= \left| \frac{z_2}{a} + \cdots + \frac{z_n}{a^{n-1}} \right| \leqslant \frac{|z_2|}{a} + \cdots + \frac{|z_n|}{a^{n-1}} \\
&= \frac{1}{a} + \cdots + \frac{1}{a^{n-1}} = \frac{1}{a} \cdot \frac{1 - \frac{1}{a^{n-1}}}{1 - \frac{1}{a}} \\
&< \frac{1}{a} \cdot \frac{1}{1 - \frac{1}{a}} = \frac{1}{a - 1} \leqslant 1,
\end{aligned}$$

矛盾. 因此 A, B 不能同时为零.

$\square$

2.9.2 多项式与三角不等式

有一个标准的技巧,可以用三角不等式来给出多项式的根的界.

设 r 是多项式 $P(x) = a_d x^d + \cdots + a_0$ 的根. 我们选择等式 $P(r) = 0$ 中的一项(少数情况下选择多于一项),然后把这一项认为是"较大"的. 将这一项与其他项分开,放到等式的一端. 例如,如果选取最高次项 $a_d r^d$ 为最大项,那么我们会将其写成

$$a_d r^d = -a_{d-1} r^{d-1} - \cdots - a_0.$$

现在两边取绝对值,对右边应用三角不等式. 例如,从上面的式子我们可以得到

$$|a_d r^d| = |a_{d-1} r^{d-1} + \cdots + a_0| \leqslant |a_{d-1}||r^{d-1}| + \cdots + |a_0|.$$

我们接下来利用其他的各种条件来推出一个结论. 例如,在上面的例子中,若假设 $|r| \geqslant 1$,则有

$$|r| \leqslant \frac{|a_{d-1}|}{|a_d|} + \frac{|a_{d-2}|}{|a_d|} \cdot \frac{1}{|r|} + \cdots + \frac{|a_0|}{|a_d|} \cdot \frac{1}{|r|^{d-1}} \leqslant \frac{|a_{d-1}| + |a_{d-2}| + \cdots + |a_0|}{|a_d|}.$$

于是我们可以得到结论: $P(x)$ 的任意根 r 满足

$$|r| \leqslant \max\left(1, \frac{|a_{d-1}| + |a_{d-2}| + \cdots + |a_0|}{|a_d|}\right).$$

和多项式的根有关的很多问题可以如此解决. 我们下面给出几个例子.

例 2.39. 求所有的复数 z,同时满足下面的方程:

$$z^{2015} + z^{2014} + |z| = 3,$$

$$3z^{2015} - |z|^{2014} - z = 1.$$

解 注意到 $3 = |z^{2015} + z^{2014} + |z|| \leqslant |z|^{2015} + |z|^{2014} + |z|$. 于是 $|z| \geqslant 1$,否则不等式的右端会小于 3,矛盾. 进一步,$3z^{2015} = |z|^{2014} + z + 1$,根据三角不等式有

$$3|z|^{2015} = \left||z|^{2014} + z + 1\right| \leqslant |z|^{2014} + |z| + 1.$$

若 $|z| > 1$,则 $|z|^{2015} > |z|^{2014}$,$|z|^{2015} > |z|$,$|z|^{2015} > 1$,和上面的不等式矛盾. 因此 $|z| = 1$,并且三角不等式的等号成立,也就是说 $\dfrac{z^{2015}}{z^{2014}} = z$ 必然是正实数. 于是 $z = 1$,容易验证,这确实是根. $\square$

例 2.40. 设三个复数 a, b, c 使得方程 $x^3 + ax^2 + bx + c = 0$ 的所有根模长为 1. 证明:方程 $x^3 + |a|x^2 + |b|x + |c| = 0$ 的根也都是模长为 1 的.

证明 设 z_1, z_2, z_3 是 $x^3 + ax^2 + bx + c$ 的根，r_1, r_2, r_3 是 $x^3 + |a|x^2 + |b|x + |c|$ 的根. 根据韦达定理，有

$$|c| = |z_1 z_2 z_3| = 1,$$

$$|a| = |-a| = |z_1 + z_2 + z_3| \leqslant |z_1| + |z_2| + |z_3| = 3,$$

以及

$$|b| = |z_1 z_2 + z_1 z_3 + z_3 z_2| = |z_1 z_2 z_3| \cdot \left| \frac{1}{z_1} + \frac{1}{z_2} + \frac{1}{z_3} \right| = |z_1 z_2 z_3| \cdot |\overline{z_1} + \overline{z_2} + \overline{z_3}|.$$

由于 $|c| = 1$，可知

$$|b| = |\overline{z_1} + \overline{z_2} + \overline{z_3}| = |\overline{z_1 + z_2 + z_3}| = |z_1 + z_2 + z_3| = |a|.$$

因此

$$x^3 + |a|x^2 + |b|x + |c| = x^3 + |a|x^2 + |a|x + 1 = (x+1)(x^2 + (|a|-1)x + 1).$$

二次多项式 $x^2 + (|a|-1)x + 1$ 的判别式是 $(|a|+1)(|a|-3)$. 由于 $|a| \leqslant 3$，因此 $(|a|+1)(|a|-3) \leqslant 0$. 若判别式为负，则二次多项式有两个复根，记为 $r_3 = \overline{r_2}$，于是有

$$|r_2|^2 = r_2 \cdot \overline{r_2} = r_3 r_2 = 1.$$

因此 $|r_2| = |r_3| = 1$. 若判别式为零，则 $|a| = 3$，二次多项式为

$$x^2 + (|a|-1)x + 1 = x^2 + 2x + 1 = (x+1)^2,$$

它在 $r = -1$ 有重根. 两种情形下，$x^3 + |a|x^2 + |b|x + |c| = 0$ 的三个根都是模长为 1 的. □

例 2.41. 设整系数多项式 $P(x)$ 的系数的绝对值均不超过 2018. 若 $P(2020)$ 是一个素数，证明：$P(x)$ 是整系数不可约多项式.

证明 首先我们证明下面的引理.

引理 多项式 $P(x)$ 的所有根的绝对值小于 2019.

引理的证明 假设有 $|r| \geqslant 2019$ 是 $P(x) = a_d x^d + \cdots + a_0$ 的根，则有

$$|r|^d = |r^d| \leqslant |a_d r^d| = |a_{d-1} r^{d-1} + \cdots + a_0|.$$

应用三角不等式, 得到

$$|r|^d \leqslant |a_{d-1}||r|^{d-1} + \cdots + |a_0| \leqslant 2018(|r|^{d-1} + \cdots + 1)$$

$$= 2018 \frac{|r|^d - 1}{|r| - 1} \leqslant 2018 \frac{|r|^d - 1}{2018} = |r|^d - 1,$$

矛盾. 因此, 所有根的绝对值小于 2019.

回到题目的证明. 记 $P(x) = a_d(x - r_1) \cdots (x - r_d)$. 假设 $P(x) = Q(x)R(x)$, $Q(x)$ 和 $R(x)$ 是非常数整系数多项式. 由于 $P(2020) = Q(2020)R(2020)$ 是素数, 因此 $|Q(2020)| = 1$ 或者 $|R(2020)| = 1$, 不妨设后者成立. 设 b 是 R 的首项系数, $s_1, \cdots, s_k$ 是它的根, 我们有

$$R(x) = b(x - s_1) \cdots (x - s_k).$$

由于 R 的根都是 P 的根, 引理说明 $|s_1|, \cdots, |s_k| < 2019$. 因此得到

$$1 = |R(2020)| = |b||2020 - s_1| \cdots |2020 - s_k|$$

$$\geqslant 1 \cdot (2020 - |s_1|) \cdots (2020 - |s_k|) > 1,$$

矛盾. 因此 $P(x)$ 不能分解成两个整系数多项式的乘积. □

例 2.42. 已知非零实数 $a_1, a_2, \cdots, a_{101}$ 满足所有的多项式 $a_{i_1}x^{100} + a_{i_2}x^{99} + \cdots + a_{i_{101}}$ 都至少有一个整数根, 其中 $i_1, i_2, \cdots, i_{101}$ 是 $1, 2, \cdots, 101$ 的一个排列. 求 $a_1 + a_2 + \cdots + a_{101}$ 的所有可能值.

Nairi Sedrakyan

解 我们将证明至少其中一个多项式以 1 为根. 如果证明了这一点, 就可以得到 $a_1 + a_2 + \cdots + a_{101} = 0$, 于是 1 就总是这些多项式的一个根.

不妨设 $|a_{101}| = \max(|a_1|, \cdots, |a_{101}|)$, 考虑多项式

$$a_{101}x^{100} + a_{i_1}x^{99} + \cdots + a_{i_{100}},$$

其中 $i_1, i_2, \cdots, i_{100}$ 是 $1, 2, \cdots, 100$ 的任意排列.

若 $|r| \geqslant 2$ 是一个根, 则

$$a_{101}r^{100} = -a_{i_1}r^{99} - \cdots - a_{i_{100}}$$

或者等价地

$$a_{101} = -\frac{a_{i_1}}{r} - \cdots - \frac{a_{i_{100}}}{r^{100}}.$$

根据三角不等式

$$|a_{101}| \leqslant \frac{|a_{i_1}|}{|r|} + \cdots + \frac{|a_{i_{100}}|}{|r|^{100}} \leqslant |a_{101}| \cdot \left(\frac{1}{|r|} + \frac{1}{|r|^2} + \cdots + \frac{1}{|r|^{100}} \right)$$

$$\leqslant |a_{101}| \cdot \left(\frac{1}{2} + \frac{1}{4} + \cdots + \frac{1}{2^{100}} \right) < |a_{101}|,$$

矛盾. 由于 a_i 均为非零数, 我们不会有 0 为根. 因此当 $i_1 = 101$ 时, 多项式的整数根必然为 ± 1. 现在我们只需证明 -1 不能总是一个根. 否则考虑两个多项式

$$a_{101} x^{100} + a_{100} x^{99} + \cdots + a_2 x + a_1$$

和

$$a_{101} x^{100} + a_1 x^{99} + \cdots + a_{99} x + a_{100}.$$

若 -1 是它们的根, 则有

$$a_{101} - a_{100} + a_{99} - \cdots - a_2 + a_1 = 0$$

和

$$a_{101} - a_1 + a_2 - \cdots + a_{99} - a_{100} = 0.$$

相加得到 $a_{101} = 0$, 矛盾. 因此其中一个多项式以 1 为根, 于是 $a_1 + a_2 + \cdots + a_{101} = 0$. $\qquad\square$

下面的例题中, 我们把三角不等式和韦达定理结合使用.

例 2.43. 设复系数多项式 $P(x) = a_0 x^n + a_1 x^{n-1} + \cdots + a_n (a_n \neq 0)$ 满足: 存在 $m, \left| \dfrac{a_m}{a_n} \right| > \dbinom{n}{m}$. 证明: P 至少有一个根的绝对值小于 1.

蒂图·安德雷斯库, 数学反思 O83

证明 设 $w_k, k = 1, 2, \cdots, n$ 是 P 的根, 由于 $a_n \neq 0$, 有 $w_k \neq 0$. 于是, 多项式 $Q(x) = a_n x^n + a_{n-1} x^{n-1} + \cdots + a_0$ 的根是 $1/w_k, k = 1, \cdots, n$.

根据韦达定理

$$\left| \frac{a_m}{a_n} \right| = \left| \sum_{I \in \mathcal{I}_{n-m}} \prod_{k \in I} \frac{1}{w_k} \right| \leqslant \sum_{I \in \mathcal{I}_{n-m}} \prod_{k \in I} \frac{1}{|w_k|},$$

其中 $\mathcal{I}_{n-m}$ 是集合 $\{1, 2, \cdots, n\}$ 的所有 $n - m$ 元子集. 若 P 的所有根的模长不小于 1, 则每个 $1/|w_k| \leqslant 1$, 对任意整数 $m \in [0, n-1]$, 有

$$\left| \frac{a_m}{a_n} \right| \leqslant \sum_{I \in \mathcal{I}_{n-m}} 1 = \binom{n}{n-m} = \binom{n}{m},$$

与题目假设矛盾. $\qquad\square$

例 2.44. 设 $1 < t < 2$ 是实数, 证明: 对所有足够大的正整数 d, 存在首项系数为 1 的 d 次多项式 $P(x)$, 其所有系数为 1 或 -1, 并且

$$|P(t) - 2019| \leqslant 1.$$

纳维德•萨法伊, 伊朗国家队选拔考试 2019

证明 我们首先证明一个引理:

引理 设 $\{b_n\}$ 是正实数序列, 满足

$$b_k \leqslant 2b_0 + b_1 + \cdots + b_{k-1}$$

对所有的 k 成立. 则对任意实数 z, $|z| \leqslant 2b_0 + b_1 + \cdots + b_n$, 存在序列 $a_0, \cdots, a_n \in \{1, -1\}$, 使得

$$\left| z - \sum_{i=0}^{n} a_i b_i \right| \leqslant b_0.$$

引理的证明 我们对 n 进行归纳证明. 基础情形 $n = 0$ 很容易: 如果 $0 \leqslant z \leqslant 2b_0$, 我们就取 $a_0 = +1$; 如果 $-2b_0 \leqslant z < 0$, 我们就取 $a_0 = -1$.

对于一般的 n, 令 $a_n = \mathrm{Sgn}(z)$, 其中若 $z \geqslant 0$, 则 $\mathrm{Sgn}(z) = 1$; 若 $z < 0$, 则 $\mathrm{Sgn}(z) = -1$. 若 $|z| \geqslant b_n$, 则 $|z - a_n b_n| = |z| - b_n$, 否则 $|z - a_n b_n| = b_n - |z| \leqslant b_n$. 两个数 $|z| - b_n$ 与 b_n, 根据题目假设, 均不超过 $2b_0 + b_1 + \cdots + b_{n-1}$, 于是

$$|z - a_n b_n| \leqslant 2b_0 + b_1 + \cdots + b_{n-1}.$$

根据归纳假设, 存在 $a_0, \cdots, a_{n-1} \in \{1, -1\}$, 使得

$$\left| z - a_n b_n - \sum_{i=0}^{n-1} a_i b_i \right| \leqslant b_0,$$

这就完成了归纳步骤, 证明了引理

回到题目的证明, 取 $b_i = t^i$, 容易验证

$$b_k - b_0 = t^k - 1 = (1 + t + \cdots + t^{k-1})(t - 1) \leqslant 1 + t + \cdots + t^{k-1} = b_0 + b_1 + \cdots + b_{k-1}.$$

因此序列 $\{b_n\}$ 满足引理的假设. 取 d 足够大, 使 $t^d \geqslant 2019$, 则有

$$2019 \leqslant t^d \leqslant 2 + t + \cdots + t^d.$$

根据引理, 存在 $a_0, \cdots, a_d \in \{1, -1\}$, 使得

$$\left| \sum_{i=0}^{d} a_i t^i - 2019 \right| \leqslant 1,$$

就给出了题目要求的多项式 $P(t) = \sum_{i=0}^{d} a_i t^i.$ □

这个问题的第一部分很有意思,我们将其独立叙述为一个结果,就是下面推论的 (i) 部分. 将 (i) 部分应用到 $P(x)$ 的反射多项式 $Q(x)$,或者修改上面的论证,就得到 (ii) 部分.

推论 2.15. (i) 如果多项式 $P(x)$ 的系数是递增的正实数,那么 $P(x)$ 的所有根都在单位圆外或单位圆上.

(ii) 如果多项式 $Q(x)$ 的系数是递减的正实数,那么 $Q(x)$ 的所有根都在单位圆内或单位圆上.

例 2.46. 设 $d \geqslant 2$ 是正整数,z 是复数,满足 $|z| < 1$. 证明:

$$P(z) = z^{d-1} + 2z^{d-2} + 3z^{d-3} + \cdots + d \neq 0.$$

证明　由于系数是严格递增的,所有的根都在单位圆的外部. □

2.10　一个有用的恒等式

一直以来,恒等式总是很有用! 下面的恒等式对于解决多项式的复根的问题比较有帮助.

定理 2.16. 对所有的复数 r, z,有

$$|r - z|^2 - |1 - r\overline{z}|^2 = (|r|^2 - 1)(1 - |z|^2).$$

证明　直接计算得到

$$
\begin{aligned}
|r - z|^2 - |1 - r\overline{z}|^2 &= (r - z)(\overline{r} - \overline{z}) - (1 - r\overline{z})(1 - \overline{r}z). \\
&= |r|^2 + |z|^2 - 1 - |r|^2 \cdot |z|^2 \\
&= (|r|^2 - 1)(1 - |z|^2).
\end{aligned}
$$

□

这个恒等式有一个重要的推论.

推论

(i) 若 $|z| < 1, |r| > 1$,则 $|r - z| > |1 - r\overline{z}|$.

(ii) 若 $|z| < 1, |r| < 1$,则 $|r - z| < |1 - r\overline{z}|$.

我们先通过下面的题目来展示这个推论的用处.

例 2.47. 设 $Q(z) = P(z+\mathrm{i}) - P(z-\mathrm{i})$. 若多项式 $P(z)$ 的根都是实数, 证明: $Q(z)$ 的根都是实数.

塞尔维亚数学奥林匹克 2005

证明 设 $P(x) = C(x-r_1)\cdots(x-r_d)$, 其中 $r_1,\cdots,r_d$ 是实数. 若多项式 $Q(z)$ 有一个根 z, 则 $P(z+\mathrm{i}) = P(z-\mathrm{i})$, 代入得到

$$(z+\mathrm{i}-r_1)\cdots(z+\mathrm{i}-r_d) = (z-\mathrm{i}-r_1)\cdots(z-\mathrm{i}-r_d).$$

两边取绝对值, 得到

$$|z+\mathrm{i}-r_1|\cdots|z+\mathrm{i}-r_d| = |z-\mathrm{i}-r_1|\cdots|z-\mathrm{i}-r_d|.$$

现在计算 $|z+\mathrm{i}-r_j|$ 和 $|z-\mathrm{i}-r_j|$, 有

$$|z+\mathrm{i}-r_j|^2 = (z+\mathrm{i}-r_j)(\bar{z}+\bar{\mathrm{i}}-r_j) = 1 + |z|^2 + r_j{}^2 + 2\mathrm{Im}(z) - 2r_j\cdot\mathrm{Re}(z),$$

$$|z-\mathrm{i}-r_j|^2 = (z-\mathrm{i}-r_j)(\bar{z}-\bar{\mathrm{i}}-r_j) = 1 + |z|^2 + r_j{}^2 - 2\mathrm{Im}(z) - 2r_j\cdot\mathrm{Re}(z).$$

若 $\mathrm{Im}(z) > 0$, 则 $|z+\mathrm{i}-r_j| > |z-\mathrm{i}-r_j|$ 对每个 j 成立, 因此

$$|z+\mathrm{i}-r_1|\cdots|z+\mathrm{i}-r_d| > |z-\mathrm{i}-r_1|\cdots|z-\mathrm{i}-r_d|.$$

类似地, 若 $\mathrm{Im}(z) < 0$, 则 $|z+\mathrm{i}-r_j| < |z-\mathrm{i}-r_j|$, 因此

$$|z+\mathrm{i}-r_1|\cdots|z+\mathrm{i}-r_d| < |z-\mathrm{i}-r_1|\cdots|z-\mathrm{i}-r_d|.$$

于是只有 $\mathrm{Im}(z) = 0$ 时等号成立, 说明 z 必然是实数. $\qquad\square$

例 2.48. 设复系数多项式 $P(x) = a_d x^d + \cdots + a_0, a_d a_0 \neq 0$ 的所有根在单位圆内. 复数 $|C| = 1$,

$$Q(x) = \sum_{k=0}^{d}(a_k + C\overline{a_{d-k}})x^k.$$

证明: $Q(x)$ 的所有根在单位圆上.

证明 设 $P(x)$ 的根是 $r_1,\cdots,r_d$, 且 $|r_1|,\cdots,|r_d| < 1$. 由于 $a_0 \neq 0$, 因此 $r_1,\cdots,r_d$ 均非零. 现在可以记

$$P(x) = a_d(x-r_1)\cdots(x-r_d).$$

利用反射多项式, 容易得到

$$Q(x) = a_d(x-r_1)\cdots(x-r_d) + C\overline{a_d}(1 - x\overline{r_1})\cdots(1 - x\overline{r_d}).$$

若复数 z 满足 $Q(z) = 0$,则

$$|(z - r_1)\cdots(z - r_d)| = |C| \cdot |(1 - z\overline{r_1})\cdots(1 - z\overline{r_d})|.$$

由于 $|C| = 1$,因此

$$|(z - r_1)\cdots(z - r_d)| = |(1 - z\overline{r_1})\cdots(1 - z\overline{r_d})|.$$

根据恒等式

$$|z - r_i|^2 - |1 - z\overline{r_i}|^2 = (|z|^2 - 1)(1 - |r_i|^2),$$

以及 $1 - |r_i|^2 > 0$,若 $|z| > 1$,则我们得到

$$|(z - r_1)\cdots(z - r_d)| > |(1 - z\overline{r_1})\cdots(1 - z\overline{r_d})|.$$

若 $|z| < 1$,则得到 $|(z - r_1)\cdots(z - r_d)| < |(1 - z\overline{r_1})\cdots(1 - z\overline{r_d})|.$ 二者产生矛盾,因此必然有 $|z| = 1$. □

例 2.49. 设 $P(z) = a_0 + a_1 z + \cdots + a_d z^d$ 是复系数多项式,其共轭反射多项式定义为

$$P^*(z) = \overline{a_0} z^d + \overline{a_1} z^{d-1} + \cdots + \overline{a_d}.$$

(i) 证明: $P^*(z) = z^d \overline{P\left(\dfrac{1}{z}\right)}$.

(ii) 设多项式 $q_{d-l}(z)$ 的次数是 $d - l$,所有根在单位圆上或内部,l 是正整数. 证明: 多项式

$$Q(z) = z^l q_{d-l}(z) + q_{d-l}^*(z)$$

的所有根在单位圆上.

纳维德•萨法伊,伊朗数学奥林匹克 2018

证明 (i) 我们有

$$
\begin{aligned}
z^d \overline{P\left(\frac{1}{z}\right)} &= z^d \cdot \overline{a_0 + \frac{a_1}{z} + \cdots + \frac{a_d}{z^d}} \\
&= z^d \left(\overline{a_0} + \frac{\overline{a_1}}{z} + \cdots + \frac{\overline{a_d}}{z^d}\right) \\
&= \overline{a_0} z^d + \overline{a_1} z^{d-1} + \cdots + \overline{a_d} \\
&= P^*(z).
\end{aligned}
$$

(ii) 设 $q_{d-l}(z) = C(z - z_1) \cdots (z - z_{d-l})$, $|z_i| \leqslant 1$, $i = 1, \cdots, d-l$. 若 s 是 $P(z)$ 的根,则 $\frac{1}{s}$ 是 $P^*(z)$ 的根. 于是

$$q_{d-l}^*(z) = \overline{C}(1 - z\overline{z_1}) \cdots (1 - z\overline{z_{d-l}}).$$

若复数 r 满足 $Q(r) = 0$,则

$$r^l q_{d-l}(r) + q_{d-l}^*(r) = 0.$$

于是 $r^l q_{d-l}(r) = -q_{d-l}^*(r)$,

$$|r^l q_{d-l}(r)| = |q_{d-l}^*(r)|.$$

代入 $q_{d-l}(z)$ 与 $q_{d-l}^*(z)$ 的表达式,得到

$$|r^l| \cdot |(r - z_1) \cdots (r - z_{d-l})| = |(1 - r\overline{z_1}) \cdots (1 - r\overline{z_{d-l}})|.$$

若对某个 i,有 $|z_i| = 1$,则

$$|r - z_i| = |\overline{z_i}| \cdot |r - z_i| = |r\overline{z_i} - 1| = |1 - r\overline{z_i}|.$$

因此不妨设 $|z_i| < 1$ 对所有的 i 成立. 现在应用上面的推论,若 $|r| > 1$,则

$$|r^l| \cdot |(r - z_1) \cdots (r - z_{d-l})| > |r^l| \cdot |(1 - r\overline{z_1}) \cdots (1 - r\overline{z_{d-l}})|$$
$$> |(1 - r\overline{z_1}) \cdots (1 - r\overline{z_{d-l}})|.$$

类似地,若 $|r| < 1$,则

$$|r^l| \cdot |(r - z_1) \cdots (r - z_{d-l})| < |r^l| \cdot |(1 - r\overline{z_1}) \cdots (1 - r\overline{z_{d-l}})|$$
$$< |(1 - r\overline{z_1}) \cdots (1 - r\overline{z_{d-l}})|,$$

都得到矛盾. 因此必然有 $|r| = 1$. □

2.11 通过复根定义多项式

在本节中,我们提供了一些比较新颖的例子. 要解决这些问题,首先必须选择正确的变量和正确的多项式. 然后,使用这些定义将问题重新陈述. 最后,必须使用迄今为止学到的所有复数多项式的知识.

我们从一个数论题目开始.

例 2.50. 求所有的正整数 n, 使得 37 整除

$$1\underbrace{0\cdots0}_{n-1}1\underbrace{0\cdots0}_{n-1}1.$$

解 首先我们证明下面的引理.

引理 多项式 $x^{2n}+x^n+1$ 是 x^2+x+1 的倍数当且仅当 $n \not\equiv 0 \pmod 3$.

引理的证明 多项式 x^2+x+1 的根是 $\omega, \overline{\omega}$, 其中 $\omega = \dfrac{-1+\mathrm{i}\sqrt{3}}{2}$ 是一个本原三次单位根. 因此 x^2+x+1 整除实系数多项式 $P(x)$ 当且仅当 $P(\omega)=0$.

假设 $n \not\equiv 0 \pmod 3$, 于是 $2n$ 和 n 模 3 的余数不同且非零, 因此

$$\omega^{2n}+\omega^n+1=\omega^2+\omega+1=0,$$

说明 x^2+x+1 整除 $x^{2n}+x^n+1$.

若 $n \equiv 0 \pmod 3$, 则 $\omega^n=1$, 然后

$$\omega^{2n}+\omega^n+1=3,$$

说明 $x^{2n}+x^n+1 \equiv 3 \pmod{x^2+x+1}$.

回到原题, 设 $P(x)=x^{2n}+x^n+1$, 显然

$$P(10)=10^{2n}+10^n+1=1\underbrace{0\cdots0}_{n-1}1\underbrace{0\cdots0}_{n-1}1.$$

进一步, $10^2+10+1=111=3\times37$, 因此, 若 $n \not\equiv 0 \pmod 3$, 则 37 整除 $1\underbrace{0\cdots0}_{n-1}1\underbrace{0\cdots0}_{n-1}1$; 若 $n \equiv 0 \pmod 3$, 则此数除以 37 的余数是 3.   □

例 2.51. 证明: 对任意 $M>0$, 存在正整数 a,b,c, 使得 $\gcd(a,b,c)=1$ 并且

$$\gcd(a+b+c, a^2+b^2+c^2, a^{2014}+b^{2014}+c^{2014})>M.$$

V.A. Senderov, Kvant[7]

证明 设 $P(x)=x^{4028}+x^{2014}+1$, ω 是本原三次单位根, 则

$$P(\omega)=\omega^{4028}+\omega^{2014}+1=\omega^2+\omega+1=0,$$

也就是说, $P(\overline{\omega})=P(\omega)=0$, 说明 $P(x)$ 被

$$(x-\omega)(x-\overline{\omega})=x^2+x+1$$

---

[7]俄罗斯的一个面向高中生的数学杂志——译者注

整除. 现在假设 $a = x^2, b = x, c = 1$, 则

$$\gcd(a + b + c, a^2 + b^2 + c^2, a^{2014} + b^{2014} + c^{2014})$$
$$= \gcd(x^2 + x + 1, x^4 + x^2 + 1, x^{4028} + x^{2014} + 1).$$

显然有

$$x^4 + x^2 + 1 = (x^2 + x + 1)(x^2 - x + 1),$$

因此

$$\gcd(x^2 + x + 1, x^4 + x^2 + 1, x^{4028} + x^{2014} + 1) = x^2 + x + 1.$$

因此如果选择 x 使得 $x^2 + x + 1 > M$, 定义 $a = x^2, b = x, c = 1$（因为 $c = 1$, 所以三个数互素）, 那么有

$$\gcd(a + b + c, a^2 + b^2 + c^2, a^{2014} + b^{2014} + c^{2014})$$
$$= \gcd(x^2 + x + 1, x^4 + x^2 + 1, x^{4028} + x^{2014} + 1)$$
$$= x^2 + x + 1 > M.$$

$\square$

例 2.52. 证明: 存在无穷多个 7 元正整数组 $(x_1, \cdots, x_7)$, 使得 $\gcd(x_1, \cdots, x_7) = 1$, 并且对所有的 $k = 2, 3, 4, 5, 6$, 有 $x_1^k + x_2^k + \cdots + x_7^k$ 被 $x_1 + \cdots + x_7$ 整除.

数学公报

证明 我们首先证明一个引理.

引理 设 $P_k(x) = 1 + x^k + x^{2k} + \cdots + x^{6k}, k \in \{1, 2, \cdots, 6\}$, 则 $P_k(x)$ 被 $P(x) = 1 + x + \cdots + x^6$ 整除.

引理的证明 由于 $(x - 1)P(x) = x^7 - 1$, 因此 $P(x)$ 的根是本原 7 次单位根. $P(x)$ 整除一个多项式 $P_k(x)$ 当且仅当 $P_k(\omega) = 0$ 对所有的六个本原 7 次单位根 ω 成立. 现在

$$P_k(x) = \frac{x^{7k} - 1}{x^k - 1},$$

因此 $P_k(\omega) = 0, P_k(x)$ 被 $P(x)$ 整除.

　　回到题目的证明. 现在取整数 $m \geqslant 2$, 设

$$x_1 = 1, \quad x_2 = m, \quad \cdots, \quad x_7 = m^6.$$

于是

$$x_1 + \cdots + x_7 = P(m), \quad x_1^k + x_2^k + \cdots + x_7^k = P_k(m).$$

根据引理, $P(x)$ 整除 $P_k(x)$, 存在整系数多项式 $Q_k(x)$, 使得 $P_k(x) = P(x)Q_k(x)$. 因此 $P_k(m) = P(m)Q_k(m)$, 说明 $P_k(m)$ 被 $P(m)$ 整除, 对所有的 $k \in \{2, 3, 4, 5, 6\}$ 成立. $\qquad\square$

例 2.53. 设 x, y 是两个正有理数. 假设对某两个正整数 m 和 n, $x^{\frac{1}{n}} + y^{\frac{1}{m}}$ 是有理数. 证明: $x^{\frac{1}{n}}$ 和 $y^{\frac{1}{m}}$ 都是有理数[8].

证明 设 $\alpha = x^{1/n}$, 则 α 是多项式 $t^n - x$ 的根, 但是这个多项式不一定是 α 的极小多项式. 例如, 若 $x = r^k$, r 是有理数, k 整除 n, 则 $\alpha = r^{k/n}$ 是 $t^{n/k} - r$ 的根. 可能读者会担心 α 是不是这种形式的某个次数更低的多项式的根. 然而下面的引理否定了这个可能.

引理 设 x 是正有理数, $\alpha = x^{1/n}$, 则 α 的极小多项式具有形式 $t^d - r$, 其中 d 是 n 的一个正因子, r 是正有理数 (于是 $x = r^{n/d}$).

引理的证明 设 $P(t)$ 是 α 的首项系数为 1 的极小多项式, 次数为 d. 由于 α 是 $t^n - x$ 的一个根, 因此 $P(t)$ 整除 $t^n - x$, P 的所有根是 $t^n - x$ 的根. 这些根可以表示成 $\alpha\omega$, 其中 ω 是某个 n 次单位根. 根据韦达定理, $(-1)^d P(0)$ 是这些根的乘积, 利用 n 次单位根的乘积还是 n 次单位根, 得到 $P(0) = (-1)^d \alpha^d \omega$, 其中 ω 是 n 次单位根. 但是 P 是有理系数的, 因此 $P(0)$ 是有理数, 说明 ω 是实数, $\omega = \pm 1$. 因此 $P(0) = \pm\alpha^d$ 是有理数, 但是 $\alpha^d = r$ 是有理数说明 α 是多项式 $t^d - r$ 的根. 这个首项系数为 1 的多项式和 $P(t)$ 的次数相同, 也以 α 为一个根, 必然和 $P(t)$ 相同 (否则 $P(t) - (t^d - r)$ 是次数更低, 以 α 为根的非零多项式, 矛盾).

回到题目的证明. 设 $\alpha = x^{1/n}$, $\beta = y^{1/m}$, 根据题目假设, $c = \alpha + \beta$ 是一个正的有理数. 根据引理, α 的极小多项式是 $t^d - r$, d 是正整数, r 是正有理数, β 的极小多项式是 $t^{d'} - r'$, 不妨设 $d' \geqslant d$. 因为 $\alpha = c - \beta$, 因此 β 也是 $(c - t)^d - r$ 的根, 变成首项系数为 1 的多项式为 $(t - c)^d + (-1)^{d+1} r$. 这个首项系数为 1 的多项式的次数不超过 d', 以 β 为根, 必然是 β 的极小多项式. 因此 $d = d'$, 并且

$$t^d - r' = (t - c)^d + (-1)^{d+1} r.$$

若 $d > 1$, 比较两边 t^{d-1} 的系数则得到矛盾. 因此 $d = 1$, α 和 β 都是有理数. $\quad\square$

---

[8] 此处的 $1/n$ 次方指的是一个有理根, 不是复数意义下的 n 次根, 译者注

下面我们讨论圣彼得堡数学奥林匹克里面的一道有趣的题, 来结束这一节. 这个题目需要对多项式有很深刻的理解力, 同时也要具有敏锐的组合思想.

例 2.54. 考虑一个正 n 边形, 其中一个顶点上写了 1, 其余顶点写了 0. 甲通过一系列的操作来修改这些数. 甲先在每个顶点上加上顺时针方向的相邻顶点上的数, 然后在每个顶点上加上顺时针方向相邻顶点的相邻顶点上的数, 如此继续. 最后一步在每个顶点上加上了逆时针方向的相邻顶点上的数. 经过上述步骤后, $n-1$ 个顶点上的数是一样的, 求 n 的所有可能值.

M. Antipov

解 将顶点依次标记为 $0, 1, \cdots, n-1$, 其中开始数为 1 的顶点标记为 0, 一个顶点顺时针方向的邻居的标记模 n 减少 1. 如果顶点上的数依次是 $a_0, a_1, \cdots, a_{n-1}$, 那么关联这个状态到多项式 $a_0 + a_1 x + \cdots + a_{n-1} x^{n-1}$. 于是初始状态的多项式是 1. 注意, 因为标记必须模 n 理解, 这个多项式实际上是模 $x^n - 1$ 定义的.

将顺时针方向 k 步远的邻居上的数加到每个数上, 这样的操作相当于将多项式乘以 $1 + x^k$, 然后模 $x^n - 1$. 因此我们最后的多项式是 $(1+x) \cdots (1 + x^{n-1})$ 模 $x^n - 1$. 现在我们把问题变成了一个纯代数的多项式问题. 如果设最后的 $n-1$ 个相同的值是 b, 第 n 个值是 $a+b$, 在顶点 m 上, $0 \leqslant m \leqslant n-1$, 那么最后的多项式可以写成

$$ax^m + b(1 + x + \cdots + x^{n-1}).$$

我们记 $P(x) = 1 + x + \cdots + x^{n-1}$, 由于 $(x-1)P(x) = x^n - 1$, 可以把问题化简一点. 我们的目标是 $P(x)$ 整除 $(1+x) \cdots (1+x^{n-1}) - ax^m$, 对某些 a, m 成立.

假设 $(1+x) \cdots (1+x^{n-1}) - ax^m$ 是 $P(x)$ 的倍数.

若 n 是偶数, 则 -1 是 $P(x)$ 的根, 因此

$$0 = (1-1) \cdots (1 + (-1)^n) - a(-1)^m = (-1)^{m+1} a,$$

说明 $a = 0$ (也就是说最后所有 n 个顶点上的数相同). 代入 $x = 1$, 我们发现 $P(1) = n$ 整除 $(1+1) \cdots (1 + 1^{n-1}) = 2^{n-1}$, 因此 n 是 2 的幂. 反之, 若 $n = 2^r$, 则 $(1+x) \cdots (1+x^{n-1})$ 的因式中包含

$$(1+x)(1+x^2)(1+x^4) \cdots (1 + x^{2^{r-1}}),$$

这个乘积容易看出是 $P(x)$. (可以通过对 r 归纳证明, 或者看出这个式子的组合含义是说 $0, 1, \cdots, 2^r - 1$ 中的每个数, 恰好可以唯一写成 $\sum_{i=0}^{r-1} d_i 2^i, d_i \in \{0, 1\}$ 的形式.)

现在假设 n 是奇数, 我们先证明下面的引理.

引理 设 n 是奇数,ω 是本原 n 次单位根,则

$$(1+\omega)\cdots(1+\omega^{n-1}) = 1.$$

引理的证明 由于 $x^n - 1$ 的根是 n 次单位根, 可以记作 $1,\omega,\cdots,\omega^{n-1}$, 我们有 $x^n - 1 = (x-1)(x-\omega)(x-\omega^2)\cdots(x-\omega^{n-1})$. 代入 $x = -1$,利用 n 是奇数,得到

$$-2 = -2(-1-\omega)\cdots(-1-\omega^{n-1}) = -2(1+\omega)\cdots(1+\omega^{n-1}),$$

引理证毕.

回到原题,因为 ω 是 $P(x)$ 的根,所以有

$$(1+\omega)\cdots(1+\omega^{n-1}) - a\omega^m = 0.$$

根据引理,可得 $a\omega^m = 1$. 因此 ω^m 是实数,并且是 n 次单位根,而 n 是奇数,所以 $\omega^m = 1, m = 0$,同时得到 $a = 1$.(这说明唯一不同的数是在顶点 0, 比其他数多 1.)因此 $(1+x)\cdots(1+x^{n-1}) - 1$ 是 $P(x)$ 的倍数.

现在假设 $n = pl$, 其中 p 是奇素数, l 是正整数. 设 α 是一个 p 次本原单位根,则 $1,\alpha,\alpha^2,\cdots,\alpha^{n-1}$ 轮换取到 $1,\alpha,\alpha^2,\cdots,\alpha^{p-1}$ 每个值 l 次. 于是引理给出

$$2(1+\alpha)\cdots(1+\alpha^{n-1}) = (2(1+\alpha)\cdots(1+\alpha^{p-1}))^l = 2^l,$$

所以

$$(1+\alpha)\cdots(1+\alpha^{n-1}) = 2^{l-1}.$$

由于 p 整除 n, α 也是 n 次单位根,因此 α 是

$$\frac{x^n - 1}{x - 1} = P(x),$$

的根. 代入 α 会得到

$$0 = (1+\alpha)\cdots(1+\alpha^{n-1}) - 1 = 2^{l-1} - 1,$$

说明 $l = 1, n = p$ 是奇素数.

反之,若 n 是奇素数,则 $P(x)$ 所有的根都是 n 次本原单位根. 引理说明 $P(x)$ 的所有根都是 $(1+x)\cdots(1+x^{n-1}) - 1$ 的根.因此 $P(x)$ 整除 $(1+x)\cdots(1+x^{n-1}) - 1$.

综上所述,n 的可能值是奇素数或者 2 的幂. $\qquad\square$

2.12 杂题

例 2.55. 设 $S = \{z \in \mathbb{C} \mid |z| = 1\}$，证明：不存在非常数实系数多项式 $P(x)$，使得 $P(S) \subseteq \mathbb{R}$.

证明 设 $P(x) = a_d x^d + \cdots + a_0, a_d \neq 0$. 对任意复数 $z, |z| = 1$，容易得出

$$P(z) = \overline{P(z)} = P(\bar{z}) = P\left(\frac{1}{z}\right),$$

其中第一个等号是因为 $P(S) \in \mathbb{R}$；第二个是因为 $P(x)$ 是实系数；第三个是因为 $|z| = 1$. 因此方程 $P(x) = P\left(\frac{1}{x}\right)$ 有无穷多解，说明等式

$$P(x) = P\left(\frac{1}{x}\right)$$

对所有的 x 成立. 但是

$$\lim_{x \to \infty} P(x) = \lim_{x \to \infty} P\left(\frac{1}{x}\right) = P(0).$$

说明 $P(x)$ 必然是常数，矛盾. □

例 2.56. 求所有的实系数多项式 $P(x)$，使得对任意实数 θ，有

$$P(\cos \theta + \mathrm{i} \sin \theta) = |P(\cos \theta + \mathrm{i} \sin \theta)|.$$

解 题目条件说明对任意复数 $z, |z| = 1$，我们有 $P(z) = |P(z)|$. 这说明 $P(z)$ 对所有的 $|z| = 1$ 都是实数. 根据上面的习题得到 $P(z) = c$，其中 $c \geqslant 0$. □

我们给出两个不等式，结束这一章，证明这两个不等式需要构造多项式并且应用复数.

例 2.57. 设实数 a, b, c, d 满足 $a^2 + b^2 + c^2 + d^2 \leqslant 1$. 证明：

$$4abcd - \frac{3}{4} \leqslant ab + ac + bc + cd + da + db \leqslant 4abcd + \frac{5}{4}.$$

加布里埃尔·多斯皮内斯库，数学难题

证明 定义 $S = ab + ac + bc + cd + da + db$，以及多项式

$$P(x) = (x - a)(x - b)(x - c)(x - d)$$
$$= x^4 - (a + b + c + d)x^3 + Sx^2 - (abc + bcd + cda + dab)x + abcd.$$

于是

$$|P(\mathrm{i}t)|^2 = |t^4 - St^2 + abcd + \mathrm{i}((a+b+c+d)t^3 - (abc+bcd+cda+dab)t)|^2.$$

利用 $|x+\mathrm{i}y| \geqslant |x|$，得到 $|P(\mathrm{i}t)|^2 \geqslant |t^4 - St^2 + abcd|^2$.

另一方面，

$$
\begin{aligned}
|P(\mathrm{i}t)|^2 &= (a+\mathrm{i}t)(b+\mathrm{i}t)(c+\mathrm{i}t)(d+\mathrm{i}t)(a-\mathrm{i}t)(b-\mathrm{i}t)(c-\mathrm{i}t)(d-\mathrm{i}t) \\
&= (a^2+t^2)(b^2+t^2)(c^2+t^2)(d^2+t^2).
\end{aligned}
$$

于是得到

$$(a^2+t^2)(b^2+t^2)(c^2+t^2)(d^2+t^2) \geqslant |t^4 - St^2 + abcd|^2.$$

取 $t = \dfrac{1}{2}$，得到

$$\left(a^2+\frac{1}{4}\right)\left(b^2+\frac{1}{4}\right)\left(c^2+\frac{1}{4}\right)\left(d^2+\frac{1}{4}\right) \geqslant \left|\frac{1}{16} - \frac{S}{4} + abcd\right|^2.$$

最后，应用均值不等式得到

$$\left(a^2+\frac{1}{4}\right)\left(b^2+\frac{1}{4}\right)\left(c^2+\frac{1}{4}\right)\left(d^2+\frac{1}{4}\right) \leqslant \left(\frac{a^2+b^2+c^2+d^2+1}{4}\right)^4 = \frac{1}{16}.$$

因此有

$$\left|\frac{1}{16} - \frac{S}{4} + abcd\right|^2 \leqslant \frac{1}{16},$$

$$\left|\frac{1}{4} - S + 4abcd\right| \leqslant 1,$$

$$-\frac{3}{4} \leqslant S - 4abcd \leqslant \frac{5}{4}.$$

$\square$

例 2.58. 设 $x_1,\ldots,x_n$ 是实数，对 $1 \leqslant k \leqslant n$，定义

$$S_k = \sum_{1 \leqslant i_1 < \cdots < i_k \leqslant n} x_{i_1} \cdots \cdot x_{i_k},$$

以及 $S_0 = 1$. 证明：

$$\prod_{k=1}^{n}(1+x_k^2) \geqslant 2\left|\sum_{k=0}^{\left\lfloor\frac{n}{2}\right\rfloor}(-1)^k S_{2k}\right| \cdot \left|\sum_{k=0}^{\left\lfloor\frac{n-1}{2}\right\rfloor}(-1)^k S_{2k+1}\right|.$$

证明 设 $P(x) = (x + x_1)\cdots(x + x_n) = x^n + S_1 x^{n-1} + \cdots + S_n$,显然有

$$\prod_{k=1}^{n}(1 + x_k^2) = \prod_{k=1}^{n}(x_k + \mathrm{i})\prod_{k=1}^{n}(x_k - \mathrm{i}) = P(\mathrm{i})P(-\mathrm{i}) = |P(\mathrm{i})|^2.$$

由于

$$P(\mathrm{i}) = \mathrm{i}^n + S_1\mathrm{i}^{n-1} + \cdots + S_n = \mathrm{i}^n\left(\sum_{k=0}^{\lfloor\frac{n}{2}\rfloor}(-1)^k S_{2k} - \mathrm{i}\sum_{k=0}^{\lfloor\frac{n-1}{2}\rfloor}(-1)^k S_{2k+1}\right),$$

我们得到

$$|P(\mathrm{i})|^2 = \left(\sum_{k=0}^{\lfloor\frac{n}{2}\rfloor}(-1)^k S_{2k}\right)^2 + \left(\sum_{k=0}^{\lfloor\frac{n-1}{2}\rfloor}(-1)^k S_{2k+1}\right)^2,$$

这不小于

$$2\left|\sum_{k=0}^{\lfloor\frac{n}{2}\rfloor}(-1)^k S_{2k}\right| \cdot \left|\sum_{k=0}^{\lfloor\frac{n-1}{2}\rfloor}(-1)^k S_{2k+1}\right|,$$

我们就完成了证明. □

2.13　习题

习题 2.1. 设 $n \equiv 3 \pmod 8$,

$$(x^2 + 1)^n = a_{2n}x^{2n} + a_{2n-1}x^{2n-1} + \cdots + a_1 x + a_0.$$

计算 $a_0 + a_8 + \cdots + a_{2n-6}$.

Alessandro Ventullo

习题 2.2. 设 x_1, x_2, x_3, x_4 是方程

$$x^4 - (m+2)x^3 + (m^2+m+1)x^2 + 2x - 2 = 0, \qquad m \in \mathbb{R}$$

的根.

(i) 若 $x_1 = 1 + \mathrm{i}$,求 m 并解方程;
(ii) 在 (i) 中的条件下,计算 $x_1^{2006} + x_2^{2006} + x_3^{2006} + x_4^{2006}$.

Trident Competition 2006

习题 2.3. (i) 在 $\mathbb{C}$ 中求解方程

$$x^6 + 3x^5 + 12x^4 + 19x^3 + 15x^2 + 6x + 1 = 0.$$

(ii) 计算 $\displaystyle\sum_{k=1}^{6}\left|1+\frac{1}{x_k}\right|$ 和 $\displaystyle\sum_{k=1}^{6}|x_k|^2$,其中 $x_1, x_2, \cdots, x_6$ 是上一个方程的根.

Vasile Berghea,数学公报 B 9/2007 C:3217

习题 2.4. 设

$$P(x) = (x-r)(x-r^2)(x-r^3)(x-r^4)$$

是实系数多项式,求 r 的所有可能值.

习题 2.5. 设 $r_1, \cdots, r_{10}$ 是多项式 $x^{11} + 11x + 1$ 的非实根. 求不超过 $\left|\displaystyle\sum_{j=1}^{10} r_j^{10}\right|$ 的最大的正整数.

韩国数学奥林匹克,第二轮 2010

习题 2.6. 设 r_1, r_2, r_3 是多项式 $P(x) = x^3 + 111x^2 + 1$ 的根, 3 次多项式 $Q(x)$ 的根为 $r_i + \dfrac{1}{r_i}, i = 1, 2, 3.$ 求 $\dfrac{Q(1)}{Q(-1)}$.

习题 2.7. 求方程

$$\sum_{k=1}^{2017} \frac{1}{z - \varepsilon_k} = 0$$

的所有根的乘积,其中 ε_k 遍历多项式 $x^{2018} - 1$ 不等于 1 的根.

习题 2.8. 设 x 和 y 是复数,n 是正整数. 证明:

$$x^{2n} - x^n y^n + y^{2n} = \prod_{\substack{1 \leqslant k < 3n \\ \gcd(k,6)=1}} \left(x^2 - 2\cos\left(\frac{k\pi}{3n}\right) xy + y^2\right).$$

Roman Witula, Ddyta Hetmaniok, Damian Slota,大学数学杂志 1876

习题 2.9. 考虑多项式

$$f(x) = x^n + 2x^{n-1} + 3x^{n-2} + \cdots + nx + n + 1$$

并设 $\varepsilon = \cos\dfrac{2\pi}{n+2} + \mathrm{i}\sin\dfrac{2\pi}{n+2}.$ 证明:

$$f(\varepsilon)f(\varepsilon^2)\cdots f(\varepsilon^{n+1}) = (n+2)^n.$$

Mihai Piticari, Alexandru Myller 竞赛 2003

习题 2.10. 设 n 是正整数, $z_1, \cdots, z_n$ 是 $1 + z^n$ 的根. 对每个 $a > 0$, 证明:

$$\frac{1}{n} \sum_{k=1}^{n} \frac{1}{|z_k - a|^2} = \frac{1 + a^2 + \cdots + a^{2(n-1)}}{(1 + a^n)^2}.$$

Gheorghe Stoica, 美国数学月刊 *11947*

习题 2.11. 设 $a \neq 0, b, c$ 是实数. 证明: 存在实系数多项式 $P(x)$, 使得 $aP(x)^2 + bP(x) + c$ 被 $x^2 + 1$ 整除.

Alexander Golovanov

习题 2.12. 证明: 若 k, m, n 是非负整数, 则多项式

$$P(x) = x^{3k+2} + x^{3m+1} + x^{3n}$$

被 $x^2 + x + 1$ 整除.

波兰数学奥林匹克 *1966*

习题 2.13. 证明: 对任意正整数 k, 多项式

$$(x^4 - 1)(x^3 - x^2 + x - 1)^k + (x + 1)x^{4k-1}$$

被 $x^5 + 1$ 整除.

波兰数学奥林匹克 *1986*

习题 2.14. 设 $f(x)$ 是多项式, n 是正整数. 证明: 若 $f(x^n)$ 被 $x - 1$ 整除, 则它也被 $x^{n-1} + x^{n-2} + \cdots + x + 1$ 整除.

波兰数学奥林匹克 *1988*

习题 2.15. 求所有的数对 (n, r), 其中 n 是正整数, r 是实数, 满足 $(x+1)^n - r$ 被多项式 $2x^2 + 2x + 1$ 整除.

波兰数学奥林匹克 *1996*

习题 2.16. 给定正实数 $q_1, q_2, \cdots$, 定义多项式序列: $f_0(x) = 1, f_1(x) = x$,

$$f_{n+1}(x) = (1 + q_n)x f_n(x) - q_n f_{n-1}(x), \quad n \geq 1.$$

证明: 这些多项式的所有实根都在区间 $[-1, 1]$ 上.

莫斯科数学奥林匹克 *1968*

习题 2.17. 求所有的复数 $a \neq 0$ 和 b, 使得对 $x^4 - ax^3 - bx - 1 = 0$ 的任意复根 z, 有 $|a - z| \geqslant |z|$.

Nikolai Nikolov, 保加利亚数学奥林匹克 *2006*

习题 2.18. 若 z_0 是多项式 $z^{n+1} - z^2 + az + 1$ 的非实数根, 其中 a 是任意实数, $n \geqslant 2$, 证明:

$$|z_0| > \frac{1}{\sqrt[n]{n}}.$$

德国国家队选拔考试 *2009*

习题 2.19. 证明: 若复系数多项式

$$P(x) = x^n + a_1 x^{n-1} + \cdots + a_{n-1} x + (-1)^n$$

的所有根有同样的模长, 则 $P(-1)$ 是实数.

N. Micu, 罗马尼亚数学奥林匹克 *1974*

习题 2.20. 设 d 是正奇数, 复系数多项式

$$P(x) = x^d + a_{d-1} x^{d-1} + \cdots + a_1 x + a_0$$

的所有根在单位圆上, $a_0 \neq 1$. 证明: $\dfrac{a_{d-1} - a_1}{1 - a_0}$ 是实数.

习题 2.21. 设 $a \neq 0, m > n, m \neq 2n$, 多项式 $ax^m + bx^n + c$ 的所有根的模长相同. 证明: $b = 0$.

习题 2.22. 设复系数多项式 $P(x) = a_d x^d + a_{d-1} x^{d-1} + \cdots + a_0$ 的所有根在单位圆内,

$$P^*(x) = x^d \overline{P}\left(\frac{1}{x}\right).$$

证明: $P(z) + P^*(z)$ 的所有根在单位圆上.

习题 2.23. 设 $|a| \leqslant 1$ 是实数. 证明: 方程 $x^{n+1} - ax^n - ax + 1 = 0$ 的所有根在单位圆上.

习题 2.24. 设 a, b, c, d 是实数, $b - d \geqslant 5, x_1, x_2, x_3, x_4$ 是

$$P(x) = x^4 + ax^3 + bx^2 + cx + d$$

的四个实根. 求乘积 $(x_1^2 + 1)(x_2^2 + 1)(x_3^2 + 1)(x_4^2 + 1)$ 的极小值.

蒂图·安德雷斯库, 美国数学奥林匹克 *2014*

第 3 章　多项式函数方程 (I)

许多年前,多项式中最重要的主题是从一个或多个方程组中找到一些未知的多项式. 最近,我们在数学竞赛中看到这个主题的问题越来越少,部分原因可能是在提出此类问题时缺乏创新或创造力. 尽管解多项式函数方程不再是多项式和数学竞赛的中心话题,但仍有很多问题包含该主题的一些元素和想法.

在这一章和接下来的两章中,我们将深入探索求解多项式函数方程的方法.

3.1　基本性质

在很多情况下,恰当的变量替换对解题很有帮助. 一个技巧是找到变量的值,使得表达式为零或者至少化简.

例 3.1. (i) 求所有的多项式 $P(x)$,使得

$$P(x + x^2) = x + x^2 + \cdots + x^{2017} + x^{2018}.$$

(ii) 求所有的多项式 $Q(x)$,使得

$$Q(x + x^2 + x^3) = x + x^2 + \cdots + x^{2017} + ax^{2018} + bx^{2019} + x^{2020},$$

对某实数 a 和 b 成立.

解 (i) 代入 $x = 1$,发现 $P(2) = 2018$. 代入 $x = -2$,发现

$$P(2) = -2 + 4 - 8 + \cdots + (-2)^{2018} = \frac{2^{2019} - 1}{3} \neq 2018.$$

因此没有这样的多项式.

(ii) 代入 $x = -1$ 和 $x = \mathrm{i}$,发现

$$Q(-1) = a - b, \quad Q(-1) = (1 - a) + \mathrm{i}(1 - b).$$

因此 $b = 1, a - b = 1 - a$,解出 $(a, b) = (1, 1)$.但是代入 $x = 0$ 和 $x = \omega = \dfrac{-1 + \mathrm{i}\sqrt{3}}{2}$ 则分别给出

$$Q(0) = 0, \quad Q(\omega) = (b - a) + \omega(2 - a).$$

解出 $(a, b) = (2, 2)$,矛盾,因此无解. $\qquad\qquad\qquad\qquad\qquad\qquad\square$

例 3.2. 求所有的多项式 $P(x)$,使得对任意实数 x, y,有

$$P(x + y) \geqslant P(x) + (x + 1)P(y).$$

解法一 代入 $x = -1$,发现 $P(y - 1) \geqslant P(-1)$ 对所有的 y 均成立.这说明 $P(x)$ 的次数是偶数,首项系数为正.进一步,代入 $x = y = 0$,发现 $P(0) \leqslant 0$.另一方面,代入 $x = -2$ 和 $y = 0$,得到 $P(0) \geqslant 0$,因此 $P(0) = 0$.现在代入 $y = -x$,得到

$$P(x) + (x + 1)P(-x) \leqslant 0.$$

左边是奇数次多项式,首项系数为正,因此对于足够大的 $x > 0$,不能为负.因此 $P(x)$ 必然是常数,因为 $P(0) = 0$,所以 $P(x) = 0$. $\qquad\qquad\qquad\qquad\square$

解法二 显然 $P(x) = 0$ 是一个解.若 P 不是零多项式,设 $d = \deg P \geqslant 0$.代入 $y = x^2$ 并整理,得到 $P(x + x^2) - P(x) - (x + 1)P(x^2) \geqslant 0$.左端是次数为 $2d + 1$ 的多项式,不等式不会对所有的 x 成立.因此唯一的解是零多项式. $\qquad\square$

例 3.3. 求所有的正实数对 (a, b),使得多项式 $P(x) = ax^2 + b$ 对所有的实数 x, y,满足:

$$P(xy) + P(x + y) \geqslant P(x)P(y).$$

解 将原始不等式直接写出,得到

$$(ax^2y^2 + b) + (a(x + y)^2 + b) \geqslant (ax^2 + b)(ay^2 + b).$$

代入 $y = 0$,有

$$a(1 - b)x^2 + b(2 - b) \geqslant 0$$

对所有实数 x 成立,因此 $1 - b \geqslant 0, 0 < b \leqslant 1$.代入 $y = -x$,得到

$$a(1 - a)x^4 - 2abx^2 + b(2 - b) \geqslant 0$$

对所有的实数 x 成立,因此 $a(1 - a) \geqslant 0, 0 < a \leqslant 1$.若 $a = 1$,则有 $-2bx^2 + b(2 - b) \geqslant 0$,即 $-2x^2 + 2 - b \geqslant 0$.最后的不等式对于足够大的 x 不成立,所以 $0 < a < 1$.现在,从

$$a(1 - a)x^4 - 2abx^2 + b(2 - b) \geqslant 0,$$

得到

$$(a(1-a)x^2 - ab)^2 + ab(2-2a-b) \geqslant 0,$$

因此 $2 - 2a - b \geqslant 0$.

总的来说，我们得到

$$0 < a < 1, \qquad 0 < b \leqslant 1, \qquad 0 < 2a + b \leqslant 2.$$

现在我们证明这些条件也是充分的. 设

$$\begin{aligned}
Q(x,y) &= (ax^2y^2 + b) + (a(x+y)^2 + b) - (ax^2 + b)(ay^2 + b) \\
&= (a - a^2)x^2y^2 + a(1-b)(x^2 + y^2) + 2axy + b(2-b),
\end{aligned}$$

由于 $a(1-b) \geqslant 0, x^2 + y^2 \geqslant -2xy$，因此可以得到

$$Q(x,y) \geqslant a(1-a)x^2y^2 + 2abxy + b(2-b).$$

设 $z = xy$，我们需要研究 $R(z) = a(1-a)z^2 + 2abz + b(2-b)$ 的符号. 和之前一样的推理，可以看出当 $0 < 2a + b \leqslant 2$ 时，有 $R(z) \geqslant 0$ 对所有的实数 z 成立，我们完成了证明. □

例 3.4. 设 d 是正奇数，证明：不存在系数均为 1 或 -1 的多项式 $P(x)$ 和 $Q(x)$，满足

$$\frac{P(x)}{Q(x)} = x^d - x^{d-1} + 1.$$

证明 设 $\deg P(x) = p, \deg Q(x) = q$. 给定的方程说明 $P(x) = (x^d - x^{d-1} + 1)Q(x)$，于是 $p = q + d$. 因为 d 是奇数，所以 $p + q$ 是奇数. 代入 $x = 1$，得到 $P(1) = Q(1)$，于是 $P(1) + Q(1)$ 是偶数. 然而，$P(1)$ 是 $p + 1$ 个 ± 1 的求和，即 $p + 1$ 个奇数之和，因此 $P(1)$ 与 $p + 1$ 奇偶性相同. 同理 $Q(1)$ 与 $q + 1$ 奇偶性相同. 因此 $(p+1) + (q+1)$ 是偶数，矛盾. □

3.2 两个多项式何时恒等？

当我们尝试找到满足给定方程的多项式时，通常情况下方程的两边都是多项式. 因此，我们需要考虑可以从两个多项式的等式中提取哪些方程. 我们在上一节中看到了这个问题的一个答案：我们可以通过插值来得到方程.

我们还需要考虑如何证明两个多项式是相同的. 回答这个问题的最直接方法可能是应用定义：当多项式的所有对应系数相等时，两个多项式 $P(x)$ 和 $Q(x)$ 完

全相等. 特别是, 这意味着 $\deg P(x) = \deg Q(x)$. 我们将在下一节中采用这种方法.

在我们这样做之前, 很自然地想知道我们是否可以使用上一节的方法来代替. 也就是说, 我们可以仅通过插入值来证明两个多项式相等吗?

假设 $\deg P(x) = p \geqslant \deg Q(x) = q$. 如果对于至少 $p+1$ 个不同的复数, 我们有 $P(x) = Q(x)$, 那么多项式 $P(x) - Q(x)$ 的次数最多为 p, 但是至少有 $p+1$ 个不同的复根. 这意味着 $P(x) - Q(x)$ 必须是零多项式. 因此 $P(x), Q(x)$ 是相同的 (特别是 $p = q$).

恒等条件

(i) 若多项式方程 $P(x) = Q(x)$ 至少有 $1 + \max\{\deg P(x), \deg Q(x)\}$ 个不同的根, 则 $P(x)$ 和 $Q(x)$ 恒等.

(ii) 若多项式方程 $P(x) = Q(x)$ 有无穷多个根, 则 $P(x)$ 和 $Q(x)$ 恒等.

例 3.5. 求所有次数最低的多项式 $P(x)$, 满足下面性质:

(i) 首项系数为 200;

(ii) 非零的最低次项系数为 2;

(iii) 所有系数的和是 4;

(iv) $P(-1) = 0$;

(v) $P(2) = 6$;

(vi) $P(3) = 8$.

解 根据性质 (iii), 可得 $P(1) = 4$. 定义

$$Q(x) = P(x) - (2x + 2),$$

于是

$$Q(1) = Q(2) = Q(3) = Q(-1) = 0.$$

因此有

$$Q(x) = P(x) - (2x + 2) = (x-1)(x-2)(x-3)(x+1)R(x),$$

于是

$$P(x) = 2x + 2 + (x-1)(x-2)(x-3)(x+1)R(x),$$

其中 $R(x)$ 是某个多项式. 因为 P 的首项系数和 R 的相同, 条件 (i) 说明 R 的首项系数是 200. P 的末项系数是 $P(0) = 2 - 6R(0)$, 根据条件 (ii) 这是 2 或 0. 若

是前者,则 $R(0)=0$,取 $R=200x$,得到多项式

$$P(x) = 2(x+1) + 200x(x-1)(x-2)(x-3)(x+1)$$

的次数为 5,满足题目的所有条件. 因此我们只需看其他次数不超过 5 的解,因此假设 R 是常数或者线性函数. 在 $P(0)=0$ 的情况下,$R(0)=\dfrac{1}{3}$. 由于这和 R 的目标首项系数不同,因此 R 不能是常数,只能是 $R(x)=200x+\dfrac{1}{3}$. 但是容易验证,这个解中 x 在 P 中的系数不是 0 或 2,不符合条件 (ii). 因此最低次数为 5,唯一的次数为 5 的解是

$$\begin{aligned}
P(x) &= 200x(x-1)(x-2)(x-3)(x+1) + 2x + 2 \\
&= 200x^5 - 1000x^4 + 1000x^3 + 1000x^2 - 1198x + 2.
\end{aligned}$$

$\square$

例 3.6. 设 m 和 n 是正整数,$n>1$. $a_1,\cdots,a_m$ 是非常数的等差数列. 求 m 的最大值,使得存在 n 次多项式 $P(x)$,满足 $P(a_1),\cdots,P(a_m)$ 是非常数的等差数列.

解 设 $a_2-a_1=d\neq 0$,$P(a_2)-P(a_1)=D\neq 0$,则有

$$a_k = a_1 + (k-1)d, \quad k=1,\cdots,m$$

以及 $P(a_k)=P(a_1)+(k-1)D, k=1,\cdots,m$. 设 $r=\dfrac{D}{d}\neq 0$,定义

$$Q(x) = P(x) - r(x-a_1) - P(a_1).$$

则有

$$\begin{aligned}
Q(a_k) &= P(a_k) - r(a_k-a_1) - P(a_1) \\
&= P(a_k) - (k-1)D - P(a_1) \\
&= 0.
\end{aligned}$$

由于 $\deg Q(x) = \deg P(x) = n$,而且 $Q(x)$ 以 $a_1,\cdots,a_m$ 为根,因此 $n\geqslant m$. 现在取

$$P(x) = (x-a_1)\cdots(x-a_n) + x,$$

则有 $P(a_k)=a_k, 1\leqslant k\leqslant n$,因此 m 的最大值为 n. $\square$

我们以一个关于多项式取值的综合问题结束本节,该问题在某种意义上需要用到上述知识.

例 3.7. 是否存在正整数数列 $(a_n)_{n>0}$，以及多项式 P，使得 $a_n = P(n)$ 对所有足够大的正整数成立，如果：

(i) $a_n = 2^n$.

(ii) $a_n = \left\lfloor \dfrac{n^2 + n + 1}{3} \right\rfloor$.

解 (i) 首先，我们证明下面的引理.

引理 设 $\deg P(x) = d$，则对足够大的 x 有

$$P(x) < x^{d+1}.$$

引理的证明 设 $P(x) = a_d x^d + \cdots + a_0, M = \max |a_i|$. 对每个 $x > M + 1$，有

$$1 + x + \cdots + x^d = \frac{x^{d+1} - 1}{x - 1} < \frac{x^{d+1}}{M}.$$

因此对 $x > M + 1$，有

$$x^{d+1} > M(1 + x + \cdots + x^d) \geqslant \sum_{k=0}^{d} |a_k| x^k \geqslant \left| \sum_{k=0}^{d} a_k x^k \right| = |P(x)| \geqslant P(x),$$

我们完成了引理的证明.

现在回到原题. 设 $\deg P(x) = d, P(n) = 2^n$ 对所有足够大的正整数 n 成立，则根据引理，对足够大的正整数 n，有 $2^n < n^{d+1}$. 但实际上，相反方向的不等式才对足够大的正整数 n 成立，矛盾.

(ii) 假设多项式 $P(n)$ 满足

$$P(n) = \left\lfloor \frac{n^2 + n + 1}{3} \right\rfloor,$$

对所有足够大的正整数 n 成立. 定义

$$Q(n) = \frac{n^2 + n + 1}{3}.$$

对所有的 $n \equiv 1 \pmod 3$，有

$$\left\lfloor \frac{n^2 + n + 1}{3} \right\rfloor = \frac{n^2 + n + 1}{3}.$$

因此 $P(n) = Q(n)$ 对无穷多 n 成立，说明 P 和 Q 恒等. 但是当 $n = 3m$ 并且足够大时，有

$$P(3m) = \left\lfloor \frac{9m^2 + 3m + 1}{3} \right\rfloor = 3m^2 + m \neq Q(3m) = 3m^2 + m + \frac{1}{3},$$

矛盾，因此这样的多项式也不存在. □

3.3　比较系数

正如我们已经说过的,当所有相应的系数都一致时,两个多项式完全相同,特别是次数相同. 这为找到满足给定方程的多项式提供了另一种策略.

策略

(i) **比较次数**:比较多项式恒等式两边的次数.

(ii) **比较系数**:比较恒等式两边的同一个单项式的系数.

为了考察系数,几乎总是使用一些代数方法来找到 x^d 的系数. 读者可以查看多项式三部曲的第一卷.[1]

例 3.8. 如果多项式

$$P(x) = a_2 x^2 + 3x + a_0, \quad Q(x) = b_3 x^3 - x^2 + b_1 x - 4$$

恒等,那么 $b_3 = 0, a_2 = -1, b_1 = 3, a_0 = -4$.

例 3.9. 整系数多项式 $P(x), Q(x)$ 满足

$$P(Q(x+1)) = P(x^3) \left(Q(x+1)\right)^5.$$

(i) 证明:$P(x)Q(x)$ 的次数被 8 整除.

(ii) 找到首项系数为 1 的多项式的例子,满足上面方程.

(iii) 是否存在非首项系数为 1 的多项式,满足上面方程.

证明 (i) 设 $\deg P(x) = p, \deg Q(x) = q$,则 $\deg P(Q(x+1)) = pq$,

$$\deg \left(P(x^3) \left(Q(x+1)\right)^5 \right) = \deg P(x^3) + \deg \left(Q(x+1)\right)^5 = 3p + 5q.$$

因此 $pq = 3p + 5q$,于是 $(p-5)(q-3) = 15$,解得

$$(p, q) \in \{(6, 18), (8, 8), (10, 6), (20, 4)\}.$$

利用 $\deg P(x)Q(x) = \deg P(x) + \deg Q(x) = p + q$,容易验证上面所有四种情况下,这个次数均被 8 整除.

(ii) 容易看出 $P(x) = x^p$, $Q(x) = (x-1)^q$ 满足题目的条件,其中 $(p, q) \in \{(6, 18), (8, 8), (10, 6), (20, 4)\}$.

---

[1]第一卷指的是《117 个多项式问题:来自 Awesome Math 夏季课程》,第二卷指的是本书,第三卷的英文版尚在计划中——译者注

(iii) 可以看出, 若 $P(x), Q(x)$ 满足原始方程, 则 $CP(x), Q(x)$ 也满足原始方程, 其中 C 是常数. 因此 P 不必是首项系数为 1. 若 $a \neq 0$ 是 Q 的首项系数, 比较方程两边的首项系数得到 $a^p = a^5$. 而在所有四种情况下均有 p 是偶数, 因此 $a = 1$, 于是 Q 必须是首项系数为 1. $\square$

例 3.10. 求所有多项式 $P(x)$, 满足

$$P(2x) + 2P(-x) = 6P(x).$$

解 设 $P(x) = a_d x^d + \cdots + a_0$, 比较等式两边 x^k 的系数, $0 \leqslant k \leqslant d$, 得到

$$(2^k + 2(-1)^k)a_k = 6a_k.$$

因此 $a_k = 0$ 或者 $2^k + 2(-1)^k = 6$, 解出 $k \in \{2, 3\}$. 于是 $P(x) = a_3 x^3 + a_2 x^2$. $\square$

例 3.11. 求所有的实系数多项式 $P(x)$, 满足

$$P(a+b-2c) + P(b+c-2a) + P(c+a-2b) = 3P(a-b) + 3P(b-c) + 3P(c-a)$$

对所有的实数 a, b, c 成立.

比荷卢数学奥林匹克 2010

解 显然, 若 $P_1(x), P_2(x)$ 是方程的解, 则 $C_1 P_1(x) + C_2 P_2(x)$ 也是解, 其中 $C_1, C_2 \in \mathbb{R}$. 进一步, 取 $a = b = c$, 得到 $P(0) = 0$. 取 $b = c = 0$, 则有

$$P(-2a) = P(a) + 3P(-a).$$

记 $P(x) = a_d x^d + \cdots + a_0$, 比较首项系数, 得到

$$(-2)^d = 1 + 3(-1)^d,$$

因此 $d \in \{1, 2\}$. 容易验证, 多项式 $P_1(x) = x^2, P_2(x) = x$ 满足题目条件. 因此所有 $C_1 x^2 + C_2 x$ 形式的多项式都满足题目条件. $\square$

例 3.12. 求所有的 d 次多项式 $P(x)$, 满足

$$P(x + P(x)) = P(P(x)) + P(x)^d + 1.$$

蒙古数学奥林匹克 2015

解 若 $d = 1$, 则 $P(x) = ax + b, a \neq 0$, 代入得到

$$P(x + P(x)) = a(x + ax + b) + b = (a^2 + a)x + ab + b$$

$$P(P(x)) + P(x)^d + 1 = a(ax + b) + ax + 2b + 1 = (a^2 + a)x + ab + 2b + 1.$$

因此 $b = -1, P(x) = ax - 1$.

若 $d > 1$, 比较两边的首项系数, 得到

$$a_d^{d+1} = a_d^{d+1} + a_d^d.$$

因此 $a_d^d = 0$, 矛盾, 此时无解. $\qquad\square$

例 3.13. 求所有的非零实系数多项式 $P(x)$, 满足

$$P(P(k)) = P(k)^2, \qquad k = 0, 1, \cdots, (\deg P)^2.$$

瑞士国家队选拔考试 2011

解法一 设 $P(x) = a_d x^d + \cdots + a_0$, 则对 $1 + d^2$ 个点, 有 $P(P(x)) = P(x)^2$, 即多项式 $Q(x) = P(P(x)) - P(x)^2$ 有 $1 + d^2$ 个不同的根. 由于 $\deg Q(x) \leqslant d^2$, 因此 $Q(x) = 0$, 于是有多项式恒等式 $P(P(x)) = P(x)^2$. 比较次数得到 $d \in \{0, 2\}$.

若 $d = 0$, 则 $P(x) = c$, 于是 $c = c^2$, $c = 0$ 或 $c = 1$. 由于 $P(x) \neq 0$, 因此 $P(x) = 1$.

若 $d = 2$, 设 $P(x) = a_2 x^2 + a_1 x + a_0$, 则方程变为

$$P(a_2 x^2 + a_1 x + a_0) = (a_2 x^2 + a_1 x + a_0)^2.$$

用 $P(x)$ 的表达式计算得到

$$P(a_2 x^2 + a_1 x + a_0) = a_2(a_2 x^2 + a_1 x + a_0)^2 + a_1(a_2 x^2 + a_1 x + a_0) + a_0,$$

比较 x^4 的系数, 得到 $a_2^3 = a_2^2$, 因此 $a_2 = 1$, 而且

$$a_1(x^2 + a_1 x + a_0) + a_0 = 0.$$

所以 $a_1 = a_0 = 0$, 说明唯一的非常数解是 $P(x) = x^2$. $\qquad\square$

解法二 若 $P(x) = c \neq 0$ 是常数, 则方程变成 $c = c^2$, 因此 $c = 1$. 若 P 不是常数, 则 $P(t) = t^2$ 对无穷多的 t 成立 (即可以表示为 $P(x)$ 的那些 t), 因此 $P(x) = x^2$. $\qquad\square$

3.3.1 改写技巧

在某些情形, 利用已知的多项式的性质可以帮助改写多项式的形式, 从而希望得到更简单的方程. 两个常见的改写方式是下面的方法.

> **策略**
>
> (i) 若 $P(r) = 0$, 则我们可以记 $P(x) = (x-r)^k Q(x)$, $Q(x)$ 是多项式, $Q(r) \neq 0$, k 是正整数.
>
> (ii) 若 $\deg P(x) = d$, 则我们可以记 $P(x) = a_d x^d + Q(x)$, $Q(x)$ 是多项式, 满足 $\deg Q(x) < d$.

例 3.14. 求所有的实系数多项式 $P(x)$, 使得

$$P(x^2) = x^2(1+x^2)P(x).$$

解 显然 $P(x) = 0$ 是一个解. 若 $P(x)$ 不是零多项式, 设 $\deg P(x) = d \geqslant 0$. 比较方程两边的次数, 发现 $2d = 4 + d$, 因此 $d = 4$. 代入 $x = 0$ 发现 $P(0) = 0$, 记 $P(x) = x^r Q(x)$, $1 \leqslant r \leqslant 4$, $Q(0) \neq 0$. 于是方程变为

$$x^{2r} Q(x^2) = x^{r+2}(1+x^2)Q(x).$$

比较 x 的次数发现 $2r = r + 2$, $r = 2$, 因此方程变为

$$Q(x^2) = (1+x^2)Q(x),$$

而且 Q 是二次多项式. 代入 $x = \mathrm{i}$, 得到 $Q(-1) = 0$, 可以记 $Q(x) = (1+x)R(x)$, $R(x)$ 是一次式. 于是 R 满足

$$(1+x^2)R(x^2) = (1+x^2)(1+x)R(x),$$

得到 $R(x^2) = (1+x)R(x)$. 记 $R(x) = ax + b$, 其中 $a \neq 0$, 得到

$$ax^2 + b = (1+x)(ax+b).$$

因此 $b = (a+b)x + b$, 说明 $a + b = 0$, 即 $R(x) = a(x-1)$. 注意到 $a = 0$ 的情形给出零多项式, 一般情形给出

$$P(x) = ax^2(x^2-1), \qquad \forall\, a \in \mathbb{R}.$$

验证发现, 这确实是方程的解. □

例 3.15. 设 d 是正整数, 求所有的实系数多项式 $P(x)$, 使得

$$(1 + x^d)P(x) = P(x^2).$$

解 注意到 $P(x) = 0$ 显然是一个解. 设 $\deg P(x) = D \geqslant 0$, 显然有

$$\deg(1 + x^d)P(x) = d + D, \quad \deg P(x^2) = 2D.$$

因此 $D = d$. 现在设

$$P(x) = a(x^d - 1) + Q(x), \quad a \neq 0, \quad \deg Q(x) < d.$$

于是有

$$(1 + x^d)P(x) = (1 + x^d)(a(x^d - 1) + Q(x)) = a(x^{2d} - 1) + (1 + x^d)Q(x)$$

和

$$P(x^2) = a(x^{2d} - 1) + Q(x^2).$$

代入, 得到方程

$$(1 + x^d)Q(x) = Q(x^2).$$

若 $\deg Q(x) = k \geqslant 0$, 则有 $d + k = 2k$, 即 $k = d$, 与 $\deg Q(x) < d$ 矛盾. 因此我们得出 $Q(x) = 0$. 由于零多项式对应 $a = 0$ 的情形, 所有的解为

$$P(x) = a(x^d - 1), \qquad \forall\, a \in \mathbb{R}.$$

$\square$

例 3.16. 求所有的多项式 $P(x)$, 满足

$$P(P(x)) = (x^2 + x + 1)P(x).$$

乌克兰数学奥林匹克 2012

解 零多项式显然是解. 对于其他的解, 设 $\deg P(x) = d \geqslant 0$, 于是

$$\deg P(P(x)) = d^2, \quad \deg(x^2 + x + 1)P(x) = 2 + d.$$

因此 $d^2 = 2 + d$, 解出 $d = 2$. 设 $P(x) = a_2 x^2 + a_1 x + a_0, a_2 \neq 0$, 代入方程得到

$$a_2(a_2 x^2 + a_1 x + a_0)^2 + a_1(a_2 x^2 + a_1 x + a_0) + a_0 = (x^2 + x + 1)(a_2 x^2 + a_1 x + a_0).$$

比较 x^4 的系数, 发现 $a_2^2 = a_2$, 解得 $a_2 = 1$. 于是方程变为

$$(x^2 + a_1 x + a_0)^2 + a_1(x^2 + a_1 x + a_0) + a_0 = (x^2 + x + 1)(x^2 + a_1 x + a_0).$$

比较 x^3 的系数, 发现 $2a_1 = a_1 + 1$, 解得 $a_1 = 1$. 于是

$$(x^2 + x + a_0)^2 + (x^2 + x + a_0) + a_0 = (x^2 + x + 1)(x^2 + x + a_0).$$

比较 x 的系数, 发现 $2a_0 + 1 = a_0 + 1$, 解得 $a_0 = 0$, 因此 $P(x) = x^2 + x$. 容易验证这给出了一个解, 因此方程的解为 $P(x) = 0$ 或 $P(x) = x^2 + x$. □

例 3.17. 求多项式 $Q(x)$ 次数的最小值, 使得存在实系数多项式 $P(x)$, 满足

$$P(P(x)) = P(x)^{40} + x^{80} + Q(x).$$

解 若 $P(x) = 0$, 则 $Q(x) = -x^{80}$, 其次数为 80. 否则, 假设 $\deg P(x) = d \geqslant 0$, 把方程改写为

$$Q(x) = P(P(x)) - P(x)^{40} - x^{80}.$$

右端的三项的次数分别为 d^2, $40d$, 80. 若其中没有相同的, 则首项系数不会抵消, 得到 $\deg Q(x) \geqslant \max(d^2, 40d, 80) \geqslant 80$. 因为 d 是整数, 相同的次数不会是 $d^2 = 80$. 若 $40d = 80$, 则 $d = 2$, 但是两项的首项系数都是负的, 不能抵消, 于是 $\deg Q(x) = 80$. 剩下的情形是 $d^2 = 40d$, 前两项的首项系数抵消. 记 $P(x) = a_{40}x^{40} + R(x)$, 其中 $a_{40} \neq 0$, $\deg R(x) = k < 40$. 于是首项系数抵消意味着 $a_{40}^{41} = a_{40}^{40}$, $a_{40} = 1$. 此时有

$$Q(x) = R(x^{40} + R(x)) - x^{80}.$$

右侧的第一项的次数是 $40k$, 若两项首项没有抵消, 则 $Q(x)$ 的次数至少是 80. 现在剩下的情形是 $k = 2$, $R(x) = x^2 + bx + c$ 为首项系数为 1 的项式. 此时有

$$Q(x) = 2(x^2 + bx + c)x^{40} + bx^{40} + (x^2 + bx + c)^2 + b(x^2 + bx + c) + c,$$

是一个次数为 42 的多项式, 因此 $Q(x)$ 的最小次数为 42. □

例 3.18. 求所有的实系数多项式 $P(x)$, 满足

$$P(x^2 - y^2) = P(x + y)P(x - y), \qquad \forall \, x, y.$$

解法一 显然 $P(x) = 0$ 是一个解. 对于其他的解, 设 $\deg P(x) = d \geqslant 0$. 代入 $y = 0$, 得到 $P(x^2) = P(x)^2$, 对所有的 x 成立. 比较首项系数, 发现 $P(x)$ 的首项系数为 1, 所以可以写 $P(x) = x^d + R(x)$, 其中 $\deg R(x) < d$. 然后有

$$x^{2d} + R(x^2) = x^{2d} + R(x)^2 + 2x^d R(x),$$

因此 $R(x^2) = R(x)^2 + 2x^d R(x)$. 设 $\deg R(x) = r \geqslant 0$, 则 $R(x^2)$ 和 $R(x)^2$ 的次数是 $2r$, $2x^d R(x)$ 的次数是 $r + d > 2r$, 矛盾. 因此唯一的可能是 $R(x) = 0$, $P(x) = x^d$. 容易验证这确实给出一个解, 因此解是 $P(x) = 0$ 或者 $P(x) = x^d$, $d \geqslant 0$. $\qquad\square$

解法二 若多项式 $P(x) = cx^d$ 是一个解, 则 $c = c^2$, 因此 $c = 0$ 或 1. 因此这种形式的解只有 $P(x) = 0$ 或 $P(x) = x^d, d \geqslant 0$. 若方程有其他的解, 它必然有复根 $r \neq 0$. 设 $y = 0$, 得到 $P(x^2) = P(x)^2$, 对所有的 x 成立. 迭代或者归纳, 我们发现 $P(x^{2^n}) = P(x)^{2^n}$, 对所有的整数 $n \geqslant 1$ 成立. 取 $m = 2^n > \deg P(x)$, 然后考虑 $x^m = r$ 的根, 记为 $r_1, \cdots, r_m$. 我们在定理 2.9 中看到, 这个方程有 m 个不同的根. 代入 $x = r_i$, 得到

$$P(r_i)^m = P(r_i^m) = P(r) = 0.$$

因此 $r_1, \cdots, r_m$ 是 $P(x)$ 的不同根, 这和 P 的次数小于 m 矛盾. 因此方程只有上面写出的两种解. $\qquad\square$

解法三 假设 $P(x)$ 有一个根 $r \neq 0$. 限制 x, y 满足 $x - y = r$, 则有

$$x^2 - y^2 = r(x + y) = r(2x - r),$$

因此方程变为 $P(r(2x - r)) = 0$, 对所有的 x 成立. 由于 $r \neq 0$, 取 $x = \dfrac{r^2 + t}{2r}$, 得到 $P(t) = 0$ 对所有的 t 成立, 因此 $P(x)$ 是零多项式.

其他的可能性为 $P(x) = cx^d$, $c \neq 0$, $d \geqslant 0$. 像前面解答一样, 这会给出 $P(x) = x^d, d \geqslant 0$. $\qquad\square$

例 3.19. 求所有的实系数多项式 $P(x)$ 和 $Q(x)$, 使得

$$P(x)^2 + Q(y)^2 = P(y^2) + Q(x^2), \qquad \forall\, x, y.$$

Vadym Radchenko, 乌克兰数学奥林匹克 *2002*

解 假设 $P(x)$ 和 $Q(x)$ 不是常数. 代入 $y = 0$, 我们得到 $P(x)^2 - Q(x^2)$ 是常数, 因此 $P(x)$ 和 $Q(x)$ 的次数相同. 设

$$P(x) = a_d x^d + \cdots + a_0, \quad Q(x) = b_d x^d + \cdots + b_0,$$

则有 $a_d^2 = b_d$. 现在回到原来的方程, 左端的 y^{2d} 的系数是 b_d^2, 右端是 a_d. 因此 $b_d^2 = a_d^4 = a_d$, 解出 $a_d = 1, b_d = 1$. 记

$$P(x) = x^d + P_1(x), \quad Q(x) = x^d + Q_1(x),$$

其中 $\deg P_1(x), \deg Q_1(x) < d$, 我们得到

$$P_1^2(x) + 2x^d P_1(x) + Q_1^2(y) + 2y^d Q_1(y) = P_1(y^2) + Q_1(x^2).$$

记 $\deg P_1(x) = m \geqslant 0$, $\deg Q_1(x) = n \geqslant 0$, 其中 $m, n < d$. 于是左端包含 x 的 $d + m$ 次项和 y 的 $d + n$ 次项, 但是右端的次数最大只有 x 的 $2m$ 次项和 y 的 $2n$ 次项, 矛盾. 因此 $P_1(x) = Q_1(x) = 0, P(x) = Q(x) = x^d$. $\quad\square$

例 3.20. 求所有的多项式 $P(x)$, 使得

$$P(x)^3 + 3P(x)^2 = P(x^3) - 3P(-x).$$

解 若 $P(x) = c$ 是常数多项式, 则有

$$c^3 + 3c^2 + 2c = 0,$$

因此有 $P(x) = 0, P(x) = -1$, 或者 $P(x) = -2$.

现在设 $\deg P(x) = d > 0$. 记 $P(x) = a_d x^d + Q(x)$, 其中 $\deg Q(x) = k \leqslant d - 1$. 比较两边 x^{3d} 项的系数, 发现 $a_d^3 = a_d$, 因此 $a_d = \pm 1$. 方程现在变成

$$(\pm x^d + Q(x))^3 + 3(\pm x^d + Q(x))^2 = \pm x^{3d} + Q(x^3) \mp 3(-1)^d x^d - 3Q(-x).$$

展开后得到

$$3x^{2d}Q(x) \pm 3x^d Q(x)^2 + Q(x)^3 + 3x^{2d} \pm 6x^d Q(x) + 3Q(x)^2$$
$$= Q(x^3) \mp 3(-1)^d x^d - 3Q(-x).$$

假设 $Q(x)$ 不是常数, 于是 $d > 0$, 那么左边的次数是 $2d + k$, 而右边的次数是 $\max\{3k, d\}$, 矛盾. 因此 $Q(x) = c$ 是常数多项式, 我们得到

$$3cx^{2d} \pm 3c^2 x^d + c^3 + 3x^{2d} \pm 6cx^d + 3c^2 = c \mp 3(-1)^d x^d - 3c$$

或者等价地

$$(3c+3)x^{2d} \pm (3c^2+6c+3(-1)^d)x^d + (c^3+3c^2+2c) = 0.$$

考察 x^{2d} 的次数, 发现 $3c+3=0$, $c=-1$. 这也使得常数项抵消, 但是 x^d 为 $-3+3(-1)^d = 0$, 于是 d 必须是偶数.

　　因此, 非常数的解是 $P(x) = \pm x^d - 1$, 其中 d 是正偶数. 　　　　□

例 3.21. 求所有的实数 a 和有理函数 $R(x)$, 满足

$$R(x)^2 = R(x^2) + a.$$

日本数学奥林匹克 1995

解 若 $R(x) = c$, 是常数, 则得到解 $a = c^2 - c$.

　　若 $R(x)$ 是多项式, 不是常数, 设 $\deg R(x) = r > 0$. 记 $R(x) = b_r x^r + S(x)$, 其中 $b_r \neq 0$, $\deg S(x) = s < r$, 则有

$$b_r^2 x^{2r} + 2b_r x^r S(x) + S(x)^2 = b_r x^{2r} + S(x^2) + a.$$

比较两边 x^{2r} 项的系数, 得到 $b_r^2 = b_r$, 因此 $b_r = 1$. 方程化简为

$$2x^r S(x) + S(x)^2 = S(x^2) + a.$$

若 S 不是零多项式, 左端的次数是 $r+s$, 右端的次数是 $2s$, 矛盾. 因此有 $S(x) \equiv 0$, $a = 0$, 我们得到解 $R(x) = x^r$ 和 $a = 0$.

　　若 $R(x)$ 是有理函数, 非多项式, 记 $R(x) = \dfrac{P(x)}{Q(x)}$, 多项式 $P(x)$ 和 $Q(x)$ 互素, $Q(x)$ 不是常数, 首项为一. 现在有

$$\frac{P(x)^2}{Q(x)^2} = a + \frac{P(x^2)}{Q(x^2)}.$$

因此

$$\frac{P(x)^2 - aQ(x)^2}{Q(x)^2} = \frac{P(x^2)}{Q(x^2)}.$$

由于两边是不能约分的有理函数, 分母为首项系数为 1 的多项式, 因此有

$$Q(x)^2 = Q(x^2), \quad P(x)^2 - aQ(x)^2 = P(x^2).$$

从等式 $Q(x)^2 = Q(x^2)$ 解出 $Q(x) = x^d$, $d \geq 1$ (参考例 3.18 的几个证明). 因此有

$$P(x)^2 - ax^{2d} = P(x^2). \tag{3.1}$$

记 $P(x) = a_n x^n + \cdots + a_0, a_n \neq 0$. 注意到 Q 不是常数,并且有因子 x. 由于 P 和 Q 互素,因此 $a_0 = P(0) \neq 0$. 代入 $x = 0$,我们得到 $a_0^2 = a_0$,因此 $a_0 = 1$. 由于 P 显然不能是常数多项式,存在最小的正整数指标 k,使得 $a_k \neq 0$. 于是 $P(x) = a_n x^n + \cdots + a_k x^k + 1$,然后 $P(x)^2$ 中最小的非零并且非常数项是 $2a_k x^k$,而 $P(x^2)$ 中最小的非零非常数项是 $a_k x^{2k}$. 由于 $2k > k$,而且式 (3.1) 两边的最小非常数项应该相同,必然有 $k = 2d, a = 2a_k$. 特别地,这给出 $n \geqslant k = 2d > d$.

比较式 (3.1) 两边 x^{2n} 项的系数,得到 $a_n^2 = a_n$,于是 $a_n = 1$. 设 $P(x)$ 中下一个最大非零项是 x^m 的系数,记 $P(x) = x^n + a_m x^m + \cdots + 1$. 那么 $P(x)^2$ 的下一个最大非零项是 $2a_m x^{m+n}$,而 $P(x^2)$ 的是 $a_m x^{2m}$. 因为 $m + n > 2m$,而且式 (3.1) 两边的下一个非零项系数需要相同,我们必然有 $n + m = 2d$. 但是已经有了不等式 $n \geqslant k = 2d$,所以必然有 $m = 0, n = k = 2d, a = 2a_n = 2$. 这样我们得到

$$R(x) = \frac{x^{2d} + 1}{x^d} = x^d + \frac{1}{x^d}, \quad a = 2, d \geqslant 1,$$

容易验证这确实是方程的解. □

例 3.22. 求所有的多项式 $P(x)$ 和 $Q(x)$,使得

$$P(x + Q(y)) = Q(x + P(y)).$$

解 显然有平凡解 $P(x) = Q(x)$. 注意到 P 或 Q 是常数的解也属于这种形式. 现在假设 $P \neq Q$,而且都不是常数.

代入 $x = -P(y)$,得到 $P(Q(y) - P(y)) = Q(0)$. 由于 P 不是常数多项式,这说明 $Q(y) - P(y)$ 只能取有限个值,即 $P(z) = Q(0)$ 的根. 然而 $Q(y) - P(y)$ 是 y 的一个连续函数,不能跳跃性取到不同的根,因此 $Q(y) - P(y) = C, C$ 是非零常数(已经假设 $P \neq Q$). 代入原始方程得到

$$P(x + P(y) + C) = P(x + P(y)) + C.$$

取 $y = 0, x = z - P(0)$,得到

$$P(z) + C = P(z + C).$$

也就是说 $P(z + C) - P(z) = C$ 是常数,因此 $P(x)$ 是线性函数. 记 $P(x) = ax + b$,代入发现 $aC = C$,因此 $a = 1, P(x) = x + b$. 于是 $Q(x) = x + b + C = x + c$,容易验证这给出方程的解. □

例 3.23. 求所有的多项式 $P(x)$，使得 $P(2014) = 1$，并且对某个整数 c，有

$$xP(x - c) = (x - 2014)P(x).$$

伊比利亚数学奥林匹克 2014

解 设 $P(x) = a_d x^d + a_{d-1}x^{d-1} + \cdots + a_1 x + a_0$，代入方程得到

$$x(a_d(x - c)^d + a_{d-1}(x - c)^{d-1} + \cdots + a_1(x - c) + a_0)$$
$$= (x - 2014)(a_d x^d + a_{d-1}x^{d-1} + \cdots a_1 x + a_0).$$

比较两端 x^d 项的系数，发现

$$-dca_d + a_{d-1} = a_{d-1} - 2014a_d.$$

因此 $dc = 2014$，解得

$$d \in \{1, 2, 19, 38, 53, 106, 1007, 2014\}, \quad c = \frac{2014}{d}.$$

现在，取 $x = cd = 2014$ 代入原始方程，得到

$$P((d-1)c) = 0.$$

代入 $x = (d-1)c$，则得到 $P((d-2)c) = 0$. 迭代这个过程，得到

$$P((d-1)c) = \cdots = P(c) = P(0) = 0.$$

由于 $\deg P(x) = d$，而且我们找到了 d 个根，因此

$$P(x) = a_d x(x - c)(x - 2c) \cdots (x - (d-1)c).$$

根据 $P(2014) = P(dc) = 1$，得到

$$1 = a_d cd(cd - c)(cd - 2c) \cdots (cd - (d-1)c) = a_d c^d d!.$$

解出 $a_d = \dfrac{1}{c^d d!}$，然后

$$P(x) = \frac{1}{c^d d!} x(x - c)(x - 2c) \cdots (x - (d-1)c),$$

其中 $cd = 2014, d \in \{1, 2, 19, 38, 53, 106, 1007, 2014\}$. $\square$

3.4　对无穷多值成立的方程

关于多项式有许多重要的事实, 如果了解它们, 就可以更轻松地解决问题. 我们之前遇到过其中一个 (如果两个多项式在无限多点上相同, 那么它们是恒等的), 这个事实值得更详细地研究.

这个事实有时会用在这样的问题中:

求所有的多项式 $P(x)$, 使得 $P(Q(x)) = 2Q(x) + 1$, 对某个非常数多项式 $Q(x)$ 成立.

要求解这个题, 我们只需看到: 由于 $Q(x)$ 不是常数, 它可以取到无穷多的值, 因此方程 $P(x) = 2x + 1$ 有无穷多解, 必然有 $P(x) = 2x + 1$.

我们在下面会看到这个事实更细致的应用.

例 3.24. 求所有的实系数非常数多项式 $P(x)$ 和 $Q(x)$, 满足

$$P(Q(x)^2) = P(x)Q(x)^2.$$

解 设 $\deg P(x) = m, \deg Q(x) = n$, 则

$$\deg P(Q(x)^2) = 2nm, \quad \deg P(x)Q(x)^2 = m + 2n.$$

因此 $2mn = m + 2n$, 因式分解得到 $(m-1)(2n-1) = 1$. 由于 m 和 n 是正整数, 有 $m = 2, n = 1$. 记

$$P(x) = ax^2 + bx + c, \quad a \neq 0,$$

于是有

$$aQ(x)^4 + bQ(x)^2 + c = P(x)Q(x)^2.$$

c 被 $Q(x)^2$ 整除, 而由于 $Q(x)$ 非常数, 因此 $c = 0$, 约去 $Q(x)^2$ 得到

$$aQ(x)^2 + b = P(x).$$

代入到原方程, 得到

$$aQ(Q(x)^2)^2 + b = aQ(x)^4 + bQ(x)^2.$$

现在, 方程

$$aQ(t)^2 + b = at^2 + bt$$

以 $Q(x)^2$ 为根. 由于 $Q(x)$ 不是常数,可以取到无穷多的值,因此这个方程有无穷多个根. 于是对所有的实数 x,有

$$Q(x)^2 = x^2 + \frac{b}{a}x - \frac{b}{a}.$$

现在,二次式 $x^2 + \frac{b}{a}x - \frac{b}{a}$ 为完全平方式,其判别式为零,得到 $\frac{b}{a} \in \{0, -4\}$. 得到 $Q(x)^2 = x^2$ 或 $Q(x)^2 = (x-2)^2$,进一步分别解得

$$Q(x) = \pm x, \qquad P(x) = ax^2,$$

$$Q(x) = \pm(x-2), \qquad P(x) = a(x-2)^2 - 4a.$$

容易验证,两个都是题目的解. □

例 3.25. 求所有的实系数非常数多项式 $P(x)$ 和 $Q(x)$,满足

$$P(Q(x)) = P(x)Q(x) - P(x).$$

解 设 $\deg P(x) = m, \deg Q(x) = n$,则

$$\deg P(Q(x)) = mn, \quad \deg P(x)Q(x) - P(x) = m+n.$$

因此 $mn = m+n$,改写成 $(m-1)(n-1) = 1$,解得正整数解 $m = n = 2$. 记 $P(x) = ax^2 + bx + c$,代入方程得到

$$aQ(x)^2 + bQ(x) = P(x)Q(x) - (P(x) + c),$$

说明 $P(x) + c$ 被 $Q(x)$ 整除. 由于 $P(x)$ 和 $Q(x)$ 的次数相同,存在实数 d,使得 $P(x) + c = dQ(x)$. 于是 $P(x) = dQ(x) - c$,代入到原来方程,得到

$$\begin{aligned} dQ(Q(x)) - c &= (dQ(x) - c)Q(x) - (dQ(x) - c) \\ &= dQ(x)^2 - (d+c)Q(x) + c. \end{aligned}$$

现在方程 $dQ(t) = dt^2 - (d+c)t + 2c$,以 $Q(x)$ 为解,由于 $Q(x)$ 不是常数,可以取到无穷多的值,因此这个方程为恒等式,得到

$$Q(x) = x^2 - \left(1 + \frac{c}{d}\right)x + \frac{2c}{d}.$$

由于 $P(x) = dQ(x) - c$,于是

$$P(x) = dx^2 - (d+c)x + c.$$

□

例 3.26. 求所有的实系数首项系数为 1 的多项式 P 和 Q,满足

$$P(1) + P(2) + \cdots + P(n) = Q(1 + 2 + 3 + \cdots + n), \quad \forall\, n \geqslant 1.$$

Ovidiu Furdui, 数学反思 *U95*

解 由于 $1 + 2 + \cdots + n = \dfrac{n(n+1)}{2}$,可以把方程写成

$$P(1) + P(2) + \cdots + P(n) = Q\left(\frac{n(n+1)}{2}\right).$$

与 $n-1$ 对应的方程

$$P(1) + P(2) + \cdots + P(n-1) = Q\left(\frac{n(n-1)}{2}\right)$$

相减,得到

$$P(n) = Q\left(\frac{n^2+n}{2}\right) - Q\left(\frac{n^2-n}{2}\right),$$

对所有的整数 $n \geqslant 2$ 成立. 这对无穷多值成立,因此有多项式的恒等式

$$P(x) = Q\left(\frac{x^2+x}{2}\right) - Q\left(\frac{x^2-x}{2}\right).$$

记 $Q(x) = x^d + \cdots + b_0$,计算得到

$$Q\left(\frac{x^2+x}{2}\right) - Q\left(\frac{x^2-x}{2}\right)$$
$$= \left(\left(\frac{x^2+x}{2}\right)^d - \left(\frac{x^2-x}{2}\right)^d\right) + b_{d-1}\left(\left(\frac{x^2+x}{2}\right)^{d-1} - \left(\frac{x^2-x}{2}\right)^{d-1}\right) + \cdots.$$

应用二项式定理,展开第一项,x^{2d} 项抵消,下一项 x^{2d-1} 合并后得到 $\dfrac{d}{2^{d-1}}x^{2d-1}$.
其他所有项的次数不超过 $2(d-1)$,我们有

$$P(x) = Q\left(\frac{x^2+x}{2}\right) - Q\left(\frac{x^2-x}{2}\right) = \frac{d}{2^{d-1}}x^{2d-1} + \cdots.$$

根据要求,$P(x)$ 是首项系数为 1 的多项式,因此 $d = 2^{d-1}$,解出 $d \in \{1,2\}$. 若 $d=1$,记 $Q(x) = x + b$,得到

$$P(x) = Q\left(\frac{x^2+x}{2}\right) - Q\left(\frac{x^2-x}{2}\right) = x.$$

若 $d=2$,记 $Q(x) = x^2 + ax + b$,得到

$$P(x) = Q\left(\frac{x^2+x}{2}\right) - Q\left(\frac{x^2-x}{2}\right) = x^3 + ax.$$

3.5 多项式周期函数是常数

若多项式 $P(x)$ 满足 $P(x+c) = P(x)$ 对某个常数 c 和任意 x 都成立,则函数 $P(x)$ 具有周期 c. 将 $x = 0, c, 2c, \cdots$ 代入这个公式,得到

$$P(0) = P(c) = P(2c) = \cdots P(2019c) = \cdots.$$

因此方程 $P(x) = P(0)$ 有无穷多解,必有 $P(x) = P(0)$ 为常数. 这样就得到了下面的定理.

定理

周期性的多项式函数必然是常数.

例 3.27. 求所有的多项式 $P(x)$,使得

$$P((x+1)^2) = P(x^2) + 2x + 1.$$

解 因为 $2x + 1 = (x+1)^2 - x^2$,所以

$$P((x+1)^2) - (x+1)^2 = P(x^2) - x^2.$$

发现多项式函数 $Q(x) = P(x^2) - x^2$ 是周期为 1 的, 因此必然是常数. 于是 $P(x^2) - x^2 = C$ 为常数,这说明 $P(x) = x + C$,对所有的非负 x 成立,也就对所有的 x 成立.   □

例 3.28. 求所有的多项式 $P(x)$,使得

$$(x^2 - 6x + 8)P(x) = (x^2 + 2x)P(x - 2).$$

解 将原始方程写成

$$(x-2)(x-4)P(x) = x(x+2)P(x-2).$$

代入 $x = 0, -2, 4$,得到 $P(0) = P(-2) = P(2) = 0$. 因此可以记

$$P(x) = x(x+2)(x-2)Q(x).$$

代入到原来的方程,我们得到 $(x-2)Q(x) = xQ(x-2)$. 取 $x = 0$,得到 $Q(0) = 0$. 因此可记 $Q(x) = xR(x)$,$R(x)$ 是多项式,然后方程变为 $R(x) = R(x-2)$. 所以 $R(x)$ 是周期为 2 的,必然是常数,因此有

$$P(x) = x(x+2)(x-2)Q(x) = Cx^2(x^2 - 4).$$

□

例 3.29. 求所有的多项式 $P(x)$,满足

$$(x - 2015)^k P(x) = (x - 2016)^k P(x + 1)$$

对某个正整数 k 成立.

解 显然 $(x - 2016)^k$ 整除 $P(x)$,记 $P(x) = (x - 2016)^k Q(x)$,代入方程得到

$$(x - 2015)^k (x - 2016)^k Q(x) = (x - 2016)^k (x - 2015)^k Q(x + 1).$$

因此 $Q(x) = Q(x + 1)$,说明 $Q(x)$ 是常数,于是 $P(x) = C(x - 2016)^k$,C 是常数. $\square$

下一个题目,我们关于周期性的有理函数给出一个更一般的结论.

例 3.30. 求所有的多项式 $P(x)$ 和 $Q(x)$,使得

$$P(x)P(x+1) \cdots P(x+n) = Q(x)Q(x+1) \cdots Q(x+n)$$

对某个正整数 n 成立.

解法一 用代换 $x \mapsto x + 1$,我们发现

$$P(x+1)P(x+2) \cdots P(x+n+1) = Q(x+1)Q(x+2) \cdots Q(x+n+1).$$

和原始方程比较,得到

$$Q(x)P(x+n+1) = P(x)Q(x+n+1).$$

现在,我们引入 $P(x)$ 和 $Q(x)$ 的最大公约式来继续证明. 设

$$D(x) = \gcd(P(x), Q(x)).$$

于是

$$\gcd(P(x+n+1), Q(x+n+1)) = D(x+n+1).$$

记 $P(x) = D(x)A(x)$,$Q(x) = D(x)B(x)$,其中 $A(x)$ 和 $B(x)$ 互素,于是得到

$$A(x+n+1)B(x) = A(x)B(x+n+1).$$

由于 $A(x)$ 整除左边,并且和 $B(x)$ 没有公因式,$A(x)$ 必然整除 $A(x+n+1)$. 然而,$A(x)$ 和 $A(x+n+1)$ 都是首项系数为 1 的多项式,次数相同,因此 $A(x+n+1) = A(x)$,也得到 $B(x+n+1) = B(x)$. 现在 $A(x)$ 和 $B(x)$ 都是周期为 $n+1$ 的函数,因此均为常数. 所以存在常数 K,使得 $P(x) = KQ(x)$. 代入到原始方程,我们发现 $K^{n+1} = 1$. 可以验证这样的多项式对都满足方程. $\square$

解法二 将方程 $Q(x)P(x+n+1) = P(x)Q(x+n+1)$ 改写为

$$\frac{P(x)}{Q(x)} = \frac{P(x+n+1)}{Q(x+n+1)}.$$

于是有理函数 $R(x) = \dfrac{P(x)}{Q(x)}$ 是周期的. 设 $K = R(0)$, 迭代得到

$$K = R(0) = R(n+1) = R(2(n+1)) = \cdots.$$

因此 $R(x) = K$ 有无穷多解, 等价地写成: 方程

$$P(x) - KQ(x) = 0$$

有无穷多解. 由于左边是多项式, 因此必然恒等于零, 于是 $\dfrac{P(x)}{Q(x)} = K$ 总成立, 也就是说, 有理函数 $R(x)$ 是常数. 代入原始方程得到 $K^{n+1} = 1$. □

解法三 我们还可以用有理函数在无穷点的极限来完成这个问题. 若 $R(x) = \dfrac{P(x)}{Q(x)}$ 是有理函数, 则极限

$$\lim_{x\to\infty} R(x) = \lim_{x\to\infty}\frac{P(x)}{Q(x)}$$

当 $\deg P(x) > \deg Q(x)$ 时为无穷; 当 $\deg P(x) < \deg Q(x)$ 时为零; 当 $\deg P(x) = \deg Q(x)$ 时为 $P(x)$ 和 $Q(x)$ 的首项系数的比值.

得到 $\dfrac{P(x)}{Q(x)}$ 是周期为 $(n+1)$ 的函数之后, 取 a, 使得 $Q(a) \neq 0$, 于是

$$\frac{P(a)}{Q(a)} = \frac{P(a+m(n+1))}{Q(a+m(n+1))}$$

对所有的正整数 m 成立. 记 $K = \dfrac{P(a)}{Q(a)}$, 然后让 m 趋向于无穷, 于是 $a + m(n+1)$ 趋向于无穷, 并且

$$K = \lim_{m\to\infty}\frac{P(a+m(n+1))}{Q(a+m(n+1))} = \lim_{x\to\infty}\frac{P(x)}{Q(x)}.$$

类似地, 从任意 t 开始, 有

$$\frac{P(t)}{Q(t)} = \frac{P(t+m(n+1))}{Q(t+m(n+1))}$$

对所有的正整数 m 成立. 让 m 趋向于无穷, $t+m(n+1)$ 也趋向于无穷, 我们有

$$\frac{P(t)}{Q(t)} = \lim_{m\to\infty}\frac{P(t+m(n+1))}{Q(t+m(n+1))} = \lim_{x\to\infty}\frac{P(x)}{Q(x)} = K.$$

因此对任意 x, 都有

$$\frac{P(x)}{Q(x)} = K,$$

我们就和之前一样完成了题目. □

这三个解答实际上都得到了一个更强的结论,值得强调一下.

例 3.31. 证明:如果有理函数 $R(x)$ 是周期的,那么它是常数.

证法一 若 $R(x)$ 是周期为 T 的,则 $R(x) = R(x+T)$. 记 $R(x) = \dfrac{P(x)}{Q(x)}$,其中 $P(x)$ 和 $Q(x)$ 是互素的多项式. 将分式方程 $R(x) = R(x+T)$ 通分,得到

$$P(x)Q(x+T) = Q(x)P(x+T).$$

由于 $P(x)$ 和 $Q(x)$ 互素,因此 $Q(x) \mid Q(x+T)$. 然而,多项式 $Q(x)$ 和 $Q(x+T)$ 的次数相同,首项系数相同,因此有 $Q(x) = Q(x+T)$,于是 $P(x) = P(x+T)$. 现在 $P(x)$ 和 $Q(x)$ 都是周期为 T 的,必然是常数,因此 $R(x)$ 是常数. $\qquad\square$

证法二 设 $R(x) = \dfrac{P(x)}{Q(x)}$ 是周期为 T 的,则有 $R(0) = R(T) = R(2T) = \cdots$. 方程 $P(x) = R(0)Q(x)$ 有无穷多解,因此 $P(x) = R(0)Q(x)$ 对所有的 x 成立,说明 $R(x) = R(0)$ 对所有的 x 成立. $\qquad\square$

证法三 设 $R(x)$ 是周期为 T 的. 取 a 使得 $R(a)$ 有限,于是 $R(a) = R(a+mT)$ 对所有的正整数 m 成立. 因为当 m 趋向于无穷时,$a+mT$ 也趋向于无穷,我们有

$$R(a) = \lim_{m\to\infty} R(a+mT) = \lim_{x\to\infty} R(x).$$

对任意 $t \in \mathbb{R}$,$R(t) = R(t+mT)$ 对所有的正整数 m 成立,而且当 m 趋向于无穷时,$t+mT$ 趋向于无穷,于是有

$$R(t) = \lim_{m\to\infty} R(t+mT) = \lim_{x\to\infty} R(x) = R(a).$$

于是 $R(x) = R(a)$ 对所有的 x 成立. $\qquad\square$

例 3.32. 证明:若 $R(x)$ 是有理函数,并且 $R(x) = R(x^2)$,则 $R(x)$ 是常数.

证法一 设 $R(x) = \dfrac{P(x)}{Q(x)}$,取 $M > 1$ 使得 $Q(x)$ 的所有根 r 满足 $|r| < M$. 于是对任意 $t > M$,$R(t)$ 是有定义的. 将方程迭代,得到

$$C = R(t) = R(t^2) = R(t^4) = \cdots = R(t^{2^n}) = \cdots.$$

因此方程 $P(x) - CQ(x) = 0$ 有无穷多解,说明 $P(x) = CQ(x)$,进而 $R(x) = C$,对所有的 x 成立. $\qquad\square$

证法二 记 $R(x) = \dfrac{P(x)}{Q(x)}$,其中 $P(x)$ 和 $Q(x)$ 互素,$Q(x)$ 是首项系数为 1 的多项式. 于是 $R(x) = R(x^2) = \dfrac{P(x^2)}{Q(x^2)}$. 多项式 $P(x^2)$ 和 $Q(x^2)$ 互素,否则若它们有公共根 r,则 r^2 是 $P(x)$ 和 $Q(x)$ 的公共根,矛盾. 由于 $Q(x^2)$ 是首项系数为 1 的多项式,必然有 $Q(x) = Q(x^2), P(x) = P(x^2)$. 这说明 $\deg Q(x) = 2\deg Q(x)$,于是 $\deg Q(x) = 0$,即 Q 是常数. 同样的论述也可以应用到 $P(x)$,得到 $P(x)$ 是常数.   □

例 3.33. 设 $k \geqslant 2$ 是整数,求所有的实系数多项式 $P(x)$,满足

$$P(x)P(2x^k - 1) = P(x^k)P(2x - 1).$$

解 设 $R(x) = \dfrac{P(2x-1)}{P(x)}$. 方程变为 $R(x) = R(x^k)$. 把前面例子的任意一个证明改动一下,我们得到 $R = C$ 是常数. 因此 $P(2x - 1) = CP(x)$ 对某常数成立.

假设 $r \neq 1$ 是 $P(x)$ 的一个根. 于是 $P(2r - 1) = CP(r) = 0$,因此 $2r - 1$ 也是 $P(x)$ 的根. 迭代得到 $4r - 3, 8r - 7, \cdots$ 进而 $2^k(r - 1) + 1$(k 是非负整数)都是 $P(x)$ 的根. 由于 $r \neq 1$,这些根都不同,因此 $P(x) = 0$.

因此 $P(x) = 0$ 或者 $P(x)$ 的根只有 1. 在后一种情况下,我们记 $P(x) = A(x-1)^d$,A 是常数,$d \geqslant 0$ 是整数. 容易验证,这给出了方程的解.   □

例 3.34. 求所有的多项式 $P(x)$ 和 $Q(x)$,使得

$$P(x)Q(x + 1) = P(x + 2016)Q(x).$$

解 定义 $R(x) = P(x)P(x+1)\cdots P(x+2015)$,注意到

$$\frac{Q(x)}{R(x)} = \frac{Q(x+1)}{R(x+1)}.$$

因此,有理函数 $\dfrac{Q(x)}{R(x)}$ 是周期为 1 的,这说明 $\dfrac{Q(x)}{R(x)}$ 是常数,因此

$$Q(x) = CR(x) = CP(x)P(x+1)\cdots P(x+2015).$$

    □

3.6   多项式 $P(x + 1) - P(x)$

对于多项式 $P(x)$,$P(x+1) - P(x)$ 是 $P(x)$ 的导数的离散版本(称为 $P(x)$ 的差分,记为 $\Delta P(x)$——译者注). 因此,它有许多的用途和功能. 例如,如果我们对序列 $P(0), P(1), \cdots$ 的增减性感兴趣,那么我们可以看 $P(x+1) - P(x)$ 的符号.

设 $P(x) = a_d x^d + a_{d-1} x^{d-1} + \cdots + a_0, a_d \neq 0$. 那么

$$P(x+1) - P(x) = a_d \left((x+1)^d - x^d \right) + a_{d-1} \left((x+1)^{d-1} - x^{d-1} \right) + \cdots + a_0(1-1).$$

用二项式定理展开右端第一项, 我们发现 x^d 项抵消, 而 x^{d-1} 项为 $da_d x^{d-1}$. 由于第二部分的 x^{d-1} 次项也抵消, 所有其他的项的次数不超过 $d-2$, 因此

$$P(x+1) - P(x) = da_d x^{d-1} + Q(x),$$

多项式 $Q(x)$ 的次数不超过 $d-2$. 若 $d \geqslant 1$, 则 $da_d \neq 0$, 因此有

$$\deg(P(x+1) - P(x)) = d - 1.$$

更一般地, 有:

> **定理**
>
> 设 t 是非零实数, 若多项式 $P(x)$ 的次数是 $d \geqslant 1$, 首项系数是 $a_d \neq 0$, 则多项式 $P(x+t) - P(x)$ 的次数是 $d-1$, 首项系数是 dta_d.

可以迭代这个过程: 若 $P(x)$ 的次数 $d \geqslant 2$, 首项系数是 a_d, 则二次差分 $\Delta^2 P(x)$ 为

$$P(x+2) - 2P(x+1) + P(x) = (P(x+2) - P(x+1)) - (P(x+1) - P(x))$$

是一个次数为 $d-2$ 的多项式, 首项系数是 $d(d-1)a_d$. 若 $d < 2$, 则

$$P(x+2) - 2P(x+1) + P(x) = 0.$$

（有时候, 写成 $P(x+1) - 2P(x) + P(x-1)$ 更方便, 结论是不变的.）类似地,

$$P(x+3) - 3P(x+2) + 3P(x+1) - P(x)$$

是一个 $d-3$ 次多项式, 首项系数是 $d(d-1)(d-2)a_d$. 严格地说, 这个结论只对 $d \geqslant 3$ 成立, 如果我们要用在 $d < 3$ 的情形, 那么我们需要将零多项式理解为负次数, 首项系数为零.

现在假设 $Q(x)$ 是一个固定的 d 次多项式, 我们要求解方程

$$P(x+1) - P(x) = Q(x).$$

上面的定理告诉我们, 若 $P(x)$ 是 $d+1$ 次多项式, 则 $P(x+1) - P(x)$ 是 d 次多项式. 所以我们需要在 $d+1$ 次多项式中寻找解 $P(x)$. 事实上, 对 d 归纳可以证

明, 解总是存在的. 若 $Q(x) = C$ 是常数, 则可以取 $P(x) = Cx$ (或者更一般地取 $P(x) = Cx + C'$). 假设我们可以对次数小于 d 的多项式 $Q(x)$ 找到解. 设 a_d 是 $Q(x)$ 的首项系数, 记 $Q(x) = a_d x^d + R(x)$, 其中 $\deg R(x) < d$. 根据定理, 我们可以先取

$$P_0(x) = \frac{a_d}{d+1} x^{d+1},$$

于是有 $P_0(x+1) - P_0(x) = a_d x^d + S(x)$, 多项式 $S(x)$ 的次数不超过 $d-1$. 由于 $R(x) - S(x)$ 的次数也不超过 $d-1$, 归纳假设保证存在 $P_1(x)$, 次数不超过 d, 使得

$$P_1(x+1) - P_1(x) = R(x) - S(x).$$

因此定义 $P(x) = P_0(x) + P_1(x)$, 就有

$$
\begin{aligned}
P(x+1) - P(x) &= P_0(x+1) - P_0(x) + P_1(x+1) - P_1(x) \\
&= a_d x^d + S(x) + R(x) - S(x) = Q(x).
\end{aligned}
$$

若我们有两个解

$$P(x+1) - P(x) = Q(x), \quad T(x+1) - T(x) = Q(x),$$

则 $P(x) - T(x)$ 是周期为 1 的, 因此是常数. 所以任意两个解相差一个常数, 这样就证明了下面的定理:

> **定理**
>
> 设 $Q(x)$ 是 d 次多项式, 则存在 $d+1$ 次多项式 $P(x)$ 满足
>
> $$P(x+1) - P(x) = Q(x).$$
>
> 任何满足方程的其他多项式等于 $P(x)$ 加上一个常数. 若 $Q(x)$ 的首项系数是 a_d, 则 $P(x)$ 的首项系数是 $\dfrac{a_d}{d+1}$.

定理的证明实际上给出了求解 $P(x)$ 的一个算法, 尽管不是一个很高效的方法. (如果设 $P(x) = x(x-1) \cdots (x-d)$, 然后计算 $P(x+1) - P(x)$, 就可以发现一个更好的方法.)

我们最后指出, 这个定理和求和有关. 例如, 取

$$P(x) = \frac{x(x-1)(2x-1)}{6},$$

计算可得

$$P(x+1) - P(x) = \frac{x(x+1)(2x+1)}{6} - \frac{x(x-1)(2x-1)}{6} = x^2,$$

裂项求和,就得到熟知的公式

$$\sum_{k=0}^{n-1} k^2 = \frac{n(n-1)(2n-1)}{6}.$$

例 3.35. *求所有的实系数多项式 $P(x)$,满足 $P(0) = 8, P(2) = 32$,并且*

$$2(1 + P(x)) = P(x-1) + P(x+1).$$

解 将给定的方程写成

$$P(x+1) - 2P(x) + P(x-1) = 2.$$

根据上面的定理,若 $P(x)$ 是首项系数为 1 的二次多项式,则二次差分 $\Delta^2 P(x)$ 是常数,首项系数为 $2 \cdot 1 \cdot 1 = 2$. 这恰好给出方程的解. 若 $P(x)$ 的次数 $d > 2$,则 $\Delta^2 P(x)$ 是 $d-2$ 次多项式,不能是常数. 因此首项系数为 1 的二次多项式是所有的解,即

$$P(x) = x^2 + bx + c.$$

由于 $P(0) = 8, P(2) = 32$,解出 $P(x) = x^2 + 10x + 8$.　　　　□

例 3.36. *设 $P(x) = x^3 + ax^2 + bx + c$,证明:若 r 是 $P(x)$ 的根,则*

$$\frac{P(x)}{x-r} - 2\frac{P(x+1)}{x+1-r} + \frac{P(x+2)}{x+2-r} = 2$$

对所有的 $x \neq r, r-1, r-2$ 成立.

证明 记 $P(x) = (x-r)Q(x), Q(x)$ 是首项系数为 1 的二次多项式. 我们发现

$$\frac{P(x)}{x-r} - 2\frac{P(x+1)}{x+1-r} + \frac{P(x+2)}{x+2-r} = Q(x+2) - 2Q(x+1) + Q(x).$$

由于 $Q(x)$ 是首项系数为 1 的二次多项式,因此 $Q(x)$ 的二次差分为常数 $2 \cdot 1 \cdot 1 = 2$.　　　　□

例 3.37. *求所有的多项式 $P(x)$,使得*

$$P(1 + x^3) = P(x^3) + P(x^2).$$

Alexander Golovanov

解 设 $P(x)$ 的次数为 d,首项系数为 $a_d \neq 0$. 根据定理,$P(1+t)-P(t)$ 的次数为 $d-1$,首项系数为 da_d. 因此 $P(1+x^3)-P(x^3)$ 的次数是 $3(d-1)$,首项系数为 da_d. 由于

$$P(1+x^3)-P(x^3)=P(x^2),$$

比较次数发现 $3d-3=2d$,得到 $d=3$. 然而,比较首项系数发现 $da_d=a_d$,需要 $d=1$,矛盾. 因此不存在满足要求的多项式. □

例 3.38. 求所有的实系数多项式 $P(x)$,满足对任意实数 x,y,z,均有

$$P(x)+P(y)+P(z)+P(x+y+z)=P(x+y)+P(x+z)+P(y+z)+P(0).$$

解 设 $Q(x)=P(x+z)-P(x)$,$R(x)=Q(x+y)-Q(x)$,我们发现

$$\begin{aligned} R(x)-R(0) &= Q(x+y)-Q(x)-Q(y)+Q(0) \\ &= P(x+y+z)-P(x+y)-P(x+z)-P(y+z) \\ &\quad + P(x)+P(y)+P(z)-P(0)=0. \end{aligned}$$

因此 $R(x)$ 是常数. 根据定理,$Q(x)$ 是 x 的线性函数(取 $y=1$). 再根据定理,$P(x)$ 是二次函数. 验证这是方程的解. □

注 如果我们在题目的假设中去掉 $P(x)$ 是多项式的条件,那么在上面的证明中,$Q(x)$ 满足的恒等式为

$$Q(x+y)-Q(0)=(Q(x)-Q(0))+(Q(y)-Q(0)).$$

这说明 $Q(x)-Q(0)$ 具有可加性. 不假设 Q 是多项式时,可以得到,对于常数 $a=Q(1)-Q(0)$,有 $Q(r)=ar+Q(0)$ 对所有的有理数 r 成立. 如果 Q 是连续函数,那么还是可以得到 $Q(x)$ 是一个线性多项式. 这个做法继续,可以证明:若 $P(x)$ 是连续函数,则满足方程的 $P(x)$ 必然是二次多项式.

例 3.39. 对任意正整数 d,证明:存在唯一的 d 次首项系数为 1 的多项式 $P(x)$,使得 $P(1) \neq 0$,并且具有如下性质:

如果实数序列 $a_1,a_2,\cdots$ 满足

$$P(n)a_1+\cdots+P(1)a_n=0$$

对所有的 $n>1$ 成立,那么存在自然数 N,对所有的正整数 $m>N$,有 $a_m=0$.

伊朗国家队选拔考试 2015

证明 设 $P(x)$ 是满足题目条件的 d 次首项系数为 1 的多项式. 取 $a_1 = 1$,我们可以递推地定义序列 $(a_n)_{n \geqslant 1}$,满足题目中的递推关系. 事实上,只需设

$$a_2 = -\frac{P(2)a_1}{P(1)}, \quad a_3 = -\frac{P(2)a_2 + P(3)a_1}{P(1)}, \cdots$$

根据假设,这个序列必然最终全为零,所以存在 M,使得 $a_M \neq 0$ 且 $a_n = 0$ 对所有的 $n > M$ 成立. 对 $k \geqslant M$,递推关系给出

$$a_1 P(k) + a_2 P(k-1) + \cdots + a_M P(k-M+1) = 0. \tag{3.2}$$

左端是一个多项式,有无穷多个根,因此必然是零多项式.

现在我们证明下面的引理.

引理 对任意多项式 $P(x)$,次数是 $d \geqslant 1$,若存在实数 $b_2, \cdots, b_M$,满足对所有的实数 x,有

$$P(x) + b_2 P(x-1) + \cdots + b_M P(x-M+1) = 0,$$

则 $M \geqslant d + 2$.

引理的证明 我们对 d 归纳证明引理. 基础情形为 $d = 1$,设 $P(x) = cx + d$ 是线性多项式,$c \neq 0$. 假设 $M \leqslant 2$,于是存在常数 b_2,使得

$$P(x) + b_2 P(x-1) = (cx + d) + b_2(cx + d - c) = 0.$$

考察 x 的系数,我们发现 $b_2 = -1$,然后方程变为 $c = 0$,矛盾. 因此必然有 $M \geqslant 3$.

假设命题对次数小于 d 的多项式成立. 设 $P(x)$ 的次数为 d,我们有

$$P(x) + b_2 P(x-1) + \cdots + b_M P(x-M+1) = 0.$$

比较最高次项系数,有 $1 + b_2 + \cdots + b_M = 0$. 我们记 $b_M = -1 - b_2 - \cdots - b_{M-1}$,改写方程为

$$(P(x) - P(x-M+1)) + b_2(P(x-1) - P(x-M+1)) + \cdots$$
$$+ b_{M-1}(P(x-M+2) - P(x-M+1)) = 0$$

进一步改写成

$$(P(x) - P(x-1)) + (1 + b_2)(P(x-1) - P(x-2)) + \cdots$$
$$+ (1 + b_2 + \cdots + b_{M-1})(P(x-M+2) - P(x-M+1)) = 0.$$

（此处用了阿贝尔求和公式，如果读者看不出来，可以比较两个式子中 $P(x-k)$ 的系数来验证这个等式.）但是 $Q(x) = P(x) - P(x-1)$ 是 $d-1$ 次的多项式，根据归纳假设，这个求和中至少有 $(d-1)+2 = d+1$ 项. 说明 $M-1 \geqslant d+1$，于是 $M \geqslant d+2$，完成了引理的归纳证明.

　　回到原题. 我们从引理得到 $M \geqslant d+2$. 对于 $k = M-1$，多项式恒等式 (3.2) 给出

$$a_1 P(M-1) + a_2 P(M-2) + \cdots + a_{M-1} P(1) + a_M P(0) = 0.$$

但是 a_{M-1} 的递推定义给出

$$a_1 P(M-1) + a_2 P(M-2) + \cdots + a_{M-1} P(1) = 0.$$

二者比较，利用 $a_M \neq 0$，得到 $P(0) = 0$. 类似地，对 $k = M-2$ 比较多项式恒等式 (3.2) 和 a_{M-2} 的递推定义，得到 $P(-1) = 0$. 如此继续，对 $k = M-1, M-2, \cdots, 2$ 比较计算，我们发现

$$P(0) = P(-1) = \cdots = P(3-M) = 0.$$

这给出多项式 $P(x)$ 的 $M-2 \geqslant d$ 个根. 由于 $P(1) \neq 0$，因此 $M = d+2$，进而由于 $P(x)$ 是首项系数为 1 的多项式，有

$$P(x) = x(x+1)\cdots(x+d-1).$$

这样我们就证明了，这个多项式是唯一可能满足题目要求的 d 次多项式. 现在只需证明这个多项式确实满足题目条件. 于是只需对满足 $a_1 = 1$ 的序列证明（其他序列满足同样的递推关系，是这个序列的一个常数倍）. 此时，我们将证明得到的序列为

$$a_k = (-1)^{k-1}\binom{d+1}{k-1},$$

对 $k > d+2$，a_k 为零. 可以用组合数恒等式直接证明，或者一个更简单的方法是倒推刚才的证明过程. 对于上面式子定义的序列 a_k，要证明的恒等式 (3.2) 为

$$\binom{d+1}{0}P(x) - \binom{d+1}{1}P(x-1) + \cdots + (-1)^{d+1}\binom{d+1}{d+1}P(x-d-1) = 0.$$

注意到左端是将映射 $P(x) \mapsto P(x) - P(x-1)$ 迭代 $d+1$ 次. 从一个 d 次多项式 $P(x)$ 开始，每次迭代会将多项式次数减少 1，因此最后得到一个负次数的多项式，必然是零多项式（或者说 d 次迭代得到一个常数，再迭代一次得到零. 这部

分也可以简单说成 d 次多项式的 $d+1$ 次差分为零. 译者注). 因此对所定义的
$a_1, \cdots, a_{d+2}$ 有

$$a_1 P(x) + a_2 P(x-1) + \cdots + a_{d+2} P(x-d-1) = 0.$$

$P(x)$ 满足 $P(0) = P(-1) = \cdots = P(3-M) = 0$, 因此上面的恒等式代入 $x=2$,
变成 $a_1 P(2) + a_2 P(1) = 0$. 类似地, 分别代入 $x = 3, \cdots, d+2$, 把包含 $P(k), k \leqslant 0$
的项去掉, 就变成了题目中的递推关系. 对于 $n = d+3, d+4, \cdots$, 因为 $n > d+2$
时, $a_n = 0$, 所以递推关系简化成这个恒等式代入 $x = n$ 的结果.　　　　□

3.7　最大公约式和整除性

我们知道: 若四个正整数满足 $ab = cd, \gcd(a, c) = 1$, 则 $a \mid d, c \mid b$. 记 $d = ak$,
则 $b = ck$. 类似地, 对多项式有下面的定理.

> **定理**
>
> 如果 $P(x)Q(x) = R(x)S(x), \gcd(P(x), R(x)) = 1$, 那么 $P(x) \mid S(x), R(x) \mid Q(x)$. 进一步, 存在多项式 $T(x)$, 使得 $S(x) = P(x)T(x), Q(x) = R(x)T(x)$.

我们还有下面的性质.

> **定理**
>
> (i) 如果 $\gcd(P(x), Q(x)) = D(x)$, 那么对复数 r, 有
> $$\gcd(P(x+r), Q(x+r)) = D(x+r).$$
> (ii) 如果 $\gcd(P(x), Q(x)) = 1$, 那么对复数 c, 有
> $$\gcd(P(x+c), Q(x+c)) = 1.$$

例 3.40. 设 $P(x)(x+1) = Q(x)(x^2 - x + 1)$, 由于

$$\gcd(x+1, x^2 - x + 1) = 1,$$

上面的定理说明, 存在 $T(x)$, 满足

$$Q(x) = (x+1)T(x), \quad P(x) = (x^2 - x + 1)T(x).$$

例 3.41. *求所有的实系数多项式 $P(x)$ 和 $Q(x)$,满足*

$$P(x)Q(x+1) - P(x+1)Q(x) = 1.$$

普特南数学竞赛 *2010*

解法一 我们将证明,唯一的解是

$$P(x) = ax + b, \quad Q(x) = cx + d, \quad ad - bc = -1.$$

方程代入 x 和 $x-1$,分别得到

$$P(x)Q(x+1) - P(x+1)Q(x) = 1, \quad P(x-1)Q(x) - P(x)Q(x-1) = 1.$$

因此

$$P(x)(Q(x+1) + Q(x-1)) = Q(x)(P(x-1) + P(x+1)).$$

注意到 $P(x)$ 和 $Q(x)$ 没有公因式(否则 $P(x)Q(x+1) - P(x+1)Q(x) = 1$ 被这个公因式整除,矛盾),因此 $P(x)$ 整除 $P(x-1) + P(x+1)$,$Q(x)$ 整除 $Q(x+1) + Q(x-1)$. 但是 $P(x)$ 和 $P(x-1) + P(x+1)$ 的次数相同,类似地对 $Q(x)$ 也一样. 因此存在常数 C,使得

$$P(x-1) + P(x+1) = CP(x), \quad Q(x+1) + Q(x-1) = CQ(x).$$

比较首项系数,得到 $C = 2$,也就是说

$$P(x-1) + P(x+1) = 2P(x), \quad Q(x+1) + Q(x-1) = 2Q(x).$$

这说明 $P(x)$ 和 $Q(x)$ 的二次差分均为零,因此都是线性函数. 记 $P(x) = ax + b$,$Q(x) = cx + d$,计算得到

$$\begin{aligned}
&P(x)Q(x+1) - P(x+1)Q(x) \\
&= (ax+b)(cx+c+d) - (ax+a+b)(cx+d) \\
&= bc - ad.
\end{aligned}$$

因此当且仅当 $ad - bc = -1$ 时,我们得到了方程的解. $\square$

解法二 设 $\deg P(x) = m, \deg Q(x) = n$. 假设 $\max\{m, n\} \geqslant 2$. 我们可以记

$$P(x) = a_m x^m + \cdots + a_0, \quad Q(x) = b_n x^n + \cdots + b_0,$$

其中 a_m 和 b_n 非零. 然后计算得到

$$P(x)Q(x+1) - P(x+1)Q(x) = a_m b_n(x^m(x+1)^n - (x+1)^m x^n) + \cdots = 1.$$

我们看到 x^{m+n} 次项抵消, 没有写出来的项的次数不超过 $m+n-2$. 因此左端的 x^{m+n-1} 项系数是 $(n-m)a_m b_n$, 右端的 x^{m+n-1} 项系数为零, 所以 $m=n\geqslant 2$.

现在, 若 $P(x), Q(x)$ 满足题目条件, 则 $P(x), Q(x) - tP(x), t$ 为任意实数, 也满足题目条件. 由于 $P(x)$ 和 $Q(x)$ 的次数相同, 设为 $n\geqslant 2$, 我们可以选择 t, 使得 $\deg(Q(x) - tP(x)) < n$. 这样就得到次数不等的解, 矛盾. 这样就证明了 $P(x)$ 和 $Q(x)$ 都是线性函数或常数, 后面可以如解法一进行. □

例 3.42. 设 $n\geqslant 2$ 是整数, $a \neq 0, \pm 1$ 是实数. 求所有的多项式 $P(x)$, 满足

$$(1+a^2x^2)P(ax) = (1+a^{2n+2}x^2)P(x).$$

Marcel Chiriţă, 数学杂志 1981

解 定义多项式序列 $Q_m(x) = 1 + a^{2m}x^2$, 注意到 $Q_m(ax) = Q_{m+1}(x)$. 于是可以把方程写成

$$Q_1(x)P(ax) = Q_{n+1}(x)P(x).$$

由于 $Q_i(x)$ 是二次多项式, 而且没有实根, 因此是实系数不可约多项式. 我们需要下面的引理.

引理 对任意 $i \neq j$, 有 $\gcd(Q_i(x), Q_j(x)) = 1$.

引理的证明 如果 $Q_i(x)$ 和 $Q_j(x)$ 有公因式, 那么这个公因式必然整除

$$a^{2j}Q_i(x) - a^{2i}Q_j(x) = a^{2j} - a^{2i} = a^{2i}(a^{2j-2i} - 1).$$

然而, $a \neq 0, \pm 1$, 右边是非零常数, 因此公因式为 1.

回到题目, 根据引理 $Q_1(x)$ 整除 $P(x)$, 所以 $Q_1(ax) = Q_2(x)$ 整除 $P(ax)$, 再根据引理, 它也整除 $P(x)$. 如此继续, 我们得到 $R(x) = Q_1(x)Q_2(x)\cdots Q_n(x)$ 整除 $P(x)$.

记 $P(x) = R(x)S(x)$, 得到

$$Q_1(x)R(ax)S(ax) = Q_{n+1}(x)R(x)S(x).$$

由于

$$\begin{aligned} Q_1(x)R(ax) &= Q_1(x)Q_1(ax)Q_2(ax)\cdots Q_n(ax) \\ &= Q_1(x)Q_2(x)\cdots Q_{n+1}(x) \\ &= Q_{n+1}(x)R(x), \end{aligned}$$

因此 $S(ax) = S(x)$. 比较这个等式两边的首项系数, 得到 $a^d = 1, d = 0, S(x) = C$ 是常数. 于是 $P(x) = CR(x)$. 容易验证这给出了题目的解. □

例 3.43. 求所有的多项式 $P(x)$ 和 $Q(x)$, 满足

$$P(x)^3 - Q(x)^2 = ax + b,$$

对某些非零复数 a 和 b 成立.

库尔沙克竞赛 2017

解 设 $x = -\dfrac{z^2 + b}{a}$, 则有

$$P\left(-\frac{z^2+b}{a}\right)^3 - Q\left(-\frac{z^2+b}{a}\right)^2 = -z^2.$$

由于 $P\left(-\dfrac{z^2+b}{a}\right)$ 和 $Q\left(-\dfrac{z^2+b}{a}\right)$ 是 z^2 的多项式, 我们可以记

$$P\left(-\frac{z^2+b}{a}\right) = f(z^2), \quad Q\left(-\frac{z^2+b}{a}\right) = g(z^2),$$

这给出 $f(z^2)^3 - g(z^2)^2 = -z^2$. 因此

$$(g(z^2) - z)(g(z^2) + z) = f(z^2)^3.$$

设

$$D(z) = \gcd(g(z^2) - z, g(z^2) + z).$$

则 $D(z)$ 必然整除 $(g(z^2)+z) - (g(z^2)-z) = 2z$. 因此 $D(z) = 1$ 或者 $D(z) = z$. 假设是后者, 我们得到 z 整除 $g(z^2)$, 所以 z^2 整除 $g(z^2)$. 然后 z^2 整除 $g(z^2)^2 + z^2 = f(z^2)^3$, 即 $f(z^2)^3$ 被 z^6 整除. 于是 $f(z^2)^3 - g(z^2)^2 = z^2$ 的左端被 z^4 整除, 但是右端不被 z^4 整除, 矛盾. 因此只能是前者, 即 $D(z) = 1$.

于是存在多项式 $A(z)$ 和 $B(z)$ 使得

$$g(z^2) - z = A(z)^3, \quad g(z^2) + z = B(z)^3.$$

因此

$$2z = B(z)^3 - A(z)^3 = (B(z) - A(z))(B(z)^2 + A(z)B(z) + A(z)^2).$$

这说明 $\deg(B(z)^2 + A(z)B(z) + A(z)^2) \leqslant 1$. 显然

$$\deg A(z) = \deg B(z) = d \geqslant 1.$$

设 $A(z)$ 和 $B(z)$ 的首项系数分别是 a 和 b. $B(z)^2 + A(z)B(z) + A(z)^2$ 的首项系数是 $a^2 + ab + b^2 \neq 0$. 因此

$$\deg(B(z)^2 + A(z)B(z) + A(z)^2) = 2d \geqslant 2,$$

矛盾. 因此不存在满足题目条件的多项式 P 和 Q. $\square$

注 Mason 的一个一般结果给出,若复系数多项式 f, g, h 满足 $f + g = h$,则

$$\max(\deg f, \deg g, \deg h) \leqslant \deg(\operatorname{rad}(fgh)) - 1,$$

其中,若 $P(x) = C(x - r_1)^{\alpha_1} \cdots (x - r_t)^{\alpha_t}, r_1, \cdots, r_t$ 是不同的复数,则

$$\operatorname{rad}(P(x)) = (x - r_1) \cdots (x - r_t).$$

要看到这个一般的结论解决了问题,注意到若我们有一个解,则比较系数给出 $\deg P(x) = 2d, \deg Q(x) = 3d, d \geqslant 1$ 是某个整数. 于是

$$6d = \max(\deg P(x)^3, \deg Q(x)^2, 1) \leqslant \deg(\operatorname{rad}(P(x)^3 \cdot Q(x)^2 \cdot (ax + b))) - 1.$$

注意到

$$\deg(\operatorname{rad}(P(x)^3 \cdot Q(x)^2 \cdot (ax + b))) = \deg(\operatorname{rad}(P(x)Q(x)(ax + b))) \leqslant 5d + 1.$$

这样得到 $6d \leqslant 5d$,矛盾.

3.8 多项式的奇偶性

3.8.1 用 $-x$ 替换 x

不要低估简单的替换 $x \mapsto -x$,它会解决很多问题. 看下面的例子.

例 3.44. 求所有的实系数多项式 P, Q,满足

$$P(x^2 + 1) = (Q(x))^2 + 2x, \qquad Q(x^2 + 1) = (P(x))^2.$$

波兰数学奥林匹克 2016

解 我们有

$$2x + (Q(x))^2 = P(x^2 + 1) = P\left((-x)^2 + 1\right) = (Q(-x))^2 - 2x,$$

所以

$$
\begin{aligned}
4x &= (Q(-x))^2 - (Q(x))^2 \\
&= (Q(-x) - Q(x))(Q(-x) + Q(x)) \\
&= F(x)G(x),
\end{aligned}
$$

其中 $F(x) = Q(-x) - Q(x)$，$G(x) = Q(-x) + Q(x)$．从最后的等式看，多项式 $F(x)$ 和 $G(x)$ 之一是 0 次，另一个是 1 次．由于 $G(x)$ 是偶多项式，次数是偶数，因此 $G(x)$ 是常数，于是 $F(x)$ 是 1 次．因此存在实数 $ac = 1$，$G(x) = 2c$，$F(x) = 2ax$，然后有

$$
Q(x) = \frac{1}{2}(G(x) - F(x)) = -ax + c, \qquad \forall\, x \in \mathbb{R}.
$$

从关系式 $Q(x^2 + 1) = (P(x))^2$ 得到 P 的次数是 1，设 $P(x) = \alpha x + \beta$，代入有

$$
-a(x^2 + 1) + c = \alpha^2 x^2 + 2\alpha\beta x + \beta^2.
$$

比较系数得到 $-a = \alpha^2$，$2\alpha\beta = 0$，$c - a = \beta^2$，解得 $\beta = 0$，$a = c = -\alpha^2$．利用前面的条件 $ac = 1$，得到 $\alpha = 1$（此处缩减了原证明——译者注）．因此 $P(x) = x$，$Q(x) = x - 1$．经验证，这是题目的唯一解．　　　　□

例 3.45. 求所有的实系数多项式 $P(x)$，对任意实数 x，满足：

$$
P(x^2) + x\big(3P(x) + P(-x)\big) = (P(x))^2 + 2x^2.
$$

越南数学奥林匹克 2006

解 显然 $\deg P > 0$．若 $\deg P = 1$，设 $P(x) = ax + b$，代入方程，得到

$$
(a^2 - 3a + 2)x^2 + 2b(a - 2)x + b^2 - b = 0, \qquad \forall\, x \in \mathbb{R},
$$

比较系数得到

$$
a^2 - 3a + 2 = b(a - 2) = b^2 - b = 0.
$$

解得 $(a, b) \in \{(1, 0), (2, 0), (2, 1)\}$．因此 $P(x) = x$，$P(x) = 2x$ 或 $P(x) = 2x + 1$．

现在设 $\deg P = n \geqslant 2$，记 $P(x) = ax^n + Q(x)$，$a \neq 0$，$\deg Q(x) = k < n$，代入方程得到

$$
\begin{aligned}
&(a^2 - a)x^{2n} + (Q(x))^2 - Q(x^2) + 2ax^n Q(x) \\
&= (3 + (-1)^n)ax^{n+1} + (3Q(x) + Q(-x))x - 2x^2, \quad \forall\, x \in \mathbb{R}.
\end{aligned}
$$

右端的次数是 $n+1$,而 $n+1 < 2n$,所以 $a^2 - a = 0, a = 1$,然后有

$$2x^n Q(x) + (Q(x))^2 - Q(x^2)$$
$$= (3 + (-1)^n)\, x^{n+1} + (3Q(x) + Q(-x))\, x - 2x^2, \quad \forall\, x \in \mathbb{R}.$$

左端的次数是 $n+k$,右端的次数是 $n+1$,所以 $k=1$. 代入 $x=0$ 得到 $(Q(0))^2 - Q(0) = 0$,解出 $Q(0) = 0$ 或 $Q(0) = 1$. 因此 $Q(x) = bx$ 或者 $Q(x) = bx + 1$.

(i) 若 $Q(x) = bx$,则有

$$(3 + (-1)^n - 2b)\, x^{n+1} - (b^2 - 3b + 2)x^2 = 0.$$

因此 $3 + (-1)^n - 2b = 0, b^2 - 3b + 2 = 0$,解出 $b = 1, n$ 是奇数;或者 $b = 2, n$ 是偶数. 于是 $P(x) = x^{2n+1} + x$ 或 $P(x) = x^{2n} + 2x$,其中 n 是正整数. 容易验证两个多项式都满足题目条件(甚至对 $n=0$ 的情况也对,我们重新发现了前面的两个线性解).

(ii) 若 $Q(x) = bx + 1$,则有

$$(3 + (-1)^n - 2b)\, x^{n+1} - 2x^n - (b^2 - 3b + 2)x^2 - 2(b - 2)x = 0,$$

由于 x^n 的系数非零,这种情况下无解.

综上所述,满足条件的多项式有 $P(x) = x, P(x) = x^{2n} + 2x, P(x) = x^{2n+1} + x$,其中 n 是非负整数. $\qquad\square$

3.8.2　进一步的技巧

若一个多项式 $P(x)$(或者更一般的一个函数)满足 $P(-x) = P(x)$,则称它是偶的;若满足 $P(-x) = -P(x)$,则称它是奇的. 替换 $x \mapsto -x$ 有用的原因之一是使得我们可以把一个多项式方程分开成偶的和奇的部分. 有时需要更明确地这样做.

策略

(i) 多项式 $P(x)$ 是偶的当且仅当存在多项式 $Q(x)$,使得 $P(x) = Q(x^2)$.

(ii) 多项式 $P(x)$ 是奇的当且仅当存在多项式 $R(x)$,使得 $P(x) = xR(x^2)$.

(iii) 每个多项式 $P(x)$ 可以唯一写成 $Q(x^2) + xR(x^2)$ 的形式,其中 $R(x)$ 和 $Q(x)$ 是多项式,因此 $P(x)$ 写成了奇的部分和偶的部分.

例 3.46. 若 $R(x)$ 是有理函数,$R(x) = R(-x)$,证明:$R(x) = S(x^2)$,其中 $S(x)$ 是有理函数.

证明 记 $R(x) = \dfrac{P(x)}{Q(x)}$，其中 $P(x)$ 和 $Q(x)$ 互素. 于是

$$\frac{P(x)}{Q(x)} = R(x) = R(-x) = \frac{P(-x)}{Q(-x)},$$

因此 $P(x)Q(-x) = Q(x)P(-x)$. 因为 $\gcd(P(x), Q(x)) = 1$，所以 $Q(x) \mid Q(-x)$，$P(x) \mid P(-x)$. 但是这些多项式的次数相同，所以存在常数 C，满足 $Q(-x) = CQ(x)$，$P(-x) = CP(x)$. 比较系数发现 $C = \pm 1$. 若 $C = 1$，则 $P(x) = P(-x)$，$Q(x) = Q(-x)$ 都是偶的，于是均可以写成 x^2 的多项式，然后 $R(x) = S(x^2)$ 可以写成 x^2 的有理函数. 若 $C = -1$，则 $P(-x) = P(x)$，$Q(-x) = -Q(x)$，说明 $P(0) = Q(0) = 0$，与 $P(x)$ 和 $Q(x)$ 互素矛盾. $\square$

我们可以得到下面的推论.

推论 3.1. 如果 $R(x)$ 是有理函数并且 $R(x) = R(1-x)$，那么 $R(x) = S\left(x^2 - x\right)$，$S(x)$ 是某有理函数.

例 3.47. 证明：对任意正整数 d，存在 d 次实系数多项式 $P(x)$，使得

$$xP(x)^2 - (P(x) - 1)^2$$

是奇多项式.

Nikolai Nikolov，保加利亚数学奥林匹克 *2010*

证明 记 $P(x) = Q(x^2) + xR(x^2)$，$Q(x)$ 和 $R(x)$ 是多项式. 于是

$$xP(x)^2 - (P(x) - 1)^2 = x(Q(x^2) + xR(x^2))^2 - (Q(x^2) - 1 + xR(x^2))^2.$$

这个式子展开为

$$2x^2 Q(x^2)R(x^2) - (Q(x^2) - 1)^2 - x^2 R^2(x^2)$$
$$+ x(x^2 R^2(x^2) + Q^2(x^2) - 2Q(x^2)R(x^2) + 2R(x^2)).$$

由于我们需要一个奇多项式，必然有

$$2x^2 Q(x^2)R(x^2) - (Q(x^2) - 1)^2 - x^2 R^2(x^2) = 0,$$

也就是说

$$(Q(x) - 1)^2 - 2xQ(x)R(x) + xR^2(x) = 0. \tag{3.3}$$

我们需要找到多项式对 $(Q(x), R(x))$ 是式 (3.3) 的解. 为此, 我们使用一个著名的递推技巧, 来生成两个变量的二次方程的解. 容易看出有平凡解 $Q_0(x) = 1$, $R_{-1}(x) = 0$（此处所取的特别的下标后面会发现更合理）. 假设固定 $Q(x) = Q_0(x)$, 然后把式 (3.3) 看成 $R(x)$ 的方程. 由于这是二次方程, 已有一个根 $R_{-1}(x)$, 根据韦达定理, 两个根的和是 $2Q_0(x)$, 因此另一个根是 $R_0(x) = 2Q_0(x) - R_{-1}(x) = 2$.（检验这个也很容易, 但是韦达定理可以帮助我们省去这一步.）因此我们得到式 (3.3) 的第二组解 $Q_0(x) = 1, R_0(x) = 2$. 现在换一下, 把 $R(x) = R_0(x)$ 固定, 将式 (3.3) 看成 $Q(x)$ 的二次方程. 一个解是 $Q_0(x)$, 韦达定理给出两个解的和是 $2 + 2xR_0(x)$, 于是另一个解是 $Q_1(x) = 2 + 2xR_0(x) - Q_0(x) = 4x + 1$. 这样就有了第三组解 $(Q_1(x), R_0(x))$, 显然这个过程可以一直做下去. 定义 $R_{-1}(x) = 0$, $Q_0(x) = 1$, $R_0(x) = 2$, 以及递推关系

$$\begin{cases} Q_k(x) = 2 + 2xR_{k-1}(x) - Q_{k-1}(x) \\ R_k(x) = 2Q_k(x) - R_{k-1}(x) \end{cases} \quad k \geqslant 1.$$

对 k 归纳可知, $R_k(x)$ 和 $Q_k(x)$ 都是 k 次多项式, 而且 $(Q_k(x), R_k(x))$ 和 $(Q_{k+1}(x), R_k(x))$ 都是方程 (3.3) 的解.

回到原来的问题, 若取 $(Q_k(x), R_k(x))$, 则 $P(x) = Q_k(x^2) + xR_k(x^2)$ 是原来问题的解, 次数为 $\deg P(x) = 2k+1$. 若取 $(Q_{k+1}(x), R_k(x))$, 则 $P(x) = Q_{k+1}(x^2) + xR_k(x^2)$ 的次数是 $\deg P(x) = 2k+2$. 因此有任意正整数次数的解. □

3.9　定义新多项式

在代数问题或不等式中, 巧妙地改变变量可以使问题变得更容易甚至完全解决. 如果问题需要我们找到多项式的解, 那么类似的技巧是定义一个新的多项式, 根据这个新的多项式重写我们的方程.

例 3.48. 求所有的非常数多项式 $P(x)$, 使得

$$P(x)^2 = P(x^2) - 2P(x), \qquad \forall\, x.$$

解 将等式重写为 $P(x)^2 + 2P(x) = P(x^2)$, 两边加上 1, 得到

$$(P(x) + 1)^2 = P(x^2) + 1.$$

定义 $Q(x) = P(x) + 1$, 于是 $Q(x)^2 = Q(x^2)$. 我们在例 3.18 中知道这个方程, 其非常数的解是 $Q(x) = x^d$, d 是正整数, 因此 $P(x) = x^d - 1$. □

下例中用到了更复杂的代换,若 $P(0) = b$,则可以记 $P(x) = b + x^k Q(x)$, k 是正整数,$Q(x)$ 是多项式,$Q(0) \neq 0$.

例 3.49. 求所有的实系数多项式 $P(x)$,使得

$$P(x)P(2x^2) = P(2x^3 + x^2), \qquad \forall\, x.$$

数学与青年杂志

解 取 $x = 0$,我们发现 $P(0) = 0$ 或 $P(0) = 1$.先假设 $P(0) = 0$,记 $P(x) = x^k Q(x)$, $k \geqslant 1$, $Q(0) \neq 0$,我们得到

$$2^k x^{3k} Q(x) Q(2x^2) = (2x^3 + x^2)^k Q(2x^3 + x^2).$$

于是

$$2^k x^k Q(x) Q(2x^2) = (2x + 1)^k Q(2x^3 + x^2).$$

代入 $x = 0$,我们发现 $Q(0) = 0$,矛盾.

现在假设 $P(0) = 1$. 记 $P(x) = 1 + x^k Q(x)$, $k \geqslant 1$, $Q(0) \neq 0$,我们发现

$$(1 + x^k Q(x))(1 + 2^k x^{2k} Q(2x^2)) = 1 + (2x^3 + x^2)^k Q(2x^3 + x^2).$$

于是

$$2^k x^{3k} Q(x) Q(2x^2) + x^k Q(x) + 2^k x^{2k} Q(2x^2) = (2x^3 + x^2)^k Q(2x^3 + x^2).$$

因此

$$2^k x^{2k} Q(x) Q(2x^2) + Q(x) + 2^k x^k Q(2x^2) = x^k (2x + 1)^k Q(2x^3 + x^2).$$

代入 $x = 0$,我们得到 $Q(0) = 0$,矛盾. 因此问题无解. □

例 3.50. 设 k 是实数,使得存在实系数非常数多项式 $P(x)$,满足

$$P(k + x^2) = P(x)^2 \qquad \forall\, x.$$

证明:$k = 0$.

Nikolai Nikolov

证法一　由于 $P(x)^2 = P(k + x^2) = P(k + (-x)^2) = P(-x)^2$，两个方程 $P(-x) = \pm P(x)$ 之一对无穷多 x 成立，因此对所有的 x 成立. 因此 $P(x)$ 是偶的或者奇的.

　　先设 $P(x)$ 是偶的. 于是 $P(x) = R(x^2)$，$R(x)$ 是多项式. 方程用 R 写出是 $R((x^2 + k)^2) = R(x^2)^2$，由于 x^2 可以取到无穷多的值，说明 $R(x)^2 = R((x + k)^2)$. 进一步记 $S(x) = R(x - k)$，我们得到 $S(x)$ 满足 $S(x^2 + k) = (S(x))^2$. 于是 $S(x)$ 和 $P(x)$ 满足同样的方程，但是由于 $\deg P = 2\deg S$，$S(x)$ 的次数更低. 因此，若 $P(x)$ 是次数最低的解，则 $P(x)$ 是一个奇多项式.

　　现在设 $P(x)$ 是奇多项式. 记 $P(x) = xS(x^2)$，$S(x)$ 是多项式，则有

$$P(x^2 + k) = P(x)^2 = x^2 S(x^2)^2,$$

还是因为 x^2 取到无穷多的值，得到

$$P(x + k) = xS(x)^2.$$

由于 $P(0) = 0$，因此 $S(-k) = 0$.

　　可以记 $S(x - k) = x^r T(x)$，$T(x)$ 是多项式，$T(0) \neq 0$，整数 $r > 0$. 于是有

$$P(x) = (x - k)\left(S(x - k)\right)^2 = (x - k)x^{2r}T(x)^2.$$

由于 $P(x)$ 是奇多项式，没有偶数次的单项式，因此 x^{2r} 在左边的系数为 0. 然而，x^{2r} 在右边的系数是 $-kT(0)^2$，由于 $T(0)$ 非零，因此 $k = 0$. □

证法二　考察首项系数，我们发现 $P(x)$ 的首项系数为 1，因此可以记

$$P(x) = (x - r_1)(x - r_2)\cdots(x - r_d),$$

其中 $r_1, r_2, \cdots, r_d$ 是 $P(x)$ 的根，重数计算在内. 于是

$$P(k + x^2) = (x^2 + k - r_1)(x^2 + k - r_2)\cdots(x^2 + k - r_d).$$

对应不同的 r_i 的因式是互素的（若 $r_i \neq r_j$，则 $x^2 + k - r_i$ 和 $x^2 + k - r_j$ 的任意公因式必然整除 $(x^2 + k - r_j) - (x^2 + k - r_i) = r_i - r_j$，是非零常数）.

　　现在方程给出

$$(x^2 + k - r_1)(x^2 + k - r_2)\cdots(x^2 + k - r_d) = (x - r_1)^2(x - r_2)^2\cdots(x - r_d)^2.$$

考察 $P(x)$ 的一个根 r，重数最高，设为 m，于是 r 是右端的 $2m$ 重根. 根据上一段的说法，r 只能是左端某一个因式 $x^2 + k - r_i$ 的根，这个因式发生至多 m 次（由于

r 已经假设重数最大). 这个因式是二次的, 因此 r 最多是二重根, 所以 r 在左端的重数不超过 $2m$. 必然等号成立, 说明 $r' = r^2 + k$ 也是 $P(x)$ 的 m 重根, 并且 r 是 $x^2 + k - r' = 0$ 的二重根. 后者只能在 $k = r', r = 0$ 时发生. 于是达到最大重数的根只能是 $r = 0$. 然而 r' 也有同样的重数, 因此 $r = r' = 0, k = r' - r^2 = 0$. □

例 3.51. 求所有的实系数多项式 P, 满足: 若 $x + y$ 是有理数, 则 $P(x) + P(y)$ 也是有理数.

波兰数学奥林匹克 2003

解 首先发现题目的条件对任意多项式 $P(x) = ax + b$ 成立, 其中 a 和 b 是有理数. 我们将证明, 这是满足题目条件的所有解.

设 P 是满足题目条件的多项式. 对整数 n, 考虑多项式 $Q(x) = P(n + x) + P(n - x)$. Q 对所有的实数 x 取值为有理数, 所以根据介值定理, $Q(x)$ 是常数, $Q(0) = 2P(n)$. 现在 $Q(x) = 2P(n)$ 对所有的 x 成立, 取 $x = 1$, 我们得到: 对任意整数 n, 有 $P(n - 1) + P(n + 1) = 2P(n)$. 这相当于二次差分 $\Delta^2 P(x)$ 在所有整数点为零, 因此恒等于零, 说明 $P(x)$ 是线性函数. □

3.9.1 利用对称性

若 $P(a - x) = P(x)$, 利用代换 $x \mapsto \dfrac{a}{2} + x$, 我们有

$$P\left(\frac{a}{2} + x\right) = P\left(\frac{a}{2} - x\right).$$

也就是说, 多项式 $P\left(\dfrac{a}{2} + x\right)$ 是偶的, 于是

$$P\left(\frac{a}{2} + x\right) = Q(x^2),$$

对某个多项式 $Q(x)$ 成立. 于是

$$P(x) = Q\left(x^2 - ax + \frac{a^2}{4}\right).$$

我们可以把它更简单地写成 $P(x) = R(x^2 - ax)$, $R(x)$ 是某个多项式.

类似地, 若 $P(a - x) = -P(x)$, 则 $P\left(\dfrac{a}{2} + x\right)$ 是奇多项式, 因此

$$P\left(\frac{a}{2} + x\right) = xQ(x^2),$$

$Q(x)$ 是某多项式. 于是

$$P(x) = \left(x - \frac{a}{2}\right) Q\left(x^2 - ax + \frac{a^2}{4}\right)$$

或者更简单地

$$P(x) = \left(x - \frac{a}{2}\right) R(x^2 - ax).$$

这样我们证明了:

> **定理**
>
> (i) 若 $P(a-x) = P(x)$, 则 $P(x) = R(x^2 - ax)$.
>
> (ii) 若 $P(a-x) + P(x) = 0$, 则 $P(x) = \left(x - \dfrac{a}{2}\right) R(x^2 - ax)$.
>
> (iii) $\gcd(P(x), P(-x))$ 为 $D(x^2)$ 形式的多项式. $\gcd(P(x), P(a-x))$ 为 $D(x^2 - ax)$ 形式的多项式.

例 3.52. 证明: 多项式 $P(x)$ 的图像关于点 $A(a,b)$ 对称当且仅当存在多项式 $Q(x)$, 使得

$$P(x) = b + (x-a)Q\left((x-a)^2\right).$$

西班牙数学奥林匹克 2001

证明 点 $(a+h, b+k)$ 关于 (a,b) 的反射是 $(a-h, b-k)$, 因此 $y = P(x)$ 的图像关于点 (a,b) 对称当且仅当对任何 h, 存在 k 使得 $P(a+h) = b+k$ 和 $P(a-h) = b-k$ 都成立. 由于可以定义 $k = P(a+h) - b$, 因此这化归为 $P(a-h) + P(a+h) = 2b$ 对所有的 h 成立. 若定义 $R(x) = P(a+x) - b$, 则得到 $R(x) + R(-x) = 0$. 因此这等价于 $R(x) = xQ(x^2)$, 对某多项式 $Q(x)$ 成立, 因此得到 $P(x) = b + (x-a)Q((x-a)^2)$.　　$\square$

例 3.53. 求所有的多项式 $P(x)$ 和 $Q(x)$, 使得

$$P(x^2) = P(x)Q(1-x) + Q(x)P(1-x) \qquad \forall\ x.$$

白俄罗斯数学奥林匹克 2015

解 利用代换 $x \mapsto 1-x$, 我们得到

$$P(x^2) = P((1-x)^2) = P((x-1)^2),$$

说明 $P(x^2)$ 是周期为 1 的, 于是 $P(x) = C$ 是常数. 代入得到

$$C = CQ(1-x) + CQ(x).$$

如果 $C = 0$，那么我们就完成了. 若 $C \neq 0$，则 $Q(x) + Q(1-x) = 1$. 利用代换
$x \mapsto \dfrac{1}{2} + x$，我们发现

$$Q\left(\frac{1}{2} + x\right) - \frac{1}{2} + Q\left(\frac{1}{2} - x\right) - \frac{1}{2} = 0.$$

因此多项式 $R(x) = Q\left(\dfrac{1}{2} + x\right) - \dfrac{1}{2}$ 是奇的，记 $Q\left(\dfrac{1}{2} + x\right) - \dfrac{1}{2} = xS(x^2)$，$S(x)$ 是某
多项式，则有

$$Q(x) = \left(x - \frac{1}{2}\right) S\left(\left(x - \frac{1}{2}\right)^2\right) + \frac{1}{2}.$$

$\square$

例 3.54. 设 $m \geqslant 2$ 是整数. 求所有的多项式 $P(x)$，满足：若 $x_1^m + x_2^m = 1$，则
$P(x_1) + P(x_2) = 1$.

解 设 ω 是一个本原 m 次单位根. 显然有

$$1 = x_1^m + x_2^m = x_1^m + \omega^m x_2^m.$$

因此 $P(x_1) + P(x_2) = 1 = P(x_1) + P(\omega x_2)$，说明 $P(x_2) = P(\omega x_2)$ 对无穷多 x_2
成立. 因此 $P(x) = P(\omega x)$，对所有的 x 成立. 记

$$P(x) = a_d x^d + a_{d-1} x^{d-1} + \cdots + a_1 x + a_0.$$

比较 x^k 在 $P(x) = P(\omega x)$ 中的系数，我们得到 $a_k \omega^k = a_k$，因此 $a_k = 0$ 或者 m
整除 k. 这样

$$P(x) = a_0 + a_m x^m + \cdots + a_d (x^m)^{\frac{d}{m}} = Q(x^m).$$

条件变为：对 $x_1^m + x_2^m = 1$，有 $Q(x_1^m) + Q(x_2^m) = 1$. 说明

$$Q(z) + Q(1-z) = 1$$

对无穷多 z 成立，因而对所有的 z 成立. 上式改写成

$$Q\left(\frac{1}{2} + z\right) - \frac{1}{2} + Q\left(\frac{1}{2} - z\right) - \frac{1}{2} = 0.$$

说明 $Q\left(\dfrac{1}{2} + z\right) - \dfrac{1}{2}$ 是一个奇多项式，可以记为 $Q\left(\dfrac{1}{2} + z\right) - \dfrac{1}{2} = zR(z^2)$，其中
$R(z)$ 是某多项式. 然后有

$$Q(z) = \frac{1}{2} + \left(z - \frac{1}{2}\right) R\left(\left(z - \frac{1}{2}\right)^2\right),$$

$$P(x) = Q(x^m) = \frac{1}{2} + \left(x^m - \frac{1}{2}\right) R\left(\left(x^m - \frac{1}{2}\right)^2\right).$$

□

注 在 2001 年图伊玛达奥林匹克中,一个类似的问题是:

求所有的多项式 $P(x)$,满足 $P(\sin x) + P(\cos x) = 1$ 对所有的实数 x 成立.

3.10 杂题

例 3.55. 求所有的多项式 $P(x)$,使得对任意满足 $x + y + z = 0$ 的实数 x, y, z,点 $(x, P(x)), (y, P(y)), (z, P(z))$ 在坐标平面中共线.

蒙古数学奥林匹克 2018

解 由简单的几何知识得到,点 $(x, P(x)), (y, P(y)), (z, P(z))$ 共线当且仅当

$$(x - y)P(z) + (y - z)P(x) + (z - x)P(y) = 0.$$

因此我们要找到所有的多项式 $P(x)$,使得只要 $x + y + z = 0$,就有上式成立.

容易看到,如果 $P_1(x)$ 和 $P_2(x)$ 满足条件,那么 $a_1 P_1(x) + a_2 P_2(x)$ 也满足条件,其中 a_1, a_2 是常数. 显然 $P(x) = 1$ 和 $P(x) = x$ 满足条件,而且根据恒等式

$$z^3(x - y) + x^3(y - z) + y^3(z - x) = -(x + y + z)(x - y)(y - z)(z - x),$$

我们发现 $P(x) = x^3$ 也满足条件. 因此具有形式

$$P(x) = a_3 x^3 + a_1 x + a_0$$

的多项式都是问题的解.

现在,取 $(x, y, z) = (x, 2x, -3x)$,它们满足 $x + y + z = 0$,代入得到

$$-xP(-3x) + 5xP(x) - 4xP(2x) = 0.$$

记 $P(x) = a_d x^d + a_{d-1} x^{d-1} + \cdots + a_1 x + a_0$,考察 x^{k+1} 的系数,我们得到

$$a_k((-3)^k + 2^{k+2} - 5) = 0$$

对所有的非负整数 k 成立. 若 $k \geqslant 2$ 是偶数,则 $(-3)^k + 2^{k+2} - 5 \equiv 2 \pmod{3}$,因此 $(-3)^k + 2^{k+2} - 5 \neq 0$. 说明对偶数 $k \geqslant 2$,有 $a_k = 0$. 如果 k 是奇数,$a_k \neq 0$,我们必然有 $2^{k+2} - 3^k = 5$. 这对 $k = 1, 3$ 成立,但是对 $k \geqslant 5$,有

$$\left(\frac{3}{2}\right)^k \geqslant \left(\frac{3}{2}\right)^5 > 4,$$

因此 $3^k > 2^{k+2} - 5$. 所以对奇数 $k \geqslant 5$, 我们总有 $a_k = 0$. 这样对所有的 $k \neq 0, 1, 3$, 有 $a_k = 0$, 说明 $P(x) = a_3 x^3 + a_1 x + a_0$ 是全部的解. □

例 3.56. 证明: 平面上存在无穷多个点 $\cdots, P_{-2}, P_{-1}, P_0, P_1, \cdots$, 满足条件: 对任意三个不同的整数 a, b, c, 点 P_a, P_b, P_c 共线当且仅当 $a + b + c = 2014$.

Sam Vandervelde, 美国数学奥林匹克 2014

证明 利用映射 $a \mapsto a - 671$, $b \mapsto b - 671$, $c \mapsto c - 671$, 我们可以将条件 $a + b + c = 2014$ 变成更简单的条件 $a + b + c = 1$, 我们就这样处理.

我们将要找到无穷多点 $P_n = (n, Q(n))$, 其中 $Q(x)$ 是某个多项式. 这不是最一般的情况, 但是可能是最简单的构造, 我们下面会看到这个假设足够得到一个解. 如上一个解答中指出, 点 $(a, Q(a)), (b, Q(b)), (c, Q(c))$ 共线等价于

$$(b - c)Q(a) + (c - a)Q(b) + (a - b)Q(c) = 0.$$

由于 $Q(x)$ 是多项式, 左端是关于 a, b, c 的多项式. 要求解此题, 我们希望当且仅当 $a + b + c = 1$ 时这个式子为零. 当 a, b, c 中两个相同时, 这个式子显然为零 (几何上看, 三个点中有两个点重复, 则三个点共线). 因此

$$(b - c)Q(a) + (c - a)Q(b) + (a - b)Q(c)$$

必然被 $(1 - a - b - c)(a - b)(b - c)(c - a)$ 整除, 我们可以记

$$(b-c)Q(a)+(c-a)Q(b)+(a-b)Q(c)=(1-a-b-c)(a-b)(b-c)(c-a)R(a,b,c),$$

其中 $R(x, y, z)$ 是某多项式.

我们还希望这些情况就是三个点共线的所有情形, 因此需要 $R(a, b, c) = 0$ 的任何整数解满足 $a + b + c = 1$ 或者 a, b, c 其中两个相同. 符合这个要求的最简单构造是设定 $R(x, y, z) = 1$, 于是 $R = 0$ 没有任何解.

现在我们需要找到多项式 $Q(x)$, 满足

$$(b-c)Q(a)+(c-a)Q(b)+(a-b)Q(c)=(1-a-b-c)(a-b)(b-c)(c-a).$$

式子右端 a 的最高次项含 a^3, 这一项是 $(b - c)a^3$. 和左边比较, 我们发现: 若要有解, 则 $Q(x)$ 必然是首项系数为 1 的三次多项式. 记 $Q(x) = x^3 + R(x)$, 则 $R(x)$ 的次数不超过 2. 根据恒等式

$$(b-c)a^3 + (c-a)b^3 + (a-b)c^3 = -(a+b+c)(a-b)(b-c)(c-a),$$

得到

$$(b-c)R(a) + (c-a)R(b) + (a-b)R(c) = (a-b)(b-c)(c-a).$$

右端 a 的最高次项为 $(c-b)a^2$，和左边比较发现，$R(x)$ 是二次多项式，首项系数为 -1. 由于

$$(b-c)a^2 + (c-a)b^2 + (a-b)c^2 = -(a-b)(b-c)(c-a),$$

我们发现 $R(x) = -x^2$ 是一个解.（从上一个题的几何理解可以发现，$Q(x)$ 的一次项和常数项可以改变，不影响是否是一个解.）因此我们得到了一个解

$$Q(x) = x^3 - x^2.$$

把最开始做的坐标变换复原，我们的原始问题的一个解是

$$P_n = (n + 671, Q(n)) = (n + 671, n^3 - n^2).$$

$\square$

我们以 2018 年加拿大数学奥林匹克中的一道难题来结束此章，这道题需要全神贯注地使用所学过的内容.

例 3.57. 求所有的实系数多项式 $P(x)$，使得存在实系数多项式 $Q(x)$，满足

$$P(1) + P(2) + \cdots + P(n) = P(n)Q(n)$$

对所有的正整数 n 成立.

加拿大数学奥林匹克 2018

解　设 $\deg P(x) = d$，记 $P(x) = a_d x^d + \cdots + a_0$，其中 $a_d \neq 0$. 将原始方程代入 $n+1$ 并和 n 的方程抵消，我们得到一个较短的方程

$$P(n)Q(n) + P(n+1) = P(n+1)Q(n+1).$$

这个等式对所有的正整数 n 成立，因此有

$$P(x)Q(x) + P(x+1) = P(x+1)Q(x+1),$$

或者等价地

$$P(x)Q(x) = P(x+1)(Q(x+1) - 1) \tag{3.4}$$

对所有的 x 成立. 回忆在第 3.6 节中, 存在多项式 $R(x)$, 次数为 $d+1$, 首项系数为 $\dfrac{a_d}{d+1}$, 使得

$$R(x) - R(x-1) = P(x).$$

对 $x = 1, \cdots, n$ 求和, 得到

$$P(1) + P(2) + \cdots + P(n) = R(n) - R(0).$$

因此 $P(n)Q(n) = R(n) - R(0)$, 对所有的正整数 n 成立, 于是有 $P(x)Q(x) = R(x) - R(0)$, 对所有的 x 成立. 由于 $P(x)$ 的次数为 d, 首项系数为 a_d, 而 $R(x)$ 次数为 $d+1$, 首项系数为 $\dfrac{a_d}{d+1}$, 因此 $Q(x)$ 是一次的, 首项系数为 $\dfrac{1}{d+1}$, 即

$$Q(x) = \frac{1}{d+1}(x+b),$$

b 是实数. 代入到式 (3.4), 得到

$$\frac{1}{d+1}(x+b)P(x) = \frac{1}{d+1}P(x+1)(x+b+1-d-1).$$

因此有

$$(x+b)P(x) = P(x+1)(x+b-d).$$

现在代入 $x = -b$, 得到 $P(1-b) = 0$. 代入 $x = 1-b$, 得到 $P(2-b) = 0$. 如此继续, 依次代入 $x = -b, 1-b, \cdots, d-1-b$, 得到

$$P(1-b) = P(2-b) = \cdots = P(d-b) = 0.$$

由于 $\deg P(x) = d$, 我们已经找到了 d 个根, 因此

$$P(x) = a_d(x+b-1)(x+b-2)\cdots(x+b-d).$$

还有一个额外的约束我们没有使用, 即 $P(0)Q(0) = R(0) - R(0) = 0$. 由于

$$P(x)Q(x) = \frac{a_d}{d+1}(x+b)(x+b-1)(x+b-2)\cdots(x+b-d),$$

这个条件给出

$$0 = P(0)Q(0) = \frac{a_d}{d+1}b(b-1)(b-2)\cdots(b-d),$$

因此必然有 $b \in \{0, 1, \cdots, d\}$. 最后的答案是

$$P(x) = a_d(x+b-1)(x+b-2)\cdots(x+b-d),$$

其中 $d \geqslant 0, a_d \neq 0, b \in \{0, 1, \cdots, d\}$. $\square$

3.11　习题

习题 3.1. 设 $P(x) = x^2 + a(a \neq 0), Q(x) = x^3 + bx + c.$ 如果 $Q(P(x)) = P(Q(x))$ 对所有的实数 x 成立, 求 $Q(10).$

习题 3.2. 求所有的 d 次多项式 $P(x)$, 满足

$$P(1) + P(x) + \cdots + P(x^d) = (1 + x + \cdots + x^d)P(x).$$

习题 3.3. 求所有多项式 $P(x)$, 满足

$$P(2x) = 8P(x) + (x - 2)^2.$$

P. Černek, 捷克和斯洛伐克数学奥林匹克 2001

习题 3.4. 设

$$3P(x^2) + 2122x^2 = 2(x^2 + 2)P(x) + x^4 + 4024x^3 + 8048x + 1959,$$

求 $P(2013).$

习题 3.5. 求所有的实系数多项式 $P(x)$, 使得对所有的非零实数 x, 有

$$P(x)P\left(\frac{1}{x}\right) = 1.$$

习题 3.6. 求所有多项式 $P(x)$ 和 $Q(x)$, 使得

$$(x + 1)P(x - 1) - x^2Q(x + 1) = x^2 - x - 1,$$

$$P(x + 1) - (x + 2)Q(x + 3) = -1.$$

习题 3.7. 求所有有理系数多项式 $P(x)$ 和 $Q(x)$, 满足

$$2x + 1 + (3x + 1)P(x) = Q(x)^2.$$

习题 3.8. 求所有实系数多项式 $P(x)$ 和 $Q(x), P(0) = Q(0) = 0,$ 并且满足

$$P(Q(x) + 1) = 1 + Q(P(x)), \quad Q(P(x) + 1) = 1 + P(Q(x))$$

习题 3.9. 求所有实系数多项式 $P(x)$, 使得

$$P(x)P(y) = P\left(\frac{x + y}{2}\right)^2 - P\left(\frac{x - y}{2}\right)^2.$$

习题 3.10. 求所有复系数多项式 $P(x)$, $P(0) = 0$, 满足对所有的整数 $n > 2$ 和所有实数 $a_1, a_2, \cdots, a_n, a_1 + a_2 \cdots + a_n \neq 0$, 有

$$P\left(\frac{a_1}{a_1 + a_2 + \cdots + a_n}\right) + \cdots + P\left(\frac{a_n}{a_1 + a_2 + \cdots + a_n}\right) = 0.$$

习题 3.11. 设 $P(x)$ 是非零多项式, a, b, c 是实数, 满足

$$P(x)(x-1)^{20} = (x^2 + ax + 1)^{30} + (x^2 + bx + c)^{10}.$$

计算 $P(1) + a^2 + b^2 + c^2$.

习题 3.12. 求所有首项系数为 1 的实系数多项式 $P(x)$, 使得对任意实数 x, 有

$$P(x + P(x)) = x^2 + P(P(x)).$$

习题 3.13. 求所有实系数首项系数为 1 的多项式 $P(x)$, 使得对任意实数 x, 有

$$P(x + P(x)) = 2x^3 + x^2 + P(P(x)).$$

习题 3.14. (i) 求所有的实系数多项式 $P(x)$, 使得

$$(x-4)P(x+1) - xP(x) + 20 = 0.$$

(ii) 求满足条件 (i) 和 $P(0) = 29$ 的多项式.

I. V. Maftei, 罗马尼亚数学奥林匹克 *1971*

习题 3.15. 设整系数多项式 $P(x)$ 和整数 a, b 满足

$$P(a) = 1, \quad P(b) = 2, \quad P(17) = 3, \quad a < b < 17.$$

(i) 证明: 方程 $P(x) = 5$ 只有一个整数解.
(ii) 求所有的多项式 $P(x)$, 使得 $P(x) = 5$ 恰好有一个整数解.

习题 3.16. 安娜和电脑玩一个数学游戏. 电脑隐藏了一个多项式 $P(x)$, 安娜不知道 $P(x)$ 的次数和系数, 但是她知道系数都是正实数. 在每一步, 安娜输入一个实数 a, 然后电脑给出 $P(a)$. 这个过程重复到安娜可以确定 $P(x)$ 为止.

对于安娜使用的一个策略 S, 设 $S(P)$ 是她得出 $P(x)$ 所需的步骤. 如果一个策略 S 满足对任意其他策略 S' 和任意正系数多项式 P, 均有 $S(P) \leqslant S'(P)$, 那么称策略 S 是最佳的. 问: 是否存在最佳的策略?

习题 3.17. 求所有的多项式 P 和 Q,使得对所有的实数 x,有

$$Q(x^2) = (x+1)^4 - x\left(P(x)\right)^2.$$

P. Černek, 捷克和斯洛伐克数学奥林匹克 *2001*

习题 3.18. 求所有实系数多项式 $P(x)$,使得

$$P\left(x^2\right) P\left(x^3\right) = (P(x))^5.$$

波兰数学奥林匹克 *2008*

习题 3.19. 求所有的实系数多项式 $P(x)$ 和 $Q(x)$,使得 $x^3 Q(x) = P(Q(x))$ 对所有的实数 x 成立.

习题 3.20. 求所有的多项式 $P(x)$,使得 $\dfrac{1}{\dfrac{1}{P(x)} - \dfrac{1}{P(P(x))}}$ 也是多项式.

改编自 *Oleg Mushkarov*

习题 3.21. 求所有的多项式 $P(x)$,满足

$$P(P(x)) + x = P(x + P(x)).$$

习题 3.22. 求所有的多项式 $P(x)$,满足

$$\binom{2018}{0}P(x) + \binom{2018}{2}P(x+2) + \cdots + \binom{2018}{2018}P(x+2018)$$
$$= \binom{2018}{1}P(x+1) + \binom{2018}{3}P(x+3) + \cdots + \binom{2018}{2017}P(x+2017).$$

北欧数学奥林匹克 *2018*

习题 3.23. 给定正整数 k,求所有的实系数多项式 $P(x)$,使得

$$P(P(x)) = (P(x))^k.$$

加拿大数学奥林匹克 *1975*

习题 3.24. 整数 $n \geqslant 3$,求所有的多项式 $f_1(x), \cdots, f_n(x)$,使得

$$f_k(x) f_{k+1}(x) = f_{k+1}(f_{k+2}(x)), \quad 1 \leqslant k \leqslant n$$

其中 $f_{n+1}(x) = f_1(x), f_{n+2}(x) = f_2(x)$.

Oleg Mushkarov, 保加利亚数学奥林匹克 *2012*

习题 3.25. 求所有的实系数多项式 $P(x)$, 满足

$$P(x)^2 - P(x-1)P(x+1) = 2P(x).$$

习题 3.26. 求所有的实系数多项式 $P(x)$, 使得

$$P(x-1)P(x+1) > P(x)^2 - 1$$

对所有的实数 x 成立.

Nikolai Nikolov

习题 3.27. 求所有的实系数多项式 $P(x)$, 使得

$$(x+1)P(x-1) - (x-1)P(x)$$

是常数多项式.

加拿大数学奥林匹克 *2013*

习题 3.28. 求所有的实系数多项式 $P(x)$, 使得对所有的实数, 有

$$(x+1)P(x-1) + (x-1)P(x+1) = 2xP(x).$$

E. Kováč,捷克和斯洛伐克数学奥林匹克 *2002*

习题 3.29. 求所有的实系数多项式 $P(x)$, 满足

$$(x-1)P(x+1) - (x+1)P(x-1) = 4P(x).$$

白俄罗斯数学奥林匹克 *2013*

习题 3.30. 设 a, b 是实数, $a \neq 0$. 求所有的多项式 $P(x)$, 满足

$$xP(x-a) = (x-b)P(x).$$

越南数学奥林匹克 *1984*

习题 3.31. 求所有的实系数多项式 $P(x)$, 满足

$$(x^3 + 3x^2 + 3x + 2)P(x-1) = (x^3 - 3x^2 + 3x - 2)P(x).$$

越南数学奥林匹克 *2003*

习题 3.32. 找到一个多项式 $P(x)$, 次数为 2001, 并且满足

$$P(x) + P(1-x) = 1.$$

V. Senderov,莫斯科数学奥林匹克 *2001*

习题 3.33. 是否存在正整数 d 和整系数多项式 $P(x)$, 满足

$$x^d + x + 2 = P(P(x)).$$

第 4 章 多项式函数方程 (II)：唯一性引理

4.1 第一唯一性引理

在一类多项式函数方程的问题中，给定多项式 $P(x), Q(x), R(x)$，然后要求我们找到多项式 $f(x)$，满足

$$f(P(x))f(Q(x)) = f(R(x)).$$

例如：找到所有的多项式 f，满足

$$f(x)f(x+1) = f(x^2), \quad f(x)f(x+1) = f(x^2+x+1).$$

这一节，我们给出处理这类问题的一个非常有力的方法.

例 4.1. 设 P, Q, R 是三个多项式，满足 $\deg P \neq \deg Q > 0$. 证明：对所有的 $k > 0$，存在至多一个首项系数为 1 的多项式 f，次数为 k，并且满足

$$f(P(x))f(Q(x)) = f(R(x)).$$

M. Troinikov and V.A. Senderov, Kvant M1465

证明 设 $\deg P = a, \deg Q = b$，并且不妨设 $a > b > 0$. 考察两边的次数，我们发现只有 $\deg R = a + b$ 时问题才有解.

现在用反证法，假设存在两个首项系数为 1 的多项式 f 和 g，次数均为 k，满足题目条件. 那么 $f - g$ 的次数为 $m < k$，我们有

$$f(R) - g(R) = f(P)(f(Q) - g(Q)) + g(Q)(f(P) - g(P)).$$

左端的次数为 $m(a+b)$，右端的次数为 $ka + mb$（注意，由于 $k > m, a > b$，因此右端第二项的次数为 $kb + ma < ka + mb$）. 由于 $m(a+b) < ka + mb$，二者不能相同，矛盾. $\qquad\square$

注 我们完全按照这个问题最初的形式重现了它，实际上，我们可以从证明中看出更多内容. 首先注意 f 的首项系数为 1 的条件只是为了保证 f 和 g 的首项系数一致，于是 $f - g$ 的次数更低. 如果设 $f, P(x), Q(x)$ 和 $R(x)$ 的首项系数分别为 a, p, q, r，那么比较首项系数，我们发现

$$a^2 p^k q^k = r^k.$$

因此 f 的首项系数必须是 $a = \left(\dfrac{r}{pq}\right)^k$. 也就是说，$f$ 的首项系数完全由 $P(x)$，$Q(x), R(x)$ 和 k 决定，于是 f 和 g 的首项系数必然抵消. 所以我们可以放弃 f 的首项系数为 1 这个条件.（这并没有真正推广命题，因为我们可以定义

$$h(x) = f\left(\frac{pqx}{r}\right),$$

然后 $h(x)$ 的首项系数为 1，并且

$$h\left(\frac{r}{pq}P(x)\right) h\left(\frac{r}{pq}Q(x)\right) = h\left(\frac{r}{pq}R(x)\right).$$

所以可以应用原始形式陈述的结论到稍微改变的多项式 $P(x), Q(x)$ 和 $R(x)$.）

　　更重要的是，$\deg P \neq \deg Q$ 的条件可以大大削弱. 我们使用这个条件的唯一地方是证明两个多项式 $f(P)(f(Q) - g(Q))$ 和 $g(Q)(f(P) - g(P))$ 的次数不同，因此和的次数是其中较大的次数. 如果 $\deg P(x) = \deg Q(x)$，那么这两项具有相同的次数，人们可能会担心首项系数抵消. 使用前面讨论中的符号，并设 $f(x) - g(x)$ 的首项系数为 b，我们看到这些多项式的首项系数分别是 $abp^k q^m$ 和 $abq^k p^m$. 因此，产生抵消的唯一情形是

$$\left(\frac{p}{q}\right)^{k-m} = -1.$$

因此只需假设 P 和 Q 的首项系数的比值不是 -1 的任何次根. 由于我们一般对实系数的多项式 $P(x)$ 和 $Q(x)$ 感兴趣，因此只需假设它们是实数，并且

$$\deg(P(x) + Q(x)) = \max(\deg P(x), \deg Q(x)).$$

　　我们还可以对这个结果做另一个巧妙的补充. 假设 $pq = r$，那么所有解都是首项系数为 1 的多项式.（这会让论证更清晰，但正如我们已经看到的，总是可以简化为这种情况.）假设 $f(x)$ 是次数最低的解，并且令 $\deg f(x) = d$. 那么很明显，多项式 $f(x)^m$ 是次数为 dm 的解. 现在假设 $g(x)$ 是次数为 k 的解. 那么 $f(x)^k$ 和 $g(x)^d$ 都是次数为 dk 的解，因此它们必然相等，即 $f(x)^k = g(x)^d$. 因此 $f(x)$ 和 $g(x)$ 都是某个多项式 $h(x)$ 的幂，它也是首项系数为 1 的多项式，并且次数为 $\gcd(k, d)$.

进一步，由裴蜀定理，存在整数 r, s（可能是负数），使得 $h(x) = f(x)^r g(x)^s$，因此 $h(x)$ 也是一个解．由于我们假设 d 是最小的，因此 $h(x) = f(x)$，k 是 d 的倍数，$g(x) = f(x)^{k/d}$．

因此，找到方程的一个解 $f(x)$ 就足够了．若 $f(x)$ 不是低次多项式的幂，则它是最小次数的解．（如果它是幂，那么取 $f(x)$ 的合适的根将给出最小次数的解．）一旦我们找到了这个最小解，所有其他的解都是它的幂．

因此，我们可以更一般地说，

第一唯一性引理

设 $P(x), Q(x), R(x)$ 是实系数多项式，满足

$$\deg(P(x) + Q(x)) = \max(\deg P(x), \deg Q(x)).$$

那么对任意正整数 d，存在至多一个 d 次多项式 $f(x)$，满足

$$f(P(x))f(Q(x)) = f(R(x)).$$

若 $f(x)$ 是最小次数的解，则所有其他的解是 $f(x)$ 的幂．

在这一节的剩余部分，我们给出几个例子，能用上面的引理求解．

例 4.2. 求所有的非常数多项式 $P(x)$，使得

$$P(x)P(x + 1) = P(x^2 + 2).$$

解 我们证明 $P(x) = x^2 - x + 2$ 是一个解，这等价于恒等式

$$(x^2 - x + 2)((x+1)^2 - (x+1) + 2) = (x^2 + 2)^2 - (x^2 + 2) + 2,$$

很容易验证．$P(x)$ 的根互不相同，因此 $P(x)$ 不是线性多项式的平方．于是根据引理，这是最小次数的解，所有的解都是 $P(x) = (x^2 - x + 2)^n$ 的形式，整数 $n > 0$．　　　□

注 在这种情况下，如引理能证明的那样，没有奇数次的多项式的解．我们也可以直接说明这一点，假设解 $P(x)$ 的次数是奇数，则 $P(x)$ 至少有一个实根．设 α 为最大的实根．将 $x = \alpha$ 代入方程，我们看到 $\alpha^2 + 2$ 也是一个实根．但是 $\alpha^2 + 2 > \alpha$，与 α 最大矛盾．

例 4.3. 求所有的非常数多项式 $P(x)$，满足

$$P(x^2) + P(x)P(x + 1) = 0.$$

解 设 $f(x) = -P(x)$，则 $f(x)$ 满足方程

$$f(x^2) = f(x)f(x+1).$$

因此可以应用引理. 容易验证恒等式

$$(x^2 - x)((x+1)^2 - (x+1)) = x^2(x-1)(x+1) = x^4 - x^2,$$

因此 $f(x) = x^2 - x$ 是没有重根的一个解，必然是次数最小的解. 于是一般的解为 $f(x) = (x^2 - x)^m, P(x) = -(x^2 - x)^m$，其中整数 $m > 0$. □

例 4.4. 求所有的非常数多项式 $P(x)$，使得

$$P(x^2 + x + 1) = P(x)P(x+1).$$

解 恒等式

$$(x^2 + 1)((x+1)^2 + 1) = (x^2 + x + 1)^2 + 1$$

表明 $P(x) = x^2 + 1$ 是一个解. 因为它没有重根，所以是最小次数的解. 根据引理，一般的解为 $(x^2 + 1)^n, n > 0$. □

例 4.5. 求所有的非常数多项式 $P(x)$，满足

$$P(x^2) = P(x)P(x-1).$$

解 从恒等式

$$(x^2 + x + 1)((x-1)^2 + (x-1) + 1) = (x^2 + x + 1)(x^2 - x + 1) = x^4 + x^2 + 1$$

看出 $P(x) = x^2 + x + 1$ 是最小次数的解. 因此根据引理，一般的解是 $(x^2 + x + 1)^n$，$n > 0$. □

例 4.6. 求所有的非常数多项式 $P(x)$，满足

$$P(x^3 + 1) = P(x+1)P(x^2 - x + 1).$$

解 由于 $x^3 + 1 = (x+1)(x^2 - x + 1)$，因此 $P(x) = x$ 是最小次数的解. 于是根据引理，一般的解为 $x^n, n > 0$. □

例 4.7. 求所有的非常数多项式 $f(x)$，只有实根，并且

$$f(-x^2) = f(x)f(-x).$$

解 注意到在这个情形下, $P(x) = x, Q(x) = -x, P(x) + Q(x) = 0$, 因此 $\deg P(x) + Q(x) < \deg P(x), \deg Q(x)$, 于是引理不能应用.

比较首项系数发现 $f(x)$ 必然是首项系数为 1 的多项式. 假设 $f(x)$ 有一个实根 r. 代入 $x = r$, 我们看到 $-r^2$ 也是一个实根. 如果 $|r| > 1$, 那么定义序列 $(x_n)_{n \geqslant 0}$ 为:

$$x_0 = r, \quad x_1 = -r^2, \quad x_{n+1} = -x_n^2, \quad n \geqslant 1,$$

则 $(x_n)_{n \geqslant 0}$ 均为 $f(x) = 0$ 的根. 由于 $|x_0| < |x_1| < |x_2| < \cdots$, 因此 $f(x)$ 有无穷多个根, 因此 $f(x) = 0$. 类似地, 若 $f(x)$ 有一个根 $r, 0 < |r| < 1$, 则有一个绝对值递减的无穷序列为 $f(x)$ 的根. 所以 f 的根必然都在 $\{0, 1, -1\}$ 内, 因此 $f(x) = x^r(x-1)^s(x+1)^t$, 其中 $r, s, t \geqslant 0$ 是非负整数. 这给出

$$f(x)f(-x) = (-1)^{r+s+t}x^{2r}(x^2-1)^{s+t}$$

和

$$f(-x^2) = (-1)^{r+s+t}x^{2r}(x^2+1)^s(x^2-1)^t,$$

因此 $s = 0$, 所有的非常数解为

$$f(x) = x^r(x+1)^t,$$

其中 r, t 是非负整数, $r + t > 0$. $\qquad\qquad\qquad\qquad\qquad\qquad$ □

注 最后一个例子表明, 在我们的引理中至少需要 $P(x)$ 和 $Q(x)$ 的首项系数的一些条件, 否则可以找到多个相同次数的解. 此题中, 如果我们放弃 $f(x)$ 只有实根的条件, 还有更多的解. 解答的证明意味着 $f(x)$ 的所有根必须是 0 或位于单位圆上. 然而, 容易验证

$$f(x) = \frac{x^{2m+1} + 1}{x + 1}$$

对所有的 m 都是解, 而这些解的乘积给出更多的解.

例 4.8. 求所有的多项式 $P(x)$, 使得

$$P(x)P(2x^2) = P(2x^3 + x).$$

国际数学奥林匹克预选题

解 从恒等式

$$(x^2 + 1)(4x^4 + 1) = (2x^3 + x)^2 + 1$$

看出 $P(x) = x^2 + 1$ 是最小次数的解. 因此根据引理, 非常数解为 $(x^2 + 1)^n, n > 0$. 常数解容易验证, 是 $P(x) = 0$ 或 1. $\qquad\qquad\qquad\qquad\qquad$ □

例 4.9. 求所有的非常数多项式 $P(x)$, 满足

$$P(2x^2 + 3x - 3) = P(2x)P(2x + 1).$$

解 设 $P(x) = \dfrac{(x - 2)(x + 1)(x + 4)}{8}$, 从因式分解

$$(2x^2 + 3x - 3) - 2 = (x - 1)(2x + 5),$$

$$(2x^2 + 3x - 3) + 1 = (x + 2)(2x - 1),$$

和

$$(2x^2 + 3x - 3) + 4 = (x + 1)(2x + 1),$$

发现

$$
\begin{aligned}
P(2x^2 + 3x - 3) &= \frac{(2x - 2)(2x + 1)(2x + 4)}{8} \cdot \frac{(2x - 1)(2x + 2)(2x + 5)}{8} \\
&= P(2x)P(2x + 1).
\end{aligned}
$$

$P(x)$ 的根互不相同, 因此它是最小次数的解. 根据引理, 非常数解为

$$\left(\frac{(x - 2)(x + 1)(x + 4)}{8} \right)^n, \quad n > 0.$$

$\square$

例 4.10. 求所有的非常数多项式 $P(x)$, 满足

$$P(x^2 + 1) = P(x)P(x + 4).$$

解 这个情形下可以应用引理, 但是我们将证明实际上题目没有解, 所以引理的应用没有任何帮助.

假设 $P(x)$ 是一个非常数解, α 是一个复根. 根据三角不等式, 有

$$|\alpha| + |\alpha - 4| \geqslant 4$$

我们可以选择 β 为 α 和 $\alpha - 4$ 之一, 使得 $|\beta| \geqslant 2$. 代入 $x = \beta$, 我们发现

$$P(\beta^2 + 1) = P(\beta)P(\beta + 4) = 0.$$

因此 $P(x) = 0$ 有一个根 $x_0 = \beta^2 + 1$, $|x_0| \geqslant |\beta|^2 - 1 \geqslant 3$. 递推定义序列 $(x_n)_{n \geqslant 0}$ 为 $x_{n+1} = x_n^2 + 1$, $n \geqslant 0$. 归纳可得 $P(x_n) = 0$, 并且根据三角不等式得到

$$|x_{n+1}| \geqslant |x_n|^2 - 1 \geqslant 3|x_n| - 1 > |x_n| \geqslant 3,$$

因此序列 $(x_n)_{n \geqslant 0}$ 给出 $P(x)$ 的无穷多个不同的根, $P(x)$ 必然是零多项式, 矛盾. 因此题目没有解.

$\square$

正如此例所示，如果我们不小心选择了三个多项式，那么相应的方程将没有任何解. 事实上，回顾上面的例子，应该看到证明都依赖于具体的多项式恒等式. 然而，有几类无限多的方程例子，使得相应问题存在解. 下面就是这样的一个例子.

例 4.11. 设 a 和 b 是实数，求所有的多项式 P，使得

$$P(x^2 + ax + b) = P(x)P(x+1).$$

解 设 $Q(x) = x^2 + (a-1)x + b$，于是 $x^2 + ax + b = x + Q(x)$. 由于 $Q(x)$ 整除 $Q(x + Q(x)) - Q(x)$，因此 $Q(x)$ 整除 $Q(x + Q(x))$. 直接计算得到商为：

$$
\begin{aligned}
Q(x + Q(x)) &= (x + Q(x))^2 + (a-1)(x + Q(x)) + b \\
&= x^2 + 2xQ(x) + Q(x)^2 + (a-1)x + (a-1)Q(x) + b \\
&= Q(x)(Q(x) + 2x + a) = Q(x)Q(x+1).
\end{aligned}
$$

因此 $Q(x)$ 是一个解. $Q(x)$ 的判别式是 $(a-1)^2 - 4b$，若 $(a-1)^2 \neq 4b$，则 $Q(x)$ 没有重根，它是最小解. 根据引理，所有的非常数解为 $(x^2 + (a-1)x + b)^n, n > 0$. 常数解为 $n = 0$ 的情形和零多项式. 若 $(a-1)^2 = 4b$，则

$$Q(x) = \left(x - \frac{a-1}{2}\right)^2,$$

验证 $x - \dfrac{a-1}{2}$ 是最小的解. 这个情形下，非零解为 $\left(x - \dfrac{a-1}{2}\right)^n, n \geqslant 0$. 　　□

这个问题的解答证明了关于首项系数为 1 的二次多项式的非常漂亮的恒等式. 若 $Q(x)$ 是首项系数为 1 的二次多项式，则

$$Q(x + Q(x)) = Q(x)Q(x+1).$$

我们在下面的例子中用这个恒等式.

例 4.12. 设 b 和 c 是整数，$P(x) = x^2 + bx + c$. 如果 $m \geqslant 2$ 是正整数，证明：存在正整数 $x_1, \cdots, x_{m+1}$，满足

$$P(x_1)P(x_2) \cdots P(x_m) = P(x_{m+1}).$$

证明 如前面的解答，我们有

$$P(n + P(n)) = P(n)P(n+1)$$

对任意 n 成立. 我们用这个恒等式, 对 m 归纳来解决本题. 当 $m = 2$ 时, 取 $x_1 = n, x_2 = n + 1, x_3 = n + P(n)$. 假设命题对 $k = m - 1$ 成立, 于是存在正整数 $z_1, \cdots, z_m$, 使得

$$P(z_1)P(z_2) \cdots P(z_{m-1}) = P(z_m).$$

由于

$$P(z_m)P(1 + z_m) = P(P(z_m) + z_m),$$

我们可以将式子两边乘以 $P(1 + z_m)$, 得到

$$P(z_1)P(z_2) \cdots P(z_{m-1})P(1 + z_m) = P(P(z_m) + z_m).$$

现在取

$$x_1 = z_1, \cdots, x_{m-1} = z_{m-1},\ x_m = 1 + z_m,\ x_{m+1} = P(z_m) + z_m$$

即可完成归纳证明. □

4.2　第二唯一性引理：归纳和唯一性

另一类有趣的问题是, 给定一个多项式 $Q(x)$, 找到所有多项式 $P(x)$, 满足 $P(Q(x)) = Q(P(x))$. 满足这个条件的两个多项式称为**交换**的. 与上一节类似, 如果我们有这个方程的解 $P_1(x)$ 和 $P_2(x)$, 那么我们可以构建更多的解. 在这种情况下, $P_1(P_2(x))$ 将是一个解. 由于将 $P(x)$ 设为 $Q(x)$ 始终给出一个解, 因此我们可以定义一系列的解

$$Q(x), Q(Q(x)), Q(Q(Q(x))), \cdots.$$

对此有一个符号很方便: 记 $Q^{(1)}(x) = Q(x)$, 归纳定义 $Q^{(n+1)}(x) = Q(Q^{(n)}(x))$. 此外, 按照惯例, 我们设置 $Q^{(0)}(x) = x$. 请注意, 这符合 $Q^{(n)}(x)$ 的递归定义, 因为 $Q^{(m+n)}(x) = Q^{(m)}(Q^{(n)}(x))$, 对任意 $m, n \geqslant 0$ 成立. 另请注意, $P(x) = x$ 也始终是方程的解. 因此我们可以说, 对 $n \geqslant 0, Q^{(n)}(x)$ 总是解.

此问题与上一节中的问题存在差异. 首先, 在上节中, 当我们找到次数为 d 的解 $f(x)$ 时, 我们自动得到次数为 dm 的解, 其中 $m \geqslant 0$. 对于当前问题, 从次数为 d 的解, 我们得到次数为 d^m 的解, $m \geqslant 0$. 因此, 我们得到了更稀疏的解的集合. 其次, 成对的可交换多项式要少得多 (尽管证明这一点超出了本书的范围). 对于 $Q(x)$ 的"大多数"选择, 唯一的解决方案就是我们已经找到的, $Q^{(n)}(x)$.

这两个问题之间也有相似之处. 特别是, 这个问题有一个类似的唯一性结果: 如果 $Q(x)$ 是非线性的, 那么对一个固定的次数和首项系数, 最多有一个多项式 $P(x)$ 具有这个次数和首项系数, 使得 $P(Q(x)) = Q(P(x))$.

交换的多项式的有趣情况是非线性的 $Q(x)$,但作为热身,我们先处理 $Q(x)$ 是常数和线性的情况.

例 4.13. 若 $Q(x) = C$ 是常数多项式,则和 $Q(x)$ 交换的多项式 $P(x)$ 是以 C 为不动点的多项式,即满足 $P(C) = C$ 的多项式.

证明 代入 $Q(x) = C$ 即可. □

例 4.14. 设 $Q(x) = ax + b$ 是线性多项式,$a \neq 0$. 求所有的多项式 $P(x)$,和 $Q(x)$ 交换.

解 首先假设 $a \neq 1$. 于是方程 $Q(r) = r$ 有唯一的解 $r = \dfrac{b}{1-a}$,我们可以记 $Q(x) = a(x - r) + r$. 设

$$R(x) = P(x + r) - r,$$

我们发现方程

$$P(a(x - r) + r) = a(P(x) - r) + r$$

变成 $R(a(x-r)) = aR(x-r)$,可以重写为 $R(ax) = aR(x)$. 设 $R(x) = c_d x^d + c_{d-1}x^{d-1} + \cdots + c_0$,比较 x^k 的系数,得到 $(a^k - a)c_k = 0$. 因此,如果 a 不是单位根,唯一的非零系数是 c_1. 那么得到 $R(x) = cx$,c 是常数,然后 $P(x) = c(x - r) + r$. 如果 m 是 a 的阶,即 $a^m = 1, m > 0$ 是满足这个条件的最小正整数,那么 $R(x)$ 的非零系数对应于 $k \equiv 1 \pmod{m}$. 因此,我们可以改写 $R(x) = xS(x^m), S(x)$ 是某多项式,然后 $P(x) = xS((x-r)^m) + r$.

现在假设 $a = 1, b \neq 0$. 于是我们有 $P(x + b) = P(x) + b$,或者等价地有 $P(x+b) - P(x) = b$. 右端是零次多项式,首项系数为 b,于是根据第 3.6 节的结果,我们看到 $P(x)$ 是线性的,首项系数为 1. 因此 $P(x) = x + c$,c 是常数.

最后,若 $a = 1, b = 0$,则 $Q(x) = x$,我们已经知道所有的多项式都是解. □

现在我们研究更有趣的例子,其中 $Q(x)$ 是非线性的.

例 4.15. 求所有的非常数多项式 $P(x)$,满足

$$P(x^2 + 1) = (P(x))^2 + 1.$$

塞尔维亚数学奥林匹克 2015

解 设 $Q(x) = x^2 + 1$,于是我们要找和 $Q(x)$ 交换的多项式 $P(x)$,即 $P(Q(x)) = Q(P(x))$.

我们对 $P(x)$ 的次数归纳,证明满足这个条件的非常数多项式只有

$$x, Q(x), Q(Q(x)), \cdots.$$

基础情形从前一个例子得出,或者直接计算. 如果 $P(x) = ax + b$,那么我们需要 $(ax + b)^2 + 1 = a(x^2 + 1) + b$. 比较首项系数得到 $a^2 = a$,于是 $a = 1$. 比较 x 的系数得到 $2ab = 0$,于是 $b = 0$. 因此唯一解是 $P(x) = x$.

现在假设我们有一个解 $P(x)$,次数为 $d \geqslant 2$,并且所有次数更低的解在上面的序列中. 注意到

$$(P(-x))^2 = P(x^2 + 1) - 1 = (P(x))^2,$$

所以 $P(x) = \pm P(-x)$. 若取正号,则得到偶多项式,于是存在多项式 $R(x)$,使得 $P(x) = R(x^2)$. 设 $S(x) = R(x - 1)$,于是有

$$P(x) = S(x^2 + 1) = S(Q(x)).$$

代入方程得到

$$Q(S(Q(x))) = Q(P(x)) = P(Q(x)) = S(Q(Q(x))).$$

由于 $Q(x)$,取到无穷多的值,这说明 $Q(S(x)) = S(Q(x))$. 然而

$$\deg S(x) = \frac{1}{2} \deg P(x) < \deg P(x),$$

因此归纳假设给出 $S(x) = Q^{(n)}(x)$,n 是整数,然后有

$$P(x) = Q^{(n+1)}(x).$$

现在假设 $P(x) = -P(-x)$. 定义序列:

$$x_0 = 0, \quad x_{n+1} = x_n^2 + 1, \qquad \forall\, n \geqslant 1.$$

显然由于 $P(x)$ 是奇的,有 $P(0) = 0$. 归纳可得,如果 $P(x_n) = x_n$,那么

$$P(x_{n+1}) = P(x_n^2 + 1) = (P(x_n))^2 + 1 = x_n^2 + 1 = x_{n+1}.$$

因此 $P(x_n) = x_n$ 对所有的 n 成立. 由于 $Q(x)$ 对 $x \geqslant 0$ 是增函数,而且 $x_0 < x_1$,因此 $x_1 = Q(x_0) < Q(x_1) = x_2$. 迭代得到 $\{x_n\}$ 是递增的序列,给出方程 $P(x) = x$ 的无穷多个根,所以 $P(x) = x$. □

注 请注意，若我们将 $Q(x)$ 替换为 $Q(x) = x^2 + t$，其中 t 是常数，则上面的大多数步骤都不会改变. 特别是，线性的 $P(x)$ 只能是 x，因为上面证明中没有考虑常数项，所以不会改变. $P(x) = \pm P(x)$ 的论证只使用了 $Q(x)$ 是偶多项式的事实，这对所有的 t 都是正确的. $P(x)$ 为偶函数情况下的证明只需稍做修改，定义 $S(x) = R(x - t)$，使得 $P(x) = S(Q(x))$. 唯一使用 t 的地方是在 $P(x)$ 为奇多项式情形的论证中. 我们需要知道 $x_1 = Q(x_0) > x_0 = 0$ 以得出序列 $\{x_n\}$ 是递增的，因此得到序列的项互不相同. 因此，上面的论述，只要稍稍修改，就适用于所有的 $t > 0$.

例 4.16. 求所有的非常数多项式 $P(x)$，满足

$$P(x^2 - 1) = (P(x))^2 - 1.$$

波兰数学奥林匹克（改编）2000

解 设 $Q(x) = x^2 - 1$，于是我们要找到所有和 $Q(x)$ 交换的多项式 $P(x)$. 还是对 $P(x)$ 的次数归纳，来证明所有的解属于序列

$$x, Q(x), Q(Q(x)), \cdots.$$

正如我们所说的，上一个证明的大部分都可以直接使用，我们会有

$$(P(-x))^2 = P(x^2 - 1) + 1 = (P(x))^2,$$

于是 $P(x) = \pm P(-x)$. 对于正号的情形，$P(x)$ 是偶的，记 $P(x) = R(x^2)$，然后 $S(x) = R(x + 1)$. 于是 $P(x) = S(x^2 - 1) = S(Q(x))$，归纳论述不需改变.

论证中唯一的区别是 $P(x)$ 是奇多项式的情形. 我们还是有 $P(0) = 0$，于是

$$P(-1) = P(Q(0)) = Q(P(0)) = Q(0) = -1.$$

然而，持续迭代又回到了 $P(0) = 0$.

换种方式，我们注意到因为 $P(x)$ 是奇的，有 $P(1) = -P(-1) = 1$. 若 $x \geqslant -1$，我们可以设 $x = y^2 - 1$，然后

$$P(x) = P(y^2 - 1) = (P(y))^2 - 1 \geqslant -1.$$

所以对所有的 $x \geqslant -1$，有 $P(x) \geqslant -1$. 现在定义实数序列 $\{a_n\}$ 为：

$$a_1 = 1, \quad a_{n+1} = \sqrt{1 + a_n}, \qquad n \geqslant 1.$$

函数 $f(x) = \sqrt{1+x}$ 对 $x \geqslant -1$ 是增函数, 而且 $1 = a_1 < a_2 = \sqrt{2}$, 因此 $a_2 = f(a_1) < f(a_2) = a_3$. 重复迭代我们看到, 序列 $\{a_n\}$ 是严格递增的. 因此这个序列的项互不相同, 而且对所有的 $n > 1$ 有 $a_n > 1$. 归纳可得 $P(a_n) = a_n$ 对所有的 $n \geqslant 1$ 成立. 基础情形是 $n = 1$, 显然成立. 假设已有 $P(a_n) = a_n$, 那么

$$(P(a_{n+1}))^2 = P(a_{n+1}^2 - 1) + 1 = P(a_n) + 1 = a_n + 1 = a_{n+1}^2,$$

给出 $P(a_{n+1}) = \pm a_{n+1}$. 然而, 由于 $P(a_{n+1}) \geqslant -1 > -a_{n+1}$, 我们只能取正号. 因此 $P(a_{n+1}) = a_{n+1}$, 归纳步骤完成. 现在 $P(x) = x$ 有无穷多解, 因此 $P(x) = x$.　　　　　　　　　　　　　　　　　　□

注 上面的论述过程实际上可以对任意

$$Q(x) = x^2 - t, \qquad t \in (0, 2)$$

成立. 需要验证的部分是最后 $P(x)$ 是奇多项式时的证明. 我们发现 $P(-t) = -t$, 然后由于 $P(x)$ 是奇的, 因此 $P(t) = t$. 定义序列 $\{a_n\}$ 为:

$$a_1 = t, \quad a_{n+1} = \sqrt{t + a_n}, \qquad n \geqslant 1.$$

由于 $0 < t < 2$, 因此 $a_2 = \sqrt{2t} > t = a_1$. 序列 $\{a_n\}$ 是严格递增的, 特别地有 $a_n > t$, 对 $n > 1$ 成立. 我们计算得到 $P(a_{n+1}) = \pm a_{n+1}$, 然后 $P(a_{n+1}) \geqslant -t > -a_{n+1}$, 于是只能取正号. 最后有 $P(a_n) = a_n$, 对所有的 n 成立, 因此 $P(x) = x$.

我们现在看看问题 $Q(x) = x^2 + t$ 的剩余情形.

例 4.17. 设 $t > 2$, 求所有的非常数多项式 $P(x)$, 使得

$$P(x^2 - t) = (P(x))^2 - t.$$

解 设 $Q(x) = x^2 - t$, 于是我们要找所有与 $Q(x)$ 交换的多项式 $P(x)$, 即 $P(Q(x)) = Q(P(x))$. 在这个情形下, 第一个例子 $Q(x) = x^2 + 1$ 的解答, 经过一些小的改变, 还是可行的.

定义序列 $\{x_n\}$ 为:

$$x_0 = 0, \quad x_{n+1} = x_n^2 - t = Q(x_n), \qquad n \geqslant 0.$$

因为 $x_1 = -t < x_0$, 这个序列不是递增的. 然而计算发现

$$x_2 = t^2 - t > 2t - t > t = |x_1|,$$

因此

$$x_2 = Q(x_1) = Q(|x_1|) < Q(x_2) = x_3.$$

迭代发现，序列 $\{x_n\}$ 在 $n \geqslant 2$ 部分是递增的.（也可以使用上一个证明的技巧，利用 $P(t) = -P(-t) = t$，从 t 开始定义序列，然后得到递增的序列.）于是我们又会得到 $P(x_n) = x_n$，对所有的 n 成立，然后 $P(x) = x$. 　　□

最后的三个例子一起，包含了 $Q(x) = x^2 + t$ 型多项式的几乎所有情形，除了 $t = 0$ 和 $t = -2$ 的情况. 细心的读者可能记得，我们已经在例 3.18 中解决了 $t = 0$ 的情形，但是我们将用下面关于交换多项式的唯一性引理，给出不一样的证明.

> **第二唯一性引理**
>
> 设 $Q(x)$ 是非线性多项式，那么对任意 $d \geqslant 1$ 和实数 a，存在至多一个多项式 $P(x)$，次数为 d，首项系数为 a，满足 $P(Q(x)) = Q(P(x))$.

证明 设 $Q(x)$ 的次数是 $m \geqslant 2$，记

$$Q(x) = b_m x^m + b_{m-1} x^{m-1} + \cdots + b_0,$$

其中 $b_m \neq 0$. 用反证法，假设 $P_1(x)$ 和 $P_2(x)$ 都是 d 次多项式，首项系数为 a，并且 $P_i(Q(x)) = Q(P_i(x))$. 于是 $R(x) = P_1(x) - P_2(x)$ 是非零多项式，次数为 $k < d$. 注意到

$$
\begin{aligned}
R(Q(x)) &= P_1(Q(x)) - P_2(Q(x)) = Q(P_1(x)) - Q(P_2(x)) \\
&= Q(P_2(x) + R(x)) - Q(P_2(x)).
\end{aligned}
$$

左端是一个 km 次的多项式. 而由于

$$Q(P_2 + R) = b_m((P_2 + R)^m - P_2^m) + b_{m-1}((P_2 + R)^{m-1} - P_2^{m-1}) + \cdots$$

以及

$$(P_2 + R)^j - P_2^j = \sum_{i=0}^{j-1} \binom{j}{i} P_2^i R^{j-i}$$

是一个 $(j-1)d + k$ 次多项式，我们发现等式右端的次数是 $(m-1)d + k > mk$，矛盾. 因此我们证明了唯一性. 　　□

这个引理的用途有限，因为对于大多数多项式，$Q(x)$ 只在少数次数上有解. 但对于最后两个二次多项式的例子，它非常有帮助. 我们将从我们已经看过的例子开始，然后做更难的情况.

例 4.18. 求所有的非常数多项式 $P(x)$,满足

$$P(x^2) = (P(x))^2.$$

解 注意到多项式 $P(x) = x^d$ 满足 $P(x^2) = x^{2d} = (P(x))^2$,因此这是方程的一个首项系数为 1 的 d 次多项式解. 设 $P(x) = a_d x^d + \cdots, a_d \neq 0$,是任意的 d 次解. 比较 $P(x^2) = (P(x))^2$ 的首项系数发现 $a_d = a_d^2$,因此 $a_d = 1$. 于是 $P(x)$ 的首项系数总是一,根据引理,必然有 $P(x) = x^d$. □

例 4.19. 求所有的非常数多项式 $P(x)$,满足

$$P(x^2) - 2 = (P(x))^2 - 2.$$

解 回忆在例 1.7 的第一个解答中,我们定义了一系列的多项式 $T_k(x)$:

$$T_0(x) = 2, \quad T_1(x) = x, \quad T_{k+1}(x) = x T_k(x) - T_{k-1}(x), \qquad k \geqslant 1.$$

$T_k(x)$ 是首项系数为 1 的多项式,次数为 k,并且满足

$$T_k \left(x + \frac{1}{x} \right) = x^k + \frac{1}{x^k}.$$

尽管我们那时没有指出,这些多项式和切比雪夫多项式紧密联系,无可争议地属于最漂亮的一类多项式.

特别地,注意到 $T_2(x) = x^2 - 2$,因此我们要寻找和 T_2 交换的多项式. 计算发现

$$T_k \left(T_m \left(x + \frac{1}{x} \right) \right) = T_k \left(x^m + \frac{1}{x^m} \right) = x^{km} + \frac{1}{x^{km}}$$
$$= T_m \left(x^k + \frac{1}{x^k} \right) = T_m \left(T_k \left(x + \frac{1}{x} \right) \right)$$

而且由于 $x + \dfrac{1}{x}$ 可以取无穷多的值,必然对所有的 k, m, T_k 和 T_m 交换. 特别地,$T_d(x)$ 是和 $T_2(x)$ 交换的首项系数为 1 的 d 次多项式.

我们现在和前一个证明一样地完成接下来的步骤. 设 $P(x) = a_d x^d + \cdots$,$a_d \neq 0$,是一个和 $T_2(x)$ 交换的 d 次多项式. 比较首项系数得到 $a_d = a_d^2$,因此 $a_d = 1$. 所以 $P(x)$ 的首项系数必须是一,因此根据引理,必然有 $P(x) = T_d(x)$. □

例 4.20. 设 $a \neq 0, b, c$ 是实数. 求所有的多项式 $P(x)$,满足

$$P(ax^2 + bx + c) = a P(x)^2 + b P(x) + c.$$

解　定义线性函数 $\ell(x) = ax + \dfrac{b}{2}$, 及 $t = ac + \dfrac{b}{2} - \dfrac{b^2}{4}$. 计算发现

$$\ell(ax^2 + bx + c) = a^2x^2 + abx + ac + \frac{b}{2} = a^2x^2 + abx + \frac{b^2}{4} + t = (\ell(x))^2 + t.$$

定义一个新多项式 $R(x)$ 为

$$R(x) = aP\left(\frac{x - b/2}{a}\right) + \frac{b}{2}$$

并注意到这意味着

$$R(\ell(x)) = aP\left(\frac{(ax + b/2) - b/2}{a}\right) + \frac{b}{2} = aP(x) + \frac{b}{2} = \ell(P(x)).$$

我们计算发现

$$\begin{aligned}
R\left((\ell(x))^2 + t\right) &= R(\ell(ax^2 + bx + c)) = \ell(P(ax^2 + bx + c)) \\
&= \ell(aP(x)^2 + bP(x) + c) = (\ell(P(x)))^2 + t \\
&= (R(\ell(x)))^2 + t.
\end{aligned}$$

因此 $R(x^2 + t) = (R(x))^2 + t$. 这样我们证明了: $P(x)$ 和 $ax^2 + bx + c$ 交换当且仅当 $R(x)$ 和 $x^2 + t$ 交换. 前面的五个例子综合起来可以得到所有这样的多项式, 我们基本上就完成了.

更明确地写出来, 答案如下. 设 $Q(x) = ax^2 + bx + c$, $t = ac + \dfrac{b}{2} - \dfrac{b^2}{4}$. 若 $t \neq 0, -2$, 则 $P(x)$ 的所有可能是 $Q^{(n)}(x), n \geqslant 0$. 若 $t = 0$, 则有

$$Q(x) = \frac{1}{a}\left(\left(ax + \frac{b}{2}\right)^2 - \frac{b}{2}\right),$$

此时 $P(x)$ 可以是

$$P(x) = \frac{1}{a}\left(\left(ax + \frac{b}{2}\right)^n - \frac{b}{2}\right), \quad n \geqslant 1.$$

若 $t = -2$, 则有

$$Q(x) = \frac{1}{a}\left(\left(ax + \frac{b}{2}\right)^2 - 2 - \frac{b}{2}\right),$$

此时 $P(x)$ 可以是

$$P(x) = \frac{1}{a}\left(T_n\left(ax + \frac{b}{2}\right) - \frac{b}{2}\right), \quad n \geqslant 1$$

其中 $T_n(x)$ 是上一个解答中定义的函数. 　　□

注 前面的解答中给出了一个通用的方法. 假设 $P(x)$ 和 $Q(x)$ 是交换的多项式, 并且令 $\ell(x)$ 是任意线性函数. 然后定义多项式 $R(x)$ 和 $S(x)$, 使得 $R(\ell(x)) = \ell(P(x)), S(\ell(x)) = \ell(Q(x))$. 那么 $R(x)$ 和 $S(x)$ 是交换的多项式.

有了这一个方法, 我们现在可以描述所有的交换多项式对. J. F. Ritt 证明了这一结果(实际上他给出了所有的交换有理函数对), 但证明过于复杂, 无法在此给出. 我们可以通过四种基本方式构建交换的函数:

- 设 $Q(x)$ 是任意多项式, $m, n \geqslant 0$, 则 $Q^{(m)}(x)$ 和 $Q^{(n)}(x)$ 交换.
- 设 $Q(x) = xR(x^m)$, $R(x)$ 是多项式, 则 $\omega Q^{(m)}(x)$ 和 $\omega' Q^{(n)}(x)$ 是可交换的, 其中 $m, n \geqslant 0, \omega$ 和 ω' 是 m 次单位根.
- 多项式 ωx^m 和 $\omega' x^n$ 可交换当且仅当 ω 是 $(n-1)$ 次单位根, ω' 是 $(m-1)$ 次单位根.
- 多项式 $\omega T_m(x)$ 和 $\omega' T_n(x)$ 可交换, 其中若 n 是偶数, 则取 $\omega = 1$; 若 n 是奇数, 则取 $\omega = \pm 1$; 若 m 是偶数, 则取 $\omega' = 1$; 若 m 是奇数, 则取 $\omega' = \pm 1$.

从后三个方式, 我们可以利用线性函数 $\ell(x)$ 得到更多的方式, 对于第一个方式, 利用 ℓ 得到的解实际对应于这个方式不同的 $Q(x)$ 得到的解.

我们现在研究一些高次的例子, 这些不需要引用上面更一般的结论.

例 4.21. 求所有的非常数多项式 P, 满足

$$P(x^3 - 2) = (P(x))^3 - 2.$$

Komal

解 定义 $Q(x) = x^3 - 2$, 我们需要找和 $Q(x)$ 交换的多项式 $P(x)$. 由于证明对更一般的情况可行, 我们考虑 $Q(x) = x^m - t$, 其中 $m \geqslant 3$ 是奇数, $t > 0$.

我们将对 $P(x)$ 的次数归纳, 证明这样的非常数多项式都是 $Q^{(n)}(x)$ 的形式, $n \geqslant 0$. 基础情形从之前的线性情形得到, 或者注意到, 若 $P(x) = ax + b$, 则有

$$a(x^m - t) + b = (ax + b)^m - t.$$

考察 x^{m-1} 的系数得到 $ma^{m-1}b = 0$, 于是 $b = 0$, 比较常数项给出 $-at = -t$, 所以 $a = 1$.

假设 $P(x)$ 的次数是 d, 而且更低次数的解都是 $Q^{(n)}(x)$ 形式. 设 ω 是一个本原 m 次单位根. 注意到

$$(P(\omega x))^m = P((\omega x)^m - t) + 2 = P(x^m - t) + 2 = (P(x))^m.$$

因此对任意 x，存在整数 r（可以假设 $0 \leqslant r < m$），使得 $P(\omega x) = \omega^r P(x)$.
一共 m 个可能的 r 值，其中有某个值对无穷多 x 成立. 于是有某个 r，使得
$P(\omega x) = \omega^r P(x)$，对所有的 x 成立. 从这个方程可以看出，$P(x)$ 的所有非零系数
的单项式的次数都模 m 余 r，因此 $P(x) = x^r R(x^m)$，$R(x)$ 是某多项式.

若 $r = 0$，设 $S(x) = R(x + t)$，于是 $P(x) = S(Q(x))$，则有

$$Q(S(Q(x))) = Q(P(x)) = P(Q(x)) = S(Q(Q(x))),$$

因此 $Q(S(x)) = S(Q(x))$. 由于

$$\deg S(x) = \frac{1}{m} \deg P(x) < \deg P(x),$$

根据归纳假设我们有 $S(x) = Q^{(n)}(x)$，n 是非负整数，于是 $P(x) = Q^{(n+1)}(x)$.

若 $r \neq 0$，则 $P(0) = 0$. 定义实数序列 $\{x_n\}$ 为

$$x_0 = 0, \quad x_{n+1} = x_n^m - t, \qquad n \geqslant 1.$$

由于 $f(x) = x^m - t$ 是 x 的增函数（此处用到 m 是奇数的条件）而且 $x_0 = 0 >$
$x_1 = -t$，我们得到 $x_1 = f(x_0) > f(x_1) = x_2$. 迭代发现 $\{x_n\}$ 是递减的数列，因此
项两两不同. 由于 $P(x_0) = x_0$，归纳发现

$$P(x_{n+1}) = P(x_n^m - t) = P(x_n)^m - t = x_n^m - t = x_{n+1}$$

对所有的 n 成立. 因此 $P(x) = x$ 有无穷多解，于是 $P(x) = x$，对所有的 x 成
立. □

注 注意到将这个结果应用到 $-P(-x)$，或者稍微调整证明可以解决 $Q(x) = x^m + t$
的情形，其中 $t > 0$ 是任意实数.

例 4.22. 求所有的非常数多项式 $P(x)$，使得

$$P((x+1)^3) = (P(x) + 1)^3.$$

解 设 $Q(x) = (x+1)^3$，我们对 $P(x)$ 的次数归纳，证明 $P(x) = Q^{(n)}(x)$，$n \geqslant 0$. 记

$$P(x) = Cx^k(x - r_1)(x - r_2) \cdots (x - r_m),$$

其中 C 是 $P(x)$ 的首项系数，$r_1, \cdots, r_m$ 是 $P(x)$ 的非零复根. 于是 $P((x+1)^3)$
的根有 -1（重数为 $3k$）以及 $(x+1)^3 = r_j$ 的三个根，其中 $1 \leqslant j \leqslant m$. 注意到，
若 $r_j \neq r_k$，则 $(x+1)^3 = r_j$ 和 $(x+1)^3 = r_k$ 没有公共根（否则一个公共根 u

会导致 $x-u$ 整除差 $r_j - r_k \neq 0$）. 然而由于 $P((x+1)^3) = (P(x)+1)^3$, 因此 $P((x+1)^3)$ 的所有根的重数都是 3 的倍数. 于是每个 r_j 的重数是 3 的倍数. 考察 $P((x+1)^3) = (P(x)+1)^3$ 的首项系数, 发现 $C = C^3$, 于是 $C = \pm 1$. 因此我们可以改写得到 $P(x) = x^k R(x)^3$, $R(x)$ 是多项式, 首项系数为 C.

若 $k \neq 0$, 则 $P(0) = 0$. 定义实数序列 $\{x_n\}$ 为

$$x_0 = 0, \quad x_{n+1} = (x_n + 1)^3, \qquad n \geqslant 1.$$

由于 $f(x) = (x+1)^3$ 是 x 的增函数, 而且 $x_0 = 0 < x_1 = 1$, 因此计算可得 $x_1 = f(x_0) < f(x_1) = x_2$. 迭代发现 x_n 是递增序列. 进一步, 从公式

$$P(x_{n+1}) = P((x_n+1)^3) = (P(x_n)+1)^3 = (x_n+1)^3 = x_{n+1}$$

对 n 归纳可得 $P(x_n) = x_n$, 对所有的 n 成立. 现在 $P(x) = x$ 有无穷多个根, 因此 $P(x) = x$. 若 $\deg P(x) < 3$, 则有 $k > 0$, 这样就证明了基础情形.

若 $k = 0$, 则 $P(x) = R(x)^3$, 于是

$$(R((x+1)^3))^3 = (R(x)^3 + 1)^3.$$

由于 R 的首项系数是 $C = \pm 1$, 可得

$$R((x+1)^3) = R(x)^3 + 1.$$

若定义 $S(x) = R(x) - 1$, 则有

$$S((x+1)^3) = R((x+1)^3) - 1 = R(x)^3 = (S(x)+1)^3.$$

因此 $S(x)$ 和 $Q(x)$ 交换, 并且次数小于 $P(x)$. 根据归纳假设有 $S(x) = Q^{(n)}(x)$, 于是 $P(x) = R(x)^3 = (S(x)+1)^3 = Q(S(x)) = Q^{(n+1)}(x)$. $\qquad \square$

例 4.23. 设 $n \geqslant 1$, 求所有的复系数多项式 f, 满足

$$1 + f(x^n + 1) = f(x)^n.$$

Vlad Matei, 罗马尼亚国家队选拔考试 2013

解 若 n 是奇数, 定义 $g(x) = -f(x)$, 则有

$$g(x)^n + 1 = g(x^n + 1).$$

因此 $g(x)$ 和 $Q(x) = x^n + 1$ 交换，根据例 4.21 的证明[1]我们看到 $g(x) = Q^{(n)}(x)$，于是 $f(x) = -Q^{(n)}(x)$，其中 $n \geqslant 0$. 因此可以假设 n 是偶数. 此时，我们将证明没有这样的多项式 f.

用反证法，假设 $f(x)$ 是这样的多项式，并且选择一个次数最小的这样的例子. 设 ω 是一个本原 n 次单位根，我们发现

$$f(\omega x)^n = 1 + f((\omega x)^n + 1) = 1 + f(x^n + 1) = f(x)^n.$$

因此 $\dfrac{f(\omega x)}{f(x)}$ 总是一个 n 次单位根. 由于除了有限个点，这是复平面上的一个连续函数，因此 $f(\omega x) = \omega^m f(x)$ 对某个固定的整数 m 成立，可以假设 $0 \leqslant m \leqslant n-1$. 比较两边的系数发现，可以改写 $f(x) = x^m g(x^n)$，$g(x)$ 是多项式.

若 $m = 0$，则定义 $h(x) = g(x-1)$，于是 $f(x) = h(Q(x))$，而且有

$$h(Q(x))^n = f(x)^n = 1 + f(Q(x)) = 1 + h(Q(Q(x))),$$

因此 $h(x)^n = 1 + h(Q(x))$. 所以 $h(x)$ 是比 $f(x)$ 次数更低的一个反例，与最小次数的假设矛盾.

因此必然有 $m > 0$，于是 $f(0) = 0$，定义序列

$$x_0 = 0, \quad x_{k+1} = x_k^n + 1, \quad \forall \, k \geqslant 1.$$

由于 $Q(x)$ 是增函数，而且 $x_0 < x_1$，这个序列是递增的，因此有两两不同的项. 我们还看到 $f(x_{k+1}) = f(x_k)^n - 1$，由于 $f(x_0) = 0$，简单归纳发现

$$f(x_{2k}) = 0, \quad f(x_{2k+1}) = -1$$

对所有的 k 成立. 于是两个方程 $f(x) = 0$ 和 $f(x) = -1$ 都有无穷多个根，矛盾. 因此没有这样的 f. $\qquad\square$

例 4.24. 实系数多项式 P 和 Q 的次数都不超过 n，并且满足恒等式

$$P(x) x^{n+1} + Q(x)(x+1)^{n+1} = 1.$$

求 $Q\left(-\dfrac{1}{2}\right)$ 的所有可能值.

K. Dilcher, M. Ulas, 图伊玛达奥林匹克 2020

---

[1]例 4.21 对应 $Q(x) = x^m - t$，m 是奇数，$t > 0$，和此题不同，需要修改一下那里的证明——译者注

解法一 我们首先证明存在唯一的多项式 $P(x), Q(x)$，次数不超过 n，满足上面的恒等式. 若有两对多项式 $(P_1(x), Q_1(x))$ 和 $(P_2(x), Q_2(x))$ 满足

$$P_1(x) x^{n+1} + Q_1(x)(x+1)^{n+1} = 1 = P_2(x) x^{n+1} + Q_2(x)(x+1)^{n+1}.$$

则

$$(P_1(x) - P_2(x)) x^{n+1} + (Q_1(x) - Q_2(x))(x+1)^{n+1} = 0.$$

由于 $x^{n+1}, (x+1)^{n+1}$ 互素，因此 $(x+1)^{n+1}$ 整除 $P_1(x) - P_2(x)$，并且 x^{n+1} 整除 $Q_1(x) - Q_2(x)$. 根据次数条件，这说明 $P_1(x) = P_2(x)$ 且 $Q_1(x) = Q_2(x)$.

设 $x = -1 - y$，得到

$$Q(-1-y)(-1)^{n+1} y^{n+1} + P(-1-y)(-1)^{n+1}(y+1)^n = 1.$$

唯一性说明

$$P(x) = (-1)^{n+1} Q(-1-x), \quad Q(x) = (-1)^{n+1} P(-1-x).$$

代入 $x = -\dfrac{1}{2}$，得到

$$P\left(-\frac{1}{2}\right) = (-1)^{n+1} Q\left(-\frac{1}{2}\right),$$

以及

$$P\left(-\frac{1}{2}\right)\left(-\frac{1}{2}\right)^{n+1} + Q\left(-\frac{1}{2}\right)\left(\frac{1}{2}\right)^{n+1} = 1.$$

因此 $Q\left(-\dfrac{1}{2}\right) = 2^n$. $\qquad\square$

解法二 第一部分和前面一样，然后计算得到

$$1 = ((x+1) - x)^{2n+1} = \sum_{k=0}^{2n+1} (-1)^k \binom{2n+1}{k} (x+1)^{2n+1-k} x^k$$

$$= (x+1)^{n+1} \sum_{k=0}^{n} (-1)^k \binom{2n+1}{k} (x+1)^{n-k} x^k$$

$$+ x^n \sum_{k=n+1}^{2n+1} (-1)^k \binom{2n+1}{k} (x+1)^{2n+1-k} x^{k-n-1}.$$

根据唯一性必然有

$$Q(x) = \sum_{k=0}^{n} (-1)^k \binom{2n+1}{k} (x+1)^{n-k} x^k,$$

因此

$$Q\left(-\frac{1}{2}\right) = \frac{1}{2^n}\sum_{k=0}^{n}\binom{2n+1}{k} = \frac{2^{2n}}{2^n} = 2^n.$$

$\square$

解法三　这个解答本质上和上一个相同. 设 $R(x)$ 是 $P(x)x^{n+1} + Q(x)(x+1)^{n+1}$，由于 $x, x^2, \cdots, x^n$ 在 $R(x)$ 中的系数均为零，而且 $1, x, x^2, \cdots, x^n$ 在 $P(x)x^{n+1}$ 中的系数为零，因此 $Q(x)$ 的常数项为 1，而 $x, \cdots, x^n$ 在 $Q(x)(x+1)^{n+1}$ 中的系数为零. 现在设 $Q(x) = a_0 + \cdots + a_d x^d$，$d \leqslant n$. 我们归纳证明 $a_0, \cdots, a_d$ 可以唯一确定. 基础情形是显然的，$a_0 = 1$. 假设 $a_0, \cdots, a_t$ 均已唯一确定. 记 $(x+1)^{n+1} = 1 + b_1 x + \cdots + x^{n+1}$，则 $Q(x)(x+1)^{n+1}$ 中 x^{t+1} 的系数是 $a_{t+1} + \underbrace{b_1 a_t + \cdots + b_{t+1}}_{\text{唯一确定}}$. 由于 $t+1 \leqslant d \leqslant n$，这个系数是 0，因此 a_{t+1} 可唯一确定. 这样归纳证明了 $Q(x)$ 可以唯一确定.

根据上面的事实，多项式 $P(x)$ 也是唯一确定的，因此我们可以按上面两个答案中的任何一个继续. $\square$

解法四　我们首先证明下面的引理.

引理　如果 $\deg P(x) = d, k \geqslant d$，而且 $(x-1)^\alpha \mid P(x)$，那么 $(x-1)^\alpha \mid x^k P\left(\frac{1}{x}\right)$.

引理的证明　记 $P(x) = (x-1)^\alpha R(x)$，则有

$$x^k P\left(\frac{1}{x}\right) = x^k\left(\frac{1}{x} - 1\right)^\alpha R\left(\frac{1}{x}\right) = x^{k-d}(1-x)^\alpha\left(x^{d-\alpha}R\left(\frac{1}{x}\right)\right).$$

完成了引理的证明.

回到原题，代换 $x \mapsto x - 1$，得到

$$P(x-1)(x-1)^{n+1} + Q(x-1)x^{n+1} = 1.$$

设 $Q(x-1) = T(x)$. 于是 $(x-1)^{n+1}$ 整除 $x^{n+1}Q(x-1) - 1 = x^{n+1}T(x) - 1$. 由于这个多项式的次数不超过 $2n+1$，我们设 $k = 2n+1$ 并引用引理，得到 $(x-1)^{n+1}$ 整除 $x^n T\left(\frac{1}{x}\right) - x^{2n+1}$. 设 $S(x) = x^n T\left(\frac{1}{x}\right)$，我们发现

$$\deg S(x) \leqslant n, \quad Q\left(-\frac{1}{2}\right) = T\left(\frac{1}{2}\right) = 2^{-n}S(2),$$

而且 $(x-1)^{n+1}$ 整除 $S(x) - x^{2n+1}$. 因此 x^{n+1} 整除 $S(x+1) - (x+1)^{2n+1}$. 设 $A(x) = S(x+1)$，于是 x^{n+1} 整除 $A(x) - (x+1)^{2n+1}$. 由于 $\deg A(x) \leqslant n$，因此

$A(x)$ 是 $(x+1)^{2n+1}$ 除以 x^{n+1} 的余式, 即

$$A(x) = \sum_{i=0}^{n} \binom{2n+1}{i} x^i.$$

所以

$$A(1) = S(2) = \sum_{i=0}^{n} \binom{2n+1}{i} = 2^{2n}.$$

然后有

$$Q\left(-\frac{1}{2}\right) = T\left(\frac{1}{2}\right) = 2^{-n} S(2) = 2^n.$$

$\square$

4.3　习题

习题 4.1. 设多项式 $R(t)$ 的次数为 2017. 证明:存在无穷多多项式 $P(x)$,满足

$$P((R^{2017}(t) + R(t) + 1)^2 - 2) = P(R^{2017}(t) + R(t) + 1)^2 - 2.$$

找到这些多项式 $P(x)$ 之间的一个关系.

习题 4.2. 求所有的实系数多项式 $P(x)$,满足

$$P(x)P(x+1) = P(x^2 - x + 3).$$

中国台湾队选拔考试 2014

习题 4.3. 证明:如果多项式 f 非零,并且对任意实数 x,有

$$f(x)f(x+3) = f(x^2 + x + 3),$$

那么 f 没有实根.

波兰数学奥林匹克 1986

习题 4.4. 求所有的线性和二次多项式 $P(x)$,满足

$$P(x)P(2-x) = P(2 + 2x - x^2).$$

习题 4.5. 求所有的非常数多项式 $P(x)$,满足

$$P(x)P(2x^2 - 2) = P(2x^3 - 5x).$$

习题 4.6. 求所有的非常数多项式 $P(x)$，满足

$$P(x)P(x+2) = P(x^2+1).$$

习题 4.7. 求所有的非常数多项式 $P(x)$，满足

$$P(x^3 - 3x) = P(x)^3 - 3P(x).$$

第 5 章　多项式函数方程 (III)：利用根

5.1　基本事实

正如在多项式三部曲的第一卷中看到的那样，将多项式分解为其因子的乘积是一种富有成效的策略. 您可能还记得，每个多项式都可以用以下形式表示.

> **定理**
>
> 每个首项系数为 1 的实系数多项式 $P(x)$ 可以写成乘积形式：
>
> $$(x-r_1)^{\alpha_1} \cdots (x-r_t)^{\alpha_t}(x^2 - 2\mathrm{Re}(z_1)x + |z_1|^2)^{\beta_1} \cdots (x^2 - 2\mathrm{Re}(z_s)x + |z_s|^2)^{\beta_s},$$
>
> 其中 $r_1, \cdots, r_t$ 是实数，$z_1, \cdots, z_s$ 是非实数. 注意到
>
> $$\deg P(x) = \alpha_1 + \cdots + \alpha_t + 2(\beta_1 + \cdots + \beta_s).$$

上述公式在许多情况下非常有用. 然而，有时我们更愿意限制在一些简化的情况下，例如当多项式只有实根时.

例 5.1. 求所有的 d 次非常数首项系数为 1 的多项式 $P(x)$ 和 $Q(x)$，都有 d 个非负整数根，并且满足

$$P(x) - Q(x) = 1.$$

中美洲数学奥林匹克 2014

解法一　设

$$P(x) = (x-a_1) \cdots (x-a_d), \quad Q(x) = (x-b_1) \cdots (x-b_d),$$

其中 $0 \leqslant a_1 \leqslant \cdots \leqslant a_d, 0 \leqslant b_1 \leqslant \cdots \leqslant b_d$，并且 a_i, b_i 都是整数，则有

$$(x-a_1) \cdots (x-a_d) - (x-b_1) \cdots (x-b_d) = 1.$$

代入 $x = b_1$, 我们发现 $(b_1 - a_1) \cdots (b_1 - a_d) = 1$. 因此 $|b_1 - a_i| = 1$, 说明 $a_i \in \{b_1 - 1, b_1 + 1\}$.

类似地, $b_i \in \{a_1 - 1, a_1 + 1\}$. 因此 $P(x)$ 和 $Q(x)$ 都只有最多两个不同的整数根. 我们接下来证明其中一个只有一个整数根. 假设 $b_1 - 1$ 和 $b_1 + 1$ 都是 $P(x)$ 的根, 使用 $b_1 - 1$ 讨论, 我们发现 $Q(x)$ 的根都在 $\{b_1 - 2, b_1\}$ 中, 而用 $b_1 + 1$ 讨论, 我们发现 $Q(x)$ 的根都在 $\{b_1, b_1 + 2\}$ 中. 因此 b_1 是 $Q(x)$ 的唯一的根（可以重复）. 现在我们有两个情形.

(i) 假设 $Q(x)$ 只有一个实根 b, 那么可以记

$$P(x) = (x - (b-1))^c (x - (b+1))^e,$$

其中 $e, c \geqslant 0, e + c = d$, 而且 $Q(x) = (x - b)^d$. 然后有

$$(x - (b-1))^c (x - (b+1))^e = (x - b)^d + 1.$$

代入 $x = b + 1$, 我们得到 $0 = 2$, 矛盾. 因此 $e = 0, c = d$, 方程为

$$(x - (b-1))^d = (x - b)^d + 1.$$

若 $d = 1$, 这个方程成立, 则得到 $P(x) = x - b + 1, Q(x) = x - b$. 否则, 比较 x^{d-1} 的系数, 发现 $d(b-1) = db$, 矛盾. 所以 $d = 1$,

$$P(x) = x - b + 1, \quad Q(x) = x - b, b \in \mathbb{Z}_+$$

是这个情形下的唯一解.

(ii) 假设 $Q(x)$ 有两个实根, 于是可以记

$$Q(x) = (x - (a-1))^c (x - (a+1))^e,$$

其中 $e, c \geqslant 1, e + c = d, P(x) = (x - a)^d$. 比较 x^{d-1} 的系数得到

$$da = c(a-1) + e(a+1) = (c+e)a + e - c = da + e - c.$$

因此 $e = c$. 将恒等式改写为

$$(x - (a-1))^c (x - (a+1))^c = (x - a)^{2c} - 1$$

然后代入 $x = a + 2$, 得到 $3^c + 1 = 4^c$, 所以 $c = 1$. 于是

$$Q(x) = (x - a + 1)(x - a - 1), \quad P(x) = (x - a)^2,$$

容易验证这给出了一个解.　　　　　　　　　　　　　　　　□

解法二 根据第一个解答,我们发现 $P(x)$ 或者 $Q(x)$ 是 $(x-b)^d$ 的形式. 于是

$$P(x) = (x-b)^d + 1 \quad \text{或者} \quad Q(x) = (x-b)^d - 1$$

只有整数根. 代换 $y = x - b$,我们需要找到所有的 d,使得 $y^d + 1$ 或者 $y^d - 1$ 只有整数根. 显然可能的整数根只有 $y = \pm 1$. 对 $y^d + 1$,d 必须是奇数,并且 $y = -1$ 是唯一可能的整数根. 然而有因式分解[1]

$$y^d + 1 = (y+1)(y^{d-1} - y^{d-2} + \cdots - y + 1),$$

而 $y = -1$ 不是右端第二个因式的根,因此 $d = 1$.

若是 $y^d - 1$,d 是奇数,则 $y = 1$ 是唯一可能的整数根. 因式分解给出

$$y^d - 1 = (y-1)(y^{d-1} + y^{d-2} + \cdots + y + 1)$$

而且 $y = 1$ 不是第二个因式的根,所以有 $d = 1$.

若是 $y^d - 1$,d 是偶数,则有

$$y^d - 1 = (y-1)(y+1)(y^{d-2} + y^{d-4} + \cdots + y^2 + 1)$$

并且 $y = \pm 1$ 都不是第三个因式的根,因此 $d = 2$.

这样我们得到了和上一个解答同样的两个解. □

例 5.2. 设 $\deg P(x) = 2, \deg Q(x) = 4$. 对所有的实数 x,我们有

$$P(x)Q(x+4) = P(x+8)Q(x).$$

假设 $P(x)$ 和 $Q(x)$ 分别有两个和四个实根,并且 $P(x)$ 的两个根的差的绝对值比 $Q(x)$ 的四个根之和多 8,求 $Q(x)$ 的根的平方和的最小值.

解 因为我们可以将非零常数因子抵消,不妨设 $P(x)$ 和 $Q(x)$ 都是首项系数为 1 的多项式,记

$$P(x) = (x-r)(x-s), \qquad Q(x) = (x-a)(x-b)(x-c)(x-d),$$

其中 $r > s, a > b > c > d$. 条件 $P(x)Q(x+4) = P(x+8)Q(x)$ 说明左端的根

$$S = \{r, s, a-4, b-4, c-4, d-4\}$$

---

[1]还可以利用 $y^d \pm 1$ 无重根得到 $d \leqslant 2$,进而得到可能的情况——译者注

和右端的根

$$T = \{r - 8, s - 8, a, b, c, d\}$$

两个集合完全相同. 额外的条件是 $r - s = a + b + c + d + 8$.

　　S 中的最大元素为 r 或 $a - 4$，T 中的最大元素为 $r - 8$ 或者 a. 两个集合相同，因此最大元素相同. 这个最大元素不能是 $r - 8$（因为 r 更大）或者 $a - 4$（因为 a 更大），因此只能是 $r = a$. 类似地，最小元素是 s 或 $d - 4$ 之一，以及 $s - 8$ 和 d 之一. 最小元素不能是 d 或 s（因为 $s - 8$ 和 $d - 4$ 分别更小），因此 $s - 8 = d - 4$，得到 $s = d + 4$. 去掉相同的元素，得到

$$\{a - 4, b - 4, c - 4, d + 4\} = \{a - 8, b, c, d\}.$$

剩余的最大元素从左端看为 $a - 4$ 或 $d + 4$，从右端看为 $a - 8$ 或 b. 不能是 $a - 8$（因为 $a - 4$ 更大），只能是 b，并且满足 $b = a - 4$ 或者 $b = d + 4$. 类似地，最小元素从左端看是 $c - 4$ 或 $d + 4$，从右端看是 $a - 8$ 或 d. 不能是 $d + 4$（d 更小），只能是 $c - 4$，满足 $c - 4 = a - 8$ 或 $c - 4 = d$，说明 $c = a - 4$ 或 $c = d + 4$. 因此，可能相差一个排序，b 和 c 是 $a - 4$ 和 $d + 4$. 因此 $a > d + 4$，并且

$$P(x) = (x - a)(x - d - 4), \quad Q(x) = (x - a)(x - a + 4)(x - d - 4)(x - d).$$

此时

$$S = T = \{a, a - 4, a - 8, d + 4, d, d - 4\},$$

满足题目的条件.

　　现在，额外的条件给出 $a - (d + 4) = a + (a - 4) + (d + 4) + d$，化简为 $a + 3d + 12 = 0$. 代入条件 $a > d + 4$，得到 $d < -4$，d 没有别的限制. 记 $d = -4 - t$，于是 $a = 3t, t > 0$，我们得到

$$P(x) = (x - 3t)(x + t), \qquad Q(x) = (x - 3t)(x - 3t + 4)(x + t)(x + t + 4).$$

　　$Q(x)$ 的根的平方和为

$$(3t)^2 + (3t - 4)^2 + (-t)^2 + (-t - 4)^2 = 20t^2 - 16t + 32 = 20\left(t - \frac{2}{5}\right)^2 + \frac{144}{5}.$$

于是最小值是 $\dfrac{144}{5}$，当 $t = \dfrac{2}{5}$ 时取到.　　　　　　　　　　　　　□

5.2 构造根的无穷序列

非零多项式 $P(x)$ 的根的最基本性质是它们的数量是有限的. 我们可以通过多种方式利用此属性, 但在本节中, 我们将重点介绍其中一种. 我们将尝试使用问题的假设来构造 $P(x)$ 两两不同的根的序列 $\{x_n\}$. 如果可以做到这一点, 那么 $P(x)$ 有无限多个根, 因此是零多项式. 我们在前面的章节中多次利用这个技巧, 读者可能会注意到下面的几个例子可以使用第四章的结果更容易地完成.

例 5.3. 设多项式 $P(x)$ 只有实根, 并且没有重根. 已知若 a 和 b 是 $P(x)$ 的根, 则 $a+b+ab$ 也是 $P(x)$ 的根. 求所有这样的多项式.

泰国数学奥林匹克 2013

解 对于 $a=b$ 的特殊情形, 我们看到若 a 是 $P(x)$ 的根, 则 a^2+2a 也是 $P(x)$ 的根. 因此任给一个根 a, 我们得到根的序列

$$a, a^2+2a, (a^2+2a)^2+(a^2+2a), \cdots.$$

我们需要确定这个序列中是否有无穷多个不同的值. 为此考虑下面的情形:

(i) 若 $a>0$, 则 $a^2+2a>a$, 因此迭代后得到 $0<a<a^2+2a<(a^2+2a)^2+2(a^2+2a)<\cdots$. 这个序列递增, 所以有无穷多个不同的值.

(ii) 若 $-1<a<0$, 则 $0>a>a^2+2a>-1$, 迭代后得到 $0>a>a^2+2a>\cdots>-1$, 这个序列递减, 也有无穷多个不同的值.

(iii) 若 $-2<a<-1$, 则 $0>a^2+2a>-1$. 因此从 $b=a^2+2a$ 开始, 变成 (ii) 的情形.

(iv) 若 $a<-2$, 则 $a^2+2a>0$. 因此从 $b=a^2+2a$ 开始, 变成 (i) 的情形. 剩余的情况是 $a=0,-1,-2$. 若 $a=0,b\in\{0,-1,-2\}$, 则 $a+b+ab=b$, 所以没有给出新的根. 若 $a=-1,b\in\{0,-1,-2\}$, 则 $a+b+ab=-1$, 也没有产生新的根. 若 $a=-2,b\in\{0,-1,-2\}$, 则 $a+b+ab=-2-b$. 检查三种情况发现, 只有 $a=b=-2$ 时得到一个新的根 0, 但也在这个集合里. 因此, 可能的根的集合是 $\{0,-1,-2\}$ 的子集, 并且若包含 -2, 则包含 0. 设 C 是 $P(x)$ 的首项系数, 我们得到问题的解为

$$C, \quad Cx, \quad C(x+1), \quad Cx(x+1), \quad Cx(x+2), \quad Cx(x+1)(x+2).$$

例 5.4. 求所有的实系数多项式 $P(x)$ 和 $Q(x)$,满足 $P(2) = 2, Q(x)$ 只有正实根,并且

$$(x - 2)P(x^2 - 1)Q(x + 1) = P(x)Q(x^2) + Q(x + 1).$$

保加利亚青年数学家节 2015

解 设 $x = 2$,我们得到 $2Q(4) + Q(3) = 0$. 因此 $Q(x)$ 有一个根在区间 $[3, 4]$ 中. 设 a 是这样的一个根. 对 $Q(x)$ 的任意根 $b \geqslant 3$,取 $x = b - 1$,得到

$$P(b - 1)Q((b - 1)^2) = 0.$$

因此 $b - 1$ 是 $P(x)$ 的一个根或者 $(b - 1)^2$ 是 $Q(x)$ 的根. 若 $P(b - 1) = 0$,取 $x = -\sqrt{b}$,则有 $Q(1 - \sqrt{b}) = 0$. 这给出 $Q(x)$ 的一个负根,矛盾. 因此必然有 $Q((b - 1)^2) = 0$. 但是由于 $b \geqslant 3$,因此 $(b - 1)^2 > b$,这样我们得到一个递增的序列 $\{x_n\}$,都是 $Q(x)$ 的根:

$$x_1 = a, \quad x_{n+1} = (x_n - 1)^2.$$

因此得到 $Q(x) = 0$,然后 $P(x)$ 可以是任意满足 $P(2) = 2$ 的多项式. □

例 5.5. 求所有的多项式 $P(x)$,只有实根,并且满足

$$P(x^3 + 1) = P(x + 1)P(x^2 - x + 1).$$

解 容易看出 $P(x) = 0$ 是一个解. 假设 $P(x)$ 非零,并且 $P(\alpha) = 0, \alpha \neq 1$ 是实数. 代入 $x = \alpha - 1$,我们发现 $P((\alpha - 1)^3 + 1) = 0$.

因此如果我们定义序列 $\{x_n\}$ 为:$x_1 = \alpha, x_n = (x_{n-1} - 1)^3 + 1, n \geqslant 1$,那么简单地归纳可得,$P(x_n) = 0$ 对所有的 n 成立. 注意到函数 $f(x) = (x - 1)^3 + 1$ 是 x 的增函数. 如果 $x_2 = (\alpha - 1)^3 + 1 > x_1$,就有 $x_3 = f(x_2) > f(x_1) = x_2$,迭代可知 $\{x_n\}$ 是递增的序列. 反之,若 $x_2 < x_1$,则 $x_3 = f(x_2) < f(x_1) = x_2$,迭代可知序列递减. 这两种情况下,我们得到 $P(x)$ 的无穷多个根,矛盾. 因此必然有 $x_2 = x_1$,于是

$$0 = (\alpha - 1)^3 + 1 - \alpha = \alpha(\alpha - 1)(\alpha - 2).$$

所以 $\alpha \in \{0, 1, 2\}$,我们可以记多项式为

$$P(x) = ax^n(x - 1)^m(x - 2)^t.$$

代入验证,我们得到 $a = 1, m = t = 0$. 因此问题的解有 $P(x) = 0$ 以及 $P(x) = x^n$, $n \geqslant 0$. □

例 5.6. *求所有的多项式 $P(x)$，满足*

$$P(x^2 + x) = P(x)P(x+1).$$

解 显然 $P(x) = 0$ 是一个解. 假设 $P(x)$ 非零, 我们取 $P(x)$ 的一个根 α 具有最大的模长. 取 $x = \alpha$ 和 $x = \alpha - 1$, 我们得到 $P(\alpha^2 + \alpha) = P(\alpha^2 - \alpha) = 0$.

三角不等式给出 $|\alpha^2 + \alpha| + |\alpha^2 - \alpha| \geqslant 2|\alpha|$, 因此

$$\max(|\alpha^2 + \alpha|, |\alpha^2 - \alpha|) \geqslant |\alpha|.$$

根据 $|\alpha|$ 的极大性, 这些不等式等号都成立. 三角不等式的等号说明

$$r = \frac{\alpha + \alpha^2}{\alpha - \alpha^2} = \frac{1 + \alpha}{1 - \alpha}$$

是一个正实数. 取极大时得到等号说明 $r = 1, \alpha = \dfrac{1-r}{1+r} = 0$, 因此 $P(x)$ 的根只有 0. 容易验证 $P(x)$ 必然是首项系数为 1 的多项式, 于是 $P(x) = 0$ 或者 $P(x) = x^n$, $n \geqslant 0$. □

例 5.7. *求所有的多项式 $P(x)$，满足*

$$P(x)P(x+1) = P(x^2 + x + 1).$$

解 显然 $P(x) = 0$ 是一个解. 假设 $P(x)$ 非零, 我们可以取 $P(x)$ 的一个模长最大的根 α. 代入 $x = \alpha$ 和 $x = \alpha - 1$, 我们得到

$$P(\alpha^2 + \alpha + 1) = P(\alpha^2 - \alpha + 1) = 0.$$

根据三角不等式, 我们得到

$$|\alpha^2 + \alpha + 1| + |\alpha^2 - \alpha + 1| \geqslant 2|\alpha|,$$

因此

$$\max(|\alpha^2 + \alpha + 1|, |\alpha^2 - \alpha + 1|) \geqslant |\alpha|.$$

根据 $|\alpha|$ 的最大性, 我们都得到等号. 和前面解答类似, 由于三角不等式的等号强制比值为正实数, 而取最大时等号成立强制比值为 1, 我们有

$$\frac{-\alpha^2 + \alpha - 1}{\alpha^2 + \alpha + 1} = 1.$$

化简成为 $\alpha^2 + 1 = 0$, 因此 $\alpha = \pm i$. 所以 $P(x)$ 的所有根 α 都满足 $|\alpha| \leqslant 1$, 等号成立时 $\alpha = \pm i$.

现在考察方程两边的首项系数,我们看到 $P(x)$ 是首项系数为 1 的多项式. 由于 1 不是 $P(x)$ 的根,代入 $x = 0$,我们发现 $P(0) = 1$. 因此根据韦达定理,$P(x)$ 的所有根的乘积为 ± 1. 如果 $P(x)$ 有任何模长小于 1 的根,那么它也必然有模长大于 1 的根,矛盾. 这样,$P(x)$ 的所有根的模长为 1,必然是 $\pm \mathrm{i}$. 由于 $P(x)$ 的首项系数为 1,可以记 $P(x) = (x-\mathrm{i})^m(x+\mathrm{i})^n$. 代入发现 $m = n$,因此答案是 $P(x) = 0$ 和 $P(x) = (x^2+1)^d, d \geqslant 0$. □

例 5.8. 求所有的实系数多项式 $P(x)$,满足

$$P(2019) = 2018, \quad (1 + P(x))^2 = P(1 + x^2).$$

解 定义 $Q(x) = 1 + P(x)$,于是

$$Q(2019) = 2019, \quad Q(1 + x^2) = 1 + Q(x)^2.$$

现在定义序列 $\{x_n\}$:

$$x_0 = 2019, \quad x_{n+1} = 1 + x_n^2, \quad n \geqslant 0.$$

我们可以归纳证明 $Q(x_n) = x_n$,对所有的 n 成立. 其中归纳步骤的计算是

$$Q(x_{n+1}) = Q(1 + x_n^2) = 1 + Q(x_n)^2 = 1 + x_n^2 = x_{n+1}.$$

由于 $x_{n+1} - x_n = x_n^2 - x_n + 1 > 0$,因此这个序列是严格递增的. 于是方程 $Q(x) = x$ 有无穷多个解,说明 $Q(x) = x$,然后 $P(x) = x - 1$. □

例 5.9. 求所有的实系数多项式 $P(x)$,$P(0) = 6$,并且满足

$$P(x) = \sqrt{P(x^2 + 1) - 7} + 6, \quad x \geqslant 0.$$

解 将原始方程写成

$$P(x^2 + 1) = 7 + (P(x) - 6)^2.$$

现在定义序列 $x_0 = 0, x_{n+1} = x_n^2 + 1, n \geqslant 0$. 我们可以归纳证明 $P(x_n) = 6 + x_n$,其中归纳步骤的计算是

$$P(x_{n+1}) = P(x_n^2 + 1) = 7 + (P(x_n) - 6)^2 = 7 + x_n^2 = 6 + x_{n+1}.$$

由于 $x_{n+1} - x_n = x_n^2 - x_n + 1 > 0$,序列严格递增,因此得到 $P(x) = 6 + x$. □

注 这个题目还可以改编为:求所有的实系数多项式 $P(x)$,$P(2014) = 2024$,满足

$$P(x) - 10 = \sqrt{P(x^2 + 3) - 13}, \quad x \geqslant 0.$$

例 5.10. 求所有的实系数多项式 $P(x)$, 次数为奇数, 并且满足

$$P(0) = 0, \quad P(x^2 - x + 1) = P(x)^2 - P(x) + 1.$$

解 代换 $x \mapsto 1 - x$ 得到

$$P(x^2 - x + 1) = P(1 - x)^2 - P(1 - x) + 1.$$

因此

$$P(1 - x)^2 - P(1 - x) = P(x)^2 - P(x).$$

这得到 $P(x) = P(1 - x)$ 或者 $P(x) + P(1 - x) = 1$. 代入 $x = 0$ 到原始方程给出 $P(1) = 1$, 我们发现 $P(x) + P(1 - x) = 1$. 代入 $x = \dfrac{1}{2}$, 得到

$$P\left(\frac{1}{2}\right) = \frac{1}{2}.$$

现在定义序列 $\{x_n\}$ 为: $x_1 = \dfrac{1}{2}, x_{n+1} = x_n^2 - x_n + 1, n \geqslant 1$. 利用归纳步骤

$$0 < x_n < x_n + (x_n - 1)^2 = x_{n+1} = 1 - x_n(1 - x_n) < 1,$$

可以证明 $x_i \in (0, 1)$ 对每个 i 成立, 并且序列是递增的. 另外归纳证明 $P(x_n) = x_n$, 归纳步骤为

$$P(x_{n+1}) = P(x_n^2 - x_n + 1) = P(x_n)^2 - P(x_n) + 1 = x_n^2 - x_n + 1 = x_{n+1}.$$

因此方程 $P(x) = x$ 有无穷多解在 $(0, 1)$ 中, 必然有 $P(x) = x$. □

例 5.11. 求所有的多项式 $P(x)$, 满足

$$P(x^2) = P(x)P(x + 1).$$

解 显然零多项式是一个解. 假设 $P(x)$ 是非零多项式. 设 α 是 $P(x)$ 的一个根, 代入 $x = \alpha$ 发现, $P(\alpha^2) = 0$. 迭代这个步骤得到 $P(\alpha^{2^n}) = 0, n \geqslant 0$. 由于 $P(x)$ 只有有限多个根, 这些根必然重复, 也就是说, 存在指标 $i < j$, 使得 $\alpha^{2^i} = \alpha^{2^j}$. 因此 $\alpha = 0$ 或者 $\alpha^{2^j - 2^i} = 1$. 对于后者, 考虑模长得到 $|\alpha| = 1$.

若 α 是一个根, 我们也可以取 $x = \alpha - 1$ 来得到 $P((\alpha - 1)^2) = 0$. 根据上一段的结果, 或者 $\alpha = 1$, 或者 $|\alpha - 1| = 1$. 二者结合发现 $\alpha = 0$ 或 1, 或者 α 满足 $|\alpha| = |\alpha - 1| = 1$. 在后一种情形, 设 $\alpha = x + \mathrm{i}y$, 代入得到 $x^2 + y^2 = (x - 1)^2 + y^2 = 1$. 解得 $x = \dfrac{1}{2}, y = \dfrac{\pm\sqrt{3}}{2}$. 因此只有四个可能的根: $\alpha = 0, 1$ 或 $\dfrac{1 \pm \mathrm{i}\sqrt{3}}{2}$. 后两种情

形不会真正发生，因为若 $\alpha = \dfrac{1 \pm \mathrm{i}\sqrt{3}}{2}$ 是一个根，则 $\alpha^2 = \dfrac{-1 \pm \mathrm{i}\sqrt{3}}{2}$ 也是一个根. 然而这并不在我们的列表中. 因此总有 $\alpha = 0$ 或 1.

我们可以记 $P(x) = ax^m(x-1)^n$. 直接验证发现，$a = 1, m = n$. 因此题目的解为 $P(x) = 0$ 以及 $P(x) = x^m(x-1)^m, m \geqslant 0$. $\qquad\square$

例 5.12. 求所有的首项系数为 1 的多项式 $P(x)$，使得 $P(x)^2 - 1$ 被 $P(x+1)$ 整除.

解 设 $d = \deg P(x), r_1, \cdots, r_d$ 是 $P(x)$ 的根，按实部递增排列：

$$\mathrm{Re}(r_1) \leqslant \mathrm{Re}(r_2) \leqslant \cdots \leqslant \mathrm{Re}(r_d).$$

由于 $P(x)^2 - 1$ 被 $P(x+1)$ 整除，我们可以设

$$P(x)^2 - 1 = P(x+1)Q(x),$$

$Q(x)$ 是某多项式. 特别地，代入 $x = r_1 - 1$，得到 $P(r_1 - 1)^2 - 1 = 0$. 因此 $P(r_1 - 1) = \pm 1$. 由于

$$P(x) = (x - r_1) \cdots (x - r_d),$$

我们有

$$\pm 1 = P(r_1 - 1) = -(r_1 - r_2 - 1)(r_1 - r_3 - 1)\cdots(r_1 - r_d - 1).$$

然而，$\mathrm{Re}(r_1 - r_k - 1) \leqslant -1$ 说明 $|r_1 - r_k - 1| \geqslant 1$. 计算模长发现

$$1 = |P(r_1 - 1)| \geqslant 1 \cdot 1 \cdot \cdots \cdot 1 = 1,$$

所以不等式均取到等号. 这说明 $\mathrm{Re}(r_1 - r_k - 1) = -1$ 而且 $|r_1 - r_k - 1| = 1$，因此 $r_1 - r_k - 1 = -1, r_k = r_1$. 因此 $P(x)$ 的所有根相同，我们记 $P(x) = (x-r)^d$. 此时我们需要 $P(x+1) = (x - r + 1)^d$ 整除

$$\begin{aligned}
P(x)^2 - 1 &= (x-r)^{2d} - 1 \\
&= (x - r + 1)((x-r)^{2d-1} - (x-r)^{2d-2} + \cdots + (x-r) - 1).
\end{aligned}$$

由于 $r - 1$ 不是第二个因式的根（这个式子代入 $x = r - 1$ 后计算得到 $-2d$），因此只有 $d = 1$ 给出一个答案. 于是 $P(x) = x - r, r \in \mathbb{C}$ 给出了所有的解. $\qquad\square$

5.3 比较两边多项式的所有根

若 $P(x) = Q(x)$，则两边根的集合相同，重数也相同，我们所需的知识在下面简洁地列出.

策略

(i) 若 $Q(r) = 0$，则 $P(r) = 0$.

(ii) 若根 r 在 $P(x)$ 中的重数是 n，则 r 在 $Q(x)$ 中的重数也是 n.

(iii) 可以把 $P(x)$ 和 $Q(x)$ 的根排序，得到同样的结果.

例 5.13. 弗拉特卡写下了一组有限的不同实数（可能只有一个数字）. 然后将它们全部平方，接着从每个数字中减去 1，他以某种顺序得到了开始时相同的数字列表. 求这组数字所有可能值.

Nikolai Nikolov

解 假设弗拉特卡的原始集合为 $A = \{a_1, \cdots, a_d\}$，那么经过重写之后得到的集合是 $\{a_1^2 - 1, a_2^2 - 1, \cdots, a_d^2 - 1\}$，和 A 相同.

因此每个元素 $a \in A$ 必然是 $a = b^2 - 1$ 的形式，$b \in A$. 特别地，这说明 $a \geqslant -1$. 设 a 是 A 中最大的元素，由于 $a^2 - 1$ 必然在 A 中，我们有 $a^2 - 1 \leqslant a$. 记 $x_1 = \dfrac{1 + \sqrt{5}}{2}, x_2 = \dfrac{1 - \sqrt{5}}{2}$ 是多项式 $x^2 - x - 1$ 的两个根. 上面的不等式给出 $a \leqslant x_1$.

现在假设存在 $a \in A$，$0 < a < x_1$. 那么 $a = b^2 - 1$，$b \in A$，我们发现 $b = \pm\sqrt{1 + a}$. 由于 $b \geqslant -1 > -\sqrt{1 + a}$，我们必然有 $b = \sqrt{1 + a}$. 对于 $0 < a < x_1$，我们有 $0 < a < \sqrt{1 + a} < x_1$. 因此，若定义序列 $\{c_n\}$，$c_1 = a, c_{i+1} = \sqrt{1 + c_i}$，$i \geqslant 1$，则 $\{c_n\}$ 递增，包含在 $(0, x_1)$ 中，并且所有元素属于 A. 这和 A 是有限集矛盾，因此 A 中不包含这样的元素.

接下来假设存在 $a \in A$，$a \leqslant 0$. 我们还是有 $a = b^2 - 1$，$b \in A$，于是 $b = \pm\sqrt{1 + a}$. 然而根据上一段，我们不能取正号（A 中的正元素只能是 x_1），因此 $b = -\sqrt{1 + a}$. 定义序列 $\{c_n\}$ 为 $c_1 = a, c_{i+1} = -\sqrt{1 + c_i}, i \geqslant 1$. 简单归纳给出 c_i 都在区间 $[-1, 0]$ 中，也在 A 中. 函数 $f(x) = -\sqrt{1 + x}$ 在区间 $x \in [-1, 0]$ 上递减，因此 $f(f(x)) = -\sqrt{1 - \sqrt{1 + x}}$ 是增函数. 若有 $c_3 > c_1$，则

$$c_5 = f(f(c_3)) > f(f(c_1)) = c_3,$$

迭代得到 $c_1 < c_3 < c_5 < \cdots$，这给出 A 的无穷多个元素，矛盾. 类似地，若 $c_3 < c_1$，

则有

$$c_5 = f(f(c_3)) < f(f(c_1)) = c_3,$$

迭代给出 $c_1 > c_3 > c_5 > \cdots$，得到 A 中无穷多元素，矛盾．因此必然有 $c_3 = c_1 = a$．从 $c_3 = a$ 中反推，得到 $c_2 = a^2 - 1, c_1 = (a^2-1)^2 - 1 = a^4 - 2a^2 = a$．因此这样的 a 是

$$a^4 - 2a^2 - a = a(a+1)(a^2 - a - 1)$$

的一个根．这样，A 中的所有可能元素是 $0, -1, x_1$ 和 x_2．我们发现 $x_1 = x_1^2 - 1$，$x_2 = x_2^2 - 1$ 在弗拉特卡重写时变成自己，而 $0 = (-1)^2 - 1, -1 = 0^2 - 1$ 重写时交换．因此，若开始时有 0 或 -1，则必然有另一个．这样，最终的解为

$$A = \{x_1\}, \{x_2\}, \{x_1, x_2\}, \{0, -1\}, \{0, -1, x_1\}, \{0, -1, x_2\}, \{0, -1, x_1, x_2\}.$$

□

例 5.14. 求所有的多项式 $P(x)$，只有实根，并且满足

$$P(x)P(-x) = P(x^2 - 1).$$

解 显然零多项式是一个解．假设 $P(x)$ 是一个非零解，次数为 d，首项系数为 a_d．考察方程两边的首项系数，发现 $(-1)^d a_d^2 = a_d$，因此 $a_d = (-1)^d$．于是可以记

$$P(x) = (r_1 - x)(r_2 - x) \cdots (r_d - x),$$

其中 r_i 是 $P(x)$ 的根．于是有

$$P(x)P(-x) = (r_1^2 - x^2)(r_2^2 - x^2) \cdots (r_d^2 - x^2)$$

和

$$P(x^2 - 1) = (r_1 + 1 - x^2)(r_2 + 1 - x^2) \cdots (r_d + 1 - x^2).$$

比较两个式子，我们发现 $r_1, r_2, \cdots, r_d$ 与 $r_1^2 - 1, r_2^2 - 1, \cdots, r_d^2 - 1$ 相同，至多差一个排列．

　　于是我们处于和前一个题目同样的状态，除了 A 替换为可能有重复元素的集合．解答过程还适用，可以发现我们列表中的数只能有 $0, -1, x_1$ 和 x_2，并且 0 和 -1 必然出现同样次数．反之，容易看出这样的条件也是充分的．

　　因此 $P(x) = 0$ 或者 $P(x) = (x(x+1))^a (x_1 - x)^b (x_2 - x)^c$，其中 a, b, c 是非负整数．

□

5.4 $P(Q(x))$ 型的式子

很多多项式函数方程的问题包含了多项式的复合. 由于这个专题日益增长的重要性,我们为此分配了一节的内容.

5.4.1   一些基本性质

例 5.15. 是否存在多项式 $P(x), Q(x), R(x)$,次数不小于 2,并且

$$P(Q(x)) = Q(P(x)), \quad Q(R(x)) = R(Q(x)), \quad P(R(x)) \neq R(P(x))?$$

Volodymyr Barayman

解 答案是肯定的,取

$$P(x) = x^2, \quad Q(x) = x^3, \quad R(x) = -x^2,$$

则有

$$P(Q(x)) = Q(P(x)) = x^6, \quad Q(R(x)) = R(Q(x)) = -x^6.$$

但是 $P(R(x)) = x^4 \neq R(P(x)) = -x^4$,符合题目要求.   □

例 5.16. 求所有的非常数多项式 $P(x)$ 和 $Q(x)$,使得对所有的正整数 n,有

$$\underbrace{P(P(\cdots P(1) \cdots))}_{n\,\text{重}} = Q(n).$$

解 设 $P^{(k)}(x)$ 表示 P 的 k 次复合,则题目条件为 $P^{(n)}(1) = Q(n)$,于是

$$Q(n+1) = P^{(n+1)}(1) = P(P^{(n)}(1)) = P(Q(n)).$$

因此 $P(Q(x)) = Q(x+1)$ 对无穷多 x 成立,必然对所有的实数 x 成立. 如果 $P(x)$ 的次数为 $d \geqslant 1$,首项系数为 $a_d \neq 0$,$Q(x)$ 的次数为 $m \geqslant 1$,首项系数为 $b_m \neq 0$,那么 $P(Q(x))$ 的次数为 dm,首项系数为 $a_d b_m^d$,而 $Q(x+1)$ 的次数为 m,首项系数为 b_m. 两个多项式相同,必然有 $d = 1$ 并且 $a_d = 1$. 也就是说,$P(x)$ 是首一线性的. 记 $P(x) = x + c$,计算得到 $P^{(n)}(x) = x + nc$,因此 $Q(n) = P^{(n)}(1) = nc + 1$. 因此解是 $P(x) = x + c, Q(x) = cx + 1, c$ 是某常数.   □

例 5.17. 黑板上最初写了多项式 $x^2 + 1$. 每一天弗拉特卡将黑板上的多项式 $P(x)$ 替换成 $P(x^2 + 1)$ 或者 $P(x)^2 + 1$. 证明:一年以后,黑板上的多项式的常数项大于 $2^{2^{333}}$.

Arsenii Nikolaev

证明　设 $P_k(x)$ 是在第 k 天开始时黑板上的多项式. 在一年的末尾, 多项式会是 $P_{366}(x)$ 或者 $P_{367}(x)$（闰年）. 记 $Q(x) = x^2 + 1$, $Q^{(k)}(x)$ 表示 $Q(x)$ 的 k 次复合. 弗拉特卡从 $P_1(x) = Q(x)$ 开始, 第二天换成 $P_2(x) = Q(x^2 + 1)$ 或者 $P_2(x) = Q(x)^2 + 1$. 然而, 二者都是 $Q(Q(x)) = Q^{(2)}(x)$, 因此 $P_2(x) = Q^{(2)}(x)$, 和弗拉特卡的选择无关.

归纳可以得出, 弗拉特卡在第 k 天总是从黑板上的 $P_k(x) = Q^{(k)}(x)$ 开始. 实际上, 若第 k 天开始是 $P_k(x) = Q^{(k)}(x)$, 则她会将其换成

$$Q^{(k)}(x^2 + 1) = Q^{(k)}(Q(x)) = Q^{(k+1)}(x)$$

或者

$$(Q^{(k)}(x))^2 + 1 = Q(Q^{(k)}(x)) = Q^{(k+1)}(x).$$

因此都得到 $P_{k+1}(x) = Q^{(k+1)}(x)$.

因此在一年的末尾, 弗拉特卡得到 $Q^{(366)}(x)$（或者 $Q^{(367)}(x)$）. 设 $b_k = Q^{(k)}(1)$, 则 $b_1 = 2 = 2^{2^0}$, 简单归纳计算得到

$$b_{k+1} = b_k^2 + 1 \geqslant (2^{2^{k-1}})^2 + 1 = 2^{2^k} + 1 > 2^{2^k},$$

证明了 $b_k \geqslant 2^{2^{k-1}}$, 对所有的 $k \geqslant 1$ 成立. 因此 $b_{366} \geqslant 2^{2^{365}} > 2^{2^{333}}$.　　　□

例 5.18. 设实系数多项式 $P(x)$ 使得多项式 $P(P(x))$ 和 $P(P(P(x)))$ 都是实轴上的严格单调函数. 证明：$P(x)$ 是实轴上的严格单调函数.

Kirill Suhov, 俄罗斯数学奥林匹克 2010

证法一　由于多项式函数 $Q(x)$ 总是连续的, 介值定理说明, 若 $Q(x)$ 不是严格单调的, 则存在 $a < b$, $Q(a) = Q(b)$. 假设 $P(x)$ 不是严格单调的, 则有 $a < b$, $P(a) = P(b)$. 然而计算发现, $P(P(a)) = P(P(b))$, 这和 $P(P(x))$ 严格单调矛盾. 因此 $P(x)$ 是严格单调的.　　　□

证法二　严格单调的多项式必然是奇数次的, 因此看成函数是满射. 因此 $P(P(x))$ 也是奇数次的, 并且是满射. 若记 $P(x) = a_d x^d + \cdots + a_0, a_d \neq 0$, 则 $P(P(x))$ 的次数是 d^2, 因此 d 是奇数. 进一步, $P(P(x))$ 的首项系数是 a_d^{d+1}, 由于 d 是奇数, 首项系数是正数. 因此 $P(P(x))$ 必然是严格递增的函数.

现在任取 $a > b$, 由于 $P(P(x))$ 是满射, 存在实数 x_a, x_b, 满足 $P(P(x_a)) = a$, $P(P(x_b)) = b$. 进一步, 由于 $P(P(x))$ 严格递增, 因此 $x_a > x_b$. 若 $P(P(P(x)))$ 也是严格递增的, 则

$$P(a) = P(P(P(x_a))) > P(P(P(x_b))) = P(b),$$

于是 $P(a) > P(b)$ 总成立, 说明 $P(x)$ 严格递增. 另一方面, 若 $P(P(P(x)))$ 严格递减, 则

$$P(a) = P(P(P(x_a))) < P(P(P(x_b))) = P(b),$$

于是总有 $P(a) < P(b)$. 这说明 $P(x)$ 是严格递减的.   □

5.4.2 $P(Q(x))$ 和 $P(x)$ 的根

了解多项式的根总是很有用的, 如果我们可以了解复合多项式 $P(Q(x))$ 的根, 那么也会很有帮助. 假设我们做因式分解 $P(x) = C(x - r_1) \cdots (x - r_d)$, 其中 $r_1, \cdots, r_d$ 是 $P(x)$ 的 (复) 根, 计算重数. 那么有

$$P(Q(x)) = (Q(x) - r_1) \cdots (Q(x) - r_d).$$

因此, $P(Q(x))$ 的根是方程

$$Q(x) = r_1, \cdots, Q(x) = r_d$$

的根的并集. 注意到 $Q(x) = r$ 的根和 $Q(x) = r'$ 的根或者完全相同 $(r = r')$, 或者完全不相交 $(r \neq r')$.

定理

设 $r_1, \cdots, r_d$ 是多项式 $P(x)$ 的根. 多项式 $P(Q(x))$ 的根的集合可以分成多项式 $Q(x) - r_1, Q(x) - r_2, \cdots, Q(x) - r_d$ 的根的集合的并集.

例 5.19. 是否存在两个实系数多项式 $P(x)$ 和 $Q(x)$, 次数为 2013, 并且 $P(Q(x))$ 的根是 $2, 2^2, \cdots, 2^{2013^2}$?

解 假设有这样的两个多项式, 设 $r_1, \cdots, r_{2013}$ 是 $P(x)$ 的根, 于是每个 r_i 对于 2013 个 2^k 型的数, 其中 $1 \leqslant k \leqslant 2013^2$, 它们是 $Q(x) - r_i$ 的根. 反之, 这个范围内的每个 $Q(2^k)$ 都是 $P(x)$ 的根. 记 $Q(x) = a_{2013} x^{2013} + a_{2012} x^{2012} + \cdots$, 根据韦达定理, $Q(x) - r_i$ 的根的求和为 $-\dfrac{a_{2012}}{a_{2013}}$, 与 r_i 无关. 因此我们可以把 $2, 2^2, \cdots, 2^{2013^2}$ 分成 2013 组, 每组 2013 个数, 求和都相同. 但是其中包含 2^{2013^2} 的那一组的元素和比其他所有数的求和大, 矛盾. 因此不存在题目要求的多项式.   □

例 5.20. 是否存在两个 n 次实系数多项式 $P(x)$ 和 $Q(x)$, 使得 $P(Q(x))$ 的根构成一个非常数的 n^2 项的等差数列?

解 若 $n=1$，则任何长度为 1 的等差数列是常数，因此没有这样的例子. 若 $n=2$，则容易构造例子，例如 $P(x)=(x-1)(x-9)$，$Q(x)=x^2$，于是 $P(Q(x))$ 的根是 $-3,-1,1,3$.

现在假设 $n>2$. 适当地平移并放缩，可以假设 $P(Q(x))$ 的根是 $0,1,\cdots$，n^2-1. 设 $c_1,c_2,\cdots,c_n$ 是 $P(x)$ 的根. 于是 $P(Q(x))$ 的根是方程 $Q(x)=c_i$ 的所有根的并集. 每个这样的方程有至多 n 个根，而 $P(Q(x))$ 有 n^2 个实根. 因此每个方程恰好有 n 个实根，于是每个 c_i 都是实数，不妨设 $c_1<c_2<\cdots<c_n$.

现在画出 $y=Q(x)$ 的图像，$Q(x)=c_i$ 的根是图像和水平线 $y=c_i$ 的交点的 x 坐标. 因此 $P(Q(x))$ 的根是 $y=Q(x)$ 的图像和 n 条不同的水平线交集的坐标. 由于 $y=Q(x)$ 的图像有至多 $n-1$ 个局部极值，因此至多有 n 个单调区间. 当我们沿着图像行进时，必然依次通过这 n 条水平线，然后掉头反向通过 n 条水平线，如此重复，直到通过每条水平线 n 次.

因此所通过的第一条水平线，在坐标 $x=0$ 处第一次通过，这条水平线上所有交点的 x 坐标是

$$\{0,2n-1,2n,4n-1,\cdots\},$$

而第二条水平线，首次在 $x=1$ 处通过，所有通过点的 x 坐标是

$$\{1,2n-2,2n+1,4n-2,\cdots\},$$

类似地得到其他水平线的通过点.

每个这样的集合是某个方程 $Q(x)=c_i$ 的根，记

$$Q(x)=a_n x^n+a_{n-1}x^{n-1}+a_{n-2}x^{n-2}+\cdots,$$

那么根据韦达定理，$Q(x)=c_i$ 的根的和是 $-\dfrac{a_{n-1}}{a_n}$，根的平方和是 $\left(\dfrac{a_{n-1}}{a_n}\right)^2-2\dfrac{a_{n-2}}{a_n}$，均与 c_i 无关. 此处我们用到了条件 $n>2$.

对于上面的每个集合，前两项求和为 $2n-1$，接下来求和为 $6n-1$，等等. 因此每组求和相同当且仅当 n 是偶数. 然而容易验证，

$$0^2+(2n-1)^2>1^2+(2n-2)^2, \quad (2n)^2+(4n-1)^2>(2n+1)^2+(4n-1)^2,$$

类似地，第一个集合的每对相邻数的平方和大于第二个集合对应两个数的平方和. 因此当 n 是偶数时，我们有

$$0^2+(2n-1)^2+(2n)^2+(4n-1)^2+\cdots>1^2+(2n-2)^2+(2n+1)^2+(4n-2)^2+\cdots,$$

矛盾，因此对于 $n>2$，不存在这样的多项式. $\qquad\square$

例 5.21. *求所有的多项式 $P(x)$ 和 $Q(x)$,使得存在正整数 r,满足*

$$P(Q(x)) = P(x)^r.$$

Rafael Rafaelov

解 比较次数,我们发现 $\deg Q(x) = r$. 若 $r = 1$,则 $Q(x)$ 是线性的. 我们已经看到,此时有 $Q(x) = x$ 或者 $Q(x) = c - x, c$ 是常数. 此时有 $P(x) = P(c - x)$,于是 $P(x)$ 有一个对称轴.

现在假设 $r > 1$. 设 $P(x)$ 的不同根是 $z_1, \cdots, z_k$,也都是 $P(x)^r$ 的根. $P(Q(x))$ 的根是 $Q(x) = z_i$ 的根的并集. 这些集合互不相交,每个包含至少一个元素,因此得到至少 k 个不同的 $P(Q(x))$ 的根. 但是 $P(x)^r$ 只有 k 个不同的根,等号成立,说明每个 $Q(x) = z_j$ 只有一个不同的根. 因此存在一个置换 σ,使得 $Q(x) = z_i$ 以 $z_{\sigma(i)}$ 为根. 这样,$Q(x) = a(x - z_{\sigma(i)})^r + z_i$,其中 $a \neq 0$ 是 $Q(x)$ 的首项系数. 由于 $\deg Q(x) = r > 1$,因此 $Q(x)$ 中 x^{r-1} 的系数为 $-raz_{\sigma(i)}$,于是所有的 $z_{\sigma(i)}$ 相同,即 $k = 1$. 因此 $P(x) = b(x - z)^l, b \neq 0, l \geqslant 0$. 进一步,$Q(x) = z$ 以 $x = z$ 为 r 重根,所以 $Q(x) = a(x - z)^r + z, a \neq 0$. 代入方程,发现 $b^r = ba^l$,因此 $a^l = b^{r-1}$. $\square$

例 5.22. *设 p 是素数,求所有的整系数多项式 f 和 g,满足*

$$f(g(x)) = 1 + x + \cdots + x^{p-1}.$$

Cezar Lupu and Vlad Matei,罗马尼亚国家队选拔考试 2014

解 比较首项系数,我们发现 $f(x)$ 和 $g(x)$ 的首项系数必然都是 ± 1. 若 $f(x)$ 是线性的,则可以得到解

$$f(x) = \pm x + c, \quad g(x) = \pm(x^{p-1} + x^{p-2} + \cdots + x + 1 - c).$$

若 $g(x)$ 是线性的,则得到解

$$g(x) = \pm x + c, \quad f(x) = (\pm(x - c))^{p-1} + (\pm(x - c))^{p-2} + \cdots + 1.$$

现在假设 $f(x)$ 和 $g(x)$ 都是非线性的,记

$$f(x) = a_m x^m + P(x),$$

其中 $\deg P(x) \leqslant m - 1, g = \sum_{i=0}^{n} b_i x^i, m, n \geqslant 2, a_m$ 和 b_n 非零. 于是

$$f(g(x)) = a_m \left(b_n x^n + b_{n-1} x^{n-1} + \cdots + b_0\right)^m + P(g(x)).$$

比较次数得到 $mn = p - 1$. 多项式 $P(g(x))$ 的次数不超过

$$(m-1)n = mn - n = p - 1 - n \leqslant p - 3,$$

因此考察 x^{p-2} 的系数，我们得到 $m a_m b_n^{m-1} b_{n-1} = 1$. 然而，这说明 m 整除 1，和假设 $m \geqslant 2$ 矛盾. 因此题目唯一的解是 $f(x)$ 或 $g(x)$ 是线性函数. □

例 5.23. 设 $f(x)$ 和 $h(x)$ 是实系数二次多项式，$g(x)$ 是非常数多项式，满足

$$f(g(h(x))) = h(g(f(x))).$$

证明：如果存在实数 c，使得 $f(c) = h(c)$，那么对所有的实数 x，有 $f(x) = h(x)$.

证明 记 $f(x) = a(x-b)^2 + e$，$h(x) = A(x-B)^2 + E$，假设 $g(x)$ 的次数是 $d \geqslant 1$，首项系数为 $K \neq 0$. 比较首项系数，我们发现 $aK^2A^{2d} = AK^2a^{2d}$，因此 $a^{2d-1} = A^{2d-1}$. 由于 a 和 A 都是实数，得到 $a = A$.

因为 $f(x) = f(2b-x)$，$h(x) = h(2B-x)$，计算发现

$$f(g(h(2B-x))) = f(g(h(x))) = h(g(f(x))) = h(g(f(2b-x))) = f(g(h(2b-x))).$$

因此多项式 $R(x) = f(g(h(x)))$ 满足 $R(2B-x) = R(2b-x)$，经过代换 $x \mapsto 2B-x$，满足 $R(x) = R(x + 2b - 2B)$.

若 $b \neq B$，则 $R(x)$ 是周期的，必然是常数，矛盾. 因此有 $b = B$. 代入 $x = c$，利用 $a = A$ 和 $b = B$，我们发现 $e = E$，因此 $f(x) = h(x)$. □

5.5 渐近性引理

设 $P(x) = a_d x^d + a_{d-1} x^{d-1} + \cdots + a_0$ 是实系数多项式. 对于较大的 x，$P(x)$ 的行为被首项控制. 有很多方法可以正式叙述这个命题，我们能从中提出很多有用的事实，这一节集中讲述它们.

下面可能是相关的最简单的说法. 假设 $a_d > 0$，由于

$$\lim_{x \to \infty} \frac{P(x)}{x^d} = a_d > 0,$$

因此 $P(x)$ 对足够大的 x 为正数. 更具体地说，若 α 是 $P(x)$ 的最大实根，则 $P(x)$ 对所有的 $x > \alpha$ 为正.

如果我们使用一点微积分，然后将这个命题应用到 $P(x)$ 的导数，我们就可以得到更多的有用事实. 若多项式 $P(x)$ 的首项系数为正，则在 $P(x)$ 的最后一个极小值点之后，多项式是严格递增的.

定理

设实系数多项式 $P(x) = a_d x^d + \cdots + a_0$ 满足 $a_d > 0$, 那么对足够大的 x, $P(x)$ 是递增的.

例 5.24. 求所有的实系数多项式 $P(x)$, 使得存在自然数 n, 满足下面的方程:

$$\sum_{k=1}^{2n+1} (-1)^k \left\lfloor \frac{k}{2} \right\rfloor P(x+k) = 0.$$

澳大利亚和波兰数学竞赛

解 显然零多项式是一个解. 对于其余的情况, 不妨设 $P(x)$ 的首项系数为 1. 于是根据定理, 存在实数 x_0, 使得对所有的 $x \geqslant x_0$, $P(x)$ 严格递增. 现在注意到所给求和的 $k = 1$ 项为零, 将其余项配对, 方程改写为

$$\sum_{m=1}^{n} m(P(x+2m) - P(x+2m+1)) = 0.$$

对 $x \geqslant x_0$, 我们有 $x + 2m + 1 > x + 2m > x_0$ 对所有的 m 成立, 因此根据 x_0 的取法, 有 $P(x+2m+1) > P(x+2m)$. 因此左边的每个求和项为负, 矛盾. 因此零多项式是问题的唯一解. $\qquad\square$

例 5.25. 设 $P(x)$ 和 $Q(x)$ 是实系数非线性多项式, 满足 $P(P(x)) = Q(Q(x))$. 证明: 或者 $P(x) = Q(x)$, 或者存在常数 C, 使得 $P(x) + Q(x) = C$.

证法一 比较次数, 我们看到 $(\deg P(x))^2 = (\deg Q(x))^2$. 因此 $P(x)$ 和 $Q(x)$ 的次数相同. 设 $\deg P(x) = \deg Q(x) = d \geqslant 2$, 并记

$$P(x) = a_d x^d + \cdots + a_0, \quad Q(x) = b_d x^d + \cdots + b_0.$$

考虑 x^{d^2} 的系数, 我们发现 $a_d^{d+1} = b_d^{d+1}$. 因此可以记 $a_d = \varepsilon b_d$, 其中 $\varepsilon \in \{-1, 1\}$ 满足 $\varepsilon^{d+1} = 1$. 现在注意到

$$P(P(x)) = a_d P(x)^d + a_{d-1} P(x)^{d-1} + \cdots + a_0,$$

$$Q(Q(x)) = b_d Q(x)^d + b_{d-1} Q(x)^{d-1} + \cdots + b_0.$$

对于 $k > 0$, 考察两边 $x^{d(d-1)+k}$ 项的系数. $P(x)^{d-1}$ 和 $Q(x)^{d-1}$ 以及更低次项, 它们的次数不超过 $d(d-1)$. 因此这些系数完全来自于 $a_d P(x)^d$ 和 $b_d Q(x)^d$, 我们有

$$a_d \sum_{i_1 + \cdots + i_d = d(d-1)+k} a_{i_1} a_{i_2} \cdots a_{i_d} = b_d \sum_{i_1 + \cdots + i_d = d(d-1)+k} b_{i_1} b_{i_2} \cdots b_{i_d}.$$

我们要从这些方程证明 $a_k = \varepsilon b_k$，对每个 $1 \leqslant k \leqslant d$ 成立．我们对 k 归纳证明．基础情形 $k = d$ 就是我们对 ε 的定义．假设我们已经证明了 $a_s = \varepsilon b_s$，$k + 1 \leqslant s \leqslant d$．由于求和中的每一项都满足

$$d(d-1) + k = i_1 + \cdots + i_d \leqslant i_1 + d(d-1),$$

我们看到必然有 $i_1 \geqslant k$，等号成立当且仅当 $i_2 = \cdots = i_d = d$．类似地，每个指标都至少为 k，等号成立当且仅当所有其他的指标等于 d．这 d 项会贡献 $da_k a_d^d$ 到左边的求和，贡献 $db_k b_d^d$ 到右边的求和．现在考虑一项，其中所有其他的指标严格大于 k，记 $i_1, \cdots, i_d > k$．这样的项是

$$a_d a_{i_1} a_{i_2} \cdots a_{i_d} = \varepsilon^{d+1} b_d b_{i_1} b_{i_2} \cdots b_{i_d} = b_d b_{i_1} b_{i_2} \cdots b_{i_d}.$$

因此这些项抵消．将这些项消去之后，我们就证明了会剩下 $da_d^d a_k = db_d^d b_k = d\varepsilon^d a_d^d b_k$．因此 $a_k = \varepsilon b_k$，完成了归纳步骤．

若 $\varepsilon = -1$，则因为已经证明了 $P(x) + Q(x)$ 的每一项，可能除了常数项，都抵消，我们就结束了．假设 $\varepsilon = 1$，我们想要将上面的论证推广到 $x^{d(d-1)}$ 的系数．上面说明了 $a_d P(x)^d$ 和 $b_d Q(x)^d$ 的贡献会抵消，除了两项 $da_0 a_d^d$ 和 $db_0 b_d^d$．唯一的变化是，我们现在会从 $a_{d-1} P(x)^{d-1}$ 和 $b_{d-1} Q(x)^{d-1}$ 的首项（也只有它们）得到额外的项．因此有

$$da_d^d a_0 + a_{d-1} a_d^{d-1} = db_d^d b_0 + b_{d-1} b_d^{d-1}.$$

由于 $\varepsilon = 1$，额外的项也抵消，我们得出结论 $a_0 = b_0$．因此在这个情形下有 $P(x) = Q(x)$．　$\square$

证法二　沿用第一个解答，记

$$P(x) = a_d x^d + \cdots + a_0, \quad Q(x) = b_d x^d + \cdots + b_0,$$

其中 $a_d = \pm b_d$．

首先假设 $a_d = b_d$，于是

$$a_d (P(x) - Q(x))(P(x)^{d-1} + \cdots + Q(x)^{d-1})$$
$$= a_{d-1} P(x)^{d-1} + \cdots + a_0 - b_{d-1} Q(x)^{d-1} - \cdots - b_0.$$

注意到

$$P(x)^{d-1} + \cdots + Q(x)^{d-1}$$

是 $d(d-1)$ 次的多项式,首项系数为 $da_d^{d-1} \neq 0$. 由于右端的次数不超过 $d(d-1)$,因此 $P(x) - Q(x) = C$ 是一个常数. 于是

$$P(P(x)) = Q(Q(x)) = C + P(C + P(x)),$$

而且由于 $P(x)$ 取到无穷多的值,我们得到

$$P(x) = C + P(x + C).$$

然而,若 $C \neq 0$,则 $P(x + C) - P(x)$ 的次数为 $d - 1 > 0$,矛盾. 因此 $C = 0$, $P(x) = Q(x)$.

现在我们假设 $a_d = -b_d$,在这个情形下,d 必须是奇数. 将原始方程改写为

$$a_d(P(x) + Q(x))(P(x)^{d-1} - \cdots + Q(x)^{d-1})$$

$$= a_{d-1}P(x)^{d-1} + \cdots + a_0 - b_{d-1}Q(x)^{d-1} - \cdots - b_0.$$

由于 $P(x)^{d-1} - \cdots + Q(x)^{d-1}$ 的次数为 $d(d-1)$,上面的论证同样可行,得到 $P(x) + Q(x)$ 是常数.　　　　　　　　　　　　　　　　　　　　　　□

证法三　首先我们证明下面的引理(后面还会看到这个引理非常有用).

渐近性引理

设 $P(x) = a_d x^d + a_{d-1} x^{d-1} + \cdots + a_0$ 是实系数多项式,定义 $a = \sqrt[d]{|a_d|}$,$b = \dfrac{a_{d-1}}{da_d}$. 那么 $\displaystyle\lim_{|x| \to \infty} \left(\sqrt[d]{|P(x)|} - a \cdot |x + b| \right) = 0$.

注　使用绝对值是为了避免对负数取偶数次根,如果 d 是奇数或者 $a_d > 0$,我们就可以去掉这个绝对值符号. 我们也可以使用复数来避免用绝对值,但是这需要很仔细地确认和单位根有关的约定.

引理的证明　由于在必要时我们可以把 $P(x)$ 替换为 $-P(x)$,不妨设 $a_d > 0$,去掉绝对值. 我们有

$$\sqrt[d]{P(x)} - \sqrt[d]{a_d}\,x = \frac{P(x) - a_d x^d}{\sqrt[d]{P(x)^{d-1}} + \cdots + \sqrt[d]{a_d^{d-1} x^{d-1}}}$$

$$= \frac{a_{d-1} x^{d-1} + \cdots + a_0}{\sqrt[d]{P(x)^{d-1}} + \cdots + \sqrt[d]{a_d^{d-1} x^{d-1}}}.$$

于是

$$\lim_{|x| \to \infty} \left(\sqrt[d]{P(x)} - \sqrt[d]{a_d}\,x \right) = \lim_{|x| \to \infty} \frac{a_{d-1} x^{d-1} + \cdots + a_0}{\sqrt[d]{P(x)^{d-1}} + \cdots + \sqrt[d]{a_d^{d-1} x^{d-1}}}$$

$$= \frac{a_{d-1}}{d \sqrt[d]{a_d^{d-1}}}.$$

这就完成了引理的证明.

回到我们的题目, 应用引理, 并且使用第一个解答同样的记号, 我们发现

$$\lim_{|x|\to\infty}\left(\sqrt[d]{|P(P(x))|}-\sqrt[d]{|a_d|}\cdot\left|P(x)+\frac{a_{d-1}}{da_d}\right|\right)=0$$

以及

$$\lim_{|x|\to\infty}\left(\sqrt[d]{|Q(Q(x))|}-\sqrt[d]{|b_d|}\cdot\left|Q(x)+\frac{b_{d-1}}{db_d}\right|\right)=0.$$

由于 $P(P(x))=Q(Q(x))$, $|a_d|=|b_d|$, 相减得到

$$\lim_{|x|\to\infty}\left(\left|P(x)+\frac{a_{d-1}}{da_d}\right|-\left|Q(x)+\frac{b_{d-1}}{db_d}\right|\right)=0.$$

如果 $a_d=b_d$, 那么 $P(x)$ 和 $Q(x)$ 对于大的 x 符号相同, 然后有

$$\lim_{|x|\to\infty}(P(x)-Q(x))=\frac{b_{d-1}-a_{d-1}}{da_d}.$$

这说明 $P(x)-Q(x)$ 是常数. 我们可以像第一个解答一样完成后面的证明, 或者注意到由于 $d\geqslant 2$, $P(x)-Q(x)$ 是常数的事实说明 $a_{d-1}=b_{d-1}$, 因此 $P(x)-Q(x)=0$.

如果 $a_d=-b_d$, 那么 $P(x)$ 和 $Q(x)$ 对于较大的 x 符号相反, 那么有

$$\lim_{|x|\to\infty}(P(x)+Q(x)+C)=0.$$

说明 $P(x)+Q(x)$ 是常数.　　　　　　　　　　　　　　　　□

注 1　假设 $P(x)$ 和 $Q(x)$ 非线性是必要的, 否则 $P(x)=b-x$, 可以计算得到 $P(P(x))=x$, 和 b 无关.

注 2　虽然解答中不需要, 在 $P(x)+Q(x)=C$ 的情形, 我们可以更明确地描述 $P(x)$ 和 $Q(x)$. 此时有

$$P(P(x))=Q(Q(x))=C-P(C-P(x)),$$

而且由于 $P(x)$ 取到无穷多值, 因此

$$P(x)+P(C-x)=C.$$

因此多项式 $P\left(\dfrac{C}{2}+x\right)-\dfrac{C}{2}$ 是奇多项式, 可以写成

$$P\left(\frac{C}{2}+x\right)-\frac{C}{2}=xR(x^2),$$

其中 $R(x)$ 是某多项式. 因此

$$P(x) = \frac{C}{2} + \left(x - \frac{C}{2}\right) R\left(\left(x - \frac{C}{2}\right)^2\right) = \frac{C}{2} + \left(x - \frac{C}{2}\right) T(x^2 - Cx)$$

代入得到

$$Q(x) = \frac{C}{2} - \left(x - \frac{C}{2}\right) T(x^2 - Cx).$$

例 5.26. 实系数多项式 $P(x)$ 和 $Q(x)$ 满足 $P(P(P(x))) = Q(Q(Q(x)))$，证明：$P(x) = Q(x)$.

纳维德·萨法伊

证明 若 $P(x)$ 的次数为 d，首项系数为 a_d，则 $P(P(P(x)))$ 的次数为 d^3，首项系数为 $a_d^{1+d+d^2}$. 由于 $Q(x)$ 满足类似的公式，可以得到 $Q(x)$ 的次数也是 d，由于 $1 + d + d^2$ 是奇数，两个多项式的首项系数也相同.（注意到这包括了常数情形，因此我们接下来假设 $d \geqslant 1$.）

容易计算，若 $P(x) = ax + b$，则

$$P(P(P(x))) = a^3 x + b(a^2 + a + 1),$$

因此 $P(P(P(x)))$ 决定了 a 和 b，也决定了 $P(x)$.

现在假设 $d \geqslant 2$，根据渐近性引理，我们有

$$\lim_{|x| \to \infty} \left(\sqrt[d]{|P(P(P(x)))|} - a|P(P(x)) + b| \right) = 0,$$

$$\lim_{|x| \to \infty} \left(\sqrt[d]{|Q(Q(Q(x)))|} - a|Q(Q(x)) + b'| \right) = 0,$$

因此得到

$$\lim_{|x| \to \infty} \left(|P(P(x)) + b| - |Q(Q(x)) + b'| \right) = 0.$$

由于 $P(P(x))$ 和 $Q(Q(x))$ 有同样的首项系数，对于足够大的 x，它们的符号相同，因此 $P(P(x)) - Q(Q(x)) = b' - b$ 是常数.

由于 $d \geqslant 2$，因此 x^{d^2-1} 在 $P(P(x)) - Q(Q(x))$ 中的系数为零. 简单计算表明，这表示 x^{d-1} 在 $P(x)$ 和 $Q(x)$ 中的系数相同. 这给出上面的计算中有 $b' = b$，因此 $P(P(x)) = Q(Q(x))$. 重复这段论证（和上一个题目第三个解答一样），我们发现 $P(x) - Q(x) = 0$. □

注 在 2004 年城市邀请赛中，出现了下面的题目：

设实多项式 $P(x),Q(x)$ 满足

$$P(P(x)) = Q(Q(x)), \quad P(P(P(x))) = Q(Q(Q(x))).$$

问：是否一定有 $P = Q$？

这当然是更简单的问题.（我们有 $P(P(P(x))) = Q(Q(Q(x))) = Q(P(P(x)))$. 若 $P(x)$ 不是常数，则 $P(P(x))$ 取到无穷多的值，于是得到 $P(x) = Q(x)$.）有意思的是，上一个习题说明，第一个假设是可忽略的.

例 5.27. 设实多项式 P, Q, R 使得 $P(Q(x)) + P(R(x))$ 是常数. 证明：$P(x)$ 或者 $Q(x) + R(x)$ 是常数.

绍蒂科夫竞赛 2012

证法一　假设 $P(x)$ 不是常数. 不妨设 $P(x)$ 的首项系数为 1，于是可以记

$$P(x) = x^k + c_{k-1}x^{k-1} \cdots + c_0.$$

由于 $P(Q(x))$ 和 $P(R(x))$ 次数相同，因此 $R(x)$ 和 $Q(x)$ 的次数相同. 记

$$R(x) = a_d x^d + \cdots + a_0, \quad Q(x) = b_d x^d + \cdots + b_0,$$

那么考察首项，我们发现 $a_d^k + b_d^k = 0$. 因此 k 是奇数，并且 $a_d + b_d = 0$. 将原始方程重写，得到

$$(R(x)+Q(x))(R(x)^{k-1} - \cdots + Q(x)^{k-1}) = -c_{k-1}(R(x)^{k-1} + \cdots + Q(x)^{k-1}) + \cdots.$$

右端的次数不超过 $d(k-1)$，而且如上一个解答，$R(x)^{k-1} - \cdots + Q(x)^{k-1}$ 的次数为 $d(k-1)$，首项系数为 ka_d^{k-1}. 因此 $R(x) + Q(x)$ 必然为常数. □

证法二　如证法一，我们假设 $P(x)$ 不是常数，次数 $\deg P(x) = k$ 为奇数，而且 $Q(x)$ 和 $R(x)$ 的首项系数为相反数.

根据渐近性引理，我们有

$$\lim_{|x|\to\infty} \left(\sqrt[k]{|P(Q(x))|} - a|Q(x) + b| \right) = 0,$$
$$\lim_{|x|\to\infty} \left(\sqrt[k]{|P(R(x))|} - a|R(x) + b| \right) = 0,$$

因此

$$\lim_{|x|\to\infty} \left(|Q(x) + b| - |R(x) + b| \right) = 0.$$

由于 $Q(x)$ 和 $R(x)$ 的首项系数符号相反, 我们得到

$$\lim_{|x| \to \infty} (Q(x) + R(x)) = \pm 2b,$$

因此 $Q(x) + R(x)$ 是常数. $\qquad\square$

注 读者可能发现, 这两个解答实际上是从例 5.25 的后两个解答修改而来. 这个例子的第一个解答也可以修改来解决本题. 此时, 我们可以反向归纳来证明, 对

$$R(x) = a_d x^d + \cdots + a_0, \quad Q(x) = b_d x^d + \cdots + b_0,$$

我们有 $a_k = -b_k$, 其中 $k = d, \cdots, 1$.

例 5.28. 设多项式 $Q(x)$ 不是线性的. 若 $Q(Q(x))$ 是奇函数, 证明: $Q(x)$ 是奇函数. 若 $Q(Q(x))$ 是偶函数, 证明: $Q(x)$ 是偶函数.

证明 对于第一个命题, 我们发现 $Q(Q(x)) + Q(Q(-x)) = 0$. 根据上一题, 我们有 $Q(x) + Q(-x) = C$ 是常数. 于是我们得到

$$Q(Q(x)) = -Q(Q(-x)) = -Q(C - Q(x)),$$

说明 $Q(x) = -Q(C - x)$. 因此 $Q(x) = -Q(C - x) = Q(x - C) - C$. 若 $C \neq 0$, 则 $Q(x)$ 是线性函数, 和假设矛盾. 因此 $C = 0, Q(x)$ 是奇函数.

对于第二个命题, $Q(Q(x)) = Q(Q(-x))$. 这说明 $Q(Q(x))$ 的次数为偶, 于是 $Q(x)$ 的次数也是偶数. 由于我们可以把 $Q(x)$ 替换为 $-Q(-x)$, 因此不妨设 $Q(x)$ 的首项系数为正. 根据渐近性引理, 存在常数 C, 使得对所有的 $x > C, Q(x)$ 严格递增.

选择足够大的 x, 使得 $Q(x), Q(-x) > C$. 如果 $Q(x) > Q(-x)$, 那么 $Q(Q(x)) > Q(Q(-x))$. 如果 $Q(x) < Q(-x)$, 那么 $Q(Q(x)) < Q(Q(-x))$. 这两种情况都产生矛盾, 因此必然有 $Q(x) = Q(-x)$, 对足够大的 x 均成立. 因此 $Q(x) = Q(-x)$, 对所有的 x 成立. $\qquad\square$

例 5.29. 求所有的多项式 $P(x)$ 和 $Q(x)$, 使得

$$P(P(P(P(x)))) = Q(Q(Q(Q(x)))).$$

中国台湾队选拔考试 2012

解 定义 $P(P(x)) = f(x)$ 和 $Q(Q(x)) = g(x)$,则有

$$f(f(x)) = g(g(x)).$$

因此根据例 5.25,有 $f(x) = g(x)$ 或者 $f(x) + g(x) = C, C$ 是某常数.

假设是前者,则有 $P(P(x)) = Q(Q(x))$,再次根据例 5.25,有 $P(x) = Q(x)$ 或者 $P(x) + Q(x) = D, D$ 是某常数. 在第二种情况下,根据这个例子后面的注记,我们知道存在多项式 $T(x)$,使得

$$P(x) = \frac{D}{2} + \left(x - \frac{D}{2}\right) T(x^2 - Dx),$$
$$Q(x) = \frac{D}{2} - \left(x - \frac{D}{2}\right) T(x^2 - Dx).$$

如果是后者,我们就有 $P(P(x)) + Q(Q(x)) = C$. 根据例 5.25 后面的注,有

$$P(P(x)) = \frac{C}{2} + \left(x - \frac{C}{2}\right) T(x^2 - Cx),$$

其中 $T(x)$ 是某多项式. 特别地,$P(P(x))$ 的次数是奇数,因此 $P(x)$ 的次数也是奇数. 如果 $P(x)$ 的次数是 d,首项系数是 a_d,那么计算 $P(P(x))$ 的首项系数是 a_d^{d+1},是偶数次幂,因此是正数. 类似的计算说明 $Q(Q(x))$ 的首项系数也是正数,因此 $P(P(x)) + Q(Q(x)) = C$ 不能成立. 在这个情形下没有解. □

5.6 杂题

在这一节,我们给出一些例子,综合使用关于多项式函数方程的知识.

例 5.30. 设 n 是正整数. 求所有的实多项式 f 和 g,使得

$$(x^2 + x + 1)^n f(x^2 - x + 1) = (x^2 - x + 1)^n g(x^2 + x + 1),$$

对所有的实数 x 成立.

Marcel Chiriţă,数学反思 U337

解法一 我们首先证明 x^n 整除 $f(x)$,否则我们可以记 $f(x) = x^k P(x)$,其中 $k < n$,$P(0) \neq 0$. 代入得到

$$(x^2 + x + 1)^n P(x^2 - x + 1) = (x^2 - x + 1)^{n-k} g(x^2 + x + 1).$$

现在设 ε 是 -1 的一个本原三次根，于是 ε 满足 $\varepsilon^2 - \varepsilon + 1 = 0$. 取 $x = \varepsilon$, 得到 $(2\varepsilon)^n P(0) = 0$, 矛盾. 类似地，我们发现 x^n 整除 $g(x)$.

记 $f(x) = x^n P(x), g(x) = x^n Q(x)$, 得到

$$P(x^2 - x + 1) = Q(x^2 + x + 1).$$

设 $R(x) = P(x^2 - x + 1) = Q(x^2 + x + 1)$, 计算发现

$$R(1 - x) = P((1 - x)^2 - (1 - x) + 1) = P(x^2 - x + 1) = R(x)$$
$$= Q(x^2 + x + 1) = Q((-x - 1)^2 + (-x - 1) + 1) = R(-x - 1),$$

因此经过代换 $x \mapsto 1 - x$, 得到 $R(x) = R(x - 2)$. 因此 $R(x)$ 是周期的，必然是常数. 所以 $P(x) = Q(x) = C$ 是常数, $f(x) = g(x) = Cx^n, n \geqslant 0$. □

解法二 设 $R(x) = \dfrac{f(x)}{x^n}, S(x) = \dfrac{g(x)}{x^n}$, 则有

$$R\left(x^2 - x + 1\right) = S\left(x^2 + x + 1\right).$$

上一个解答中的计算表明

$$T(x) = R(x^2 - x + 1) = S(x^2 + x + 1)$$

是一个周期的有理函数，因此是多项式. 所以 $R(x) = S(x) = C$ 是常数, $f(x) = g(x) = Cx^n$. □

例 5.31. 求所有实系数多项式 $P(x)$, 满足

$$P(x^2 - 2x) = P(x - 2)^2.$$

解法一 显然常数多项式 $P(x) = 0$ 和 $P(x) = 1$ 是解. 假设有解 $P(x)$, 次数 $d \geqslant 1$. 设 $x - 1 = z, Q(x) = P(x - 1)$, 则有

$$Q(z^2) = P(x^2 - 2x) = P(x - 2)^2 = Q(z)^2.$$

迭代发现 $Q(x^{2^n}) = Q(x)^{2^n}$, 对所有的 n 成立. 特别地，我们可以取足够大的 n, 使得 $2^n > d$. 现在假设 r 是 $Q(x)$ 的任意非零根. 取 x 为 r 的一个 2^n 次根，我们发现 r 的所有 2^n 次根是 $Q(x)$ 的根. 于是这个 d 次多项式有超过 d 个根，矛盾. 于是 $Q(x)$ 只有零根, $Q(x) = ax^n$, 代入发现 $Q(x) = x^n$. 因此 $P(x) = 0$ 或者 $P(x) = (x + 1)^n, n \geqslant 0$. □

解法二 容易验证 $P(x) = x + 1$ 是一个解. 根据唯一性引理, 非常数解为 $P(x) = (x+1)^n, n > 0$.

考虑常数解, 对应上面 $n = 0$ 的情形, 还得到零解. □

例 5.32. 求所有的非负整系数多项式 $P(x)$, 使得对所有的正整数 n, 有 $n^{P(n)} \leqslant P(n)^n$.

解 容易验证, $3^m > m^3$, 对 $m = 1, 2$ 成立, $3^m = m^3$ 对 $m = 3$ 成立. 对 $m \geqslant 3$, 有

$$\frac{(m+1)^3}{m^3} = 1 + \frac{3}{m} + \frac{3}{m^2} + \frac{1}{m^3} < 3.$$

归纳给出, $3^m \geqslant m^3$ 对所有的正整数 m 成立, 等号成立当且仅当 $m = 3$. 现在代入 $m = P(3)$, 我们得到 $3^{P(3)} \leqslant P(3)^3$, 因此 $P(3) = 3$. 设 $\deg P(x) = d$, 于是 $3 = P(3) \geqslant 3^d$, 因此 $d \in \{0, 1\}$. 若 $d = 1$, 则 $P(x) = x + a, a \geqslant 0$. 由于 $P(3) = 3$, 因此 $a = 0, P(x) = x$. 若 $d = 0$, 则 $P(x)$ 是常数, 所以 $P(x) = P(3) = 3$. 因此 $P(x) = x$ 或者 $P(x) = 3$. □

例 5.33. 考虑恒等式

$$1 + 2 + \cdots + n = \frac{1}{2}n(n+1).$$

设 $P_1(x) = \frac{1}{2}x(x+1)$, 这是唯一的多项式, 对任何正整数 n 满足

$$P_1(n) = 1 + 2 + \cdots + n.$$

一般地, 对任意正整数 k, 存在唯一的多项式 $P_k(x)$, 使得

$$P_k(n) = 1^k + \cdots + n^k, \quad n = 1, 2, \cdots.$$

求 $P_{2010}\left(-\frac{1}{2}\right)$.

新加坡数学奥林匹克 2010

解 对偶数 k, 我们定义 $Q(x) = P_k(x) - P_k(x-1)$. 那么对任意整数 $n \geqslant 2$, 有 $Q(n) = n^k$, 因此 $Q(x) = x^k$. 所以有

$$P_k(-n+1) - P_k(-n) = (1-n)^k = (n-1)^k,$$

$$P_k(-n+2) - P_k(-n+1) = (n-2)^k, \cdots, P_k(0) - P_k(-1) = 0,$$

$$P_k(1) - P_k(0) = 1.$$

求和得到

$$P_k(1) - P_k(-n) = 1^k + 0 + 1^k + \cdots + (n-1)^k = 1 + P_k(n-1).$$

也就是说,对所有的整数 $n \geqslant 2$,有 $P_k(n-1) + P_k(-n) = 0$. 因此对所有的 x,有 $P_k(x-1) + P_k(-x) = 0$. 代入 $x = \dfrac{1}{2}$,我们得到 $P_k\left(-\dfrac{1}{2}\right) = 0$.   □

例 5.34. 求所有的复系数多项式 $P(x)$,满足

$$P(x^n + P(x)) = (2^n - 1)x^{n^2} + P(x^n).$$

解 设 $P(x) = a_d x^d + \cdots + a_0$,则有

$$P(x^n + P(x)) - P(x^n) = a_d((x^n + P(x))^d - x^{nd}) + \cdots + a_1(P(x)) = (2^n - 1)x^{n^2}.$$

等式的左端被 $P(x)$ 整除,因此 $P(x)$ 整除 x^{n^2},$P(x) = a_d x^d$. 代入得到

$$P(x^n + P(x)) = a_d(x^n + a_d x^d)^d = a_d x^{nd} + (2^n - 1)x^{n^2}.$$

若 $n > d$,则左端的次数为 dn,右端的次数为 $n^2 > dn$. 若 $n < d$,则左端的次数为 d^2,右端的次数为 $dn < d^2$. 二者都得到矛盾,因此 $d = n$. 此时方程变成

$$a_n(1 + a_n)^n x^{n^2} = (a_n + (2^n - 1))x^{n^2},$$

因此 a_n 必然是 $a_n(1 + a_n)^n = a_n + 2^n - 1$ 的一个根. 因此答案是 $P(x) = a_n x^n$,其中 a_n 是上述方程的根.   □

例 5.35. 求所有的实系数多项式 $P(x)$,使得对所有的正整数 n,有

$$P(P(n)) = \lfloor P(n)^2 \rfloor.$$

解 若 $P(x) = C$ 是常数,则 $C = \lfloor C^2 \rfloor$,因此 C 是满足 $C \leqslant C^2 < C + 1$ 的非负整数. 容易看出这得到解 $P(x) = 0$ 和 $P(x) = 1$. 现在假设 $P(x)$ 不是常数. 由于 $x - 1 < \lfloor x \rfloor \leqslant x$,我们有 $P(n)^2 - 1 < \lfloor P(n)^2 \rfloor \leqslant P(n)^2$,说明

$$-1 < P(P(n)) - P(n)^2 \leqslant 0$$

对所有的正整数 n 成立. 由于 $P(x)$ 不是常数,当 n 趋向于无穷时,$|P(n)|$ 趋向于无穷. 因此存在任意大的 x,使得

$$-1 < P(x) - x^2 \leqslant 0.$$

当 x 趋向于无穷时，非常数多项式趋向于 $\pm\infty$，因此 $P(x)-x^2$ 必然为常数. 于是记 $P(x)=x^2+C$，常数 C 满足 $-1<C\leqslant 0$. 计算得到

$$P(P(n))=(n^2+C)^2+C=n^4+2Cn^2+C^2+C.$$

根据所给方程，这个多项式对所有的正整数 n 给出整数. 特别地，代入 $n=1$ 我们看到 C^2+3C+1 是整数，而代入 $n=2$ 得到 $C^2+5C+16$ 是整数. 相减，得到 $2C$ 是整数，因此 $C=0$ 或 $C=-1/2$. 然而代入 $C=-1/2$，$P(P(1))=C^2+3C+1$ 不是整数. 只有 $C=0$ 是可能的，容易验证这确实符合要求. 因此 $P(x)\in\{x^2,0,1\}$. □

5.7　习题

习题 5.1. 求所有的首项系数为 1 的多项式，只有单实根，并且满足

$$P(x^2)=\pm P(x)P(-x).$$

习题 5.2. 设 $P(x)$ 是整系数不可约多项式，有一个根的绝对值大于 $\dfrac{3}{2}$. 证明：若 $P(\alpha)=0$，则 $P(1+\alpha^3)\neq 0$.

习题 5.3. 求所有复系数多项式 $P(x)$，使得 $P(x^3-1)$ 被 $P(x^2+x+1)$ 整除.

数学公报

习题 5.4. 求所有的多项式 $P(x)$，满足

$$P(x^2)=P\left(x+\frac{1}{2}\right)P\left(x-\frac{1}{2}\right).$$

习题 5.5. 求最大的实数 c，使得存在非常数多项式 $P(x)$，满足

$$P(x^2)=P(x-c)P(x+c).$$

巴西训练营

习题 5.6. 求所有的多项式 $P(x)=x^3+ax^2+bx+c$，满足

$$P(x^2-2)=-P(x)P(-x).$$

John Murray，爱尔兰数学奥林匹克 2012

习题 5.7. 设二次多项式 $P(x),Q(x)$ 满足 $-22,7,13$ 是方程 $P(Q(x))=0$ 的三个根，求方程的第四个根.

P. Černek，捷克和斯洛伐克数学奥林匹克 2000

习题 5.8. 设复系数多项式 $P(x)$ 和 $Q(x)$ 满足 $P(x)$ 和 $P(Q(x))$ 都是首项系数为 1 的多项式，$P(X)$ 不是常数，$Q(x)$ 不是线性的. 设

$$A = \{x \in \mathbb{C} : P(x) = 0\}, \quad B = \{x \in \mathbb{C} : P(Q(x)) = 0\}.$$

证明:下面的命题等价:

(i) $A = B$;

(ii) 存在复数 r,使得

$$P(x) = (x - r)^n, \quad Q(x) = \omega(x - r)^m + r,$$

其中整数 $n > 0, m > 1, \omega$ 是一个 n 次单位根.

习题 5.9. 设 $f(x)$ 是首项系数为 1 的整系数多项式,$(a_n)_{n \geqslant 1}$ 是自然数的等差数列. 证明:若存在整数 $k, a_1 = f(k)$,则集合

$$\{a_n \mid n \geqslant 1\} \cap \{f(n) \mid n \in \mathbb{Z}\}$$

是无穷集.

数学公报 B 11/2011, 26536

第 6 章　拉格朗日插值公式

6.1　插值公式

我们在第 3.2 节中看到, 两个 d 次多项式如果在 $d+1$ 个点处取值相同, 那么它们是同样的多项式. 几何上看, 如果在平面上任意选取 $d+1$ 个 x 坐标互不相同的点, 那么至多存在一个 d 次多项式, 其图像通过这些点. 这是一个唯一性的结果, 我们还缺少存在性的结果. 我们现在想要填补这个缺口, 所以提出下面的问题:

任给平面上 $d+1$ 个 x 坐标不同的点, 是否存在 d 次多项式, 它的图像经过所有的给定点?

如果我们给定一些点, 那么图像经过这些点的函数称为这些点的插值函数. 因此也可以说, 我们要找 $d+1$ 个点的 d 次插值多项式.

在给出拉格朗日对此问题的精确回答之前, 我们来思考一下. 如果将一个任意 d 次多项式 $P(x)$ 写成 $P(x) = a_d x^d + \cdots + a_0$, 那么有 $d+1$ 个未知量, 即系数 $a_d, a_{d-1}, \cdots, a_0$. 如果需要多项式的图像通过点 (x_1, y_1), 即 $P(x_1) = y_1$, 那么有

$$a_d x_1^d + a_{d-1} x_1^{d-1} + \cdots + a_0 = y_1.$$

由于已知 x_1 和 y_1, 这是关于 $d+1$ 个未知量的线性方程. 如果我们需要在 $d+1$ 个点上插值, 就会有 $d+1$ 个未知量的 $d+1$ 个线性方程. 这是一个非常好的情况: $d+1$ 个变量, $d+1$ 个方程. 期望存在唯一的解是很合理的, 但是一个线性方程组没有解也是可能的. 例如, 如果我们取两个点, 它们的 x 坐标相同, 但是 y 坐标不同, 那么不可能有多项式同时插值这两个点. 不管怎样, 我们还可以乐观地看这个问题, 可以通过研究这些线性方程来回答我们的提问.

拉格朗日用一种非常高雅的方法回答了这个问题, 避免了冗长的线性代数计算. 假设我们有 $d+1$ 个复数 $r_0, r_1, \cdots, r_d$, 以及 $d+1$ 个想要取到的值 $s_0, s_1, \cdots, s_d$. 我们要想找到多项式 $P(x)$, 次数不超过 d, 并且满足 $P(r_0) = s_0, \cdots, P(r_d) = s_d$. 考察多项式

$$Q_0(x) = (x - r_1)(x - r_2) \cdots (x - r_d).$$

这个多项式很容易理解,它在 $x = r_1, \cdots, r_d$ 点处为零. 它在 $x = r_0$ 的取值比较复杂,是一个长长的乘积,但是我们可以调整一下,考察

$$\frac{Q_0(x)}{Q_0(r_0)} = \frac{(x - r_1)(x - r_2) \cdots (x - r_d)}{(r_0 - r_1)(r_0 - r_2) \cdots (r_0 - r_d)}.$$

这个多项式就在 $x = r_1, \cdots, r_d$ 处取零,在 r_0 处取 1. 现在我们显然可以对每个 r_i 做同样的事情. 就是说,我们定义

$$Q(x) = (x - r_0)(x - r_1) \cdots (x - r_d), \quad Q_i(x) = \frac{Q(x)}{x - r_i}.$$

这是形式记法,意思是 $Q_i(x)$ 是 $x - r_0, \cdots, x - r_d$ 的乘积,除了 $x - r_i$. 现在多项式

$$\frac{Q_i(x)}{Q_i(r_i)} = \frac{(x - r_0) \cdots (x - r_{i-1})(x - r_{i+1}) \cdots (x - r_d)}{(r_i - r_0) \cdots (r_i - r_{i-1})(r_i - r_{i+1}) \cdots (r_i - r_d)}$$

在 $x = r_0, \cdots, r_{i-1}, r_{i+1}, \cdots, r_d$ 处为零,在 $x = r_i$ 处为 1.

现在可以想象,把这些多项式组合起来,会发生的现象. 考察多项式

$$P(x) = \frac{Q_0(x)}{Q_0(r_0)} s_0 + \frac{Q_1(x)}{Q_1(r_1)} s_1 + \cdots + \frac{Q_d(x)}{Q_d(r_d)} s_d.$$

若我们在 $x = r_i$ 处计算,则除了 $Q_i(x)$,所有的项给出零,而 $Q_i(x)$ 给出 $1 \cdot s_i$. 因此 $P(r_i) = s_i$,对所有的 $i = 0, \cdots, d$ 成立. 这就回答了问题,我们可以通过任意 $d + 1$ 个点(x 坐标不同),得到 d 次插值多项式. 拉格朗日不仅证明了这一点,而且还给出了一个相当简单的公式,得到它们之间唯一的插值多项式. 前面这个公式称为**拉格朗日插值公式**(或简称为插值公式).

拉格朗日插值公式

设 $(r_0, s_0), \cdots, (r_d, s_d)$ 是笛卡儿平面上 x 坐标不同的任意点. 那么存在唯一的多项式,次数不超过 d,其图像经过这 $d + 1$ 个点. 进一步,这个多项式可以如下给出:定义

$$Q(x) = (x - r_0)(x - r_1) \cdots (x - r_d)$$

$$Q_i(x) = \frac{Q(x)}{x - r_i}, \quad i = 0, 1, \cdots, d$$

那么

$$P(x) = \frac{Q_0(x)}{Q_0(r_0)} s_0 + \frac{Q_1(x)}{Q_1(r_1)} s_1 + \cdots + \frac{Q_d(x)}{Q_d(r_d)} s_d.$$

我们还可以换个方式理解. 不是当作先给定 $d + 1$ 个点然后寻找多项式 $P(x)$,而是先有一个不超过 d 次的多项式,然后列出插值公式,于是得到了多项式的恒等式:

拉格朗日插值公式的第二种表述

设多项式 $P(x)$ 的次数不超过 $d, r_0, r_1, \cdots, r_d$ 是 $d+1$ 个不同的复数. 那么

$$P(x) = \frac{Q_0(x)}{Q_0(r_0)}P(r_0) + \cdots + \frac{Q_d(x)}{Q_d(r_d)}P(r_d).$$

例 6.1. 考虑三个点 $(1,4), (-1,0), (0,2)$. 根据插值公式, 存在一个多项式 $P(x)$, 次数不超过 2, 满足 $P(1) = 4, P(-1) = 0, P(0) = 2$. $P(x)$ 为

$$\frac{x(x+1)}{2} \cdot 4 + \frac{x(x-1)}{8} \cdot 0 + \frac{(x-1)(x+1)}{-1} \cdot 2 = 2x + 2.$$

例 6.2. 设 $P(x)$ 是 5 次多项式. 当 $P(x)$ 除以 $x-1, x-2, x-3, x-4, x^2-x-1$ 时, 分别得到余数 $3, 1, 7, 36, x-1$. 求 $P(x)$ 除以 $x+1$ 的余数的平方.

新加坡数学奥林匹克 2010

解 我们有 $P(1) = 3, P(2) = 1, P(3) = 7, P(4) = 36$, 以及

$$P(x) = (x^2 - x - 1)Q(x) + x - 1,$$

其中 $Q(x)$ 是 3 次多项式. 因此

$$Q(1) = -3, \quad Q(2) = 0, \quad Q(3) = 1, \quad Q(4) = 3.$$

现在根据插值公式, $Q(x)$ 唯一存在, 为

$$Q(x) = -3 \cdot \frac{(x-2)(x-3)(x-4)}{(-1)(-2)(-3)} + 1 \cdot \frac{(x-1)(x-2)(x-4)}{(2)(1)(-1)}$$
$$+ 3 \cdot \frac{(x-1)(x-2)(x-3)}{(3)(2)(1)}.$$

因此 $Q(-1) = -27$, 于是 $P(-1) = -29, P(-1)^2 = 841$. $\qquad\square$

例 6.3. 设 $a \neq 0$, 满足 $|3ax^2 + 2bx + c| \leqslant 1$ 对所有的 $0 \leqslant x \leqslant 1$ 成立. 求 a 的最大值.

解 写下 $P(x) = 3ax^2 + 2bx + c$ 在 x 为 $0, \frac{1}{2}, 1$ 处的插值公式, 得到

$$3ax^2 + 2bx + c = \frac{\left(x - \frac{1}{2}\right)(x-1)}{\frac{1}{2}}P(0) - \frac{(x-0)(x-1)}{\frac{1}{4}}P\left(\frac{1}{2}\right)$$

$$+\frac{\left(x-\frac{1}{2}\right)(x-0)}{\frac{1}{2}}P(1).$$

比较首项系数, 有

$$3a = 2P(0) - 4P\left(\frac{1}{2}\right) + 2P(1).$$

由于 $|P(0)|, \left|P\left(\frac{1}{2}\right)\right|, |P(1)| \leqslant 1$, 我们有

$$3a = 2P(0) - 4P\left(\frac{1}{2}\right) + 2P(1) \leqslant 2 + 4 + 2 = 8.$$

因此 $a \leqslant \frac{8}{3}$. 当

$$P(0) = P(1) = 1, \quad P\left(\frac{1}{2}\right) = -1$$

时等号成立, 即

$$\begin{aligned} P(x) &= 2\left(x-\frac{1}{2}\right)(x-1)P(0) - 4(x-0)(x-1)P\left(\frac{1}{2}\right) \\ &\quad + 2\left(x-\frac{1}{2}\right)(x-0)P(1) \\ &= (2x-1)(x-1) + 4x(x-1) + (2x-1)x \\ &= 8x^2 - 8x + 1. \end{aligned}$$

由于对所有的 $0 \leqslant x \leqslant 1$, 我们有 $0 \leqslant x(1-x) \leqslant \frac{1}{4}$, 容易证明 $|P(x)| \leqslant 1$ 成立, 因此我们完成了解答. $\qquad\square$

注 这个例子的解答在逻辑上是合理的, 但仍然萦绕着一些问题. 这个解答有效的原因是我们巧妙地选择了正确的点 $0, \frac{1}{2}, 1$ 来应用插值公式. 由此我们得到了 a 的上界, 并分析了等式的情况, 然后我们发现在 $0, \frac{1}{2}, 1$ 三个点取到 ± 1 的多项式 $P(x)$ 符合要求. 这证明了我们最初选择的点所得到的不等式是可以等号成立的. 如果我们选择了三个不同的点, 就会得到关于 a 的不同的 (更弱) 上界, 然后如果多项式在选择的点处是 ± 1, 那么它不会满足条件: $|P(x)| \leqslant 1$ 对所有的 $0 \leqslant x \leqslant 1$ 成立.

对于二次的情形, 可以使用对称性或 $0 \leqslant x(1-x) \leqslant \frac{1}{4}$ 的知识来推断 $0, \frac{1}{2}, 1$ 是正确的点. 然而, 要将这个例子推广到更高次的多项式, 我们需要深入了解法一种称为**切比雪夫多项式**的多项式. 我们将在多项式三部曲的的最后一卷中讨论这个主题.

例 6.4. 马克西姆和弗拉特卡做下面的游戏:

马克西姆秘密选择 $[-1,1]$ 中的数 $a_1, a_3, \cdots, a_{2017}$,而弗拉特卡秘密选择 $[-1,1]$ 中的数 $a_2, a_4, \cdots, a_{2018}$. 然后它们构造次数最低的多项式 $P(x)$,满足 $P(i) = a_i$,对所有的 $1 \leqslant i \leqslant 2018$ 成立,并计算 $P(2019)$. 马克西姆希望 $P(2019)$ 尽可能大,而弗拉特卡希望这个数尽可能小.

如果两个人都取最佳策略,那么所得到的 $P(2019)$ 的值是多少?

Volodymyr Barayman

解 注意到,满足 $P(i) = a_i$,对所有的 $1 \leqslant i \leqslant 2018$ 成立的最小次数多项式的次数不超过 2017. 这个多项式可以用插值公式得到,是满足条件且次数不超过 2017 的唯一的多项式. 设

$$L_i(x) = \frac{Q_i(x)}{Q_i(i)} = \frac{(x-1)\cdots(x-(i-1))(x-(i+1))\cdots(x-2018)}{(i-1)\cdots(i-(i-1))(i-(i+1))\cdots(i-2018)}$$

为插值公式中用到的多项式,我们有

$$P(x) = a_1 L_1(x) + \cdots + a_{2018} L_{2018}(x),$$

因此 $P(2019) = a_1 L_1(2019) + \cdots + a_{2018} L_{2018}(2019)$.

现在双方的最佳策略就显然了,若 $L_{2i-1}(2019)$ 为正,马克西姆会取 $a_{2i-1} = 1$;若它为负,则取 $a_{2i-1} = -1$. 另一方面,若 $L_{2i}(2019)$ 为正,弗拉特卡会取 $a_{2i} = -1$,否则取 $a_{2i} = 1$.

由于 $L_i(2019)$ 的分子和分母都是 2017 个式子的乘积. 分子中的每个式子形式为 $2019 - j > 0$,于是分子总是正的. 分母中有 $i-1$ 个正因子($1 \leqslant j < i$ 时的 $i-j$)以及 $2018 - i$ 个负因子($i < j \leqslant 2018$ 时的 $i-j$). 因此分母的符号为 $(-1)^{2018-i} = (-1)^i$. 于是马克西姆会看到 $L_{2i-1}(2019) < 0$,然后选择 $a_{2i-1} = -1$,弗拉特卡会看到 $L_{2i}(2019) > 0$,然后选择 $a_{2i} = -1$. 由于马克西姆和弗拉特卡都选择 $a_i = -1$,我们得到 $P(x) = -1$ 对所有的 x 成立,因此 $P(2019) = -1$. $\square$

例 6.5. 实系数多项式 $P(x)$ 的首项系数为无理数,$r_0, \cdots, r_d$ 是不同的有理数. 证明:$P(r_0), \cdots, P(r_d)$ 中至少有一个无理数.

证明 写下 $P(x)$ 在 $r_0, \cdots, r_d$ 处的插值公式,即

$$P(x) = \frac{(x-r_1)\cdots(x-r_d)}{(r_0-r_1)\cdots(r_0-r_d)}P(r_0) + \cdots + \frac{(x-r_0)\cdots(x-r_{d-1})}{(r_d-r_0)\cdots(r_d-r_{d-1})}P(r_d).$$

假设 $P(r_0), \cdots, P(r_d)$ 都是有理数,那么右端给出有理系数多项式,和 $P(x)$ 完全相同,于是和 $P(x)$ 的首项系数为无理数矛盾. $\square$

前面的例子触及了在有理点取有理值的多项式这一主题的核心. 我们简洁地指出前面例子的含义.

推论

如果多项式 $P(x)$ 的次数为 d, 并且在某 $d+1$ 个有理点取有理值, 那么它的所有系数都是有理数.

例 6.6. 如果多项式 $P(x)$ 满足 $P(\mathbb{Z}) \subseteq \mathbb{Z}$, 那么 $P(x) \in \mathbb{Q}[x]$.

6.2　构造恒等式

在多项式三部曲的第一卷中, 我们主要使用了恒等式. 我们已经看到, 插值公式可以理解为多项式的恒等式, 但读者可能还没有意识到, 大量恒等式要么是插值公式的特例, 要么可以轻松从插值公式得到. 即使是一个非常简单的插值也可能给出令人惊讶的恒等式. 例如, 考虑多项式 $P(x) = x^2$, 并选择任意三个不同的数字 a, b, c, 然后根据插值公式, 我们有

$$x^2 = \frac{(x-a)(x-b)}{(c-a)(c-b)}c^2 + \frac{(x-a)(x-c)}{(b-a)(b-c)}b^2 + \frac{(x-c)(x-b)}{(a-c)(a-b)}a^2.$$

例 6.7. 设 x, y, z 是不同的实数, 证明:

(i) $\dfrac{x^2}{(x-y)(x-z)} + \dfrac{y^2}{(y-z)(y-x)} + \dfrac{z^2}{(z-x)(z-y)} = 1;$

(ii) $\dfrac{x^2yz}{(x-y)(x-z)} + \dfrac{y^2xz}{(y-z)(y-x)} + \dfrac{z^2xy}{(z-x)(z-y)} = 0;$

(iii) $\dfrac{x^2(y+z)}{(x-y)(x-z)} + \dfrac{y^2(x+z)}{(y-z)(y-x)} + \dfrac{z^2(x+y)}{(z-x)(z-y)} = 0.$

证明 令 $P(t) = t^2$, 写下 $P(t)$ 在 x, y, z 点的插值公式, 得到

$$t^2 = \frac{x^2(t-z)(t-y)}{(x-y)(x-z)} + \frac{y^2(t-z)(t-x)}{(y-z)(y-x)} + \frac{z^2(t-y)(t-x)}{(z-x)(z-y)}.$$

比较两边 t^2 项的系数, 有

$$1 = \frac{x^2}{(x-y)(x-z)} + \frac{y^2}{(y-z)(y-x)} + \frac{z^2}{(z-x)(z-y)}.$$

进一步, 对于 (ii), 考察主要恒等式两边的常数项, 得到

$$0 = \frac{x^2yz}{(x-y)(x-z)} + \frac{y^2xz}{(y-z)(y-x)} + \frac{z^2xy}{(z-x)(z-y)}.$$

最后,考察两边的 t 的系数,得到

$$0 = \frac{x^2(y+z)}{(x-y)(x-z)} + \frac{y^2(x+z)}{(y-z)(y-x)} + \frac{z^2(x+y)}{(z-x)(z-y)}.$$

□

例 6.8. 求所有的互异正整数 x, y, z,满足

$$\frac{x^2(x+y)(x+z)}{(x-y)(x-z)} + \frac{y^2(z+y)(x+y)}{(y-z)(y-x)} + \frac{z^2(z+x)(z+y)}{(z-x)(z-y)} = 2160 + (x+y-z)^2.$$

解 首先,将 $(x+y)(x+z)$ 写成 $x(x+y+z)+yz$,于是方程左端为

$$\frac{x^3(x+y+z)}{(x-y)(x-z)} + \frac{y^3(x+y+z)}{(y-z)(y-x)} + \frac{z^3(x+y+z)}{(z-x)(z-y)}$$
$$+ \frac{x^2yz}{(x-y)(x-z)} + \frac{y^2xz}{(y-z)(y-x)} + \frac{z^2xy}{(z-x)(z-y)}.$$

由于

$$\frac{x^2yz}{(x-y)(x-z)} + \frac{y^2xz}{(y-z)(y-x)} + \frac{z^2xy}{(z-x)(z-y)} = 0,$$

问题转化为计算

$$\frac{x^3(x+y+z)}{(x-y)(x-z)} + \frac{y^3(x+y+z)}{(y-z)(y-x)} + \frac{z^3(x+y+z)}{(z-x)(z-y)}.$$

因此需要计算

$$\frac{x^3}{(x-y)(x-z)} + \frac{y^3}{(y-z)(y-x)} + \frac{z^3}{(z-x)(z-y)}.$$

注意到

$$\frac{x^3}{(x-y)(x-z)} + \frac{y^3}{(y-z)(y-x)} + \frac{z^3}{(z-x)(z-y)}$$
$$= (x+y+z)\left(\frac{x^2}{(x-y)(x-z)} + \frac{y^2}{(y-z)(y-x)} + \frac{z^2}{(z-x)(z-y)} \right)$$
$$- \left(\frac{x^2(y+z)}{(x-y)(x-z)} + \frac{y^2(x+z)}{(y-z)(y-x)} + \frac{z^2(x+y)}{(z-x)(z-y)} \right).$$

由于

$$\frac{x^2}{(x-y)(x-z)} + \frac{y^2}{(y-z)(y-x)} + \frac{z^2}{(z-x)(z-y)} = 1,$$
$$\frac{x^2(y+z)}{(x-y)(x-z)} + \frac{y^2(x+z)}{(y-z)(y-x)} + \frac{z^2(x+y)}{(z-x)(z-y)} = 0,$$

因此得到

$$\frac{x^3}{(x-y)(x-z)} + \frac{y^3}{(y-z)(y-x)} + \frac{z^3}{(z-x)(z-y)} = x+y+z.$$

所以

$$\frac{x^3(x+y+z)}{(x-y)(x-z)} + \frac{y^3(x+y+z)}{(y-z)(y-x)} + \frac{z^3(x+y+z)}{(z-x)(z-y)} = (x+y+z)^2.$$

现在我们需要解方程

$$(x+y+z)^2 = 2160 + (x+y-z)^2.$$

平方差公式给出

$$4z(x+y) = 2160.$$

因此 $z(x+y) = 540 = 2^2 \cdot 3^3 \cdot 5$. 现在很容易在正整数范围内求解这个方程（虽然解的个数很大）. □

6.3 比较首项系数

写下一个多项式 $P(x) = a_d x^d + \cdots + a_0$ 的插值公式以后,我们可以比较两边的系数给出更多的恒等式. 这额外的步骤隐藏了插值公式,可以得到更多神奇的恒等式. 例如,考察首项系数,我们得到如下的结果.

> **定理**
>
> $$a_d = \frac{P(x_0)}{(x_0-x_1)\cdots(x_0-x_d)} + \cdots + \frac{P(x_d)}{(x_d-x_0)\cdots(x_d-x_{d-1})}.$$

不要低估上面恒等式的用处,读者会看到它可以应用在各种各样的场合.

例 6.9. 计算下面表达式的值:
$$\frac{(a+b-c)^2}{(a-c)(b-c)} + \frac{(c+b-a)^2}{(b-a)(c-a)} + \frac{(c+a-b)^2}{(a-b)(c-b)}.$$

解 考虑多项式 $P(x) = (a+b+c-2x)^2$,于是

$$P(a) = (c+b-a)^2, \quad P(b) = (c+a-b)^2, \quad P(c) = (a+b-c)^2.$$

因此比较插值公式的首项得到:

$$\begin{aligned} 4 &= \frac{P(a)}{(a-b)(a-c)} + \frac{P(b)}{(b-a)(b-c)} + \frac{P(c)}{(c-a)(c-b)} \\ &= \frac{(a+b-c)^2}{(a-c)(b-c)} + \frac{(c+b-a)^2}{(b-a)(c-a)} + \frac{(c+a-b)^2}{(a-b)(c-b)}. \end{aligned}$$

□

例 6.10. 设 p 是素数. 对整系数多项式 $f(x)$, 存在集合 $\{0, 1, \cdots, p-1\}$ 的排列 $a_1, \cdots, a_p$, 满足 $f(a_i) \equiv 2^{p-i} \pmod{p}$. 证明: $\deg f \geqslant p-1$.

证明 用反证法, 假设 $\deg f(x) < p-1$. 考察多项式 $f(x)$ 在点 $0, \cdots, p-1$ 的插值公式, 得到

$$f(x) = \frac{Q_0(x)}{Q_0(0)} f(0) + \cdots + \frac{Q_{p-1}(x)}{Q_{p-1}(p-1)} f(p-1).$$

比较两边的首项系数, 得到右端的 x^{p-1} 的系数必然为零, 即

$$\frac{f(0)}{Q_0(0)} + \cdots + \frac{f(p-1)}{Q_{p-1}(p-1)} = 0.$$

根据定义, 有

$$Q_k(k) = (k-0)(k-1)\cdots(k-(k-1))(k-(k+1))\cdots(k-(p-1))$$
$$= (-1)^{p-1-k}(p-k-1)! k!.$$

因此将这个恒等式乘以 $(-1)^{p-1}(p-1)!$, 我们得到

$$\binom{p-1}{0} f(0) - \binom{p-1}{1} f(1) + \cdots + (-1)^{p-1} \binom{p-1}{p-1} f(p-1) = 0.$$

熟知

$$\binom{p-1}{k} = (-1)^k \pmod{p},$$

因此得到

$$f(0) + \cdots + f(p-1) \equiv 0 \pmod{p}.$$

然而, 题目的假设给出 $f(0), \cdots, f(p-1)$ 的某个排序模 p 为 2^{p-i}. 因此

$$f(0) + \cdots + f(p-1) \equiv 1 + 2 + \cdots + 2^{p-1} = 2^p - 1 \equiv 1 \pmod{p},$$

矛盾. $\qquad\square$

例 6.11. 设 $Q(x) = (x-x_1)\cdots(x-x_d)$, $Q_i(x) = \dfrac{Q(x)}{x-x_i}$. 证明:

$$\sum_{i=1}^{d} \frac{x_i^d}{Q_i(x_i)} = \sum_{i=1}^{d} x_i.$$

证明 考察多项式

$$P(x) = x^d - Q(x) = x^d - (x - x_1) \cdots (x - x_d).$$

于是 $\deg P(x) \leqslant d - 1$ 并且 $P(x_i) = x_i^d$. 写下 $P(x)$ 在点 $x_1, \cdots, x_d$ 的插值公式, 得到

$$P(x) = \sum_{i=1}^{d} \frac{Q_i(x)}{Q_i(x_i)} x_i^d.$$

比较两边的 x^{d-1} 的系数, 得到

$$\sum_{i=1}^{d} x_i = \sum_{i=1}^{d} \frac{x_i^d}{Q_i(x_i)}.$$

□

注 上面的解答中我们可以再进一步. 比较两边 x^{d-2} 项的系数, 得到

$$\sum_{1 \leqslant i < j \leqslant d} x_i x_j = \sum_{i=1}^{d} \frac{S - x_i}{Q_i(x_i)} x_i^d,$$

其中 $S = \sum_{i=1}^{d} x_i$. 根据这个恒等式和上一题的结果, 我们得到

$$\sum_{i=1}^{d} \frac{x_i^{d+1}}{Q_i(x_i)} = S^2 - \sum_{1 \leqslant i < j \leqslant d} x_i x_j = \sum_{i=1}^{d} x_i^2 + \sum_{1 \leqslant i < j \leqslant d} x_i x_j.$$

例 6.12. 设 k 是正整数,

$$b_i = (a_i - a_1) \cdots (a_i - a_{i-1})(a_i - a_{i+1}) \cdots (a_i - a_n),$$

其中 $a_1, \cdots, a_n$ 是不同的整数. 证明: $\sum_{i=1}^{n} \dfrac{a_i^k}{b_i}$ 是整数.

证明 定义 $Q(x) = (x - a_1) \cdots (x - a_n)$ 和 $Q_i(x) = \dfrac{Q(x)}{x - a_i}$. 注意到 $b_i = Q_i(a_i)$. 由于 $Q(x)$ 的首项系数为 1, 我们可以做带余除法, 得到

$$x^k = Q(x)S(x) + T(x),$$

其中 $S(x)$ 和 $T(x)$ 都是整系数多项式, 而且

$$\deg T(x) < n.$$

(若 $k < n$, 则有 $S(x) = 0$ 和 $T(x) = x^k$.) 在上面等式中代入 $x = a_1, \cdots, a_n$, 我们发现

$$T(a_i) = a_i^k, \quad i = 1, \cdots, n.$$

现在写下 $T(x)$ 在点 $a_1, \cdots, a_n$ 的插值公式, 给出

$$T(x) = \sum_{i=1}^{n} \frac{Q_i(x)}{Q_i(a_i)} a_i^k.$$

取 x^{n-1} 的系数, 得到

$$\sum_{i=1}^{n} \frac{a_i^k}{Q_i(a_i)} = \sum_{i=1}^{n} \frac{a_i^k}{b_i}$$

是 $T(x)$ 的 x^{n-1} 项的系数, 因此是整数. $\qquad\square$

例 6.13. 设 $a_0, \cdots, a_d$ 是两两不同的复数. 求所有的 $z_1, \cdots, z_d$, 满足

$$\sum_{j=0}^{d} z_j a_j^k = \begin{cases} 0, & \text{若 } k = 0, 1, \cdots, d-1, \\ 1, & \text{若 } k = d. \end{cases}$$

解 令

$$Q_0(x) = (x - a_1) \cdots (x - a_d) = x^d - s_{d-1} x^{d-1} + \cdots + (-1)^d s_0.$$

将第一个方程 (即 $\sum_{j=0}^{d} z_j = 0$) 乘以 $(-1)^d s_0$, 第二个方程乘以 $(-1)^{d-1} s_1$, 最后一个方程乘以 1, 然后相加得到

$$z_0 Q_0(a_0) + z_1 Q_0(a_1) + \cdots + z_d Q_0(a_d) = 1.$$

由于 $Q_0(a_1) = \cdots = Q_0(a_d) = 0$, 因此得到

$$z_0 = \frac{1}{Q_0(a_0)} = \frac{1}{(a_0 - a_1) \cdots (a_0 - a_d)}.$$

类似地, 如果定义 $Q(x) = (x - a_0) \cdots (x - a_d)$ 和 $Q_i(x) = \frac{Q(x)}{x - a_i}$, 那么有

$$z_k = \frac{1}{Q_k(a_k)} = \frac{1}{(a_k - a_0) \cdots (a_k - a_d)}.$$

另一方面, 多项式 $x^k, 0 \leqslant k \leqslant d$ 在点 $a_0, \cdots, a_d$ 的插值公式给出恒等式:

$$x^k = \sum_{i=0}^{d} \frac{Q_i(x)}{Q_i(a_i)} a_i^k.$$

比较 x^k 中 x^d 的系数(若 $0 \leqslant k \leqslant d-1$,则为零;若 $k=d$,则为 1),我们发现

$$\sum_{i=0}^{d} \frac{a_i^k}{Q_i(a_i)} = \begin{cases} 0, & \text{若 } k = 0, 1, \cdots, d-1, \\ 1, & \text{若 } k = d. \end{cases}$$

$\square$

例 6.14. 设 $n \geqslant 2, z_1, \cdots, z_n$ 是非零复数. 证明:

$$\sum \frac{1}{z_1(z_1 - z_2) \cdots (z_1 - z_n)} = \frac{(-1)^{n-1}}{z_1 \cdots z_n}.$$

证明 写下多项式 $P(x) = 1$ 在点 $z_1, \cdots, z_n$ 的插值多项式,得到

$$1 = \sum \frac{(x - z_2) \cdots (x - z_n)}{(z_1 - z_2) \cdots (z_1 - z_n)}.$$

比较常数项,得到

$$1 = \sum \frac{(-1)^{n-1} z_2 \cdots z_n}{(z_1 - z_2) \cdots (z_1 - z_n)}.$$

因此两边除以 $(-1)^{n-1} z_1 \cdots z_n$ 后就得到了所需结果. $\square$

例 6.15. 设 $R(x) = a_0 + \cdots + a_{p-1} x^{p-1}$ 是整系数多项式,其中 p 是奇素数. 已知,若 p 不整除 $a - b$,则 p 也不整除 $R(a) - R(b)$. 证明:a_{p-1} 是 p 的倍数.

证明 条件 $p \nmid a - b \implies p \nmid R(a) - R(b)$ 说明,$R(0), R(1), \cdots, R(p-1)$ 模 p 互不相同. 由于只有 p 个不同的模 p 剩余类,在每个剩余类中恰有其中的一个数.(此时我们说 $\{R(0), \cdots, R(p-1)\}$ 构成模 p 的完全剩余系.)特别地,这说明

$$\sum_{i=0}^{p-1} R(i) \equiv 0 + 1 + \cdots + p - 1 = \frac{p(p-1)}{2} \equiv 0 \pmod{p}.$$

注意到,如果我们写下 $R(x)$ 在点 $0, 1, \cdots, p-1$ 的插值公式,那么得到

$$R(x) = \sum_{i=0}^{p-1} \frac{Q_i(x)}{Q_i(i)} R(i).$$

于是比较首项系数发现

$$a_{p-1} = \sum_{i=0}^{p-1} \frac{R(i)}{Q_i(i)}.$$

由于 $Q_i(i) = (-1)^i i! (p-1-i)!$,这说明

$$(p-1)! a_{p-1} = \sum_{i=0}^{p-1} (-1)^i \binom{p-1}{i} R(i).$$

由于 $\binom{p-1}{i} \equiv (-1)^i \pmod{p}$，我们得到

$$(p-1)!a_{p-1} \equiv \sum_{i=0}^{p-1} R(i) \pmod{p}.$$

根据威尔逊定理 $(p-1)! \equiv -1 \pmod{p}$，我们有

$$a_{p-1} \equiv -\sum_{i=0}^{p-1} R(i) \pmod{p}.$$

因此 $a_{p-1} \equiv 0 \pmod{p}$.　　□

注 前面的例子证明了一个有趣的结果，值得强调一下. 证明中得到：若 $R(x)$ 是任意次数不超过 $p-1$ 的整系数多项式，a_{p-1} 是它的 x^{p-1} 项的系数，则有

$$\sum_{i=0}^{p-1} R(i) \equiv -a_{p-1} \pmod{p}.$$

对于特殊情形，分别取 $R(x) = 1, x, \cdots, x^{p-1}$，得到

$$\sum_{i=0}^{p-1} i^k \equiv \begin{cases} 0, & \text{若 } k = 0, \cdots, p-2 \\ -1, & \text{若 } k = p-1 \end{cases} \pmod{p}.$$

反之，由于次数不超过 $p-1$ 的多项式总是这些多项式的线性组合，特殊情形可以推出一般的情形.

这个结果（以及推广到更高次的结果）可以用原根给出简单的证明，我们在下一章应用牛顿恒等式还会给出另一个证明.

注 此处所说的事实的部分原因是 $p-1$ 次的多项式在 $0, 1, \cdots, p-1$ 的模 p 插值公式是一种非常特殊的情况. 回想一下我们证明插值公式的关键步骤是建立一个 d 次多项式 $\dfrac{Q_i(x)}{Q_i(r_i)}$，它在不等于 r_i 的 d 个点为零，并且在 r_i 处等于 1. 模 p 情形下，对于点 $0, 1, \cdots, p-1$，费马小定理提供了找到这样多项式的新方法. 具体来说，我们考察 $x - i$，若 $x = i$，则它等于零，否则是一个和 p 互素的数. 因此，根据费马小定理，有

$$(x-i)^{p-1} \equiv \begin{cases} 0, & \text{若 } x = i \\ 1, & \text{若 } x \neq i \end{cases} \pmod{p}.$$

因此多项式 $1 - (x-i)^{p-1}$ 在 $x = i$ 同余于 1，在其他点同余于零. 于是

$$P(x) = \sum_{i=0}^{p-1} a_i(1 - (x-i)^{p-1})$$

是一个次数不超过 $p-1$ 的整系数多项式,满足 $P(i) \equiv a_i \pmod{p}, i = 0, \cdots, p-1$.

为了进一步阐明再上一个注记,下面是一个很好的中国数学奥林匹克题目,可以很快从这个结果中得到.

例 6.16. 设 p 是奇素数,$a_1, \cdots, a_p$ 是整数. 证明:如果存在整系数多项式 $P(x)$,次数不超过 $\dfrac{p-1}{2}$,并且 $P(i) \equiv a_i \pmod{p}, 1 \leqslant i \leqslant p$,那么对任意 $d \leqslant \dfrac{p-1}{2}$,我们有

$$\sum_{i=1}^{p} (a_{i+d} - a_i)^2 \equiv 0 \pmod{p},$$

其中下标模 p 理解.

中国数学奥林匹克 2016

证明 由于 $P(x)$ 是整系数多项式,因此 $P(i+p) \equiv P(i) \pmod{p}$. 我们可以考察求和

$$\sum_{i=1}^{p} (P(i+d) - P(i))^2 \equiv \sum_{i=1}^{p} (a_{i+d} - a_i)^2 \pmod{p}.$$

设 $Q(x) = P(x+d+1) - P(x+1)$,于是 $Q(x)$ 是一个整系数多项式,次数不超过 $\dfrac{p-3}{2}$. 于是有

$$Q(x)^2 = a_{p-3} x^{p-3} + a_{p-4} x^{p-4} + \cdots + a_0,$$

其中 a_k 是整数. 对 x 求和,并用上面第一个注记的结果,我们发现

$$\sum_{i=1}^{p} (P(i+d) - P(i))^2 = \sum_{i=0}^{p-1} Q(i)^2 = \sum_{k=0}^{p-3} a_k \sum_{i=0}^{p-1} i^k \equiv 0 \pmod{p}.$$

$\square$

注 可以证明这个结果的逆. 也就是说,如果对任意 $d \leqslant \dfrac{p-1}{2}$,都有

$$\sum_{i=1}^{p} (a_{i+d} - a_i)^2 \equiv 0 \pmod{p},$$

那么存在整系数多项式 $P(x)$,次数不超过 $\dfrac{p-1}{2}$,满足 $P(i) \equiv a_i \pmod{p}$,对所有的 $1 \leqslant i \leqslant p$ 成立. 我们将在多项式三部曲的下一卷证明.

我们继续这一节,给出一个例子,对于整系数不可约多项式有很强的推论. [1]

---

[1] 例如可以参考蒂图·安德雷斯库、加布里埃尔·道斯佩妮著,冯志新译《初等数学问题研究》第 21 章习题 16.

例 6.17. 设 $Q(x)$ 是 d 次首项系数为 1 的多项式, $x_0, \cdots, x_d$ 是不同的整数. 证明:

$$\max_{0 \leqslant i \leqslant d} |Q(x_i)| \geqslant \frac{d!}{2^d}.$$

G. Polya

证明 不妨设 $x_0 < x_1 < \cdots < x_d$. 写下多项式 $Q(x)$ 在点 $x_0, \cdots, x_d$ 处的插值公式, 比较两边的首项系数, 得到

$$1 = \frac{Q(x_0)}{(x_0 - x_1) \cdots (x_0 - x_d)} + \cdots + \frac{Q(x_d)}{(x_d - x_0) \cdots (x_d - x_{d-1})}.$$

两边取绝对值, 然后用三角不等式, 得到

$$1 \leqslant \frac{|Q(x_0)|}{|(x_0 - x_1) \cdots (x_0 - x_d)|} + \cdots + \frac{|Q(x_d)|}{|(x_d - x_0) \cdots (x_d - x_{d-1})|}$$
$$\leqslant \max_{0 \leqslant i \leqslant d} |Q(x_i)| \left(\frac{1}{|(x_0 - x_1) \cdots (x_0 - x_d)|} + \cdots + \frac{1}{|(x_d - x_0) \cdots (x_d - x_{d-1})|} \right).$$

由于 $|(x_i - x_1) \cdots (x_i - x_d)| \geqslant i!(d-i)!$, 因此有

$$1 \leqslant \max_{0 \leqslant i \leqslant d} |Q(x_i)| \left(\frac{1}{0!d!} + \frac{1}{1!(d-1)!} + \cdots + \frac{1}{d!0!} \right).$$

也就是说

$$d! \leqslant \max_{0 \leqslant i \leqslant d} |Q(x_i)| \left(\frac{d!}{0!d!} + \frac{d!}{1!(d-1)!} + \cdots + \frac{d!}{d!0!} \right)$$
$$= \max_{0 \leqslant i \leqslant d} |Q(x_i)| \left(\binom{d}{0} + \cdots + \binom{d}{d} \right) = 2^d \cdot \max_{0 \leqslant i \leqslant d} |Q(x_i)|.$$

因此

$$\max_{0 \leqslant i \leqslant d} |Q(x_i)| \geqslant \frac{d!}{2^d}.$$

□

　　我们给出两个数论题目来结束这一节内容, 这两个题目不用插值公式会很困难.

例 6.18. 设 $k \geqslant 2$. 求 $\binom{n}{k}$ 在 $\{n - k + 1, \cdots, n\}$ 中的因子的最大个数.

罗马尼亚国家队选拔考试 2015

解 设 $n = k!$,则有

$$\binom{k!}{k} = (k!-1)(k!-2)\cdots(k!-(k-1)).$$

因此 $n-1,\cdots,n-k+1$ 都整除 $\binom{n}{k}$. 因此我们可以有 $k-1$ 个因子在给出的 k 个数中. 问题的棘手之处在于证明,所给的 k 个数不能都是因子,我们用插值公式给出一个巧妙的做法.

设

$$Q(x) = x(x-1)\cdots(x-k+1), \quad Q_j(x) = \frac{Q(x)}{x-j}, \quad j = 0, 1, \cdots, k-1.$$

多项式 $P(x) = 1$ 在点 $0, \cdots, k-1$ 的插值公式给出

$$1 = \sum_{j=0}^{k-1} \frac{Q_j(x)}{Q_j(j)}.$$

计算得到 $Q_j(j) = (-1)^{k-j-1} j! (k-j-1)!$,以及

$$Q_j(n) = \frac{n(n-1)\cdots(n-k+1)}{n-j} = \frac{k!}{n-j}\binom{n}{k}.$$

因此这个公式可以得到

$$\frac{1}{k} = \frac{1}{k}\sum_{j=0}^{k-1}\frac{Q_j(n)}{Q_j(j)} = \sum_{j=0}^{k-1}(-1)^{k-j-1}\binom{k-1}{j}\cdot\frac{1}{n-j}\binom{n}{k}.$$

左端不是整数,因此至少有一个 $\frac{1}{n-j}\binom{n}{k}$ 型的项不是整数,说明所给数中最多有 $k-1$ 个是 $\binom{n}{k}$ 的因子. □

例 6.19. 设 $d > 1$ 是整数,$a_1, \cdots, a_{d+1}$ 是不同的正整数. 是否存在整系数多项式 $P(x)$,次数不超过 d,并且同时满足下面的条件?

(i) 对所有的 $1 \leqslant i < j \leqslant d+1$,有 $\gcd(P(a_i), P(a_j)) > 1$.

(ii) 对所有的 $1 \leqslant i < j < k \leqslant d+1$,有 $\gcd(P(a_i), P(a_j), P(a_k)) = 1$.

Mojtaba Zare,伊朗国家队选拔考试 2018

解 取 $b_{i,j}$,$1 \leqslant i, j \leqslant d+1$ 是正整数,使得对任意 i, j, k, l,$\{i, j\} \neq \{k, l\}$,都有 $\gcd(b_{i,j}, b_{k,l}) = 1$,以及 $b_{i,j} = b_{j,i}$. 根据插值公式,存在有理系数多项式 $P(x)$,次数不超过 d,满足

$$P(a_i) = \prod_{j=1}^{d+1} b_{i,j}.$$

对每个 $1 \leqslant i \leqslant d+1$, 我们有

$$\gcd(P(a_i), P(a_j)) = b_{i,j} > 1,$$
$$\gcd(P(a_i), P(a_j), P(a_k)) = \gcd(b_{i,j}, P(a_k)) = 1.$$

因此只需证明上面的多项式可以是整系数的. 为此我们对 $b_{i,j}$ 增加一些额外的条件. 注意到

$$P(x) = \sum_{i=1}^{d+1} \frac{Q_i(x)}{Q_i(a_i)} P(a_i).$$

定义 $c = Q_1(a_1) \cdots Q_{d+1}(a_{d+1})$, 进一步规定 $b_{i,j} \equiv 1 \pmod{c}$, 对所有的 i, j 成立. 于是 $P(a_i) \equiv 1 \pmod{c}$, 记 $P(a_i) = 1 + cd_i$, d_i 是整数. 注意到

$$P(x) = \sum_{i=1}^{d+1} \frac{Q_i(x)}{Q_i(a_i)} P(a_i) = \sum_{i=1}^{d+1} \frac{Q_i(x)}{Q_i(a_i)} (1 + cd_i) = \sum_{i=1}^{d+1} \frac{Q_i(x)}{Q_i(a_i)} + c \sum_{i=1}^{d+1} \frac{Q_i(x)}{Q_i(a_i)} d_i.$$

由于 $c = Q_1(a_1) \cdots Q_{d+1}(a_{d+1})$, 因此 $c \sum\limits_{i=1}^{d+1} \dfrac{Q_i(x)}{Q_i(a_i)} d_i$ 的系数为整数. 进一步, $\sum\limits_{i=1}^{d+1} \dfrac{Q_i(x)}{Q_i(a_i)}$ 是多项式 1 的插值多项式, 因此 $\sum\limits_{i=1}^{d+1} \dfrac{Q_i(x)}{Q_i(a_i)} = 1$. 于是多项式

$$P(x) = 1 + c \sum_{i=1}^{d+1} \frac{Q_i(x)}{Q_i(a_i)} d_i$$

的系数为整数, 满足所需的条件. □

6.4 一个有用的特殊情形

拉格朗日插值公式的威力在于它适用于任何一组点, 但有一种特殊的情况比所有其他情况出现的频率更高, 值得详细写一下.

假设 $P(x) = a_d x^d + \cdots + a_0$ 是次数不超过 d 的多项式. 写下在 $0, 1, \cdots, d$ 点的插值公式, 我们得到

$$P(x) = \sum_{i=0}^{d} \frac{Q_i(x)}{Q_i(i)} P(i),$$

其中 $Q(x) = x(x-1) \cdots (x-d)$, $Q_i(x) = \dfrac{Q(x)}{x-i}$, $i = 0, \cdots, d$.

此时我们计算得到

$$Q_i(i) = i \cdot (i-1) \cdots (i-(i-1)) \cdot (i-(i+1)) \cdots (i-d) = (-1)^{d-i} i! (d-i)!.$$

因此公式简化为

$$P(x) = \sum_{i=0}^{d} (-1)^{d-i} \binom{d}{i} P(i) \cdot \frac{x(x-1)\cdots(x-d)}{d!(x-i)}.$$

如果进一步限制到 x 取大的正整数值,那么可以更简洁地写成

$$P(n) = \sum_{i=0}^{d} \frac{(-1)^{d-i}}{n-i} \binom{d}{i} \binom{n}{d} P(i).$$

插值公式的特殊情形

对所有不超过 d 次的多项式 $P(x)$,我们有

$$P(x) = \sum_{i=0}^{d} (-1)^{d-i} \binom{d}{i} P(i) \cdot \frac{x(x-1)\cdots(x-d)}{d!(x-i)},$$

因此对正整数 $n > d$,有

$$P(n) = \sum_{i=0}^{d} \frac{(-1)^{d-i}}{n-i} \binom{d}{i} \binom{n}{d} P(i).$$

如果我们假设 $P(x)$ 的次数最多为 $d-1$,并取两边的 x^d 项的系数,那么就会产生一个真正惊人的恒等式.

引理

对任何次数不超过 $d-1$ 的多项式 $P(x)$,我们有

$$\sum_{i=0}^{d} (-1)^{i} \binom{d}{i} P(i) = 0.$$

这是一个非常有用的恒等式,由于它表明了一个复杂的求和为零. 我们下面会看到这个恒等式的一些例子.

我们之前在第 3.6 节中看到过这个恒等式,但是插值公式的优点是一步导出而不是归纳得出它. 由于插值公式和第 3.6 节在这个简单例子上的相似性,我们将看到下面的许多结果也可以使用归纳和该节的方法来证明.

例 6.20. 设 $a \geqslant 3$,$P(x)$ 是 d 次实系数多项式. 证明:

$$\max_{0 \leqslant i \leqslant d+1} |a^i - P(i)| \geqslant \left(\frac{a-1}{2} \right)^d.$$

证法一　用反证法, 假设

$$|a^i - P(i)| < \left(\frac{a-1}{2}\right)^d$$

对所有的 $i = 0, 1, \cdots, d+1$ 成立. 这说明

$$a^i - \left(\frac{a-1}{2}\right)^d < P(i) < a^i + \left(\frac{a-1}{2}\right)^d$$

对所有的 $i = 0, 1, \cdots, d+1$ 成立. 注意到我们可以把这个不等式改写为

$$(-1)^i a^i - \left(\frac{a-1}{2}\right)^d < (-1)^i P(i) < (-1)^i a^i + \left(\frac{a-1}{2}\right)^d.$$

因此求和得到

$$\sum_{i=0}^{d+1} \binom{d+1}{i} \left[(-1)^i a^i - \left(\frac{a-1}{2}\right)^d \right]$$
$$< \sum_{i=0}^{d+1} (-1)^i \binom{d+1}{i} P(i) < \sum_{i=0}^{d+1} \binom{d+1}{i} \left[(-1)^i a^i + \left(\frac{a-1}{2}\right)^d \right].$$

根据上面的引理, 我们有

$$\sum_{i=0}^{d+1} (-1)^i \binom{d+1}{i} P(i) = 0,$$

不等式两端的求和可以用二项式定理完成, 所以我们得到

$$(1-a)^{d+1} - 2^{d+1} \left(\frac{a-1}{2}\right)^d < 0 < (1-a)^{d+1} + 2^{d+1} \left(\frac{a-1}{2}\right)^d.$$

然而, 我们可以将其改写为

$$(a-1)^{d+1} = |1-a|^{d+1} < 2(a-1)^d,$$

这和 $a - 1 \geqslant 2$ 矛盾.　　　　　　　　　　　　　　　　　　　□

证法二　基于第 3.6 节, 有一个不错的有趣证明. 我们对 $P(x)$ 的次数 d 归纳. 若 $d = 0$, 则 $P(x) = c$ 是常数, 根据三角不等式有

$$\max\{|1-c|, |a-c|\} \geqslant \frac{a-c+c-1}{2} = \frac{a-1}{2}.$$

现在假设题目的结论对所有次数不超过 $d-1$ 的多项式成立. 定义

$$Q(x) = \frac{P(x+1) - P(x)}{a-1}.$$

我们知道 $\deg Q(x)$ 的次数等于 $d-1$，因此根据归纳假设，存在 $0 \leqslant i \leqslant d$，使得

$$|a^i - Q(x)| \geqslant \left(\frac{a-1}{2}\right)^{d-1}.$$

代入 $Q(x)$，得到

$$|(P(i+1) - a^{i+1}) - (P(i) - a^i)| \geqslant \left(\frac{a-1}{2}\right)^{d-1} \cdot (a-1) = 2\left(\frac{a-1}{2}\right)^d.$$

因此

$$\max\left\{|P(i+1) - a^{i+1}|, |P(i) - a^i|\right\} \geqslant \left(\frac{a-1}{2}\right)^d,$$

我们就完成了证明. $\qquad\qquad\qquad\qquad\qquad\qquad\qquad\qquad\qquad\qquad\qquad\qquad$ □

下面例子的第一个解答使用了上面的引理，第二个解答是归纳法和第 3.6 节知识的应用. 我们希望读者彻底了解这些方法. 然而，我们将在多项式三部曲的最后一卷中使用关于切比雪夫多项式的知识来证明一个稍强的结果.

例 6.21. 设 $P(x)$ 是 d 次多项式，$|P(x)| \leqslant 1$ 对所有的 $0 \leqslant x \leqslant 1$ 成立. 证明:

$$P\left(-\frac{1}{d}\right) \leqslant 2^{d+1} - 1.$$

证法一 设 $R(x) = P\left(\dfrac{d-x}{d}\right)$，则对所有的 $x \in [0, d]$，有 $|R(x)| \leqslant 1$，然后我们想要证明

$$R(d+1) \leqslant 2^{d+1} - 1.$$

由于 $R(x)$ 的次数为 d，对 $d+1$ 应用引理得到

$$\sum_{k=0}^{d+1} (-1)^{d+1-k} \binom{d+1}{k} R(k) = 0,$$

移项，改写成

$$R(d+1) = \sum_{k=0}^{d} (-1)^{d-k} \binom{d+1}{k} R(k).$$

因此

$$
\begin{aligned}
|R(d+1)| &= \left|\sum_{k=0}^{d} (-1)^{d-k} \binom{d+1}{k} R(k)\right| \\
&\leqslant \sum_{k=0}^{d} \binom{d+1}{k} |R(k)| \\
&\leqslant \sum_{k=0}^{d} \binom{d+1}{k} = 2^{d+1} - 1.
\end{aligned}
$$

$\qquad\qquad\qquad\qquad\qquad\qquad\qquad\qquad\qquad\qquad\qquad\qquad\qquad\qquad$ □

证法二 如证法一中定义 $R(x)$, 我们对 d 归纳, 证明想要的不等式. $d = 0$ 的情形是平凡的. 假设不等式对次数不超过 $d-1$ 的多项式都成立. 设 $S(x) = \frac{1}{2}(R(x+1) - R(x))$. 于是 $\deg S(x) = d-1$, 并且对所有的 $x \in [0, d-1]$, 有 $|S(x)| \leqslant 1$. 根据归纳假设, 有 $S(d) \leqslant 2^d - 1$. 因为 $R(d+1) = 2S(d) + R(d)$, 所以有

$$R(d+1) \leqslant 2^{d+1} - 2 + 1 = 2^{d+1} - 1,$$

这样就完成了证明. $\qquad\square$

例 6.22. 设 $P(x)$ 是实系数多项式, 并且 $\deg P < 2d$. 证明:

$$|P(d)| \leqslant 2\sqrt{d} \max \{|P(0)|, \cdots, |P(d-1)|, |P(d+1)|, \cdots, |P(2d)|\}.$$

Komal

证明 为了解决这个问题, 我们需要熟知的不等式

$$\binom{2d}{d} \geqslant \frac{2^{2d-1}}{\sqrt{d}},$$

其中 $d \geqslant 1$. 这个不等式容易对 d 归纳证明. 基础情形 $d = 1$, 不等式为 $2 \geqslant 2$. 在归纳的步骤中, 我们利用不等式 $(2d-1)^2 \geqslant 4d(d-1)$ 以及归纳假设得到

$$\binom{2d}{d} = \frac{2(2d-1)}{d}\binom{2d-2}{d-1} \geqslant \frac{4\sqrt{d-1}}{\sqrt{d}}\binom{2d-2}{d-1} \geqslant \frac{2^{2d-1}}{\sqrt{d}}.$$

回到我们的问题, 我们把次数为 $2d$ 时的引理

$$\sum_{i=0}^{2d} (-1)^i \binom{2d}{i} P(i) = 0,$$

改写为

$$\binom{2d}{d} P(d) = \sum_{i=0, i \neq d}^{2d} (-1)^{d-i-1} \binom{2d}{i} P(i).$$

因此根据三角不等式, 有

$$\binom{2d}{d} |P(d)| = \left| \sum_{i=0, i \neq d}^{2d} (-1)^{d-i-1} \binom{2d}{i} P(i) \right| \leqslant \sum_{i=0, i \neq d}^{2d} \binom{2d}{i} |P(i)|.$$

设 $M = \max \{|P(0)|, \cdots, |P(d-1)|, |P(d+1)|, \cdots, |P(2d)|\}$. 于是右端不超过

$$M \sum_{i=0, i \neq d}^{2d} \binom{2d}{i} = M \left(2^{2d} - \binom{2d}{d} \right).$$

利用上面的不等式,得到

$$|P(d)| \leqslant \frac{2^{2d} - \binom{2d}{d}}{\binom{2d}{d}} M < \frac{2^{2d}}{\binom{2d}{d}} M \leqslant 2\sqrt{d}M.$$

$\square$

我们以一个例子结束本节,这是一道美国国家队选拔考试题目的解答的主要部分. 我们使用下面的记号: 如果 m 是一个整数,那么 $(m \mod n)$ 表示 m 除以 n 后的余数,它是集合 $\{0, 1, \cdots, n-1\}$ 中的一个数.

例 6.23. 从 $\{0, 1, \cdots, n-1\}$ 到 $\{0, 1, \cdots, n-1\}$ 上的一一映射 $g(x)$ 满足

$$(g(x) + x \mod n), \cdots, (g(x) + (p-1)x \mod n)$$

都是一一映射,其中 p 是某个奇素数. 证明: 对所有的 $1 \leqslant k \leqslant p-1, k! \sum_{i=0}^{n-1} i^k$ 被 n 整除.

证明 若 $h(x)$ 是 $\{0, 1, \cdots, n-1\}$ 到 $\{0, 1, \cdots, n-1\}$ 的一一映射,则有

$$\sum_{x=0}^{n-1} h(x)^k = \sum_{i=0}^{n-1} i^k,$$

这是因为两边的求和项只是相差一个排列.

因此从题目的假设我们发现,对所有的 $1 \leqslant k \leqslant p-1$,有

$$\sum_{x=0}^{n-1} g(x)^k \equiv \sum_{x=0}^{n-1} (g(x) + x)^k \equiv \cdots \equiv \sum_{x=0}^{n-1} (g(x) + (p-1)x)^k \equiv \sum_{i=0}^{n-1} i^k \pmod{n}.$$

现在把 $(g(x) + yx)^k$ 看成关于变量 y 的 k 次多项式. 于是利用插值公式的特殊情形,有

$$(g(x) + yx)^k = \sum_{j=0}^{k} (-1)^{k-j} \binom{k}{j} (g(x) + jx)^k \cdot \frac{y(y-1) \cdots (y-k)}{k!(y-j)}.$$

考察两边 y^k 的系数,将其乘以 $k!$,得到

$$k! x^k = \sum_{j=0}^{k} (-1)^{k-j} \binom{k}{j} (g(x) + jx)^k.$$

对 x 求和,得到

$$k! \sum_{x=0}^{n-1} x^k = \sum_{j=0}^{k} (-1)^{k-j} \binom{k}{j} \sum_{x=0}^{n-1} (g(x) + jx)^k.$$

于是根据上面的结果,有

$$k! \sum_{x=0}^{n-1} x^k \equiv \sum_{j=0}^{k} (-1)^{k-j} \binom{k}{j} \cdot \sum_{i=0}^{n-1} i^k = 0 \pmod{n},$$

其中我们用到 $k \geqslant 1$,以及二项式定理给出

$$\sum_{j=0}^{k} (-1)^{k-j} \binom{k}{j} = (1-1)^k = 0.$$

因此对所有的 $0 \leqslant k \leqslant p-1$,$k! \sum_{x=0}^{n-1} x^k$ 被 n 整除. $\qquad\square$

6.5 存在性和唯一性证明

虽然拉格朗日插值公式很强大,对于某些问题,我们只用到定理的存在性或者唯一性部分,而不是公式本身.

我们看一些例子.

例 6.24. 设 $d \geqslant 2$ 是整数. 次数不超过 $d-1$ 的多项式 $Q(x)$ 满足

$$x(x-1)(x-2)\cdots(x-d)Q(x) + x^2 + 1 = f(x)^2$$

对某个实系数多项式 $f(x)$ 成立,求这样的 $Q(x)$ 的个数.

解 比较次数发现,$\deg Q(x) \leqslant d-1$ 当且仅当 $\deg f(x) \leqslant d$. 因此 $f(x)$ 的次数不超过 d,并且满足 $f(k) = \pm\sqrt{1+k^2}$ 对 $k = 0, \cdots, d$ 均成立.

对 $d+1$ 个符号,我们有 2^{d+1} 种选择,插值公式表明,对每个符号选择,我们能得到唯一的多项式 $f(x)$,次数不超过 d. 因此我们有 2^{d+1} 个不同的多项式 $f(x)$. 对于任何这样的 $f(x)$,多项式 $f(x)^2 - x^2 - 1$ 在 $x = 0, 1, \cdots, d$ 有根,因此商

$$Q(x) = \frac{f(x)^2 - x^2 - 1}{x(x-1)(x-2)\cdots(x-d)}$$

是多项式. 然而,我们要计算的是 $Q(x)$ 的可能性,不是 $f(x)$,因此必须小心. 如果两个多项式 $f_0(x)$ 和 $f_1(x)$ 对应同样的多项式 $Q(x)$,那么 $f_0(x)^2 = f_1(x)^2$,因此 $f_1(x) = \pm f_0(x)$. 我们看到,将 $f(0), \cdots, f(d)$ 的所有符号改变,则插值得到 $-f(x)$,对应同样的 $Q(x)$. 因此 $f(x)$ 的 2^{d+1} 种选择分裂成 2^d 对,每对对应同样的 $Q(x)$. 于是 $Q(x)$ 的个数是 2^d. $\qquad\square$

例 6.25. 设 $P(x) = (x-1)(x-2)(x-3)$. 对多少多项式 $Q(x)$,存在 3 次多项式 $R(x)$,满足

$$P(Q(x)) = P(x)R(x)?$$

解 注意到

$$P(Q(x)) = (Q(x)-1)(Q(x)-2)(Q(x)-3) = R(x)(x-1)(x-2)(x-3).$$

因此

$$P(Q(1)) = P(Q(2)) = P(Q(3)) = 0,$$

于是 $Q(1), Q(2), Q(3) \in \{1, 2, 3\}$.

此外,很容易发现 $\deg Q(x) = 2$. 现在,我们有 3^3 个 $Q(x)$ 的选择. 根据插值公式,每种选择给出一个次数不超过 2 的多项式. 容易验证,$Q(x) = 1, 2, 3, x, 4-x$ 是这些选择能得到的所有的非二次多项式. 因此我们有 22 个不同的 $Q(x)$ 满足题目条件. □

我们将通过插值公式应用的一个指导性例子继续本节.

例 6.26. 需要从 13 名学生中选择参加国际数学奥林匹克的 6 名意大利国家队成员. 在选拔考试中,13 名学生的分数分别是 $a_1, \cdots, a_{13}$,其中对任意 $i \neq j$,有 $a_i \neq a_j$. 领队已经内定了国家队的 6 名成员. 于是,他构造了一个多项式 $P(x)$,声称 $c_i = P(a_i)$ 代表学生 i 的"创造性潜力",然后国家队需要创造性潜力最高的六名成员. 求最小可能的 d,使得领队总是能找到这样的多项式 $P(x)$,次数不超过 d,并且 6 名内定学生的创造性潜力严格大于剩余的 7 名学生.

解 答案是 12. 首先,我们证明 $d \geqslant 12$.

假设六名内定成员的分数是 2,4,6,8,10,12,其余成员的分数是 1,3,5,7,9,11,13. 对于领队构造的任意多项式 $P(x)$,存在实数 C,严格大于 $P(1), P(3), \cdots, P(13)$,并且小于 $P(2), \cdots, P(12)$. 于是,多项式 $P(x) - C$ 在区间 $[i, i+1]$,$i = 1, \cdots, 12$ 的两个端点取不同符号. 因此 $P(x)$ 至少有 12 个不同的实根,说明

$$\deg(P(x) - C) = \deg P(x) \geqslant 12.$$

现在,我们证明总是可以构造次数不超过 12 的多项式,满足题目条件. 不妨设学生们的成绩满足 $a_1 < a_2 < \cdots < a_{13}$. 我们将构造多项式,在六个内定成员的成绩处取正数,在其他学生的成绩处取负数. 根据插值公式,这总是可以办到的,得到的多项式的次数不超过 12. 这个多项式会将六名内定成员选择为国家队成员. □

接下来的例子有更微妙的含义,就是找到 d 次多项式,经过平面上的 d 个点.
它们都以插值公式为主要的部分,同时做了适当的改进.

例 6.27. 证明:对任何 d 个有序的实数对 $(x_1, y_1), \cdots, (x_d, y_d)$,其中 $x_i \neq x_j$,对
所有的 $i \neq j$ 成立,存在唯一的首项系数为 1 的实系数 d 次多项式 $P(x)$,满足
$P(x_i) = y_i$,对所有的 $i = 1, 2, \cdots, d$ 成立.

证法一　根据插值公式,存在多项式 $Q(x)$,次数不超过 $d-1$,使得 $Q(x_i) = y_i$,对
所有的 $i = 1, 2, \cdots, d$ 成立. 将这个多项式加上 $(x - x_1) \cdots (x - x_d)$,我们得到

$$P(x) = Q(x) + (x - x_1) \cdots (x - x_d)$$

是首项系数为 1 的 d 次多项式,还是经过这 d 个点.要证明唯一性,假设我们有另
一个这样的多项式 $R(x)$,则 $R(x) - P(x)$ 的次数不超过 $d-1$,而且有 d 个实根,
必然有 $R(x) = P(x)$.　　　　　　　　　　　　　　　　　　　　　　$\square$

证法二　根据插值公式,存在唯一的多项式 $Q(x)$,次数不超过 $d-1$,并且满足
$Q(x_i) = y_i - x_i^d$. 因此,如果取

$$P(x) = Q(x) + x^d,$$

那么得到首项系数为 1 的 d 次多项式,经过所有 d 个点.唯一性像证法一一样证
明.　　　　　　　　　　　　　　　　　　　　　　　　　　　　　　　　$\square$

例 6.28. 老师给学生一个如下类型的任务. 他告诉学生们,他想到了一个次数为
2017 的整系数首项系数为 1 的多项式 $P(x)$. 然后他告诉他们 k 个整数 $n_1, n_2,$
$\cdots, n_k$,并告诉他们表达式 $P(n_1)P(n_2) \cdots P(n_k)$ 的值. 然后老师要求学生根据这
些数据找到一个多项式,可能是他想到的那个. 求最小的 k,使得教师可以给出一
个这样的任务,从而学生找到的多项式必然与他所想的一致.

俄罗斯数学奥林匹克 2017

解　若 $k \leqslant 2016$,记 $Q(x) = P(x) + (x - n_1) \cdots (x - n_k)$,则 $Q(x)$ 的首项系数为 1,
次数为 $\deg Q(x) = 2017$,并且 $P(n_i) = Q(n_i)$ 对所有的 $i = 1, \cdots, k$ 成立. 于是

$$P(n_1)P(n_2) \cdots P(n_k) = Q(n_1)Q(n_2) \cdots Q(n_k),$$

说明 $P(x)$ 不可能被唯一确定.

现在,我们证明 $k = 2017$ 可行. 取 $n_i = 4i, i = 1, \cdots, k$. 假设教师选择

$$P(x) = 1 + (x - n_1) \cdots (x - n_{2017}),$$

那么 $P(n_1)P(n_2)\cdots P(n_k)=1$. 如果学生找到了一个次数为 2017, 符合要求的首项系数为 1 的整系数多项式 $Q(x)$, 那么

$$Q(n_1)Q(n_2)\cdots Q(n_k)=1,$$

所以必然有 $Q(n_i)=\pm 1$. 若其中有两个符号不同, 则存在两个下标 $r\neq s$, $Q(n_r)=1$, $Q(n_s)=-1$. 由于 $Q(x)$ 是整系数多项式, 我们有 $n_r-n_s=4(r-s)$ 整除 $Q(n_r)-Q(n_s)=2$. 于是 $4\mid 2$, 矛盾. 因此 $Q(n_r)$ 都相同, 都等于 ± 1. 现在它们一共有奇数个, 乘积为 1, 必然有

$$Q(n_1)=Q(n_2)=\cdots=Q(n_k)=1.$$

因此 $P(x)-Q(x)$ 有 2017 个不同的实根, 次数不超过 2016. 于是 $Q(x)=P(x)$, 说明学生找到的多项式必然就是教师所选择的多项式. □

例 6.29. 证明: 任何首项系数为 1 的实系数 d 次多项式都可以写成两个各有 d 个实根的 d 次首项系数为 1 的多项式的算术平均.

蒂图·安德雷斯库, 美国数学奥林匹克 2002

证明 选择严格递减的 d 个实数 $x_1>\cdots>x_d$. 对每个奇数 i, 取 y_i 满足 $y_i<\min\{0,2P(x_i)\}\leqslant 0$, 对每个偶数 i, 选择 $y_i>\min\{0,2P(x_i)\}\geqslant 0$. 设 $R(x)$ 是首项系数为 1 的 d 次多项式, 满足

$$\deg R(x)=d,\quad R(x_i)=y_i.$$

设 $Q(x)=2P(x)-R(x)$. 由于 $y_{2k}>0>y_{2k+1}$, $R(x)$ 的符号在每个区间 (x_{i+1},x_i) 的端点不同, 因此 $R(x)$ 在区间 (x_{i+1},x_i) 内有一个根, 其中 $i=1,\cdots,d-1$. 此外,

$$Q(x_{2k+1})=2P(x_{2k+1})-y_{2k+1}>0>2P(x_{2k})-y_{2k}=Q(x_{2k}),$$

因此 $Q(x)$ 在区间 (x_{i+1},x_i) 也有一个根. 这说明 $R(x)$ 和 $Q(x)$ 都至少有 $d-1$ 个实根. 然而由于实系数多项式的复根成对出现, 而且 $\deg R(x)=\deg Q(x)=d$, 说明 $R(x)$ 和 $Q(x)$ 都有 d 个实根. 最后, 按 $Q(x)$ 定义, 显然有

$$P(x)=\frac{Q(x)+R(x)}{2}.$$

□

我们将插值公式的一个推论推广到有理函数, 继续这一节.

例 6.30. 证明:如果一个不是多项式的有理函数在每个正整数点都取有理值,那么它是两个整系数的互素多项式的商.

证明 设题目中的有理函数为 $R(x) = \dfrac{P(x)}{Q(x)}$,其中 $P(x)$ 和 $Q(x)$ 是互素的多项式. 记 $r = \deg P(x) + \deg Q(x)$. 我们对 r 归纳证明命题. 对 $r = 0, R(x)$ 是常数,命题显然成立.

现在看归纳步骤. 若 $\deg Q(x) > \deg P(x)$,则考虑 $\dfrac{1}{R(x)}$,而不是 $R(x)$. 因此我们假设 $\deg P(x) \geqslant \deg Q(x)$. 考察

$$R_1(x) = \frac{R(x+1) - R(1)}{x}.$$

$R_1(x)$ 显然是有理函数,而且由于 $R(1)$ 是有理数,因此 $R_1(x)$ 在每个正整数点取值为有理数. 现在有

$$R_1(x) = \frac{1}{Q(x+1)} \cdot \frac{P(x+1)Q(1) - Q(x+1)P(1)}{Q(1)x},$$

而且第二个因式是多项式,我们可以将 $R_1(x)$ 写成一个商,其分母 $Q(x+1)$ 和 $Q(x)$ 的次数相同,但是分子的次数小于 $P(x)$. 于是根据归纳假设,我们可以记

$$R_1(x) = \frac{P_1(x)}{Q_1(x)},$$

其中 $P_1(x)$ 和 $Q_1(x)$ 是互素的整系数多项式. 记 $R(1) = \dfrac{p}{q}, p, q$ 是整数,则有

$$R(x) = \frac{q(x-1)P_1(x-1) + pQ_1(x-1)}{qQ_1(x-1)}$$

是两个整系数多项式的商. 此外, 由于 $P_1(x)$ 和 $Q_1(x)$ 互素, 因此 $P_1(x-1)$ 和 $Q_1(x-1)$ 互素. 因为 $R(1)$ 是有理数,所以 $Q_1(0) \neq 0$. 因此 $R(x)$ 的分母和分子是互素的多项式. □

例 6.31. [2] 证明:存在 99 次多项式 $P(x)$,首项系数为正,使得 $0, \dfrac{1}{50}, \dfrac{2}{50}, \cdots, \dfrac{49}{50}, 1$ 是 $P(x)$ 的根,而且

$$P'\left(\frac{1}{50}\right) = P'\left(\frac{2}{50}\right) = \cdots = P'\left(\frac{49}{50}\right) = -1.$$

证明 根据所给的根的列表,我们可以记 $P(x) = Q(x)R(x)$,其中

$$Q(x) = x\left(x - \frac{1}{50}\right)\left(x - \frac{2}{50}\right) \cdots \left(x - \frac{49}{50}\right)(x-1),$$

---

[2]不熟悉导数的读者可以跳过这个例子.

$R(x)$ 是 48 次多项式. 注意到

$$P'\left(\frac{i}{50}\right) = Q\left(\frac{i}{50}\right)R'\left(\frac{i}{50}\right) + Q'\left(\frac{i}{50}\right)R\left(\frac{i}{50}\right) = Q'\left(\frac{i}{50}\right)R\left(\frac{i}{50}\right).$$

因此

$$R\left(\frac{i}{50}\right) = \frac{P'\left(\frac{i}{50}\right)}{Q'\left(\frac{i}{50}\right)} = -\frac{1}{Q'\left(\frac{i}{50}\right)}, \quad i = 1, 2, \cdots, 49.$$

根据插值公式,存在唯一的多项式 $R(x)$,次数不超过 48,取到这些值. 现在我们需要证明 $\deg R(x) = 48$. 要看到这一点,注意到序列 $Q'\left(\frac{1}{50}\right), \cdots, Q'\left(\frac{49}{50}\right)$ 中有 48 次符号变化,因此 $R(x)$ 至少有 48 个实根. 因此 $\deg R(x) \geqslant 48$,说明 $R(x)$ 的次数等于 48. □

6.6 $\binom{x}{d}$ 的新奇理解

我们用 $P(x) = a_d x^d + \cdots + a_0$ 的形式来把一个多项式写成 $1, x, \cdots, x^{d-1}$ 的线性组合. 拉格朗日插值公式则把一个不超过 d 次的多项式写成另一类多项式的线性求和,即

$$\frac{Q_i(x)}{Q_i(r_i)} = \frac{(x-r_1)\cdots\widehat{(x-r_i)}\cdots(x-r_d)}{(r_i-r_1)\cdots\widehat{(r_i-r_i)}\cdots(r_i-r_d)}.$$

(此处的 "^" 符号是表示省略乘积中被标记的这一项.)这两个表示方式都告诉了我们关于多项式的有趣事情. 这一节,我们考虑一种新的表示. 我们用

$$\binom{x}{d} = \frac{x(x-1)\cdots(x-d+1)}{d!}$$

来把组合数 $\binom{x}{d}$ 看成 x 的 d 次有理系数多项式. 然后把 $P(x)$ 看成这些多项式的线性组合,下面的结果表明,我们总是可以这样做.

例 6.32. 证明:任何 d 次多项式 $P(x)$ 可以唯一地写成

$$P(x) = a_0\binom{x}{0} + a_1\binom{x}{1} + a_2\binom{x}{2} + \cdots + a_d\binom{x}{d}$$

的形式,其中 $a_0, \cdots, a_d$ 是常数.

证明 我们首先对次数 d 归纳,证明任何多项式 $P(x)$ 可以这样表示. 对于基础情形 $d = 0, P(x) = C$ 是常数,可以写成 $P(x) = C\binom{x}{0}$. 对于归纳的步骤,假设次数小于 d 的多项式都可以这样表示. 设 $P(x) = bx^d + Q(x)$,其中 $b \neq 0, \deg Q(x) < d$. 于是多项式

$$P(x) - d!b\binom{x}{d} = b\left(x^d - d!\binom{x}{d}\right) + Q(x)$$

的次数不超过 $d - 1$. 因此根据归纳假设,我们有

$$P(x) - d!b\binom{x}{d} = a_0\binom{x}{0} + a_1\binom{x}{1} + a_2\binom{x}{2} + \cdots + a_{d-1}\binom{x}{d-1},$$

于是定义 $a_d = d!b$,我们有

$$P(x) = a_0\binom{x}{0} + a_1\binom{x}{1} + a_2\binom{x}{2} + \cdots + a_d\binom{x}{d}.$$

假设这样的表示不唯一,则存在多项式 $P(x)$,可以用两种方式写为

$$\begin{aligned} P(x) &= a_0\binom{x}{0} + a_1\binom{x}{1} + a_2\binom{x}{2} + \cdots + a_d\binom{x}{d} \\ &= b_0\binom{x}{0} + b_1\binom{x}{1} + b_2\binom{x}{2} + \cdots + b_d\binom{x}{d}. \end{aligned}$$

于是存在最大的指标 k,使得 $a_k \neq b_k$,于是有

$$0 = (a_0 - b_0)\binom{x}{0} + (a_1 - b_1)\binom{x}{1} + \cdots + (a_k - b_k)\binom{x}{k}.$$

考虑两边 x^k 项的系数,我们发现

$$0 = \frac{a_k - b_k}{k!},$$

于是 $a_k = b_k$,矛盾. □

注 我们没有明确指出系数 a_i 的值. 如果 $P(x)$ 分别是有理系数、实系数、复系数多项式,那么上面的论证说明 a_i 都分别是有理数、实数、复数. a_i 是整数的情况和 $P(x)$ 是整系数多项式的情况并不吻合,但是下面的两个结果表明,这种情况也是有趣的.

例 6.33. 证明:如果 $P(x)$ 是 d 次整值多项式(即 $P(\mathbb{Z}) \subseteq \mathbb{Z}$),

$$P(x) = a_0\binom{x}{0} + a_1\binom{x}{1} + a_2\binom{x}{2} + \cdots + a_d\binom{x}{d},$$

那么对所有的 $i = 0, 1, \cdots, d, a_i$ 是整数.

证明 注意到,这个命题的逆是我们已知的命题. 如果 a_i 都是整数,那么由于每个组合数取整数,于是

$$P(n) = a_0\binom{n}{0} + a_1\binom{n}{1} + \cdots + a_d\binom{n}{d}$$

对任意整数 n 是整数. 因此

$$P(x) = a_0\binom{x}{0} + a_1\binom{x}{1} + \cdots + a_d\binom{x}{d}$$

是整值多项式.

现在假设 $P(x)$ 是整值多项式, 根据前一个例子, 我们可以写

$$P(x) = a_0\binom{x}{0} + a_1\binom{x}{1} + \cdots + a_d\binom{x}{d}.$$

如果 a_i 不全是整数, 那么存在最小的指标 k, 使得 a_k 不是整数. 考虑

$$P(x) - a_0\binom{x}{0} - \cdots - a_{k-1}\binom{x}{k-1} = a_k\binom{x}{k} + \cdots + a_d\binom{x}{d}.$$

因为 $a_0, \cdots, a_{k-1}$ 都是整数, 所以左端是整值多项式. 然而, 如果代入 $x = k$, 那么右端只有第一项非零, 为 a_k, 不是整数, 矛盾. 因此所有的 a_i 都是整数. □

例 6.34. 若 $P(x)$ 是整系数多项式, 并且

$$P(x) = a_0 + a_1\binom{x}{1} + a_2\binom{x}{2} + \cdots + a_d\binom{x}{d},$$

则每个 a_k 是整数, 并且是 $k!$ 的倍数.

证明 如上一个例子, 由于

$$k!\binom{x}{k} = x(x-1)\cdots(x-(k-1))$$

是整系数多项式, 命题的逆是显然的.

现在假设 $P(x)$ 是整系数多项式, 并且记

$$P(x) = 0!b_0\binom{x}{0} + 1!b_1\binom{x}{1} + \cdots + d!b_d\binom{x}{d}.$$

假设 b_i 不全是整数. 设 k 是最大的指标, 使得 b_k 不是整数. 于是

$$P(x) - (k+1)!b_{k+1}\binom{x}{k+1} - \cdots - d!b_d\binom{x}{d} = 0!b_0\binom{x}{0} + \cdots + k!b_k\binom{x}{k}.$$

因为 $b_{k+1}, \cdots, b_d$ 都是整数, 所以左端是整系数多项式. 而右端的首项系数为 b_k, 不是整数, 矛盾. 因此 b_i 都是整数. □

例 6.35. 任给整数 $a_0, a_1, \cdots, a_d$, 证明: 存在整值多项式 $P(x)$, 次数不超过 d, 并且 $P(k) = a_k$, 对所有的 $k = 0, 1, \cdots, d$ 成立.

证明 我们对 d 归纳证明命题. 对基础情形 $d = 0$, 我们只需取 $P(x) = a_0$ 即可. 对归纳的步骤, 假设存在多项式 $P_1(x)$, 次数不超过 $d - 1$, 并且 $P_1(k) = a_k$ 对 $k = 0, 1, \cdots, d - 1$ 成立. 设

$$P(x) = P_1(x) + (a_d - P_1(d))\binom{x}{d}.$$

多项式 $P(x)$ 的次数不超过 d, 满足 $P(k) = P_1(k) = a_k$, 对 $k = 0, 1, \cdots, d - 1$ 成立, 而且 $P(d) = a_d$. 这就完成了证明. □

注 最后的这个例子表明多项式 $\binom{x}{k}$ 是在点 $0, 1, \cdots, d$ 处的特殊插值多项式, 可以帮助我们归纳地构造在这些点取给定值的多项式. 优点是它们给出的公式会比插值公式更简单, 缺点是结果是归纳得到的, 不像插值公式一步到位.

有一些特殊的情况, 利用二项式定理, 使得我们可以立刻写下插值公式. 例如, 根据二项式定理有

$$1 + \binom{k}{1} + \binom{k}{2} + \cdots + \binom{k}{d} = 2^k$$

对 $k = 0, 1, \cdots, d$ 均成立, 因此

$$P(x) = 1 + \binom{x}{1} + \binom{x}{2} + \cdots + \binom{x}{d}$$

是 d 次多项式, 满足 $P(k) = 2^k$ 对所有的 $k = 0, 1, \cdots, d$ 成立.

更一般地, 有

$$P(x) = 1 + (a-1)\binom{x}{1} + (a-1)^2\binom{x}{2} + \cdots + (a-1)^d\binom{x}{d}$$

是 d 次多项式, 满足 $P(k) = a^k$ 对所有的 $k = 0, 1, \cdots, d$ 成立.

例 6.36. 有多少次数不超过 4 的整系数多项式 $P(x)$, 满足 $0 \leqslant P(x) < 72$ 对所有的 $x \in \{0, 1, 2, 3, 4\}$ 成立?

解 记

$$P(x) = a_0 + a_1\binom{x}{1} + a_2\binom{x}{2} + a_3\binom{x}{3} + a_4\binom{x}{4}.$$

由于 $P(x)$ 是整系数的多项式, 例 6.34 表明 $a_0, \cdots, a_4$ 是整数, 并且 a_4 是 24 的倍数, a_3 是 6 的倍数, a_2 是 2 的倍数.

注意到, 条件 $0 \leqslant P(x) < 72$ 可以翻译成下面的不等式组:

$$0 \leqslant a_0 < 72, \quad 0 \leqslant a_0 + a_1 < 72, \quad 0 \leqslant a_0 + 2a_1 + a_2 < 72,$$

$$0 \leqslant a_0 + 3a_1 + 3a_2 + a_3 < 72, \quad 0 \leqslant a_0 + 4a_1 + 6a_2 + 4a_3 + a_4 < 72.$$

对于 a_0，我们有 72 种选择. 由于 $-a_0 \leqslant a_1 < 72 - a_0$，$a_1$ 也有 72 种选择. 由于 $-a_0 - 2a_1 \leqslant a_2 < 72 - a_0 - 2a_1$，而且 a_2 是偶数，因此 a_2 有 36 种选择. 由于 $-a_0 - 3a_1 - 3a_2 \leqslant a_3 < 72 - a_0 - 3a_1 - 3a_2$，$a_3$ 是 6 的倍数，a_3 有 12 种选择. 最后，由于

$$-a_0 - 4a_1 - 6a_2 - 4a_3 \leqslant a_4 < 72 - a_0 - 4a_1 - 6a_2 - 4a_3$$

并且 a_4 是 24 的倍数，a_4 有 3 种选择. 因此总的选择数是

$$72^2 \cdot 36 \cdot 12 \cdot 3 = 2592^2.$$

$\square$

例 6.37. 实系数多项式 $P(x)$ 的次数不超过 2012，并且满足 $P(n) = 2^n$，对所有的 $n = 1, 2, \cdots, 2012$ 成立. 当 $P(0)$ 等于多少时，$P(0)^2 + P(2013)^2$ 取到最小值?

解 考察

$$P(x) - \left(1 + \binom{x}{1} + \binom{x}{2} + \cdots + \binom{x}{2012} \right).$$

这是次数不超过 2012 的多项式，计算发现

$$P(1) = P(2) = \cdots = P(2012) = 0.$$

因此

$$P(x) = 1 + \binom{x}{1} + \binom{x}{2} + \cdots + \binom{x}{2012} + C(x-1)(x-2)\cdots(x-2012),$$

其中 C 是常数.

代入 $x = 0$，得到

$$P(0) = 1 + (-1)^{2012} 2012! \cdot C = 1 + 2012! \cdot C.$$

代入 $x = 2013$，得到

$$P(2013) = 2^{2013} - 1 + 2012! \cdot C.$$

因此

$$P(0)^2 + P(2013)^2 = (1 + 2012! \cdot C)^2 + (2^{2013} - 1 + 2012! \cdot C)^2.$$

这是关于 C 的二次函数,最小值在

$$C = -\frac{2^{2012}}{(2012)!}$$

处取到,最小值是

$$P(0) = 2(2^{2012} - 1)^2.$$

$\square$

例 6.38. 证明:对所有多项式 $P(x)$,存在多项式 $Q(x)$ 和 $R(x)$,满足

$$Q(R(x)) - R(Q(x)) = P(x).$$

证明 此处不容易发现的技巧是,只需取 $R(x) = x + 1$. 于是题目中的方程变成 $Q(x+1) - Q(x) = P(x) + 1$. 我们在第 3.6 节中发现,总可以找到多项式 $Q(x)$ 满足这个条件,于是就解决了问题. 然而,用这一节的记号我们可以给出 $Q(x)$ 一个更明确的表示. 由于帕斯卡三角恒等式

$$\binom{n+1}{k} = \binom{n}{k} + \binom{n}{k-1}$$

对所有的正整数 k 和 $n \geqslant k$ 成立,也就是对无穷多 n 成立,因此有多项式恒等式

$$\binom{x+1}{k} = \binom{x}{k} + \binom{x}{k-1}.$$

我们也可以将右端写出,提取公因式来验证这个恒等式. 记 $q(x) = \binom{x}{k}$,则有

$$q(x+1) - q(x) = \binom{x+1}{k} - \binom{x}{k} = \binom{x}{k-1}.$$

于是我们证明了下面的结果,是第 3.6 节结果的改进:

> **定理**
>
> 对任意 d 次多项式 $P(x)$,存在 $d+1$ 次多项式 $Q(x)$,满足 $Q(x+1) - Q(x) = P(x)$. 实际上,如果记
>
> $$P(x) = a_0\binom{x}{0} + a_1\binom{x}{1} + \cdots + a_d\binom{x}{d},$$
>
> 那么有
>
> $$Q(x) = C\binom{x}{0} + a_0\binom{x}{1} + a_1\binom{x}{2} + \cdots + a_d\binom{x}{d+1},$$
>
> 其中 C 是任意常数.

回到我们的问题,这说明:若记

$$P(x) + 1 = b_0 + b_1\binom{x}{1} + \cdots + b_d\binom{x}{d},$$

则

$$R(x) = x + 1, \quad Q(x) = b_0\binom{x}{1} + b_1\binom{x}{2} + \cdots + b_d\binom{x}{d+1}$$

是题目的一个解. □

6.7 习题

习题 6.1. 设 $P(x)$ 是 d 次整系数多项式,使得对某个素数 $q > d$,有 $P(k) \equiv 0 \pmod q$ 对所有的整数 k 成立. 证明:$P(x)$ 的所有系数是 q 的倍数.

习题 6.2. 证明:任意 $n-1$ 次多项式 $P(x)$ 可以写成

$$P(z) = \frac{1}{n}\sum_{k=1}^{n}\omega_k P(\omega_k)\frac{z^n - 1}{z - \omega_k}$$

的形式,其中 $\omega_1, \omega_2, \cdots, \omega_n$ 是 n 次单位根.

Radu Gologan

习题 6.3. 设 $Q(x)$ 是 d 次实系数多项式,$b_1 < \cdots < b_{d+1}$ 是实数. 证明:多项式

$$f(x) = \sum_{i=1}^{d+1} a_i Q(x + b_i)$$

是常数,其中 $a_i = \prod_{i \neq j}\dfrac{1}{b_i - b_j}$.

习题 6.4. 设 $\sigma_m(x_1, \cdots, x_n)$ 是 $\{x_1, \cdots, x_n\}$ 的所有 m 元子集的元素乘积的求和(即第 m 个初等对称多项式——译者注). 整数 $m, k \geqslant 0, m + k < n, x_1, \cdots, x_n$ 是实数. 证明:

$$\sum_{i=1}^{n} \frac{x_i^k \sigma_m(x_1, \cdots, x_{i-1}, x_{i+1}, \cdots, x_n)}{\prod_{j \neq i}(x_i - x_j)} = \begin{cases} (-1)^m, & \text{若 } m + k = n - 1 \\ 0, & \text{其他情况} \end{cases}.$$

习题 6.5. 设 $a_1, \cdots, a_n$ 是两两不同的实数,$b_1, \cdots, b_n$ 是任意实数.

(i) 证明:如果所有 $b_i > 0$,那么存在实系数多项式 $P(x)$,次数小于 $2n$,没有实根,并且 $P(a_i) = b_i, i = 1, 2, \cdots, n$.

(ii) 证明：存在实系数多项式 $P(x)$，次数小于 $2n$，所有根都是实根，并且 $P(a_i) = b_i, i = 1, 2, \cdots, n$.

习题 6.6. 证明：存在多项式 P，使得对所有的 $k = 1, 2, \cdots, 2019, P$ 在恰好 k 个不同点取值为 k.

第 7 章　牛顿恒等式

7.1　牛顿恒等式的两种形式

假设我们有一个次数为 d 的多项式 $P(x)$. 正如我们反复看到的, 研究 $P(x)$ 的一种非常有效的方法是查看它的根 $r_1, r_2, \cdots, r_d$. 这就引出了一个自然的问题: 我们可以从 $P(x)$ 的根中构建出哪些有趣的东西?

当然, 我们可以从根构造无数的东西, 但有些不是自然的, 因此往往不会出现. 例如, 我们可以看 $r_1 + 2r_2 + \cdots + dr_d$. 但是我们一般不这样做, 因为这个式子取决于根的顺序. 以此为原则, 我们应该关注根的对称函数, 即根重新排序时不变的函数. 这仍然留下了大量的可能性, 所以我们进一步限制到最简单的函数类型, 即多项式.

因此, 通过考虑多项式的根, 我们自然而然地引出了对称多项式的主题. 事实证明, 这是多项式的一个重要方面, 除了研究一些简单的对称多项式外, 我们没有更多的空间来做别的事情. 通常首先遇到的对称多项式是初等对称多项式, 通常表示为 $\sigma_k(x_1, x_2, \cdots, x_n)$. 非正式地说, $\sigma_k(x_1, x_2, \cdots, x_n)$ 是变量 $x_1, x_2, \cdots, x_n$ 中所有单项式的总和, 这些单项式是它们中 k 个不同的变量的乘积. 写成公式是

$$\sigma_k(x_1, x_2, \cdots, x_n) = \sum_{1 \leqslant i_1 < i_2 < \cdots < i_k \leqslant n} x_{i_1} x_{i_2} \cdots x_{i_k},$$

或者

$$\sigma_k(x_1, x_2, \cdots, x_n) = \sum_{\substack{I \subseteq \{1,2,\cdots,n\}, \\ |I|=k}} \prod_{i \in I} x_i.$$

我们首先在韦达定理中遇到这些多项式.

若我们进一步假设 $P(x)$ 的首项系数为 1, 则有

$$P(x) = (x-r_1)(x-r_2)\cdots(x-r_d) = x^d - \sigma_1 x^{d-1} + \cdots + (-1)^d \sigma_d,$$

其中 $\sigma_k = \sigma_k(r_1, r_2, \cdots, r_d)$ 是根的初等对称多项式.

韦达定理为我们上面提出的问题提供了一个答案. 我们可以很容易地在 $P(x)$ 中找到根的任何初等对称多项式的值. 事实上, 我们可以立即从 $P(x)$ 的系数中读出它们. 初等对称多项式的唯一问题是它们可以变得非常大. 如果我们完全写出 $\sigma_k(x_1, x_2, \cdots, x_n)$, 那么我们将得到 $\binom{n}{k}$ 项, 并且二项式系数增长得非常快. 稍微思考一下, 你就会想到另一组避免这个问题的对称多项式, 即等幂和

$$S_k(x_1, x_2, \cdots, x_n) = x_1^k + x_2^k + \cdots + x_n^k.$$

此处仅有 n 项, 还是在每个次数都给出一个多项式.（约定 $\sigma_0(x_1, x_2, \cdots, x_n) = 1$, $S_0(x_1, x_2, \cdots, x_n) = n$.）

本章的主题基本上是理解这两组对称多项式之间的关系. 给定初等对称多项式, 我们显然可以写下上面的多项式 $P(x)$, 找到它的根, 然后计算 S_k. 有没有更好的方法从 σ_k 获取 S_k? 另一个方向, 如果知道 S_k, 那么能找到 σ_k 吗? 答案是肯定的, 我们从一组得到另一组的方式是牛顿恒等式.

我们已经在第二章看到了牛顿恒等式的一个非常特殊的情形. 我们展示了可以将 $x^k + \frac{1}{x^k}$ 写成 $x + \frac{1}{x}$ 的多项式. 前几步是

$$x^2 + \frac{1}{x^2} = \left(x + \frac{1}{x}\right)^2 - 2, \quad x^3 + \frac{1}{x^3} = \left(x + \frac{1}{x}\right)^3 - 3\left(x + \frac{1}{x}\right),$$

对于更大的 k, 我们可以用递推方法

$$x^{k+1} + \frac{1}{x^{k+1}} = \left(x + \frac{1}{x}\right)\left(x^k + \frac{1}{x^k}\right) - \left(x^{k-1} + \frac{1}{x^{k-1}}\right).$$

这给出一组多项式 $T_k(x)$, 满足

$$T_k\left(x + \frac{1}{x}\right) = x^k + \frac{1}{x^k}.$$

现在我们采用这个想法, 用它来推导两个变量情形下的牛顿恒等式. 记这两个变量为 a, b, 那么初等对称多项式是 $\sigma_1 = a + b$ 和 $\sigma_2 = ab$, 我们需要 $S_k = a^k + b^k$ 的公式. 我们可以使用与上面相同的方法. 我们先为较小的 k 找出 S_k 的公式. 根据惯例, 我们有 $S_0 = 2$, 然后 $S_1 = a + b = \sigma_1$. 读者可能已经知道

$$S_2 = a^2 + b^2 = (a+b)^2 - 2ab = \sigma_1^2 - 2\sigma_2.$$

要继续这个过程, 我们定义一个首项系数为 1 的二次多项式 $P(x)$, 以 a 和 b 为根, 即

$$P(x) = (x-a)(x-b) = x^2 - (a+b)x + ab = x^2 - \sigma_1 x + \sigma_2.$$

那么由于 a 和 b 是 $P(x)$ 的根,我们有

$$a^2 = \sigma_1 a - \sigma_2, \quad b^2 = \sigma_1 b - \sigma_2.$$

现在把第一个等式乘以 a^{k-1},第二个乘以 b^{k-1},得到

$$a^{k+1} = \sigma_1 a^k - \sigma_2 a^{k-1}, \quad b^{k+1} = \sigma_1 b^k - \sigma_2 b^{k-1}.$$

二者相加,得到

$$S_{k+1} = \sigma_1 S_k - \sigma_2 S_{k-1}.$$

因此可以归纳地写下 S_k,是 σ_1 和 σ_2 的整系数多项式. 接下来的几个是

$$S_3 = \sigma_1 S_2 - \sigma_2 S_1 = \sigma_1^3 - 3\sigma_1 \sigma_2,$$

$$S_4 = \sigma_1 S_3 - \sigma_2 S_2 = \sigma_1^4 - 4\sigma_1 \sigma_2 + 2\sigma_2^2.$$

例 7.1. 设 c 和 d 是复数,我们可以得到 $T_k = ca^k + db^k$ 的什么性质?

解 将等式 $a^{k+1} = \sigma_1 a^k - \sigma_2 a^{k-1}$ 乘以 c,等式 $b^{k+1} = \sigma_1 b^k - \sigma_2 b^{k-1}$ 乘以 d 并相加. 结果得到

$$T_{k+1} = \sigma_1 T_k - \sigma_2 T_{k-1}.$$

令人惊异的是,T_k 满足 S_k 同样的递推方程.(你可能会怀疑,此处有一些深刻的东西. 其实是常系数线性递推方程的知识.) □

我们进一步将这个结果推广到三个变量的情形. 如果变量是 a, b, c,那么初等对称多项式是

$$\sigma_1 = a + b + c, \quad \sigma_2 = ab + ac + bc, \quad \sigma_3 = abc.$$

我们是否可以一样发现 $S_k = a^k + b^k + c^k$ 的公式呢?答案是肯定的!

我们还是先从少数几个值开始,$S_0 = 3, S_1 = \sigma_1$,还有

$$S_2 = a^2 + b^2 + c^2 = (a + b + c)^2 - 2(ab + bc + ca) = \sigma_1^2 - 2\sigma_2.$$

所以和两个变量的情况一样,只需找到 S_k 的递推关系. 定义多项式

$$P(x) = (x - a)(x - b)(x - c) = x^3 - \sigma_1 x^2 + \sigma_2 x - \sigma_3.$$

于是 $a^3 = \sigma_1 a^2 - \sigma_2 a + \sigma_3$,类似的关系对 b 和 c 也成立. 将三个关系式分别乘以 $a^{k-2}, b^{k-2}, c^{k-2}$,然后相加得到

$$S_{k+1} = \sigma_1 S_k - \sigma_2 S_{k-1} + \sigma_3 S_{k-2}.$$

因此我们可以将每个 S_k 写成 $\sigma_1, \sigma_2, \sigma_3$ 的整系数多项式. 接下来两个是

$$S_3 = \sigma_1 S_2 - \sigma_2 S_1 + \sigma_3 S_0 = \sigma_1^3 - 3\sigma_1\sigma_2 + 3\sigma_3,$$

$$S_4 = \sigma_1 S_3 - \sigma_2 S_2 + \sigma_3 S_1 = \sigma_1^4 - 4\sigma_1^2\sigma_2 + 2\sigma_2^2 + 4\sigma_1\sigma_3.$$

例 7.2. 如果 $\sigma_3 \neq 0$, 那么能否类似地找到

$$S_{-k} = a^{-k} + b^{-k} + c^{-k}$$

的值, 其中 k 是正整数?

解法一　答案是肯定的. 将等式

$$a^3 = \sigma_1 a^2 - \sigma_2 a + \sigma_3$$

乘以 a^{-1}, 得到

$$a^2 = \sigma_1 a - \sigma_2 + \sigma_3 a^{-1}.$$

将类似的三个等式相加得到

$$S_2 = \sigma_1 S_1 + \sigma_2 S_0 + \sigma_3 S_{-1}.$$

因此 S_{-1} 可以由 S_2, S_1, S_0 决定. 同样的方法, 将等式

$$a^3 = \sigma_1 a^2 - \sigma_2 a + \sigma_3$$

乘以 a^{-k-2} 再和两个相似的等式相加, 得到

$$S_{-k-1} = \sigma_1 S_{-k} - \sigma_2 S_{-k+1} + \sigma_3 S_{-k+2}.$$

因此 S_{-k} 是 $\sigma_1, \sigma_2, \sigma_3$ 的有理函数, 实际上, 分母总是 σ_3^k.　　□

解法二　答案是肯定的. 对于正整数 k, 我们用多项式

$$P(x) = (x-a)(x-b)(x-c) = x^3 - \sigma_1 x^2 + \sigma_2 x - \sigma_3.$$

对于负整数 k, 我们只需用反射多项式

$$-\frac{x^3}{\sigma_3} P\left(\frac{1}{x}\right) = \left(x - \frac{1}{a}\right)\left(x - \frac{1}{b}\right)\left(x - \frac{1}{c}\right) = x^3 - \frac{\sigma_2}{\sigma_3}x^2 + \frac{\sigma_1}{\sigma_3}x - \frac{1}{\sigma_3},$$

于是 S_{-k} 是 $\dfrac{\sigma_2}{\sigma_3}, \dfrac{\sigma_1}{\sigma_3}, \dfrac{1}{\sigma_3}$ 的整系数多项式.　　□

例 7.3. 设 a,b,c 是实数,$S_n = a^n + b^n + c^n$. 已知 $S_1 = 2, S_2 = 6, S_3 = 14$. 证明:$|S_n^2 - S_{n-1}S_{n+1}| = 8$ 对每个整数 $n > 1$ 成立.

证明 根据前面的公式,有

$$\sigma_1 = S_1 = 2, \quad \sigma_2 = \frac{1}{2}(\sigma_1^2 - S_2) = -1, \quad \sigma_3 = -\frac{1}{3}(\sigma_1 S_2 - S_3 - \sigma_1\sigma_2) = 0.$$

因此 $abc = 0$. 不妨设 $c = 0$,于是

$$\begin{aligned} S_n^2 - S_{n-1}S_{n+1} &= (a^n + b^n)^2 - (a^{n+1} + b^{n+1})(a^{n-1} + b^{n-1}) \\ &= (ab)^{n-1}(2ab - a^2 - b^2) \\ &= -(ab)^{n-1}(a-b)^2 \\ &= -(ab)^{n-1}((a+b)^2 - 4ab). \end{aligned}$$

注意到 $\sigma_2 = ab = -1, S_1 = a + b = 2$,所以 $(a-b)^2 = (a+b)^2 - 4ab = 8$. 因此

$$-(ab)^{n-1}((a+b)^2 - 4ab) = 8 \cdot (-1)^n,$$

即 $|S_n^2 - S_{n-1}S_{n+1}| = 8$. □

例 7.4. 关于 $T_k = c_1 a^k + c_2 b^k + c_3 c^k$,其中 c_1, c_2, c_3 是复数,有什么性质?

解 将等式 $a^{k+1} = \sigma_1 a^k - \sigma_2 a^{k-1} + \sigma_3 a^{k-2}$ 乘以 c_1, 和 b, c 的类似等式分别乘以 c_2, c_3 相加得到

$$T_{k+1} = \sigma_1 T_k - \sigma_2 T_{k-1} + \sigma_3 T_{k-2}.$$

□

例 7.5. 设 a,b,c 是正实数,$abc = 1, a^3 + b^3 + c^3 = 4$. 证明:

$$\frac{a^5}{(a-b)(a-c)} + \frac{b^5}{(b-c)(b-a)} + \frac{c^5}{(c-a)(c-b)}$$
$$= 5 + (a^2 b + b^2 c + c^2 a + a^2 c + b^2 a + c^2 b).$$

证明 令 $T_n = (c-b)a^n + (a-c)b^n + (b-a)c^n$. 于是 T_n 满足递推方程

$$T_{n+3} = \sigma_1 T_{n+2} - \sigma_2 T_{n+1} + \sigma_3 T_n.$$

由于 $T_0 = T_1 = 0, T_2 = (a-b)(b-c)(c-a)$,计算得到

$$T_3 = \sigma_1 T_2,$$

$$T_4 = \sigma_1 T_3 - \sigma_2 T_2 = \sigma_1^2 T_2 - \sigma_2 T_2,$$

$$T_5 = \sigma_1 T_4 - \sigma_2 T_3 + \sigma_3 T_2 = (\sigma_1^3 - 2\sigma_1\sigma_2 + \sigma_3)T_2.$$

因此继续计算有

$$\frac{a^5}{(a-b)(a-c)} + \frac{b^5}{(b-c)(b-a)} + \frac{c^5}{(c-a)(c-b)}$$

$$= \frac{a^5(c-b) + b^5(a-c) + c^5(b-a)}{(a-b)(b-c)(c-a)} = \frac{T_5}{T_2} = \sigma_1^3 - 2\sigma_1\sigma_2 + \sigma_3.$$

由于 $a^3 + b^3 + c^3 = S_3 = \sigma_1^3 - 3\sigma_1\sigma_2 + 3\sigma_3$,因此

$$a^2 b + b^2 c + c^2 a + a^2 c + b^2 a + c^2 b = a^2(\sigma_1 - a) + b^2(\sigma_1 - b) + c^2(\sigma_1 - c)$$

$$= \sigma_1 S_2 - S_3 = \sigma_1\sigma_2 - 3\sigma_3,$$

然后得到

$$\frac{T_5}{T_2} = \sigma_1^3 - 2\sigma_1\sigma_2 + \sigma_3 = (S_3 + \sigma_3) + (\sigma_1\sigma_2 - 3\sigma_3)$$

$$= 5 + (a^2 b + b^2 c + c^2 a + a^2 c + b^2 a + c^2 b).$$

这就完成了证明. □

现在完成了两个和三个变量的情形,可以看看一般的情况如何处理. 容易看出如何导出多变量情形下的递推关系. 设 $z_1, \cdots, z_n$ 是复数,定义 $S_k = z_1^k + \cdots + z_n^k$. 首项系数为 1 的多项式

$$P(x) = (x - z_1) \cdots (x - z_n) = x^n - \sigma_1 x^{n-1} + \cdots + (-1)^n \sigma_n$$

在每个 z_k 处为零,于是乘以 z_k^r,得到

$$z_k^{n+r} = \sigma_1 z_k^{n+r-1} - \sigma_2 z^{n+r-2} + \cdots + (-1)^{n-1}\sigma_n z_k^r.$$

将 $k = 1, 2, \cdots, n$ 时的这 n 个等式相加,得到

$$S_{n+r} = \sigma_1 S_{n+r-1} - \sigma_2 S_{n+r-2} + \cdots + (-1)^{n-1}\sigma_n S_r.$$

这是牛顿恒等式的一个形式.

牛顿恒等式的第一种形式

设 S_k 和 σ_k 分别是 n 个变量的等幂和以及初等对称多项式,那么有

$$S_{n+r} = \sigma_1 S_{n+r-1} - \sigma_2 S_{n+r-2} + \cdots + (-1)^{n-1}\sigma_n S_r.$$

和前一个例子一样的论证还给出下面的结果.

定理

设 $c_1, \cdots, c_n$ 是复数，σ_k 是 n 个变量 $z_1, \cdots, z_n$ 的初等对称多项式，$T_k = c_1 z_1^k + \cdots + c_n z_n^k$. 那么对非负整数 r，有

$$T_{n+r} = \sigma_1 T_{n+r-1} - \sigma_2 T_{n+r-2} + \cdots + (-1)^{n-1} \sigma_n T_r.$$

例 7.6. 设 $P(x) = x^6 - x^5 - x^3 - x^2 - x + 1, Q(x) = x^4 - x^3 - x^2 - 1$. 记 $z_1, \cdots, z_4$ 是 $Q(x)$ 的根，计算 $P(z_1) + P(z_2) + P(z_3) + P(z_4)$.

解 注意到 $P(x) = Q(x)(x^2 + 1) + x^2 + 2$. 因此 $P(z_i) = z_i^2 + 2$，于是

$$
\begin{aligned}
P(z_1) + P(z_2) + P(z_3) + P(z_4) &= 8 + \sum_{i=1}^{4} z_i^2 = 8 + S_2 \\
&= 8 + S_1 \sigma_1 - 2\sigma_2 = 11.
\end{aligned}
$$

$\square$

能找到等幂和的递推关系是非常重要的，但是为了利用这个递推关系，我们需要一些初值. 我们可以导出其中的一些. 我们总是有 $S_1 = \sigma_1$，而且还有

$$S_1 = \sigma_1, \quad S_2 = z_1^2 + \cdots + z_n^2 = (z_1 + \cdots + z_n)^2 - 2 \sum_{1 \leqslant i < j \leqslant n} z_i z_j = \sigma_1^2 - 2\sigma_2.$$

我们甚至可以对 $n \geqslant 3$ 计算，

$$
\begin{aligned}
S_3 = z_1^3 + \cdots + z_n^3 &= (z_1 + \cdots + z_n)^3 - 3(z_1 + \cdots + z_n)\left(\sum_{1 \leqslant i < j \leqslant n} z_i z_j \right) \\
&\quad + 3 \sum_{1 \leqslant i < j < k \leqslant n} z_i z_j z_k = \sigma_1^3 - 3\sigma_2 \sigma_1 + 3\sigma_3.
\end{aligned}
$$

不幸的是，这些公式开始变得越来越长. 你会很快注意到，只要 $n \geqslant k > 0$，我们就会得到 S_k 同样的公式.

现在暂时假设这个说法总是对的. 对 $n = k$，我们证明了公式

$$S_k = \sigma_1 S_{k-1} - \sigma_2 S_{k-2} + \cdots + (-1)^k \sigma_{k-1} S_1 + (-1)^{k+1} k \sigma_k,$$

其中我们写出了 k，而不是 S_0，因为关于 S_0 有一些特别的事情. 如果我们已经把 $S_1, \cdots, S_{k-1}$ 写成了这些 σ_i 的多项式，那么上面的公式会给出 S_k 写成这样的多项式. 如果这个多项式对于所有的 n 都是一样的，那么我们有下面的猜想:

牛顿恒等式的第二种形式

如果 S_i 和 σ_i 分别表示 $n \geqslant k$ 个变量的等幂和以及初等对称多项式,那么

$$S_k = \sigma_1 S_{k-1} - \sigma_2 S_{k-2} + \cdots + (-1)^k \sigma_{k-1} S_1 + (-1)^{k+1} k \sigma_k.$$

　　猜出正确的答案总是解决问题的重要一步,但我们还是需要证明这个公式. 我们会给出三个证明. 首先是一个组合的证明,这个证明的优点是它真正地深入并且表明了各项是如何对应到一起的.

组合证明　写下我们要证明的公式

$$S_k - \sigma_1 S_{k-1} + \sigma_2 S_{k-2} + \cdots + (-1)^{k-1} \sigma_{k-1} S_1 + (-1)^k k \sigma_k = 0,$$

展开得到要证的公式为

$$\sum_{r=0}^{k-1} (-1)^r \left(\sum_{1 \leqslant i_1 < \cdots < i_r \leqslant n} z_{i_1} \cdots z_{i_r} \right) \left(\sum_{j=1}^{n} z_j^{k-r} \right) +$$

$$(-1)^k k \left(\sum_{1 \leqslant i_1 < \cdots < i_k \leqslant n} z_{i_1} \cdots z_{i_k} \right) = 0.$$

现在考虑出现的各种单项式. 首先,考虑这样的单项式,其中一个变量的次数超过 1. 这只会出现在第一个求和中. 对于一个子集 $A \subset \{1, 2, \cdots, n\}$,记 $Z_A = \prod_{a \in A} z_a$. 于是第一个求和中的单项式具有形式 $Z_A z_j^{k-r}$,其中子集 A 满足 $|A| = r < k$. 超过 1 的一个次数可能来自于 $k - r > 1$ 或者 $k - r \geqslant 1$ 并且 $j \in A$. 实际上,此处由于可能有 $j \in A$,有一点歧义. 为了消除这个歧义,我们要求 $j \notin A$,总可以把 j 从 A 中去掉,然后提高 z_j 的次数来达到这个要求. 于是我们只考虑单项式 $z_A z_j^{k-|A|}$,其中 $|A| = s < k - 1, j \notin A$.

　　这样的一个单项式在上面的求和中有两种方式得到. 它可以从 $r = s$ 项中来,其中 $i_1 < i_2 < \cdots < i_r$ 是 A 的元素,这个来源的单项式的系数为 $(-1)^r$. 它也可以来自 $r = s + 1$ 的项,其中 $i_1 < i_2 < \cdots < i_{r+1}$ 是 A 中的元素以及 j,这个来源的单项式的系数为 $(-1)^{r+1}$. 因此这个单项式出现两次,符号相反,恰好抵消.

　　现在考虑每个次数都是 1 的单项式. 这样的单项式都是 Z_A 的形式,其中 $A \subset \{1, 2, \cdots, n\}, |A| = k$. 这也有两个来源. 它可以从第一个求和中的项 $r = k - 1$ 中来,$i_1 < i_2 < \cdots < i_{k-1}$ 是 A 中去掉一个元素的集合,去掉的元素来自 $\sigma_1 = z_1 + z_2 + \cdots + z_n$ 因子. A 中的每个元素都可以去掉,因此有 k 个这样的项,

这些项的系数都是 $(-1)^{k-1}$, 于是总的贡献是 $(-1)^{k-1}k$. 这样的项也可以来自第二个求和, 其系数是 $(-1)^k k$, 于是这些项也抵消.

由于我们证明了所有出现的单项式都抵消, 因此整个式子求和为零. □

现在我们给出一个代数证明, 这个证明确认了我们前面的直观猜测. 我们之前并不是仅仅猜测出答案, 实际上已经证明了它.

代数证明 设 $S_k = z_1^k + z_2^k + \cdots + z_n^k$ 以及

$$R_k = \sigma_1 S_{k-1} - \sigma_2 S_{k-2} + \cdots + (-1)^k \sigma_{k-1} S_1 + (-1)^{k+1} k \sigma_k$$

是递推关系给出的多项式. 注意到 R_k 是变量 $z_1, \cdots, z_n$ 的多项式, 而且由于递推关系, 我们可以把 R_k 看成初等对称多项式 $\sigma_i(z_1, z_2, \cdots, z_n)$ 的多项式, 其中 $i \leqslant k$. 我们要证明 $S_k = R_k$.

我们考察把其中一个变量设为零时, $\sigma_i(z_1, z_2, \cdots, z_n)$ 的变化. 假设取 $z_n = 0$, 此时所有包含 z_n 的单项式变为零, 只剩下 i 个变量都来自 $z_1, z_2, \cdots, z_{n-1}$ 的单项式. 于是有

$$\sigma_i(z_1, z_2, \cdots, z_{n-1}, 0) = \sigma_i(z_1, z_2, \cdots, z_{n-1}).$$

这是关于 R_k 的非常好的结果. 若我们把 $z_1, \cdots, z_n$ 中任意 $n-k$ 个变量设为 0, 则 R_k 是关于剩余 k 个变量的多项式, 并且满足上面的递推关系. 但是这是我们已经证明的牛顿恒等式的情形. 因此, 若我们设任意 $n-k$ 个变量为零, 剩余变量指标设为 $i_1 < i_2 < \cdots < i_k$, 则有

$$R_k = z_{i_1}^k + z_{i_2}^k + \cdots + z_{i_k}^k,$$

与 S_k 在这样的设定下的结果一样.

现在假设 $S_k - R_k$ 非零, 于是存在单项式的系数非零. 由于 S_k 和 R_k 的每一项的总次数为 k, 这个单项式所涉及的变量不超过 k 个. 取 k 个变量, 不妨设为 $z_{i_1}, \cdots, z_{i_k}$, 包含这个单项式中的所有变量. 当我们把其他变量设为零时, $S_k - R_k$ 包含这个非零的单项式, 因此是关于 $z_{i_1}, \cdots, z_{i_k}$ 的非零的多项式. 然而根据上面的结果, 此时 $S_k - R_k$ 对 $z_{i_1}, \cdots, z_{i_k}$ 的任何值得到零, 必然是零多项式, 矛盾. 因此作为 $z_1, \cdots, z_n$ 的多项式, 有 $S_k = R_k$. [1] □

上面的证明说明了一个重要的事情, 我们已经观察到了, 但是尚未证明. 存在唯一的方式, 将 S_k 写成初等对称多项式 σ_i 的多项式. 如果变量的个数至少为 k,

[1]证明的最后一段译者已重新叙述——译者注

这就是我们得到的公式. 否则, 我们只需把 m 大于变量个数时的 σ_m 设为零. 例如, 从 S_3 的一般公式

$$S_3 = \sigma_1^3 - 3\sigma_2\sigma_1 + 3\sigma_3,$$

我们可以得到对于两个变量的公式

$$a^3 + b^3 = (a + b)^3 - 3ab(a + b),$$

只需设 σ_3 为零.

最后我们给出一个微积分的证明. 还不了解微积分的读者可以跳过这个证明, 两个证明已经足够. 然而, 下面证明最后给出的幂级数, 可以理解为 "无穷次的多项式", 它提供了很多漂亮的恒等式, 这些恒等式不通过微积分也能理解.

微积分证明 考虑多项式

$$Q(t) = (1 - z_1 t) \cdots (1 - z_n t) = 1 - \sigma_1 t + \sigma_2 t^2 - \cdots + (-1)^n \sigma_n t^n.$$

我们计算

$$
\begin{aligned}
Q'(t) = &- z_1(1 - z_2 t) \cdots (1 - z_n t) - z_2(1 - z_1 t)(1 - z_3 t) \cdots (1 - z_n t) - \cdots \\
&- z_n(1 - z_2 t) \cdots (1 - z_{n-1} t) \\
= &- \sigma_1 + 2\sigma_2 t - \cdots + n(-1)^n \sigma_n t^{n-1}.
\end{aligned}
$$

于是

$$-\frac{tQ'(t)}{Q(t)} = \frac{tz_1}{1 - z_1 t} + \cdots + \frac{tz_n}{1 - z_n t} = \sum_{k=1}^{\infty}\left(\sum_{i=1}^{n} z_i^k\right) t^k = \sum_{k=1}^{\infty} S_k t^k.$$

因此

$$\sigma_1 t - 2\sigma_2 t^2 - \cdots + n(-1)^{n-1}\sigma_n t^n = (1 - \sigma_1 t + \sigma_2 t^2 - \cdots + (-1)^n \sigma_n t^n) \sum_{k=1}^{\infty} S_k t^k.$$

比较两边 t^r 项的系数, 我们证明了猜测的公式. $\qquad\square$

这个证明非常强大. 比较更高次的系数则得到之前关于 S_{n+r} 的结果, 而且还可以进一步挖掘. 两边除以 t, 然后积分, 得到

$$-\log Q(t) = \sum_{k=1}^{\infty} \frac{S_k}{k} t^k.$$

如果我们使用函数 $-\log(1-x)$ 的泰勒级数,就得到

$$\sum_{k=1}^{\infty} \frac{S_k}{k} t^k = \sum_{m=1}^{\infty} \frac{1}{m} \left(\sigma_1 t - \sigma_2 t^2 + \cdots + (-1)^{n-1} t^n \right)^m.$$

比较这个公式两边 t^k 的系数,我们就得到了 S_k 的一个非递推形式,为关于 σ_i 的多项式. 如果将上式两边取指数函数,就得到

$$Q(t) = \exp\left(-\sum_{k=1}^{\infty} \frac{S_k}{k} t^k \right) = \sum_{m=0}^{\infty} \frac{(-1)^m}{m!} \left(\sum_{k=1}^{\infty} \frac{S_k}{k} t^k \right)^m.$$

再比较两边 t^k 项的系数,就得到初等对称多项式用等幂和 S_k 表示的公式.

注 恒等式

$$S_{n+r} = \sigma_1 S_{n+r-1} - \sigma_2 S_{n+r-2} + \cdots + (-1)^{n-1} \sigma_n S_r, \quad r \geqslant 0$$

和

$$S_k = \sigma_1 S_{k-1} - \sigma_2 S_{k-2} + \cdots + (-1)^k \sigma_{k-1} S_1 + (-1)^{k+1} k \sigma_k, \quad n \geqslant k$$

都称作**牛顿恒等式**. 前一个公式当 $r = 0$ 时和后一个公式当 $k = n$ 时相同. 代数证明和微积分证明(组合证明需要稍微多一点工作)表明,可以把后一个公式对所有的 k 使用,只需按照惯例处理:当 k 超过变量个数时,定义 $\sigma_k = 0$.

例 7.7. 设 $r_1, \cdots, r_n$ 是多项式

$$x^n - 2x^{n-1} + 3x^{n-2} + \cdots + (-1)^n (n+1)$$

的根. 对所有的 $m = 1, 2, \cdots, n$,证明:

$$r_1^m + \cdots + r_n^m = 2(-1)^{m-1}.$$

证明 根据韦达定理,我们得到 $\sigma_1 = S_1 = 2, \sigma_2 = 3, \cdots, \sigma_n = n+1$. 因此牛顿恒等式对 $m \leqslant n$ 给出

$$S_m = 2S_{m-1} - 3S_{m-2} + \cdots + (-1)^m m S_1 + (-1)^{m+1} m(m+1).$$

简单的归纳,其中归纳步骤为

$$S_m = (-1)^{m-2} (4 + 6 + \cdots + 2m - m(m+1)) = 2(-1)^{m-1}.$$

表明 $S_i = 2(-1)^{i-1}$,对所有的 $i = 1, \cdots, m-1$ 成立. □

例 7.8. 设 $P(x)$ 是 n 次首项系数为 1 的整系数多项式, 有 n 个复根 $z_1, \cdots, z_n$. 证明:对每个 k, 有 $S_k = z_1^k + \cdots + z_n^k$ 是整数.

证明 这在前面已经证明了, 但是其重要性需要强调一下. 由于 $P(x)$ 是首项系数为 1 的整系数多项式, 韦达定理表明所有的初等对称多项式 σ_k 是整数. 然而, 牛顿恒等式表明所有的等幂和是 σ_k 的整系数多项式, 因此都是整数. □

7.2　牛顿恒等式和数论:简单题

例 7.9. 设 n 是整数, 整数 a, b, c, d 满足 $a+b+c+d$ 和 $a^2+b^2+c^2+d^2$ 都被 n 整除. 证明:

$$n \mid (a^4 + b^4 + c^4 + d^4 + 4abcd).$$

证明 设

$$P(x) = (x-a)(x-b)(x-c)(x-d) = x^4 - \sigma_1 x^3 + \sigma_2 x^2 - \sigma_3 x + \sigma_4.$$

我们知道 $S_1 = \sigma_1$ 和 S_2 被 n 整除. 根据牛顿恒等式,有

$$S_4 = \sigma_1 S_3 - \sigma_2 S_2 + \sigma_3 S_1 - 4\sigma_4.$$

因此计算模 n 的余数,有

$$S_4 \equiv -4\sigma_4 \quad (\text{mod } n).$$

说明 n 整除 $S_4 + 4\sigma_4 = a^4 + b^4 + c^4 + d^4 + 4abcd$. □

例 7.10. 设 p 是奇素数, 整数 a, b, c, d, e 满足 $a+b+c+d+e$ 和 $a^2+b^2+c^2+d^2+e^2$ 被 p 整除. 证明:$a^5+b^5+c^5+d^5+e^5-5abcde$ 被 p 整除.

证明 设

$$(x-a)(x-b)(x-c)(x-d)(x-e) = x^5 - \sigma_1 x^4 + \sigma_2 x^3 - \sigma_3 x^2 + \sigma_4 x - \sigma_5.$$

现在 $S_1 = \sigma_1$ 和 $S_2 = S_1^2 - 2\sigma_2$ 被 p 整除. 于是 σ_1 和 σ_2 也被 p 整除. 根据牛顿恒等式,有

$$S_5 = \sigma_1 S_4 - \sigma_2 S_3 + \sigma_3 S_2 - \sigma_4 S_1 + 5\sigma_5.$$

模 p 计算,得到 $S_5 \equiv 5\sigma_5 \ (\text{mod } p)$,因此 p 整除

$$S_5 - 5\sigma_5 = a^5 + b^5 + c^5 + d^5 + e^5 - 5abcde.$$

□

例 7.11. 实数 a, b, c 满足: 对每个正整数 n, 求和 $a^n + b^n + c^n$ 是整数. 证明: $a, b,$ c 是首项系数为 1 的整系数三次多项式的根.

越南数学奥林匹克 2009

证明 设

$$(x-a)(x-b)(x-c) = x^3 - px^2 + qx - r,$$

我们要证明 p, q, r 都是整数. 根据牛顿恒等式, 有

$$S_{n+3} = pS_{n+2} - qS_{n+1} + rS_n.$$

现在 $p = S_1$ 是整数. 此外, 根据 $S_2 = p^2 - 2q$, 得到 $2q$ 是整数. 由于

$$S_3 = pS_2 - qS_1 + 3r = p^3 - 3pq + 3r,$$

因此 $2S_3 = 2p^3 - 3p \cdot 2q + 6r$, 于是 $6r$ 是整数. 现在注意到

$$\begin{aligned} S_4 &= pS_3 - qS_2 + rS_1 = p(p^3 - 3pq + 3r) - q(p^2 - 2q) + pr \\ &= p^4 - 4qp^2 + 4pr + 2q^2, \end{aligned}$$

两边乘以 3, 得到 $6q^2$ 是整数. 于是 $2q^2 = 6q^2 - (2q)^2$ 是整数. 然而, 这也说明 $(2q)^2 = 4q^2$ 是偶数, 于是 $2q$ 是偶数, 我们得到 q 是整数.

现在, 通过公式 $S_3 = p^3 - 3pq + 3r$ 得到 $3r$ 是整数. 假设 r 不是整数, 于是 $r = \dfrac{k}{3}$, 整数 k 不是 3 的倍数. 从前面 S_4 的公式, 我们得到 $\dfrac{4pk}{3}$ 是整数, 所以 $3 \mid p$. 根据 S_6 的牛顿恒等式

$$S_6 = pS_5 - qS_4 + \frac{k}{3}S_3,$$

我们发现 $3 \mid S_3$. 然而, 再次考察 $S_3 = p^3 - 3pq + k$ 可以得到 k 是 3 的倍数, 矛盾. 因此 r 是整数. □

注 有一个更一般的结论, 已经发表于 80 年代早期的美国数学月刊上. 解答需要更先进的工具, 我们会在多项式三部曲的最后一卷讨论它.

设 $z_1, z_2, \cdots, z_n$ 是复数, 满足 $\sum\limits_{j=1}^{n} z_i^m$ 是整数, 对所有的正整数 m 成立. 证明: 多项式 $(x - z_1) \cdots (x - z_n)$ 是整系数多项式.

Michael Larsen, 美国数学月刊 E2993

例 7.12. 设 a, b, c 是整数,满足 $a + b + c = 0$. 证明:对所有的正整数 n,有

$$a^2 + b^2 + c^2 \mid a^{n^2+1} + b^{n^2+1} + c^{n^2+1}.$$

证明　注意到

$$\sigma_1 = a + b + c = 0, \quad \sigma_2 = ab + ac + bc = -\frac{1}{2}(a^2 + b^2 + c^2) = -\frac{1}{2}S_2.$$

因此

$$S_m = -\sigma_2 S_{m-2} + \sigma_3 S_{m-3} = \frac{1}{2}(a^2 + b^2 + c^2)S_{m-2} + \sigma_3 S_{m-3}.$$

由于 $a + b + c = 0$,因此 S_m 是偶数,对所有的 m 成立. 于是我们可以记

$$S_m = \frac{S_{m-2}}{2}(a^2 + b^2 + c^2) + \sigma_3 S_{m-3}.$$

于是 $S_m \equiv \sigma_3 S_{m-3} \pmod{S_2}$. 如果 $m \equiv 1 \pmod 3$,我们就有 $S_m \equiv \sigma_3 S_1 \equiv 0 \pmod{S_2}$;如果 $m \equiv 2 \pmod 3$,我们就有 $S_m \equiv \sigma_3 S_2 \equiv 0 \pmod{S_2}$. 由于 $n^2 + 1 \equiv 1, 2 \pmod 3$,我们就完成了证明.　　□

例 7.13. 证明:对所有的正整数 n,有

$$2^{n+1} \Big| \Big\lfloor (1 + \sqrt{3})^{2n+1} \Big\rfloor.$$

证明　设 $z_1 = 1 + \sqrt{3}, z_2 = 1 - \sqrt{3}$. 于是有 $\sigma_1 = z_1 + z_2 = 2$ 和 $\sigma_2 = z_1 z_2 = -2$. 记 $S_n = z_1^n + z_2^n$,于是牛顿恒等式给出

$$S_{n+1} = 2S_n + 2S_{n-1}.$$

简单地对 n 归纳,可以证明 S_{2n-1} 和 S_{2n} 都被 2^n 整除.
　　特别地,有

$$S_{2n+1} = z_1^{2n+1} + z_2^{2n+1} = 2^{n+1}k,$$

其中 k 是正整数. 于是

$$z_1^{2n+1} = 2^{n+1}k - z_2^{2n+1}.$$

由于 $0 < -z_2^{2n+1} < 1$,因此 $\lfloor z_1^{2n+1} \rfloor = 2^{n+1}k$.
　　于是 $2^{n+1} \Big| \lfloor (1 + \sqrt{3})^{2n+1} \rfloor$.　　□

7.3 牛顿恒等式和多项式

等幂和 $S_k = z_1^k + \cdots + z_n^k$ 的一个有趣特点是,随着 k 变大,具有最大模的项支配总和. 这在除一个根以外的所有根的模长都小于 1 的情况下尤其显著. 在这种特殊的情况下,其中一项在增长,而所有其他项都在变小.

这引出了许多需要使用牛顿恒等式的有趣问题. 牛顿恒等式让你可以了解 k 较大时等幂和的行为(也许只是它们是整数),而最大的项会提供别的信息. 当你比较两者时,会得到有趣的结论.

例 7.14. 设 α 是多项式 $x^3 - 3x^2 + 1$ 的最大根. 证明: $\lfloor \alpha^{2020} \rfloor$ 被 17 整除.

证明 首先,观察牛顿恒等式关于根的等幂和告诉了我们什么信息. 设 $\alpha > \beta > \gamma$ 是三个根(我们下面会发现它们都是实数,但是暂时还不需要这个事实). 设 $S_k = \alpha^k + \beta^k + \gamma^k$ 是它们的等幂和. 于是牛顿恒等式可以给出 $S_0 = S_1 = 3, S_2 = 9$ 以及 $S_{n+3} = 3S_{n+2} - S_n, n \geq 0$. 由于现在的题目只需考察模 17 的性质,我们只看递推方程模 17 的情况. 经过(有点长的)计算,发现 $S_{n+16} \equiv S_n \pmod{17}$. 因此

$$S_{2020} = S_{16 \cdot 126 + 4} \equiv S_4 \equiv 1 \pmod{17},$$

说明

$$S_{2020} = \alpha^{2020} + \beta^{2020} + \gamma^{2020} = 17k + 1,$$

其中 k 是正整数.

现在,考察根的大小. 记 $P(x) = x^3 - 3x^2 + 1$,我们有

$$P(-1) = -3 < 0, \quad P(0) = 1 > 0, \quad P(1) = -1 < 0, \quad P(3) = 1 > 0.$$

因此,使用上一段的记号,我们发现 $-1 < \gamma < 0 < \beta < 1 < \alpha < 3$. 我们有两个绝对值小于 1 的根,以及大于 1 的根 α. 于是对于较大的 k,S_k 会非常接近 α^k. 更精确地说,和前面的结果结合,我们发现

$$\alpha^{2020} = 17k + 1 - \beta^{2020} - \gamma^{2020}.$$

由于 2020 是偶数,因此 $\alpha^{2020} < 17k + 1$. 现在只需证明

$$\beta^{2020} + \gamma^{2020} < 1$$

就完成了证明. 不幸的是,前面的不等式只给出 $\beta^{2020} + \gamma^{2020} < 2$,所以我们需要将其改进一些. 下面是一个方法. 注意到 $P\left(2\sqrt{2}\right) = 16\sqrt{2} - 23 < 0$,因此 $2\sqrt{2} < \alpha < 3$. 这给出

$$0 < \beta^{2020} + \gamma^{2020} < \beta^2 + \gamma^2 = 9 - \alpha^2 < 9 - \left(2\sqrt{2}\right)^2 = 1.$$

因此 $\beta^{2020} + \gamma^{2020} \in (0,1)$,我们得到结论 $\lfloor \alpha^{2020} \rfloor = 17k$. □

例 7.15. 设 n 是正整数. 证明: $\left\lfloor (\sqrt[3]{28} - 3)^{-n} \right\rfloor$ 不是 6 的倍数.

德国国家队选拔考试 2011

证明 设 $z_1 = \sqrt[3]{28} - 3$,于是 $(3 + z_1)^3 = 28$,展开得到

$$z_1^3 + 9z_1^2 + 27z_1 - 1 = 0.$$

因此 z_1 是 $x^3 + 9x^2 + 27x - 1$ 的根,而另外两个根是

$$z_2 = \omega \sqrt[3]{28} - 3, \quad z_3 = \omega^2 \sqrt[3]{28} - 3,$$

其中 ω 是一个本原三次单位根. 注意到 $|z_2| = |z_3|$,此外

$$|z_2|^2 = \frac{1}{|z_1|} > 1,$$

所以 $|z_2| = |z_3| > 1$. 根据牛顿恒等式,我们知道

$$S_{-n} \equiv -9S_{-n-1} - 27S_{-n-2} + S_{-n-3}.$$

由于

$$S_{-n} \equiv S_{-n-1} + S_{-n-2} + S_{-n-3} \pmod{2}$$

以及

$$S_2 = 27, \quad S_1 = -9, \quad S_0 = 3, \quad S_{-1} = 27, \cdots.$$

我们发现对所有的 n,S_n 是奇数. 注意到 $S_{-n} \equiv S_{-n-3} \pmod 3$,因此 S_{-n} 被 3 整除. 于是

$$S_{-n} = z_1^{-n} + z_2^{-n} + z_3^{-n} = 6t + 3,$$

其中 t 是正整数.

最后,假设 $\lfloor z_1^{-n} \rfloor = k$. 于是 $|k - z_1^{-n}| < 1$,然后有

$$|k - 6t - 3| = |k - S_{-n}| = |k - z_1^{-n} - z_2^{-n} - z_3^{-n}| < |k - z_1^{-n}| + |z_2^{-n}| + |z_3^{-n}| < 3.$$

因此 $k = 6t \pm 1, 6t \pm 2$. 无论哪种情况下,k 都不是 6 的倍数. □

此处有一个一般的策略,用于接近某个代数整数 α 的幂的整数的问题.(例如,问题可以是下取整函数 $\lfloor \alpha^n \rfloor$ 的性质,也可以是上取整函数.)

策略

(i) 找到 α 满足的一个多项式 $P(x)$,通常取极小多项式.

(ii) 因式分解 $P(x) = (x - z_1) \cdots (x - z_d)$,并且分析根的大小.

(iii) 验证 α^n 是否接近 S_n.

(iv) 利用牛顿恒等式找到 S_n 的递推关系.

(v) 使用代数或者数论事实,也许要归纳,来证明关于 S_n 的性质.

(vi) 快点行动吧!

例 7.16. 设 α 和 β 是多项式 $x^2 - qx + 1$ 的根,其中 q 是大于 2 的有理数. 设 $S_1 = \alpha + \beta, T_1 = 1$. 对 $n \geqslant 2$,定义 $S_n = \alpha^n + \beta^n$,以及

$$T_n = S_{n-1} + 2S_{n-2} + \cdots + (n-1)S_1 + n.$$

证明:若 n 是奇数,则 T_n 是有理数.

中美洲数学奥林匹克 2014

证法一 由于 $\alpha\beta = 1$,因此有 $S_{n+1} = S_1 S_n - S_{n-1}$. 简单归纳得到: 对所有的 n, S_n 是有理数. 现在我们归纳证明

$$T_{2m+1} = (1 + S_1 + \cdots + S_m)^2$$

对所有的正整数 m 成立. 基础情形 $m = 0$ 是平凡的. 对于归纳的步骤,我们有

$$T_{2m+1} = T_{2m-1} + S_{2m} + 2 + 2(S_1 + \cdots + S_{2m-1}).$$

根据归纳假设 $T_{2m-1} = (1 + S_1 + \cdots + S_{m-1})^2$,所以得到

$$T_{2m+1} = (1 + S_1 + \cdots + S_{m-1})^2 + S_{2m} + 2 + 2(S_1 + \cdots + S_{2m-1}).$$

注意到

$$S_{2m} + 2 = \alpha^{2m} + \beta^{2m} + 2(\alpha\beta)^m = (\alpha^m + \beta^m)^2 = S_m^2.$$

此外,

$$S_1 + \cdots + S_{2m-1} = (\alpha + \alpha^2 + \cdots + \alpha^{2m-1}) + (\beta + \beta^2 + \cdots + \beta^{2m-1})$$

$$= \alpha^m(\alpha^{1-m} + \alpha^{2-m} + \cdots + \alpha^{m-1}) + \beta^m(\beta^{1-m} + \beta^{2-m} + \cdots + \beta^{m-1}).$$

由于

$$\alpha^{1-m} + \alpha^{2-m} + \cdots + \alpha^{-1} = \beta + \beta^2 + \cdots + \beta^{m-1},$$

对 β 有类似的式子,我们得到

$$S_1 + \cdots + S_{2m-1} = (\alpha^m + \beta^m)(1 + \alpha + \beta + \cdots + \alpha^{m-1} + \beta^{m-1})$$

$$= S_m(1 + S_1 + \cdots + S_{m-1}).$$

因此

$$T_{2m+1} = (1 + S_1 + \cdots + S_{m-1})^2 + S_{2m} + 2(1 + S_1 + \cdots + S_{2m-1})$$

$$= (1 + S_1 + \cdots + S_{m-1})^2 + S_m^2 + 2S_m(1 + S_1 + \cdots + S_{m-1})$$

$$= (1 + S_1 + \cdots + S_m)^2.$$

由于 $1 + S_1 + \cdots + S_m$ 是有理数,我们就完成了证明.　　　　□

证法二　由于 $\beta = \alpha^{-1}$,我们有

$$1 + S_1 + \cdots + S_m = 1 + \alpha + \alpha^2 + \cdots + \alpha^m + \alpha^{-1} + \cdots + \alpha^{-m}.$$

看看我们做平方时会发生怎样的事情. 乘积中的一项会是 α^{r+s},其中 r, s 满足 $-m \leqslant r, s \leqslant m$,因此 α^j 出现的次数是和 $r + s = j$ 的解一样多,其中 r, s 在上述范围中. 如果 $j \geqslant 0$,那么 $j - m \leqslant r = s - j \leqslant j + m$,所以有 $j - m \leqslant r \leqslant m$. 反之,对任意这个范围内的 r,我们可以定义 $s = j - r$,然后得到 $-m \leqslant r, s \leqslant m$. 因此有 $2m + 1 - j$ 项给出 α^j. 由于有同样个数的 α^{-j},因此

$$(1 + \cdots + S_m)^2 = (\alpha^{2m} + \alpha^{-2m}) + 2(\alpha^{2m-1} + \alpha^{1-2m}) + \cdots + 2m(\alpha + \alpha^{-1}) + 2m + 1$$

$$= S_{2m} + 2S_{2m-1} + \cdots + 2mS_1 + 2m + 1 = T_{2m+1}.$$

因此

$$T_{2m+1} = (1 + S_1 + \cdots + S_m)^2.$$

现在根据上面的论证,我们知道 $1 + S_1 + \cdots + S_m$ 是有理数,就完成了证明.　　□

例 7.17. 设 $a_1, \cdots, a_n$ 是整数,$A = (a_1^2 - 1) \cdots (a_n^2 - 1)$,

$$A \sum_{i=1}^{n} \frac{1}{(a_i^2 - 1)(a_i + 1)}$$

是整数. 证明:对 $i = 1, 2, \cdots, n$,有 $\dfrac{A}{(a_i^2 - 1)(a_i + 1)}$ 是整数.

证明 设 $z_i = \dfrac{A}{(a_i^2-1)(a_i+1)}$，于是 $\sigma_1 = \sum\limits_{i=1}^{n} z_i$ 根据假设是整数. 由于

$$A^2 = (a_1^2-1)^2 \cdots (a_n^2-1)^2,$$

对每个 i,j，都是 $(a_i^2-1)(a_i+1)(a_j^2-1)(a_j+1)$ 的倍数，我们看到

$$\sigma_2 = \sum_{1 \leqslant i < j \leqslant n} z_i z_j = A^2 \sum_{1 \leqslant i < j \leqslant n} \frac{1}{(a_i^2-1)(a_j^2-1)(a_i+1)(a_j+1)}$$

是整数. 根据同样的论证，

$$\sigma_k = \sum_{1 \leqslant i_1 < i_2 < \cdots < i_k \leqslant n} z_{i_1} z_{i_2} \cdots z_{i_k},$$

对每个 $k = 1, \cdots, n$，是整数. 因此多项式

$$P(x) = (x-z_1) \cdots (x-z_n) = x^n - \sigma_1 x^{n-1} + \cdots + (-1)^n \sigma_n$$

是整系数首项系数为 1 的多项式，而且根是有理数. 因此这些根是整数. □

例 7.18. *求解复数的方程组:*

$$\begin{cases} x_1 + x_2 + \cdots + x_n &= a \\ x_1^2 + x_2^2 + \cdots + x_n^2 &= a^2 \\ \qquad\qquad \vdots \\ x_1^n + x_2^n + \cdots + x_n^n &= a^n. \end{cases}$$

解 设 $(x-x_1) \cdots (x-x_n) = x^n - \sigma_1 x^{n-1} + \cdots + (-1)^n \sigma_n$. 由于 $\sigma_1 = S_1 = a$，反复使用牛顿恒等式

$$k\sigma_k = (-1)^{k-1} S_k + (-1)^{k-2} \sigma_1 S_{k-1} + \cdots + \sigma_{k-1} S_1, \quad k = 2, \cdots, n,$$

得到 $\sigma_2 = \cdots = \sigma_n = 0$. 因此

$$(x-x_1) \cdots (x-x_n) = x^n - a x^{n-1}.$$

于是 $(x_1, x_2, \cdots, x_n) = (a, 0, 0, \cdots, 0)$ 或者它的一个排列. □

现在我们提供两个数论的例子. 第一个我们用经典的数论方法证明，第二个用牛顿恒等式证明.

例 7.19. 设 p 是奇素数,

$$(x-1)\cdots(x-p+1) = x^{p-1} - \sigma_1 x^{p-2} + \cdots + \sigma_{p-1}.$$

证明: $\sigma_1, \cdots, \sigma_{p-2}$ 都是 p 的倍数.

证明 熟知

$$\sigma_i = \sum_{1 \leqslant j_1 < \cdots < j_i \leqslant p-1} j_1 \cdots j_i.$$

设 g 是模 p 的一个原根. 注意集合 $\{g, 2g, \cdots, (p-1)g\}$ 和 $\{1, 2, \cdots, p-1\}$ 模 p 相同.

$$g^i \sigma_i = \sum_{1 \leqslant j_1 < \cdots < j_i \leqslant p-1} g j_1 \cdots g j_i \equiv \sum_{1 \leqslant j_1 < \cdots < j_i \leqslant p-1} j_1 \cdots j_i \equiv \sigma_i \pmod{p}.$$

因此 $(g^i - 1)\sigma_i \equiv 0 \pmod{p}$. 由于 g 是原根, $i < p-1$, 因此 $g^i - 1$ 不是 p 的倍数. 所以 $\sigma_i \equiv 0 \pmod{p}$. □

例 7.20. 设 p 是奇素数, k 是正整数, $S_k = 1^k + \cdots + (p-1)^k$. 证明:

$$S_k \equiv \begin{cases} 0, & \text{若 } p-1 \nmid k \\ -1, & \text{若 } p-1 \mid k \end{cases} \pmod{p}.$$

证明 根据费马小定理, 只需限制 k 到集合 $\{1, 2, \cdots, p-1\}$ 证明即可. 考虑牛顿恒等式

$$S_k = \sigma_1 S_{k-1} - \sigma_2 S_{k-2} + \cdots + (-1)^{k+1} k \sigma_k, \quad k = 1, 2, \cdots, p-1.$$

对 $k = 1$, $S_1 = \sigma_1 \equiv 0 \pmod{p}$. 因此归纳可得, 对所有的 $k = 1, 2, \cdots, p-2$, 有 $S_k \equiv 0 \pmod{p}$. 现在对 $k = p-1$, 我们有

$$S_{p-1} = \sigma_1 S_{p-1} - \sigma_2 S_{p-2} + \cdots + (-1)^p (p-1) \sigma_{p-1}.$$

像上一个例子一样继续, $\sigma_1, \cdots, \sigma_{p-2}$ 都是 p 的倍数, 于是

$$S_{p-1} \equiv \sigma_{p-1} \pmod{p}.$$

威尔逊定理给出

$$\sigma_{p-1} = (p-1)! \equiv -1 \pmod{p},$$

因此 $S_{p-1} \equiv -1 \pmod{p}$. □

7.4 牛顿恒等式和数论：提高题

我们已经到达本章的最后一部分. 我们已经了解了牛顿恒等式的许多有趣方面. 我们发现它在数论、多项式等分支中有不同的应用. 下面有一些更困难的问题, 可以使用牛顿恒等式来帮助解决.

例 7.21. 设 a, b, c 是多项式 $P(x) = x^3 - 3x^2 + 1$ 的根. 证明：对所有的 $n \geqslant 1$,

$$\frac{a^n + b^n + c^n - 4^n - 5^n - 11^n}{17}$$

是整数.

证明 设 $S_n = a^n + b^n + c^n$ 为 $P(x)$ 的根的等幂和, $T_n = 4^n + 5^n + 11^n$ 是 $4, 5, 11$ 的等幂和. 根据牛顿恒等式, 有 $S_0 = S_1 = 3$, $S_2 = 9$, 并且 S_n 满足 $S_{n+3} = 3S_{n+2} - S_n, n \geqslant 0$.

我们还有 $T_0 = 3, T_1 = 20, T_2 = 162$, 以及

$$T_{n+3} = 20T_{n+2} - 119T_{n+1} + 220T_n$$

对 $n \geqslant 0$ 成立. 模 17 发现, $T_1 \equiv S_1, T_2 \equiv S_2$, 以及

$$T_{n+3} \equiv 3T_{n+2} - T_n \pmod{17}.$$

因此 $T_n \equiv S_n \pmod{17}$, 对所有的 n 成立, 完成了证明. $\square$

例 7.22. 设 $p = a^2 + b^2$, a 和 b 是整数. 证明：存在无穷多自然数 n, 使得 $(a^n + b^n + a + b)(1 + (ab)^n)$ 被 p 整除.

证明 设 D 是 ab 模 p 的阶, 也就是说, D 是满足 $(ab)^D \equiv 1 \pmod{p}$ 的最小的正整数. 如果 $D = 2m$ 是偶数, 那么 $x = (ab)^m \pmod{p}$ 不是 1（因为 D 最小）, 但是满足 $x^2 \equiv 1 \pmod{p}$. 于是 $x \equiv -1 \pmod{p}$, 说明 $(ab)^m \equiv -1 \pmod{p}$. 在这个情形下, 我们取 $n = (2k+1)m = kD + m$. 这会给出 $(ab)^n \equiv (ab)^m \equiv -1 \pmod{p}$, 说明 p 整除 $1 + (ab)^n$.

现在假设 D 是奇数. 注意到牛顿恒等式给出

$$a^{k+4} + b^{k+4} = (a^2 + b^2)(a^{k+2} + b^{k+2}) - (ab)^2(a^k + b^k).$$

因此

$$a^{k+4} + b^{k+4} \equiv -(ab)^2(a^k + b^k) \pmod{p},$$

迭代这个过程得到

$$a^{4k+1} + b^{4k+1} \equiv (-1)^k (ab)^{2k}(a+b) \pmod{p}.$$

现在取 $k = (2m+1)D$. 由于 k 是奇数,而且 $(ab)^{2D} \equiv 1 \pmod{p}$,我们有

$$a^{4(2m+1)D+1} + b^{4(2m+1)D+1} \equiv -(a+b) \pmod{p}.$$

因此对于 $n = 4(2m+1)D+1$,有 $a^n + b^n + a + b$ 被 p 整除. $\square$

例 7.23. 设 $a_1, \cdots, a_n$ 是整数,并且对所有的 $i = 1, 2, \cdots, k-1$,有

$$a_1 + 2^i a_2 + \cdots + n^i a_n = 0.$$

证明:$k! \mid (a_1 + 2^k a_2 + \cdots + n^k a_n)$.

波兰数学奥林匹克

证明 设 $T_k = a_1 + 2^k a_2 + \cdots + n^k a_n$,并且定义

$$Q(x) = x(x-1)\cdots(x-k+1) = x^k - b_{k-1}x^{k-1} + \cdots + (-1)^{k-1}(k-1)!x.$$

对每个正整数 $m, Q(m) = k!\binom{m}{k}$ 被 $k!$ 整除. 因此我们看到 $\sum_{j=1}^{n} a_j Q(j)$ 是 $k!$ 的倍数. 然而,计算得到

$$\sum_{j=1}^{n} a_j Q(j) = T_k - b_{k-1}T_{k-1} + \cdots + (-1)^{k-1}(k-1)!T_1 = T_k.$$

因此 T_k 是 $k!$ 的倍数,这就是需要证明的. $\square$

注 我们可以用牛顿恒等式把上述过程继续推进.

T_k 满足递推关系

$$T_{n+k} = b_{k-1}T_{n+k-1} + \cdots + (-1)^k(k-1)!T_{n+1}, n \geqslant 0.$$

因此简单归纳得到,T_n 是 $k!$ 的阶乘,对所有的 n 成立.

例 7.24. 设 p 是素数,k 是正整数,$k < p$. 整数 $x_1, \cdots, x_k$ 满足

$$x_1 + \cdots + x_k, \cdots, x_1^k + \cdots + x_k^k$$

都被 p 整除. 证明:$x_1, \cdots, x_k$ 都被 p 整除.

蒙古数学奥林匹克 2013

证明 根据牛顿恒等式,我们有

$$S_k = \sigma_1 S_{k-1} - \sigma_2 S_{k-2} + \cdots + (-1)^{k+1} k \sigma_k.$$

由于 $p \mid S_i$ 对所有的 $i = 1, \cdots, k$ 成立而且 $k < p$,因此 $p \mid \sigma_k = x_1 \cdots x_k$. 于是 p 至少整除 $x_1, \cdots, x_k$ 其中一项. 假设 $p \mid x_k$. 现在,$x_1, \cdots, x_{k-1}$ 的所有等幂和是 p 的倍数,于是我们可以重复这个过程,得到 p 整除 $x_1 \cdots x_{k-1}$. 如此继续,我们发现 $p \mid x_1, \cdots, x_k$. □

在刚才这个例子中,我们基于牛顿恒等式给出的是一个演绎的证明.

例 7.25. 设 p 是素数,$n \geqslant p$. 证明:p 整除

$$\sum_{r \geqslant 0} (-1)^r \binom{n}{rp}.$$

证明 设

$$A = \sum_{r \geqslant 0} (-1)^r \binom{n}{rp}.$$

取 $Q(x) = (1-x)^n$. 如果 ω 是一个本原 p 次单位根,那么

$$Q(1) + Q(\omega) + \cdots + Q(\omega^{p-1}) = \sum_{k=0}^{p-1} \sum_{j=0}^{n} \binom{n}{j} (-1)^j \omega^{kj}$$

$$= \sum_{j=0}^{n} \binom{n}{j} (-1)^j \sum_{k=0}^{p-1} \omega^{kj}.$$

若 $p \nmid j$,则有 $\sum_{k=0}^{p-1} \omega^{kj} = \dfrac{\omega^{jp} - 1}{\omega^j - 1} = 0$. 若 $p \mid j$,则有 $\sum_{k=0}^{p-1} \omega^{kj} = \sum_{k=0}^{p-1} 1 = p$. 因此我们得到

$$\frac{Q(1) + Q(\omega) + \cdots + Q(\omega^{p-1})}{p} = A.$$

现在只需证明

$$Q(1) + Q(\omega) + \cdots + Q(\omega^{p-1}) = (1-1)^n + (1-\omega)^n + \cdots + (1-\omega^{p-1})^n$$

是 p^2 的倍数. 令 $z_j = 1 - \omega^j, j = 0, \cdots, p-1$,考虑多项式

$$(x - z_0) \cdots (x - z_{p-1}) = x^p - \sigma_1 x^{p-1} + \cdots + (-1)^p \sigma_p.$$

注意在这样的变量假设下,有

$$Q(1) + Q(\omega) + \cdots + Q(\omega^{p-1}) = S_n,$$

于是只需证明 S_n 是 p^2 的倍数, 其中 $n \geqslant p$. 由于

$$(z_j - 1)^p = (-\omega^j)^p = (-1)^p,$$

因此每个 z_j 都是 $(x-1)^p - (-1)^p$ 的根, 这个多项式是

$$(x - z_0) \cdots (x - z_{p-1}) = (x-1)^p + (-1)^p = \sum_{k=1}^{p} (-1)^{p-k} \binom{p}{k} x^k.$$

因此 $\sigma_1, \cdots, \sigma_{p-1}$ 都是 p 的倍数, 而 $\sigma_p = 0$. 由于牛顿恒等式表明, 所有的等幂和 S_k 都是初等对称多项式 σ_k 的整系数多项式, 因此 S_k 都是 p 的倍数 (此处要指出 S_k 和 σ_k 都是齐次的, 不会出现常数项——译者注). 此外, 对 $r \geqslant 0$, 牛顿恒等式是

$$S_{p+r} = \sigma_1 S_{p+r-1} - \sigma_2 S_{p+r-2} + \cdots - S_r \sigma_p$$
$$= \sigma_1 S_{p+r-1} - \sigma_2 S_{p+r-2} + S_{r+1} \sigma_{p-1}.$$

右面的每一项都是两项的乘积, 这两项都是 p 的倍数, 因此 S_{p+r} 是 p^2 的倍数, 于是当 $n \geqslant p$ 时, S_n 是 p^2 的倍数. $\qquad\square$

7.5 习题

习题 7.1. 设 a, b, c 是两两不同的实数, 满足 $a + b + c = 2019$. 计算

$$\frac{a(b-c)^2}{(c-a)(a-b)} + \frac{b(c-a)^2}{(a-b)(b-c)} + \frac{c(a-b)^2}{(b-c)(c-a)}.$$

习题 7.2. 求所有的正整数 a, b, c, 满足

$$\frac{a^4}{(a-b)(a-c)} + \frac{b^4}{(b-c)(b-a)} + \frac{c^4}{(c-a)(c-b)} = 47.$$

习题 7.3. 设 x, y, z 是两两不同的整数, n 是非负整数. 证明:

$$\frac{x^n}{(x-y)(y-z)} + \frac{y^n}{(y-z)(y-x)} + \frac{z^n}{(z-x)(x-y)}$$

是整数.

库尔沙克竞赛 1959

习题 7.4. 求所有的正整数 n, 使得对所有的实数 x, y, z, $x + y + z = 0$, $xyz = 1$, 表达式 $S_n = x^n + y^n + z^n$ 是常数.

习题 7.5. 设

$$x_1 + x_2 + x_3 + x_4 = y_1 + y_2 + y_3 + y_4,$$

$$x_1^2 + x_2^2 + x_3^2 + x_4^2 = y_1^2 + y_2^2 + y_3^2 + y_4^2,$$

$$x_1^3 + x_2^3 + x_3^3 + x_4^3 = y_1^3 + y_2^3 + y_3^3 + y_4^3.$$

证明：

$$(x_1 - y_2)(x_1 - y_3)(x_1 - y_4) = (y_1 - x_2)(y_1 - x_3)(y_1 - x_4).$$

习题 7.6. 证明：存在正整数 k，使得若 a, b, c, d, e, f 是整数，m 是

$$a^n + b^n + c^n - d^n - e^n - f^n, \quad n = 1, 2, \cdots, k$$

的公因子，则对所有的正整数 n，有 m 整除

$$a^n + b^n + c^n - d^n - e^n - f^n.$$

习题 7.7. 设 $a_1, \cdots, a_n$ 是两两不等的实数，使得它们的任意非空子集的求和都不是零．解下面的方程组：

$$\begin{cases} a_1 x_1 + a_2 x_2 + \cdots + a_n x_n = 0 \\ a_1 x_1^2 + a_2 x_2^2 + \cdots + a_n x_n^2 = 0 \\ \qquad\qquad \vdots \\ a_1 x_1^n + a_2 x_2^n + \cdots + a_n x_n^n = 0 \end{cases}.$$

习题 7.8. 设 $z_1, \cdots, z_n$ 是复数，k 是正整数，满足

$$z_1^k + \cdots + z_n^k = z_1^{k+1} + \cdots + z_n^{k+1} = \cdots = z_1^{k+n-1} + \cdots + z_n^{k+n-1} = 0.$$

证明：$z_1 = \cdots = z_n = 0$.

习题 7.9. 证明：对任意 $z_1, z_2, \cdots, z_n \in \mathbb{C}$，存在正整数 $k \leqslant 2n+1$，使得

$$\mathrm{Re}(z_1^k + z_2^k + \cdots + z_n^k) \geqslant 0.$$

习题 7.10. 设 a, b, c 是复数，$S_n = a^n + b^n + c^n$．假设 S_1, S_2, S_3 都是整数，$5S_1 - 3S_2 - 2S_3$ 是 6 的倍数．证明：对所有的正整数 n，S_n 是整数．

习题 7.11. 设 p, q 是素数，$a_1, \cdots, a_p, b_1, \cdots, b_q$ 是整数，满足 $a_i + b_j$ 构成模 pq 的完全剩余系．证明：$a_1, \cdots, a_p$ 构成模 p 的完全剩余系．

Sergei Ivanov，圣彼得堡数学奥林匹克 *2006*

习题 7.12. 设 $\{a_n\}, \{b_n\}$ 是两个数列, 满足

$$\begin{cases} 4a_1 - 2b_1 = 7, \\ a_{n+1} = a_n^2 - 2b_n \\ b_{n+1} = b_n^2 - 2a_n. \end{cases}$$

求 $2^{512}a_{10} - b_{10}$ 的值.

白俄罗斯数学奥林匹克

第 8 章　附加题

习题 8.1. 假设

$$(x^2 - x + 1)^3(x^3 + 4x^2 + 4x + 1)^5 = a_{21}x^{21} + a_{20}x^{20} + \cdots + a_0.$$

求 $a_1 + \cdots + a_{10}$ 的值.

习题 8.2. 设有理系数首项系数为 1 的不可约多项式 $P(x)$ 有两个根的乘积为 1. 证明：$P(x)$ 的次数为偶数.

习题 8.3. 考虑一个三次多项式，我们可以进行任意多次如下的两种操作：

(i) 将所有系数倒序，包括零 (例如从多项式 $x^3 - 2x^2 - 3$ 可以得到 $-3x^3 - 2x + 1$)；

(ii) 将多项式 $P(x)$ 变成 $P(x+1)$. 是否可以从多项式 $x^3 - 2$ 得到 $x^3 - 3x^2 + 3x - 3$?

Alexander Golovanov

习题 8.4. 设 $z_1, \cdots, z_{2n}$ 是非实数的 $2n + 1$ 次单位根. 证明：

$$\sum_{k=1}^{2n} \frac{1 - \overline{z_k}}{1 + z_k} = 2n + 1.$$

习题 8.5. a 是正整数，证明：多项式 $3x^{2n} + ax^n + 2$ 不能被 $2x^{2m} + ax^m + 3$ 整除.

莫斯科数学奥林匹克 1952

习题 8.6. 假设 $\alpha^{2005} + \beta^{2005}$ 可以写成 $\alpha + \beta$ 和 $\alpha\beta$ 的多项式，计算这个多项式的系数之和.

中国西部数学奥林匹克 2005

习题 8.7. 求所有的非负实系数多项式,满足下列条件:

$$p(0) = 0, \quad p(|z|) \leqslant x^4 + y^4, \quad \forall\, z \in \mathbb{C},$$

其中 $|z|$ 表示复数 $z = x + \mathrm{i}y$ 的模长.

西班牙数学奥林匹克 1982

习题 8.8. 设 m 是正整数,多项式

$$P(x) = \sum_{k=0}^{6m-1} x^{2^k} = x + x^2 + \cdots + x^{2^{6m-1}},$$

$$Q(x) = x^{2^{2m+1}-2} + x^{2^{2m}-1} + 1.$$

证明:$P(x)$ 被 $Q(x)$ 整除.

习题 8.9. 设 n, k 是正整数,$k < n$,实数 α 满足 $|\alpha| \leqslant 1$. 证明:多项式

$$x^n + \alpha x^{n-k} + \alpha x^k + 1$$

的所有根都在单位圆上.

习题 8.10. (i) 证明:存在整系数 502 次多项式 P,满足

$$1 + x^4 + x^8 + x^{12} + \cdots + x^{2008} = P(x)P(-x)P(\mathrm{i}x)P(-\mathrm{i}x).$$

(ii) 证明:如果 $a_0, a_1, \cdots, a_n \in \mathbb{C}, a_n \neq 0$,那么存在 n 次复系数多项式 Q,满足

$$a_0 + a_1 x^4 + a_2 x^8 + \cdots + a_n x^{4n} = Q(x)Q(-x)Q(\mathrm{i}x)Q(-\mathrm{i}x).$$

Marcel Ţena,尼古拉·特奥多雷斯库比赛 2008

习题 8.11. 设 d 是大于 1 的整数,实数 $a_0, a_1, \cdots, a_d$ 满足 $a_1 = a_{d-1} = 0$. 证明:对任意实数 k,有

$$|a_0| - |a_d| \leqslant \sum_{i=0}^{d-2} |a_i - ka_{i+1} - a_{i+2}|.$$

加拿大数学奥林匹克 2019

习题 8.12. 设 $\{a_n\}$ 是实数序列,定义为

$$a_{n+1} = a_n^3 - 3a_n^2 + 3, \quad n \geqslant 0$$

对多少 a_0 的值,我们有 $a_{2017} = a_0$?

习题 8.13. 设 $d \geqslant 3$ 是奇数,$r > 0$ 是实数,$a_1, \cdots, a_{d-1}$ 是复数. 多项式

$$P(z) = z^d + a_1 z^{d-1} + \cdots + a_{d-1}z - 1$$

的根 $r_1, \cdots, r_d$ 满足 $|r_j| = r, j = 1, \cdots, d$. 证明:

$$\mathrm{Im}(r_j + r_1 \cdots r_{j-1}r_{j+1} \cdots r_d) = 0$$

对每个 j 成立. 此外,证明:$\mathrm{Im}(a_k) = \mathrm{Im}(a_{d-k})$ 对每个 k 成立.

习题 8.14. 设 $n \geqslant 3$ 是整数. 是否存在正实数 $a_1, a_2, a_3, \cdots, a_n$,使得对任意 $k = 1, 2, \cdots, n$,多项式 $a_{k+n-1}x^{n-1} + \cdots + a_{k+1}x + a_k$(其中 $a_{i+n} = a_i$)的每个根满足不等式 $|\mathrm{Im}(z)| \leqslant |\mathrm{Re}(z)|$?

中国国家队选拔考试 2003

习题 8.15. 设 $P(x) = x^{d+1} + a_1 x^{d-1} + a_2 x^{d-2} + \cdots + a_d$ 是复系数多项式. 考虑 $r = \max\{|a_1|, \cdots, |a_d|\}$. 证明:$P(x)$ 的每个根 r_i 满足 $|r_i|(|r_i| - 1) \leqslant r$.

Marcel Chiriţă

习题 8.16. 设 a, b 是正整数. 证明:

$$2(a^2 - ab + b^2) \mid (a-b)^{2^n} + a^{2^n} + b^{2^n}.$$

数学公报

习题 8.17. 设 $P(x)$ 是整系数多项式,复数 ω 满足 $|\omega| = 1$. 设 $P(\omega) = c$,其中 c 是实数. 证明:存在整系数多项式 $Q(x)$,满足

$$c = Q\left(\omega + \frac{1}{\omega}\right).$$

习题 8.18. 设复数 z 的模长为 1,d 是给定的正整数. 证明:存在 d 次多项式 $P(x)$,其所有系数均为 $+1$ 或 -1,并且 $|P(z)| \leqslant 4$.

Komal

习题 8.19. 设 r 是多项式 $x^3 - x^2 - 1$ 的实根. 若实数 a 等于集合 $\{1, r, r^2, \cdots\}$ 的某个有限子集的元素和,则称 a 为"好数". 是否对任意 $\varepsilon > 0$,存在两个好数 a, b,使得 $0 < a - b < \varepsilon$?

习题 8.20. 设 $C \in (0,1)$, d 是正整数. 证明:多项式

$$P(x) = \sum_{k=0}^{d} \binom{d}{k} C^{k(d-k)} x^k$$

的所有根的模长都是 1.

中国国家队选拔考试 2018

习题 8.21. 求所有复系数非常数多项式 $P(z)$,使得 $P(z)$ 和 $P(z)-1$ 的所有根都是模长为 1 的.

Ankan Bacharia,美国国家队选拔考试 2021

习题 8.22. 设 d 是正整数,实数 $a_0, \cdots, a_d$ 满足

$$0 < a_0 \leqslant a_1 \leqslant \cdots \leqslant a_{d-1}, \quad a_{d-1} > a_d > 0.$$

证明:多项式 $P(x) = a_d x^d + a_{d-1} x^{d-1} + \cdots + a_0$ 的根的实部均小于 1.

习题 8.23. 正实系数多项式 $P(x) = rx^3 + qx^2 + px + 1$ 恰有一个实根. 定义序列 $a_1 = 1, a_2 = -p, a_3 = p^2 - q$,并且

$$a_{n+3} + p a_{n+2} + q a_{n+1} + r a_n = 0, \quad n \geqslant 1.$$

证明:此序列中有无穷多项为负实数.

越南国家队选拔考试 2009

习题 8.24. 设 $P(x)$ 和 $Q(x)$ 是复系数首项系数为 1 的多项式,满足

$$P(x) - Q(y) = \prod_{j=1}^{n} (a_j x + b_j y + c_j),$$

其中 a_j, b_j, c_j 是非零复数. 证明:存在复数 a, b, c,使得

$$P(x) = (x+a)^n + c, \quad Q(x) = (x+b)^n + c.$$

习题 8.25. 求所有的正整数 n,使得多项式

$$a^n(b-c) + b^n(c-a) + c^n(a-b)$$

具有因子 $a^2 + b^2 + c^2 + ab + ac + bc$.

美国数学月刊 10306

习题 8.26. 证明:非零复系数多项式 P 和 Q 的根及重数均相同当且仅当函数 $f : \mathbb{C} \to \mathbb{R}, f(x) = |P(x)| - |Q(x)|$ 在 $\mathbb{C}$ 上恒非正或者恒非负.

Marcel Ţena, 罗马尼亚数学奥林匹克 1978

习题 8.27. 设复系数多项式 $f = x^{2n} + a_{2n-1}x^{2n-1} + \cdots + a_1 x + 1$ 满足 $a_{2n-k} = a_k$, $k = 1, 2, \cdots, n-1$, 并且

$$|a_1| + |a_2| + \cdots + |a_{2n-1}| < 2.$$

α 是 f 的一个根, 证明: $\left| \alpha + \dfrac{1}{\alpha} \right| < 2.$

Alin Pop, 数学公报 B 12/2003, C:2694

习题 8.28. 设 $a, b, c, d > 0$. 证明:

$$\sqrt{\left(a + \sqrt{\frac{bcd}{a}}\right)\left(b + \sqrt{\frac{acd}{b}}\right)\left(c + \sqrt{\frac{abd}{c}}\right)\left(d + \sqrt{\frac{abc}{d}}\right)} + 2\sqrt{abcd}$$

$$\geqslant ab + bc + cd + da + ac + bd.$$

习题 8.29. 求所有的正整数 n, 使得存在单位圆上的 n 个点 $P_1, \cdots, P_n$, 满足: 对单位圆上的点 M, 表达式 $\displaystyle\sum_{i=1}^{n} MP_i^k$ 是常数, 其中 (i) $k = 2018$; (ii) $k = 2019$.

中国国家队选拔考试 2019

习题 8.30. 实系数多项式 $u_i(x) = a_i x + b_i, i = 1, 2, 3$ 和整数 $n > 2$ 满足

$$(u_1(x))^n + (u_2(x))^n = (u_3(x))^n.$$

证明: 存在实数 A, B, c_1, c_2, c_3, 使得 $u_i(x) = c_i(Ax + B), i = 1, 2, 3.$

波兰数学奥林匹克 1972

习题 8.31. 求所有的复系数多项式 P 和 Q, 使得对所有的复数 x, 有

$$P(P(x)) - Q(Q(x)) = 1 + \mathrm{i}, \quad P(Q(x)) - Q(P(x)) = 1 - \mathrm{i}.$$

习题 8.32. 设有多项式

$$P(x) = a_0 + a_1 x + a_2 x^2 + a_{10} x^{10} + a_{11} x^{11} + a_{12} x^{12} + a_{13} x^{13}, \quad a_{13} \neq 0$$

$$Q(x) = b_0 + b_1 x + b_2 x^2 + b_3 x^3 + b_{10} x^{10} + b_{11} x^{11} + b_{12} x^{12} + b_{13} x^{13}, \quad b_3 \neq 0$$

令 $D(x) = \gcd(P(x), Q(x))$, 求 $\deg D(x)$ 的最大值.

习题 8.33. 求所有的多项式 P, 使得对任意实数 x, 有

$$(P(x))^2 + P(-x) = P(x^2) + P(x).$$

P. Calábec, 捷克和斯洛伐克数学奥林匹克 *2001*

习题 8.34. 求所有次数相同的首项系数为 1 的多项式 $P(x), Q(x)$, 满足对所有的实数 x, 有

$$P(x)^2 - P(x^2) = Q(x).$$

习题 8.35. 求所有首项系数为 1 的多项式 $P(x), Q(x)$, 使得 $P(1) = 1$, 并且有

$$2P(x) = Q\left(\frac{(x+1)^2}{2}\right) - Q\left(\frac{(x-1)^2}{2}\right).$$

希腊数学奥林匹克 *2016*

习题 8.36. 求所有的实系数多项式 $P(x)$, 使得对所有的 $|x| < 1$, 有

$$P\left(x\sqrt{2}\right) = P\left(x + \sqrt{1-x^2}\right).$$

美国国家集训队预赛 *2014*

习题 8.37. 求所有的实系数多项式 $P(x)$, 使得存在唯一的多项式 $Q(x), Q(0) = 0$, 并且

$$x + Q(y + P(x)) = y + Q(x + P(y)), \qquad \forall\, x, y \in \mathbb{R}.$$

习题 8.38. 是否存在有理系数多项式 $P(x)$, 次数 $d > 0$, 系数不全为整数, 以及整系数多项式 $Q(x)$ 和 $d + 1$ 个整数构成的集合 S, 使得对所有的 $s \in S$, 有 $P(s) = Q(s)$?

习题 8.39. 求所有实系数多项式 $P(x)$, 使得 $|P(x)| \leqslant x$ 对所有的实数 x 成立.

罗马尼亚数学奥林匹克 *1974*

习题 8.40. 设 $P \in \mathbb{R}[x]$, 并且 $P(\sin t) = P(\cos t)$ 对所有的 $t \in \mathbb{R}$ 成立. 证明:存在多项式 $Q \in \mathbb{R}[x]$, 使得 $P(x) = Q(x^4 - x^2)$.

Vladimir Maşek, 罗马尼亚国家队选拔考试 *1983*

习题 8.41. 设实系数多项式 $P(x)$ 满足

$$P(\cos\theta + \sin\theta) = P(\cos\theta - \sin\theta)$$

对所有的实数 θ 成立. 证明:$P(x) = Q((1 - x^2)^2)$, 其中 $Q(x)$ 是某实系数多项式.

习题 8.42. 求所有的多项式 $P \in \mathbb{R}[x]$, 满足

$$P(\sin x) = P(\tan x)P(\cos x), \quad \forall\, x \in \left(\frac{\pi}{3}, \frac{\pi}{2}\right).$$

Vladimir Maşek, 罗马尼亚数学奥林匹克 1986

习题 8.43. 求所有的实系数多项式四元组 $P_1(x), P_2(x), P_3(x), P_4(x)$, 满足对任意四个整数 $x, y, z, t, xy - zt = 1$, 有

$$P_1(x)P_2(y) - P_3(z)P_4(t) = 1.$$

Alexander Golovanov, 圣彼得堡数学奥林匹克 1996

习题 8.44. 设 F, G, H 是次数不超过 $2n+1$ 的实系数多项式, 满足:

(i) 对所有的实数 x, 有 $F(x) \leqslant G(x) \leqslant H(x)$;

(ii) 存在两两不等的实数 $x_1, x_2, \cdots, x_n$, 使得

$$F(x_i) = H(x_i), \quad i = 1, 2, 3, \cdots, n.$$

(iii) 存在实数 x_0, 和 $x_1, x_2, \cdots, x_n$ 都不同, 满足

$$F(x_0) + H(x_0) = 2G(x_0).$$

证明: $F(x) + H(x) = 2G(x)$ 对所有的实数 x 成立.

波罗的海数学竞赛 2007

习题 8.45. 考虑实系数多项式 P, Q, 使得

$$\{n \in \mathbb{N} \mid P(n) \leqslant Q(n)\}, \quad \{n \in \mathbb{N} \mid Q(n) \leqslant P(n)\}$$

是无限集. 证明: $P = Q$.

Laurenţiu Panaitopol, 劳伦修·帕奈托波尔竞赛 2010

习题 8.46. 证明: 不存在有理函数 $R(z)$, 使得 $R(n) = n!$ 对所有的自然数 n 成立.

Jacques Marion, 数学难题 5/1976

习题 8.47. 求所有的多项式 $P(x)$, 使得

$$P(x)P(2x^2) = P(x + x^3).$$

数学与青年杂志

习题 8.48. 证明:对任意正整数 n,存在 n 次多项式 $P(x)$,有 n 个不同的实根,并且满足

$$P(x(4-x)) = P(x)P(4-x).$$

蒙古数学奥林匹克

习题 8.49. 求所有的实系数多项式 P,使得

$$\frac{P(x)}{yz} + \frac{P(y)}{zx} + \frac{P(z)}{xy} = P(x-y) + P(y-z) + P(z-x)$$

对所有满足 $2xyz = x + y + z$ 的非零实数 x, y, z 成立.

Titu Andreescu, Gabriel Dospinescu,美国数学奥林匹克 *2019*

习题 8.50. 求所有的多项式 $P(x)$,满足

$$P(a+b) = 6\left(P(a) + P(b)\right) + 15a^2b^2(a+b),$$

对所有满足 $a^2 + b^2 = ab$ 的复数 a, b 成立.

Titu Andreescu, Mircea Becheanu,数学反思 *U484*

习题 8.51. 求所有的复系数多项式 P,使得

$$P(a) + P(b) = 2P(a+b),$$

对所有满足 $a^2 + 5ab + b^2 = 0$ 的复数 a, b 成立.

Titu Andreescu, Mircea Becheanu,数学反思 *U491*

习题 8.52. 设 a 是正整数,$f(x) = x^2 + ax + 2017!$ 没有实根. 证明:对任意整数 k,$f(x^k)$ 是整系数不可约多项式.

习题 8.53. 求所有的有序正整数对 (m, n),使得存在实系数多项式 $P(x), Q(x)$,次数分别为 m, n,并且整数 $1, 2, \cdots, mn$ 是 $P(Q(x))$ 的根.

习题 8.54. 求所有的首项系数为 1 的多项式 $P(x), Q(x)$,满足

$$P(Q(x)) = x^{2019}.$$

习题 8.55. 设 P, Q, R 是非常数的整系数多项式,满足对任意实数 x,有

$$P(Q(x)) = Q(R(x)) = R(P(x)).$$

证明:$P = Q = R$.

波兰数学奥林匹克 *2009*

习题 8.56. 求所有的实系数多项式 $P(x), Q(x)$, 满足

$$P(P(x)) = Q(Q(1-x)).$$

白俄罗斯数学奥林匹克 2001

习题 8.57. 设 k 是奇数, $f_1, \cdots, f_k$ 是实系数多项式, 满足

$$f_1(f_2(x)) = f_2(f_3(x)) = \cdots = f_k(f_1(x)).$$

证明: $f_1 = \cdots = f_k$.

习题 8.58. 是否存在整系数多项式 $P(x)$ 和 $Q(x)$, 次数不小于 2018, 并且满足

$$P(Q(x)) - 3Q(P(x)) = 1?$$

习题 8.59. 设非常数整系数多项式 $P(x)$ 满足: 对有限个正整数之外的所有正整数 $n, P(1) + \cdots + P(n)$ 整除 $nP(n+1)$. 证明: 存在非负整数 k, 使得对每个正整数 n, 有

$$P(n) = \binom{n+k}{n-1} P(1).$$

习题 8.60. 求所有的整系数多项式 $P(x)$, 使得若正整数 a, b, c 构成直角三角形的三边长, 则 $P(a), P(b), P(c)$ 也构成直角三角形的三边长.

习题 8.61. 求所有的实系数多项式 P, Q, 满足

$$P(Q(x)) = P(x)^{2017}.$$

习题 8.62. 计算求和

$$\sum_{k=1}^{1000} \frac{(2^k - 3^1) \cdots (2^k - 3^{1000})}{(2^k - 2^1) \cdots (2^k - 2^{k-1})(2^k - 2^{k+1}) \cdots (2^k - 2^{1000})}.$$

习题 8.63. 设 $A = \{a_1, \cdots, a_n\}, B = \{b_1, \cdots, b_n\}$. 证明:

$$\sum_{k=1}^{n} \frac{\prod_{i=1}^{n}(a_k + b_i)}{\prod_{i \neq k}(a_k - a_i)} = \sum_{k=1}^{n} \frac{\prod_{i=1}^{n}(b_k + a_i)}{\prod_{i \neq k}(b_k - b_i)}.$$

中国国家队选拔考试 2010

习题 8.64. 设 $b_i = (a_i - a_1) \cdots (a_i - a_{i-1})(a_i - a_{i+1}) \cdots (a_i - a_n)$. 证明:$(n-1)!$ 整除 $\mathrm{lcm}(b_1, \cdots, b_n)$.

Fedor Petrov, 圣彼得堡数学奥林匹克 2005

习题 8.65. 设 $P(x)$ 是非常数的实系数多项式,$M > 0$,证明:存在正整数 m,使得若首项系数为 1 的多项式 $Q(x)$ 的次数不小于 m,则不等式 $|P(Q(x))| \leqslant M$ 的整数解个数不超过 $\deg Q(x)$.

纳维德•萨法伊,伊朗数学奥林匹克 2018

习题 8.66. 求所有两两不同的正整数 $a_1, \cdots, a_n$,使得对每个正整数 $k = 1, \cdots, n$,数 $a_1 \cdots a_n$ 整除 $(k + a_1) \cdots (k + a_n)$.

习题 8.67. 设 d 是正整数. 求常数 $C(d)$ 的最大值,使得对任意 d 次复系数多项式 $P(x) = a_0 + \cdots + a_d x^d$ 和 $(0, 1, \cdots, d)$ 的任意排列 $(x_0, \cdots, x_d)$,我们有

$$\sum_{k=0}^{d} |P(x_k) - P(x_{k+1})| \geqslant C|a_d|, \quad x_{d+1} = x_0.$$

中国国家队选拔考试 2010

习题 8.68. 设 $d > 1$ 是奇数,$P(x)$ 是 d 次多项式. 假设 $P(k) = 2^k$,对 $k = 0, 1, \cdots, d$ 成立. 证明:$P(x)$ 被 $x + 1$ 整除,但不被 $(x+1)^2$ 整除.

纳维德•萨法伊

习题 8.69. 设 $d > 1$ 是奇数,$P(x)$ 是 d 次多项式. 假设 $P(k) = 2^k$,对 $k = 0, 1, \cdots, d$ 成立. 证明:存在最多有限个整数 k,使得 $P(k)$ 是 2 的幂.

中国台湾队选拔考试 2018

习题 8.70. 多项式 $P(x)$ 的次数为 d,满足 $P(k) = 2^k$ 对所有的 $k = 0, 1, \cdots, d$ 成立. 证明:$P(k) \geqslant 2^{k-1}$,对所有的整数 $k = d+1, d+2, \cdots, 2d+1$ 成立.

习题 8.71. 设 $P(x)$ 是 d 次复系数多项式,$P(0) = 0$. 证明:对每个复数 $\alpha, |\alpha| < 1$,存在单位圆上的复数 $z_1, \cdots, z_{d+2}$,使得

$$P(\alpha) = \sum_{i=1}^{d+2} P(z_i).$$

美国数学月刊 11432

习题 8.72. 设 a, b, c 是整数, 满足 $a + b + c = 0$. 证明:

(i) $(a^2b^2 + c^2b^2 + a^2c^2) \mid (a^5b^5 + c^5b^5 + a^5c^5)$;

(ii) 若 $3 \mid (n-1)$, 则 $(a^2 + b^2 + c^2) \mid (a^n + b^n + c^n)$;

(iii) 若 $3 \mid (n-2)$, 则 $(a^2b^2 + c^2b^2 + a^2c^2) \mid (a^nb^n + c^nb^n + c^na^n)$.

Kvant M 2023

习题 8.73. 设整数 $x_1, \cdots, x_n$ 的最大公约数为 1. 定义 $s_k = x_1^k + \cdots + x_n^k$. 证明:

$$\gcd(s_1, \cdots, s_n) \mid \mathrm{lcm}(1, 2, \cdots, n).$$

Komal

习题 8.74. 设 $x_1, \cdots, x_{1000}$ 为整数, 满足

$$\sum_{i=1}^{1000} x_i^k \equiv 0 \pmod{2017}, \quad \forall\, k = 1, 2, \cdots, 672.$$

证明: $2017 \mid x_i$, 对所有的 $i = 1, 2, \cdots, 1000$ 成立.

日本数学奥林匹克 2017

习题 8.75. 设整数 n 不是 3 的倍数. 求方程

$$(a^2 - bc)^n + (b^2 - ac)^n + (c^2 - ab)^n = 1$$

的所有整数解.

H. Van Der Berg, 数学反思 O52

习题 8.76. 设 r 是 $r = r^{\frac{2}{3}} + 1$ 的正根. 证明: 存在正整数 N, 使得

$$4^{100}\left|N - r^{300}\right| < 1.$$

习题 8.77. 求所有的整数 n, 使得对任意正实数 a, b, c, x, y, z, 若有

$$\max(a, b, c, x, y, z) = a, \quad a + b + c = x + y + z, \quad abc = xyz,$$

则有不等式 $a^n + b^n + c^n \geqslant x^n + y^n + z^n$ 成立.

中国国家队选拔考试 2018

习 题 解 答

第 1 章 $x^d P\left(\frac{1}{x}\right)$ 形式的多项式

习题 1.1. 设自然数 $a_1, \cdots, a_n$ 的和为 2020,求最小的正实数 t,使得方程

$$\sum_{i=1}^{n} \frac{a_i x^i}{1+x^{2i}} = t$$

只有一个正实根.

解 设 $f(x) = \sum_{i=1}^{n} \frac{a_i x^i}{1+x^{2i}}$. 容易验证 $f(x) = f\left(\frac{1}{x}\right)$,因此,若 r 是 $f(x) = t$ 的任意根,则 $\frac{1}{r}$ 是同一方程的另一个根,除非 $r = \frac{1}{r}$,即 $r = \pm 1$. 方程只有一个正实根,必然是 $r = 1$. 代入 $x = 1$,发现 $t = 1010$. 此外,

$$\sum_{i=1}^{n} \frac{a_i x^i}{1+x^{2i}} - 1010 = -\sum_{i=1}^{n} \frac{a_i (x^i - 1)^2}{1+x^{2i}} \leqslant 0$$

等号仅在 $x = 1$ 成立. 因此,对 $t = 1010, x = 1$ 是唯一的根. □

习题 1.2. 设 $a_0 + a_1 x + a_2 x^2 + \cdots + a_{2n} x^{2n}$ 是 $(1+x+x^2)^n$ 展开后得到的多项式,计算:

(i) $a_0 + a_2 + \cdots + a_{2n}$;

(ii) $a_1 + a_3 + \cdots + a_{2n-1}$;

(iii) $a_0 a_1 - a_1 a_2 + a_2 a_3 - \cdots - a_{2n-1} a_{2n}$.

意大利数学奥林匹克 1994

解 设 $P(x) = (1+x+x^2)^n = a_0 + a_1 x + a_2 x^2 + \cdots + a_{2n} x^{2n}$. 我们有

$$P(1) = a_0 + a_1 + \cdots + a_{2n} = (1+1+1)^n = 3^n,$$

以及

$$P(-1) = a_0 - a_1 + a_2 - \cdots + a_{2n} = (1-1+1)^n = 1.$$

两边相加或相减,得到

$$
a_0 + a_2 + \cdots + a_{2n} = \frac{P(1) + P(-1)}{2} = \frac{3^n + 1}{2},
$$
$$
a_1 + a_3 + \cdots + a_{2n-1} = \frac{P(1) - P(-1)}{2} = \frac{3^n - 1}{2}.
$$

现在,对 (iii),注意到

$$
P\left(\frac{1}{x}\right) = \frac{1}{x^{2n}} P(x),
$$

所以 $a_i = a_{2n-i}, i = 0, 1, \cdots, n-1$. 于是得到 $a_i a_{i+1} = a_{2n-1-i} a_{2n-i}$, 对所有的 $i = 0, 1, \cdots, n-1$ 成立. 因此

$$
a_0 a_1 - a_1 a_2 + a_2 a_3 - \cdots - a_{2n-1} a_{2n}
$$
$$
= \sum_{i=0}^{n-1} (-1)^i (a_i a_{i+1} - a_{2n-1-i} a_{2n-i}) = 0.
$$

$\square$

习题 1.3. 设 $P(x) = a_n x^n + \cdots + a_0$ 是复系数非零多项式,如果 $a_k = a_{n-k}$ 对所有的 $k \in \{0, 1, \cdots, n\}$ 成立,或者 $a_k = -a_{n-k}$ 对所有的 $k \in \{0, 1, \cdots, n\}$ 成立,我们就称 $P(x)$ 是准自反多项式. 对准自反多项式, 定义符号 $[P(x)] \in \{\pm 1\}$: 若 $a_k = a_{n-k}$ 对所有的 $k \in \{0, 1, \cdots, n\}$ 成立,则 $[P(x)] = 1$; 若 $a_k = -a_{n-k}$ 对所有的 $k \in \{0, 1, \cdots, n\}$ 成立,则 $[P(x)] = -1$.

(i) 证明:若 $P(x)$ 和 $Q(x)$ 是准自反多项式,则 $PQ(x)$ 也是准自反多项式,并且 $[PQ(x)] = [P(x)][Q(x)]$.

(ii) 证明:若 $P(x)$ 和 $PQ(x)$ 是准自反多项式,则 $Q(x)$ 也是准自反多项式,并且 $[Q(x)] = \dfrac{[PQ(x)]}{[P(x)]}$.

Marcel Ţena, 尼古拉·特奥多雷斯库比赛 2007

证明 若 $P(x)$ 是准自反多项式,我们观察到下面的命题是等价的:

$$
[P] = 1 \iff P\left(\frac{1}{x}\right) = \frac{1}{x^n} P(x), \qquad [P] = -1 \iff P\left(\frac{1}{x}\right) = -\frac{1}{x^n} P(x).
$$

因此

$$
P\left(\frac{1}{x}\right) = \frac{[P(x)]}{x^n} P(x). \tag{9.1}
$$

(i) 设 $P(x)$ 和 $Q(x)$ 是准自反的, $\deg P(x) = n$, $\deg Q(x) = m$, 那么根据式 (9.1),我们有

$$
P\left(\frac{1}{x}\right) = \frac{[P(x)]}{x^n} P(x), \quad Q\left(\frac{1}{x}\right) = \frac{[Q(x)]}{x^m} Q(x).
$$

方程两边相乘,得到

$$PQ\left(\frac{1}{x}\right) = \frac{[P(x)][Q(x)]}{x^{n+m}}PQ(x),$$

说明 $PQ(x)$ 是准自反多项式,并且

$$[PQ(x)] = [P(x)][Q(x)].$$

(ii) 设 $\deg P(x) = n, \deg Q(x) = m$. 因为 $P(x)$ 和 $PQ(x)$ 是准自反的,由式 (9.1) 得到

$$P\left(\frac{1}{x}\right) = \frac{[P(x)]}{x^n}P(x), \quad PQ\left(\frac{1}{x}\right) = \frac{[PQ(x)]}{x^{n+m}}PQ(x).$$

用第二个方程除以第一个,得到

$$Q\left(\frac{1}{x}\right) = \frac{\frac{[PQ(x)]}{[P(x)]}}{x^m}Q(x),$$

证明了 $Q(x)$ 是准自反多项式,并且 $[Q(x)] = \dfrac{[PQ(x)]}{[P(x)]}$. □

习题 1.4. 自反多项式

$$P(x) = \sum_{j=0}^{d} a_j x^j$$

满足 $a_1 = a_{d-1}, a_2 = a_{d-2}, \cdots, a_d = a_0$. 考虑整除 $x^{1234} - x^3 - x + 1$ 的所有整系数自反多项式,求其中次数最大的一个.

解 假设 $Q(x)$ 是 $x^{1234} - x^3 - x + 1$ 的一个自反因子,$d = \deg Q(X)$. 于是可以写 $x^{1234} - x^3 - x + 1 = Q(x)R(x)$,其中 $\deg R(x) = 1234 - d$. 此外,变量代换 $x \mapsto \dfrac{1}{x}$ 并且利用 Q 是自反的,得到

$$x^{1234} - x^{1233} - x^{1231} + 1 = Q(x)\left(x^{1234-d}R\left(\frac{1}{x}\right)\right).$$

因此 $Q(x)$ 是 $x^{1234} - x^3 - x + 1$ 和 $x^{1234} - x^{1233} - x^{1231} + 1$ 的公因子. 注意到

$$x^3\left(x^{1234} - x^{1233} - x^{1231} + 1\right) - \left(x^3 - x^2 - 1\right)\left(x^{1234} - x^3 - x + 1\right)$$
$$= (x-1)^2\left(x^2 + 1\right)\left(x^2 + x + 1\right).$$

因此 $Q(x)$ 整除 $(x-1)^2\left(x^2 + 1\right)\left(x^2 + x + 1\right)$.

首先我们证明 $x^{1234} - x^3 - x + 1$ 被 $x^2 + 1$ 和

$$(x^2 + x + 1)(x - 1) = x^3 - 1$$

整除. 对 $x^2 + 1$，将多项式写成 $x^{1234} + 1 - x\left(x^2 + 1\right)$，只需证明 $x^{1234} + 1$ 被 $x^2 + 1$ 整除. 由于

$$x^{1234} + 1 = (x^2)^{617} + 1^{617} = \left(x^2 + 1\right)\left((x^2)^{616} - (x^2)^{615} + \cdots - x^2 + 1\right),$$

这是显然的. 对 $x^3 - 1$，将多项式写成 $x\left(x^{1233} - 1\right) - \left(x^3 - 1\right)$，于是要证 $x^{1233} - 1$ 被 $x^3 - 1$ 整除，因为 $3 \mid 1233$，所以这也是显然的.

接下来，我们证明 $(x-1)^2$ 不整除 $x^{1234} - x^3 - x + 1$. 用反证法，假设 $x^{1234} - x^3 - x + 1 = (x-1)^2 T(x)$，$T(x)$ 是某实系数多项式. 作变量替换 $x \mapsto x + 1$，我们得到

$$(x+1)^{1234} - (x+1)^3 - x = x^2 T(x+1).$$

左端 x 的系数为 $1234 - 3 - 1 = 1230$，但是右端为零，矛盾. 因此 $Q(x)$ 不是 $(x-1)^2$ 的倍数，于是 $Q(x)$ 必然整除 $(x-1)\left(x^2 + 1\right)\left(x^2 + x + 1\right)$.

然而，如果 $x - 1$ 是 $Q(x)$ 的因子，那么由于 Q 是自反的，$(x-1)^2$ 也是因子. 因此 Q 整除 $\left(x^2 + 1\right)\left(x^2 + x + 1\right)$. 于是 Q 的次数最多为 5，而 $\left(x^2 + 1\right)\left(x^2 + x + 1\right)$ 是 $x^{1234} - x^3 - x + 1$ 的一个 5 次的自反因子，这是自反因子的最大次数. $\qquad\square$

习题 1.5. 首项系数为 1 的多项式 $f(x) = a_n x^n + a_{n-1} x^{n-1} + \cdots + a_0$ 的所有根 $x_1, x_2, \cdots, x_n$ 在区间 $[-1, 1]$ 内，并且它的系数满足 $a_{n-i} = a_i, i = 0, 1, \cdots, n$. 证明：$f(x) = (x+1)^p (x-1)^{2q}$，其中 p, q 是非负整数，$p + 2q = n$.

Marcel Țena，数学公报 *B 5/2009, 26158*

证明 由于 f 的首项系数为 1，$a_n = a_0 = 1$，因此 $f(0) = 1 \neq 0$. 于是对所有的 $k = 1, 2, \cdots, n$，有 $x_k \neq 0$. 现在对于自反多项式 $f(x)$，$x_k, \dfrac{1}{x_k}$ 均为它的根，都在区间 $[-1, 1]$ 中，必然有 $x_k \in \{-1, 1\}$. 于是 $f(x) = (x+1)^p (x-1)^{n-p}$，其中 p 是根为 -1 的重数. 由于 $f(0) = 1$，即 $1 = (-1)^{n-p}$，因此 $n - p = 2q$ 是偶数. $\qquad\square$

习题 1.6. 设

$$P(x) = a_{2n} x^{2n} + a_{2n-1} x^{2n-1} + \cdots + a_0$$

满足 $a_k = a_{2n-k}, k = 0, 1, \cdots, n$.

(i) 证明：存在多项式 Q，满足

$$P(x) = x^n Q\left(x + \frac{1}{x}\right).$$

(ii) 若 $a_0 = a_{2n} = 1, |a_n| < 2$,证明:$P(x)$ 至少有一个复根.

罗马尼亚数学奥林匹克

证明 (i) 将多项式 $P(x)$ 除以 x^n,则有

$$
\begin{aligned}
\frac{P(x)}{x^n} &= \frac{a_{2n}x^{2n} + a_{2n-1}x^{2n-1} + \cdots + a_0}{x^n} \\
&= a_{2n}x^n + \frac{a_0}{x^n} + a_{2n-1}x^{n-1} + \frac{a_1}{x^{n-1}} + \cdots + a_n.
\end{aligned}
$$

由于 $a_k = a_{2n-k}$,因此

$$
\frac{P(x)}{x^n} = a_{2n}\left(x^n + \frac{1}{x^n}\right) + a_{2n-1}\left(x^{n-1} + \frac{1}{x^{n-1}}\right) + \cdots + a_n.
$$

我们可以很容易地归纳证明 $x^r + \dfrac{1}{x^r}$ 是 $x + \dfrac{1}{x}$ 的多项式,其中 r 是正整数. 因此左端是 $x + \dfrac{1}{x}$ 的多项式,于是存在多项式 $Q(x)$,使得

$$
\frac{P(x)}{x^n} = Q\left(x + \frac{1}{x}\right).
$$

(ii) 我们有 $P(x) = x^{2n} + a_{2n-1}x^{2n-1} + \cdots + 1$. 由于 P 是偶数次的自反多项式,根据例 1.7,我们可以把所有的根,计算重数,写成 $\left\{x_1, \cdots, x_n, \dfrac{1}{x_1}, \cdots, \dfrac{1}{x_n}\right\}$. 设 $g(x) = (x - x_1)\cdots(x - x_n)$, $h(x) = \left(x - \dfrac{1}{x_1}\right)\cdots\left(x - \dfrac{1}{x_n}\right)$,我们有 $P(x) = g(x)h(x)$. 根据韦达定理,我们有

$$
g(x) = x^n + b_1 x^{n-1} + \cdots + b_{n-1}x + b_n, \quad h(x) = x^n + \frac{b_{n-1}}{b_n}x^{n-1} + \cdots + \frac{b_1}{b_n}x + \frac{1}{b_n}.
$$

比较 $P(x)$ 和 $g(x)h(x)$ 中 x^n 的系数,我们得到

$$
a_n = b_n + \frac{1}{b_n} + \frac{b_{n-1}^2}{b_n} + \frac{b_{n-2}^2}{b_n} + \cdots + \frac{b_1^2}{b_n}.
$$

因此

$$
-b_n^2 - a_n b_n - 1 = b_{n-1}^2 + b_{n-2}^2 + \cdots + b_1^2.
$$

设 $Q(x) = -x^2 - a_n x - 1$. 注意到二次多项式 $Q(x)$ 的判别式为 $a_n^2 - 4 < 0$. 由于 $Q(x)$ 的首项系数为负,对所有的 x,有 $Q(x) < 0$. 现在若 $P(x)$ 的所有根为实数,则根据韦达定理,$b_1, \cdots, b_{n-1}$ 都是实数. 因此 $Q(b_n) = b_{n-1}^2 + b_{n-2}^2 + \cdots + b_1^2 \geqslant 0$,矛盾. 因此 P 必然有复根. □

习题 1.7. 对 $P(x) = a_d x^d + \cdots + a_1 x + a_0$,定义

$$C(P(x)) = a_d^2 + a_{d-1}^2 + \cdots + a_1^2 + a_0^2.$$

令 $P(x) = 3x^2 + 7x + 2$,求一个实系数多项式 $Q(x)$,满足 $Q(0) = 1$,并且 $C((P(x))^n) = C((Q(x))^n)$ 对所有的正整数 n 成立.

解 容易看到 x^0 在 $P(x)P\left(\dfrac{1}{x}\right)$ 和 $C(P(x))$ 中的系数相同. 如果我们找到多项式 $Q, Q(0) = 1$,并且

$$Q(x)Q\left(\frac{1}{x}\right) = P(x)P\left(\frac{1}{x}\right),$$

那么 $Q(x)^n Q\left(\dfrac{1}{x}\right)^n = P(x)^n P\left(\dfrac{1}{x}\right)^n$ 对所有的正整数 n 成立,于是 $C(Q(x)^n) = C(P(x)^2)$ 对所有的正整数 n 成立. 我们就有了所求的一个例子.

要找到这样的 Q,注意到 $P(x) = (3x+1)(x+2)$,所以如果取

$$Q(x) = (3x+1)(2x+1) = 6x^2 + 5x + 1,$$

就有 $Q(0) = 1$,而且有

$$
\begin{aligned}
P(x)P\left(\frac{1}{x}\right) &= (3x+1)(x+2)\left(\frac{3}{x}+1\right)\left(\frac{1}{x}+2\right) \\
&= \frac{(3x+1)(x+3)(x+2)(2x+1)}{x^2}
\end{aligned}
$$

$$
\begin{aligned}
Q(x)Q\left(\frac{1}{x}\right) &= (3x+1)(2x+1)\left(\frac{3}{x}+1\right)\left(\frac{2}{x}+1\right) \\
&= \frac{(3x+1)(x+3)(x+2)(2x+1)}{x^2}
\end{aligned}
$$

会相同. $\quad\square$

注 $Q(x)$ 还有很多别的可能. 例如,多项式 $Q(x) = (3x^k + 1)(2x^k + 1)$ 和 $Q(x) = (3x^k - 1)(2x^k - 1)$ 也满足要求.

习题 1.8. 求所有的正整数 n,使得存在实系数多项式 $P(x)$ 满足

$$P(x^{1998} - x^{-1998}) = x^n - x^{-n}, \quad \forall\ x \neq 0.$$

越南数学奥林匹克 1998

解 我们证明更一般的情况，我们要找到所有的正整数 k, n，使得存在实系数多项式 $P(x)$，满足

$$P(x^k - x^{-k}) = x^n - x^{-n}, \qquad \forall\, x \neq 0.$$

设 $P(x) = \sum_{i=0}^{m} a_i x^i$，其中 $a_m \neq 0$. 那么 $P(x^k - x^{-k}) = x^n - x^{-n}$ 等价于

$$\sum_{i=0}^{m} a_i \frac{(x^{2k} - 1)^i}{x^{ki}} = \frac{x^{2n} - 1}{x^n},$$

即

$$\sum_{i=0}^{m} a_i x^n (x^{2k} - 1)^i x^{k(m-i)} = x^{km}(x^{2n} - 1), \qquad \forall\, x \neq 0.$$

由于左端的多项式的次数是 $n + 2km$，右端的次数是 $2n + km$，因此 $n + 2km = 2n + km$，说明 $n = km$. 我们将证明 m 必然是奇数，假设 m 是偶数. 记 $y = x^k$，我们可以把给定的方程写成

$$P\left(y - \frac{1}{y}\right) = y^m - \frac{1}{y^m}, \qquad \forall\, y \neq 0. \tag{9.2}$$

将 $y = 2$ 和 $y = -\frac{1}{2}$ 代入到式 (9.2)，我们得到

$$P\left(\frac{3}{2}\right) = 2^m - \frac{1}{2^m} > 0, \qquad P\left(\frac{3}{2}\right) = \frac{1}{2^m} - 2^m < 0,$$

矛盾. 因此，若存在满足条件的多项式，则有 $n = km, m$ 是奇数.

现在我们证明逆命题也成立. 假设 $n = km, m$ 是奇数. 设 $y = x^k$，我们对 m 归纳证明，存在多项式 $P(x)$，满足式 (9.2).

若 $m = 1$，则 $P_1(y) = y$ 满足式 (9.2). 若 $m = 3$，则 $P_3(y) = y^3 + 3y$ 满足式 (9.2). 假设 $P_1, P_3, \cdots, P_m$ 都满足式 (9.2). 令

$$P_{m+2}(x) = (x^2 + 2)P_m(x) - P_{m-2}(x).$$

根据归纳假设，我们有（$y \neq 0$）

$$
\begin{aligned}
P_{m+2}\left(y - \frac{1}{y}\right) &= \left(\left(y - \frac{1}{y}\right)^2 + 2\right) P_m\left(y - \frac{1}{y}\right) - P_{m-2}\left(y - \frac{1}{y}\right) \\
&= \left(y^2 + \frac{1}{y^2}\right)\left(y^m - \frac{1}{y^m}\right) - \left(y^{m-2} - \frac{1}{y^{m-2}}\right) \\
&= y^{m+2} - \frac{1}{y^{m+2}}.
\end{aligned}
$$

结论从归纳法原理得出.

现在，我们回到所给的问题，可以得到 $n = 1998m$，其中 m 是正奇数. $\qquad \square$

习题 1.9. 设整数 $n \not\equiv 2 \pmod 3$,证明:多项式 $P(x) = x^n + x + 1$ 在整系数范围内不可约.

证明 用反证法. 假设存在整系数多项式 $g(x)$ 和 $h(x)$,使得 $x^n + x + 1 = g(x)h(x)$.

设 $Q(x) = g(x)h\left(\dfrac{1}{x}\right) = c_1 x^{m_1} + \cdots + c_l x^{m_l}$,其中 $c_1, \cdots, c_l$ 是整数,$m_1, \cdots, m_l$ 是不同的整数. 注意到

$$P(x)P\left(\frac{1}{x}\right) = g(x)g\left(\frac{1}{x}\right)h(x)h\left(\frac{1}{x}\right) = Q(x)Q\left(\frac{1}{x}\right).$$

考虑两边的常数项,我们得到 $3 = c_1^2 + \cdots + c_l^2$.

因此 $l = 3, c_i = \pm 1$. 所以 $Q(x) = ax^r + bx^s + cx^t$,其中 $a, b, c = \pm 1, r > s > t$. 注意到

$$P(x)P\left(\frac{1}{x}\right) = x^n + x^{n-1} + x + 3 + x^{-1} + x^{1-n} + x^{-n}.$$

另一方面,有

$$Q(x)Q\left(\frac{1}{x}\right) = acx^{r-t} + abx^{r-s} + bcx^{s-t} + 3 + bcx^{t-s} + abx^{s-r} + acx^{t-r}.$$

因此比较两个有理函数的系数,我们发现 $a = b = c = \pm 1$. 我们也看到,$r - t$ 是 $Q(x)Q\left(\dfrac{1}{x}\right)$ 中的最高次项的次数,因此 $r - t = n$. 由于我们不知道 $r - s$ 和 $s - t$ 哪一个更大,我们此时只能得到 $\{r - s, s - t\} = \{n - 1, 1\}$.

然而,如果我们把 g 和 h 的角色互换,然后将 Q 换成 $Q\left(\dfrac{1}{x}\right)$,我们就可以假设 $s - t = 1$. 因此 $r = t + n, s = t + 1$,然后有 $Q(x) = \pm x^t P(x)$. 于是

$$\pm x^t = \frac{Q(x)}{P(x)} = \frac{g(x)h\left(\frac{1}{x}\right)}{g(x)h(x)} = \frac{h\left(\frac{1}{x}\right)}{h(x)},$$

所以 $h\left(\dfrac{1}{x}\right) = \pm x^t h(x)$. 特别地,若 a 是 $h(x)$ 的任意根,则 $\dfrac{1}{a}$ 也是一个根. 这说明 a 和 $\dfrac{1}{a}$ 都是 $P(x)$ 的根,因此有

$$a^n + a + 1 = 0, \qquad a^n + a^{n-1} + 1 = 0.$$

于是 $a^{n-2} = 1$,进而 $a^2 + a + 1 = 0$. 然而,这个二次方程的根都是本原三次单位根,由于 $n \not\equiv 2 \pmod 3$,我们有 $a^{n-2} \neq 1$,矛盾. $\qquad\square$

注 同样的方法也可以用于证明所谓的 **Selmer** 多项式 $P(x) = x^n - x - 1$ 不可约.

习题 1.10. 设 n 是正偶数, 实数 $c_1, \cdots, c_n$ 满足 $\sum\limits_{i=1}^{n} |c_i - 1| < 1$. 证明: 多项式

$$P(x) = 2x^n - c_{n-1}x^{n-1} + c_{n-2}x^{n-2} - \cdots - c_1 x + 2$$

没有实根.

罗博森, 美国国家队选拔考试 2014

证明 注意到 $x^n P\left(\dfrac{1}{x}\right) = 2x^n - c_1 x^{n-1} + c_2 x^{n-2} - \cdots - c_{n-2}x + 2$ 也满足题目的假设. 因此如果证明了 $P(x)$ 在区间 $[-1, 1]$ 内没有根, 再应用到 $P(x)$ 和 $x^n P\left(\dfrac{1}{x}\right)$, 就得到 $P(x)$ 没有实根.

由于 $|c_i - 1| < 1$, 因此 $c_i \in (0, 2)$. 记 $c_i = 1 + d_i, d_i \in (-1, 1)$, 把多项式改写为

$$2x^n - (1 + d_{n-1})x^{n-1} + (1 + d_{n-2})x^{n-2} - \cdots - (1 + d_1)x + 2.$$

这个表达式等于 $P_1(x) + P_2(x) + P_3(x)$, 其中

$$P_1(x) = x^n - x^{n-1} + x^{n-2} - \cdots - x + 1, \quad P_2(x) = x^n + 1,$$

$$P_3(x) = \sum_{i=1}^{n-1} (-1)^i d_i x^i.$$

对于负数 x, $P_1(x)$ 的每一项为正, 因此 $P_1(x) > 0$. 对于正数 x, 我们有 $P_1(x) = \dfrac{x^{n+1} + 1}{x + 1} > 0$. 因此 $P_1(x) > 0$ 对所有的实数 x 成立.

如果能证明 $P_2(x) + P_3(x) > 0$ 对 $x \in [-1, 1]$ 成立, 我们就完成了这道题. 由于 $P_2(0) + P_3(0) = 1$, 因此只需证明 $P_2(x) + P_3(x)$ 在区间 $[-1, 1]$ 中没有根. 假设 $x \in [-1, 1]$ 是一个根. 根据三角不等式, 有

$$\left| \sum_{i=1}^{n-1} (-1)^i d_i x^i \right| \leqslant \sum_{i=1}^{n-1} |d_i| < 1.$$

于是 (利用 n 是偶数的条件)

$$P_2(x) + P_3(x) = x^n + 1 + \sum_{i=1}^{n-1} (-1)^i d_i x^i \geqslant x^n + 1 - \left| \sum_{i=1}^{n-1} (-1)^i d_i x^i \right| > x^n > 0.$$

$\square$

注 不用 P 的反射多项式, 我们还可以像下面一样, 直接证明 $P_2(x) + P_3(x)$ 在 $|x| > 1$ 范围没有实根.

若 $|x| > 1$, 则 $-1 < \dfrac{1}{x} < 1$, 所以有

$$\left| \sum_{i=1}^{n-1} (-1)^i d_i \left(\frac{1}{x}\right)^{n-i} \right| \leqslant \sum_{i=1}^{n-1} |d_i| < 1$$

因此 $\left| \sum\limits_{i=1}^{n-1} (-1)^i d_i x^i \right| < x^n$, 说明

$$P_2(x) + P_3(x) \geqslant x^n + 1 - \left| \sum_{i=1}^{n-1} (-1)^i d_i x^i \right| > x^n + 1 - x^n > 1 > 0.$$

习题 1.11. 设复数 $a_1, \cdots, a_n$ 的模长均为 $r > 0$, T_s 为 $a_1, \cdots, a_n$ 中任取 s 个的乘积之和. 假设 $T_{n-s} \neq 0$, 证明: $\left| \dfrac{T_s}{T_{n-s}} \right| = r^{2s-n}$.

证明 设

$$P(z) = (z + a_1) \cdots (z + a_n) = z^n + T_1 z^{n-1} + T_2 z^{n-2} + \cdots + T_n.$$

$P(z)$ 的根是 $-a_1, \cdots, -a_n$ (由于它们的模长均为 $r > 0$, 因此它们均非零), 于是反射多项式 $z^n P\left(\dfrac{1}{z}\right) = T_n z^n + \cdots + 1$ 的根是

$$-\frac{1}{a_1} = -\frac{\overline{a_1}}{r^2}, \cdots, -\frac{1}{a_n} = -\frac{\overline{a_n}}{r^2}.$$

因此多项式 $\overline{T_n} z^n + \overline{T_{n-1}} z^{n-1} + \cdots + 1$ 的根为 $-\dfrac{a_1}{r^2}, \cdots, -\dfrac{a_n}{r^2}$. 根据韦达定理, 我们容易导出

$$\sum_{i_1 < \cdots < i_s} \frac{a_{i_1}}{r^2} \cdot \frac{a_{i_2}}{r^2} \cdots \frac{a_{i_s}}{r^2} = \left(\frac{1}{r^2}\right)^{n-s} T_{n-s} = \overline{\frac{T_s}{T_n}}.$$

这说明

$$\left| \overline{\frac{T_s}{T_n}} \right| = \left| \frac{T_s}{T_n} \right| = \frac{|T_{n-s}|}{r^{2n-2s}}.$$

因此有 $\left| \dfrac{T_s}{T_{n-s}} \right| = \dfrac{|T_n|}{r^{2n-2s}}$. 现在剩下只需注意到

$$|T_n| = |a_1 \cdots a_n| = |a_1| \cdots |a_n| = r^n,$$

因此 $\left| \dfrac{T_s}{T_{n-s}} \right| = r^{2s-n}$. 　　　　　　　　　　　　　　　　　□

习题 1.12. 对于多项式 $P(x) = b_d x^d + \cdots + b_0$，定义 $b_0 b_1 + b_1 b_2 + \cdots + b_{d-1} b_d$ 为 $P(x)$ 的相邻系数乘积和. 确定是否存在实数 r 和 s，使得对任意正整数 k，$(x^2 + rx + s)^k$ 的相邻系数乘积和等于 $(2x^2 + 7x + 3)^k$ 的相邻系数乘积和.

解 多项式 $P(x) = b_d x^d + \cdots + b_0$ 的相邻系数乘积之和等于 x 在乘积 $P(x)P\left(\dfrac{1}{x}\right)$ 中的系数. 由于 $2x^2 + 7x + 3 = (2x+1)(x+3)$, $(2x^2 + 7x + 3)^k$ 的相邻系数乘积和为 x 在

$$\left((2x+1)(x+3)\left(\frac{2}{x}+1\right)\left(\frac{1}{x}+3\right)\right)^k = \left((x+2)(x+3)\left(\frac{1}{x}+2\right)\left(\frac{1}{x}+3\right)\right)^k$$

中的系数. 因此这也是多项式 $((x+2)(x+3))^k = (x^2+5x+6)^k$ 的相邻系数乘积和. 取 $r = 5, s = 6$ 满足题目要求. $\qquad\square$

习题 1.13. 设整系数多项式 $P(x) = x^d + a_{d-1}x^{d-1} + \cdots + a_1 x + a_0$ 的次数 $d \geqslant 3$，对所有的 $k = 1, 2, \cdots, d-1, a_k + a_{d-k}$ 是偶数, a_0 也是偶数. 已知 $P(x) = Q(x)R(x)$，其中 $R(x)$ 和 $Q(x)$ 是整系数非常数多项式, $\deg Q(x) \leqslant \deg R(x)$，并且 $R(x)$ 的系数都是奇数. 证明: $P(x)$ 有整数根.

证明 我们可以假设 $Q(x)$ 和 $R(x)$ 都是首项系数为 1 的多项式. 设 $s = \deg R(x)$，于是题目假设给出 $d/2 \leqslant s < d$. 设

$$Q_1(x) = x^{d-s}Q\left(\frac{1}{x}\right).$$

我们将在模 2 意义下计算, 多项式在 $\mathbb{Z}_2[x]$ 中. 对于一个整系数多项式, 我们加上"ˆ"符号来表示将其系数化为模 2 的剩余类.

于是题目的假设表明, 多项式 $P_1(x) = \hat{P}(x) + \hat{1}$ 在 $\mathbb{Z}_2[x]$ 中自反, 而且 $P_1(x) + \hat{1} = \hat{P}(x) = \hat{Q}(x)\hat{R}(x)$, 以及 $\hat{R}(x) = x^s + x^{s-1} + \cdots + x + \hat{1}$. 这些条件整合得到

$$P_1(x) + \hat{1} = \hat{Q}(x)\left(x^s + x^{s-1} + \cdots + x + \hat{1}\right).$$

现在使用代换 $x \mapsto \dfrac{1}{x}$, 两边乘以 x^d, 利用 $P_1(x)$ 和 $\hat{R}(x)$ 自反, 我们得到

$$P_1(x) + x^d = \hat{Q}_1(x)\left(x^s + x^{s-1} + \cdots + x + \hat{1}\right).$$

于是把上面的方程相加, 得到

$$x^d + \hat{1} = \left(x^s + x^{s-1} + \cdots + x + \hat{1}\right)\left(\hat{Q}(x) + \hat{Q}_1(x)\right).$$

由于 $x^d + \hat{1} = (x^d + x^{d-s-1}) + (x^{d-s-1} + \hat{1})$，而且

$$x^d + x^{d-s-1} = x^{d-s-1}(x + \hat{1})\left(x^s + x^{s-1} + \cdots + x + \hat{1}\right),$$

因此有 $x^s + x^{s-1} + \cdots + x + \hat{1}$ 整除 $x^{d-s-1} - \hat{1}$. 于是 $d = s + 1$, 得到零多项式, 或者 $d - s - 1 \geqslant s$. 由于我们假设了 $s \geqslant d/2$, 因此第二个可能性不会发生, 必然有 $d = s + 1$. 于是 Q 是线性多项式, 它的实根是 P 的整数根. □

第 2 章 复数和多项式 (I)

习题 2.1. 设 $n \equiv 3 \pmod{8}$,

$$(x^2 + 1)^n = a_{2n}x^{2n} + a_{2n-1}x^{2n-1} + \cdots + a_1 x + a_0.$$

计算 $a_0 + a_8 + \cdots + a_{2n-6}$.

Alessandro Ventullo

解 注意到 $x^2 + 1$ 中只有偶数次项, 因此 $(x^2 + 1)^n$ 中也只有偶数次项, 即 $a_1 = a_3 = \cdots = a_{2n-1} = 0$. 设 $x = 1$ 和 $x = i$, 我们得到方程

$$\begin{cases} a_0 + a_2 + \cdots + a_{2n} &= 2^n \\ a_0 - a_2 + \cdots - a_{2n} &= 0. \end{cases}$$

两个方程相加得到

$$a_0 + a_4 + \cdots + a_{2n-2} = 2^{n-1}. \tag{9.3}$$

再设 $x = \sqrt{i}$, 得到

$$(1 + i)^n = (a_0 - a_4 + \cdots + a_{2n-6} - a_{2n-2}) + i(a_2 - a_6 + \cdots + a_{2n-4} - a_{2n}).$$

由于 $1 + i = \sqrt{2}e^{\frac{i\pi}{4}}$, 利用棣莫弗公式, 我们得到

$$(-\sqrt{2^{n-1}} + i\sqrt{2^{n-1}}) = (a_0 - a_4 + \cdots + a_{2n-6} - a_{2n-2}) + i(a_2 - a_6 + \cdots + a_{2n-4} - a_{2n}).$$

比较实数部分, 有

$$a_0 - a_4 + \cdots + a_{2n-6} - a_{2n-2} = -\sqrt{2^{n-1}},$$

将这个方程和式 (9.3) 相加, 得到

$$a_0 + a_8 + \cdots + a_{2n-6} = \sqrt{2^{n-1}}(\sqrt{2^{n-1}} - 1).$$

□

习题 2.2. 设 x_1, x_2, x_3, x_4 是方程

$$x^4 - (m+2)x^3 + (m^2 + m + 1)x^2 + 2x - 2 = 0, \qquad m \in \mathbb{R}$$

的根.

(i) 若 $x_1 = 1 + \mathrm{i}$, 求 m 并解方程;

(ii) 在 (i) 中的条件下, 计算 $x_1^{2006} + x_2^{2006} + x_3^{2006} + x_4^{2006}$.

Trident Competition 2006

解 (i) 我计算得到 $x_1^2 = 2\mathrm{i}, x_1^3 = -2 + 2\mathrm{i}, x_1^4 = -4$. 代入方程得到

$$-4 - 2(-1 + \mathrm{i})(m+2) + 2\mathrm{i}(m^2 + m + 1) + 2(1 + \mathrm{i}) - 2 = 0.$$

化简为 $m + \mathrm{i}m^2 = 0$, 由于 m 是实数, 得到 $m = 0$. 代入, 所给方程变成

$$x^4 - 2x^3 + x^2 + 2x - 2 = x^2(x-1)^2 + 2(x-1) = (x-1)(x^3 - x^2 + 2)$$
$$= (x-1)(x+1)(x^2 - 2x + 2),$$

因此其解为 $x_1 = 1 + \mathrm{i}, x_2 = 1 - \mathrm{i}, x_3 = 1, x_4 = -1$.

(ii) 利用复数的指数形式, 我们有 $x_1 = \sqrt{2}\mathrm{e}^{\mathrm{i}\frac{\pi}{4}}$ 和 $x_2 = \sqrt{2}\mathrm{e}^{-\mathrm{i}\frac{\pi}{4}}$. 因此得到

$$\left(\frac{x_1}{\sqrt{2}}\right)^8 = \left(\frac{x_2}{\sqrt{2}}\right)^8 = x_3^8 = x_4^8 = 1.$$

由于 $2006 \equiv 6 \pmod 8$, 我们得到

$$x_1^{2006} + x_2^{2006} + x_3^{2006} + x_4^{2006} = \sqrt{2}^{2006}\left(\left(\frac{x_1}{\sqrt{2}}\right)^6 + \left(\frac{x_2}{\sqrt{2}}\right)^6\right) + x_3^6 + x_4^6$$
$$= 2^{1003}\left(\left(\mathrm{e}^{\mathrm{i}\frac{\pi}{4}}\right)^6 + \left(\mathrm{e}^{-\mathrm{i}\frac{\pi}{4}}\right)^6\right) + 1^6 + (-1)^6$$
$$= 2^{1003}(-\mathrm{i} + \mathrm{i}) + 1 + 1 = 2. \qquad \square$$

习题 2.3. (i) 在 $\mathbb{C}$ 中求解方程

$$x^6 + 3x^5 + 12x^4 + 19x^3 + 15x^2 + 6x + 1 = 0.$$

(ii) 计算 $\displaystyle\sum_{k=1}^{6}\left|1 + \frac{1}{x_k}\right|$ 和 $\displaystyle\sum_{k=1}^{6}|x_k|^2$, 其中 $x_1, x_2, \cdots, x_6$ 是上一个方程的根.

Vasile Berghea, 数学公报 B 9/2007 C:3217

解 (i) 设 $y = \dfrac{1}{x}$,方程变为

$$y^6 + 6y^5 + 15y^4 + 19y^3 + 12y^2 + 3y + 1 = 0,$$

即

$$(y+1)^6 - (y+1)^3 + 1 = 0.$$

设 $t = (y+1)^3$. 于是上一个方程变成 $t^2 - t + 1 = 0$,即 $t^3 = -1, t \neq -1$. 因此 $(y+1)^9 = -1$ 而且 $(y+1)^3 \neq -1$,得到

$$y + 1 = \cos \frac{(2k+1)\pi}{9} + \mathrm{i}\sin \frac{(2k+1)\pi}{9}$$

或者等价地

$$y_k = -1 + \cos \frac{(2k+1)\pi}{9} + \mathrm{i}\sin \frac{(2k+1)\pi}{9}, \qquad k \in \{0,2,3,5,6,8\}.$$

因此有

$$
\begin{aligned}
x_k = \frac{1}{y_k} &= \frac{1}{-2\sin^2 \frac{(2k+1)\pi}{18} + 2\mathrm{i}\sin \frac{(2k+1)\pi}{18}\cos \frac{(2k+1)\pi}{18}} \\
&= \frac{1}{-2\sin \frac{(2k+1)\pi}{18}\left(\sin \frac{(2k+1)\pi}{18} - \mathrm{i}\cos \frac{(2k+1)\pi}{18}\right)} \\
&= \frac{\sin \frac{(2k+1)\pi}{18} + \mathrm{i}\cos \frac{(2k+1)\pi}{18}}{-2\sin \frac{(2k+1)\pi}{18}} \\
&= -\frac{1}{2}\left(1 + \mathrm{i}\cot \frac{(2k+1)\pi}{18}\right),
\end{aligned}
$$

其中 $k \in \{0,2,3,5,6,8\}$. 注意到(在 (ii) 部分要用)这个计算的第一部分表明

$$|y_k| = 2\left|\sin \frac{(2k+1)\pi}{18}\right| = 2\left|\cos \frac{(4-k)\pi}{9}\right|.$$

(ii) 设 $A = \{0,2,3,5,6,8\}$. 对所有的 $k \in A$,有

$$\left|1 + \frac{1}{x_k}\right| = |1 + y_k| = \left|\cos \frac{(2k+1)\pi}{9} + \mathrm{i}\sin \frac{(2k+1)\pi}{9}\right| = 1,$$

因此 $\displaystyle\sum_{k \in A}\left|1 + \frac{1}{x_k}\right| = 6$. 类似地,对所有的 $k \in A$,有

$$|x_k| = \frac{1}{|y_k|} = \frac{1}{2\left|\sin \frac{(2k+1)\pi}{18}\right|} = \frac{1}{2\left|\cos \frac{(4-k)\pi}{9}\right|}.$$

因此

$$\sum_{k\in A}|x_k|^2 = \frac{1}{4}\left(\frac{1}{\cos^2\frac{4\pi}{9}}+\frac{1}{\cos^2\frac{2\pi}{9}}+\frac{1}{\cos^2\frac{\pi}{9}}+\frac{1}{\cos^2\frac{\pi}{9}}+\frac{1}{\cos^2\frac{2\pi}{9}}+\frac{1}{\cos^2\frac{4\pi}{9}}\right)$$

$$= \frac{1}{4}\left(\sum_{k=0}^{8}\frac{1}{\cos^2\frac{k\pi}{9}}-\sum_{k=0}^{2}\frac{1}{\cos^2\frac{k\pi}{3}}\right)$$

若 n 是奇数，则有恒等式

$$\sum_{k=0}^{n-1}\frac{1}{\cos^2\frac{k\pi}{n}}=n^2,$$

于是

$$\sum_{k\in A}|x_k|^2 = \frac{1}{4}(9^2-3^2)=18.$$

$\square$

注 还可以用韦达定理计算 $\sum_{k\in A}|x_k|^2$. 注意到所有的根 x_k 满足 $\mathrm{Re}(x_k)=-\frac{1}{2}$，因此有

$$\overline{x_k} = 2\mathrm{Re}(x_k)-x_k=-1-x_k$$

$$|x_k|^2 = x_k\overline{x_k}=-x_k-x_k^2.$$

由于韦达定理给出 $\sum_{k\in A}x_k=-3$ 和

$$\sum_{k\in A}x_k^2 = \left(\sum_{k\in A}x_k\right)^2-2\sum_{j<k\in A}x_jx_k=(-3)^2-2\cdot 12=-15,$$

因此得到

$$\sum_{k\in A}|x_k|^2 = -\sum_{k\in A}x_k-\sum_{k\in A}x_k^2=3+15=18.$$

习题 2.4. 设

$$P(x)=(x-r)(x-r^2)(x-r^3)(x-r^4)$$

是实系数多项式，求 r 的所有可能值.

解 显然，若 r 是实数，则 $P(x)$ 是实系数多项式. 若 r 不是实数，由于多项式的系数为实数，$\bar{r}$ 也是方程的根，因此 $\bar{r}=r^2$ 或者 $\bar{r}=r^3$ 或者 $\bar{r}=r^4$. 在每种情况下，两边取模长，发现 $|r|=1$. 因此 $\bar{r}=\frac{1}{r}$.

若 $\bar{r} = r^2$, 则 $r^3 = 1$. 此时剩余的一个根是实数 ($r^3 = 1$), 另一个 ($r^4 = r$) 是复数, 没有和它的共轭配对出现. 因此 $P(x)$ 不是实系数的. 若 $\bar{r} = r^3$, 则 $r^4 = 1$, 于是 $r^2 = -1, r = \pm \mathrm{i}$. 此时

$$P(x) = (x \pm \mathrm{i})(x \mp \mathrm{i})(x - 1)(x + 1) = x^4 - 1$$

是实系数多项式. 最后, 若 $\bar{r} = r^4$, 则 $r^5 = 1$. 于是 r, r^2, r^3 和 r^4 是四个本原 5 次单位根, 而且

$$P(x) = (x - r)(x - r^2)(x - r^3)(x - r^4) = x^4 + x^3 + x^2 + x + 1$$

是实系数多项式. $\qquad\square$

习题 2.5. 设 $r_1, \cdots, r_{10}$ 是多项式 $x^{11} + 11x + 1$ 的非实根. 求不超过 $\left| \sum\limits_{j=1}^{10} r_j^{10} \right|$ 的最大的正整数.

韩国数学奥林匹克, 第二轮 2010

解 设 $P(x) = x^{11} + 11x + 1$. 题目的条件说明 $P(x)$ 恰好有一个实根, 这也很容易证明. 函数 $x^{11} + 11x$ 关于 x 严格单调递增, 因此对任意 t, 方程 $x^{11} + 11x = t$ 存在唯一的实数解. $t = -1$ 的情形说明 P 有唯一的实根, 我们记这个实根为 r. 容易看到 $P\left(-\dfrac{1}{11}\right) < 0, P\left(-\dfrac{1}{12}\right) > 0$, 因此有 $-12 < \dfrac{1}{r} < -11$. 根据韦达定理, 我们有

$$\frac{1}{r} + \sum_{j=1}^{10} \frac{1}{r_j} = -11.$$

根据 $r_j^{11} = -11r_j - 1$, 我们有

$$\sum_{j=1}^{10} r_j^{10} = \sum_{j=1}^{10} \frac{r_j^{11}}{r_j} = \sum_{j=1}^{10} \frac{-11r_j - 1}{r_j} = -110 - \sum_{j=1}^{10} \frac{1}{r_j} = -99 + \frac{1}{r}.$$

因为 $-99 + \dfrac{1}{r} \in (-111, -110)$, 所以 $\left| \sum\limits_{j=1}^{10} r_j^{10} \right| \in (110, 111)$, 因此所求的值为 110. $\qquad\square$

习题 2.6. 设 r_1, r_2, r_3 是多项式 $P(x) = x^3 + 111x^2 + 1$ 的根, 3 次多项式 $Q(x)$ 的根为 $r_i + \dfrac{1}{r_i}, i = 1, 2, 3$. 求 $\dfrac{Q(1)}{Q(-1)}$.

解 设 C 是 Q 的首项系数,则

$$Q(x) = C\left(x - \left(r_1 + \frac{1}{r_1}\right)\right)\left(x - \left(r_2 + \frac{1}{r_2}\right)\right)\left(x - \left(r_3 + \frac{1}{r_3}\right)\right).$$

因此

$$\frac{Q(1)}{Q(-1)} = \prod_{i=1}^{3} \frac{r_i^2 - r_i + 1}{r_i^2 + r_i + 1}.$$

注意到 $r_i^2 - r_i + 1 = (r_i + \omega)(r_i + \omega^2)$ 和 $r_i^2 - r_i + 1 = (r_i - \omega)(r_i - \omega^2)$,其中 $\omega = \frac{-1 + i\sqrt{3}}{2}$ 是本原三次单位根. 因此

$$\frac{Q(1)}{Q(-1)} = \prod_{i=1}^{3} \frac{(r_i + \omega)(r_i + \omega^2)}{(r_i - \omega)(r_i - \omega^2)} = \frac{P(-\omega)P(-\omega^2)}{P(\omega)P(\omega^2)}.$$

计算发现 $P(\omega) = 111\omega^2 + 2, P(\omega^2)$ 是其共轭(或直接计算),得到 $P(\omega^2) = 11\omega + 2$. 于是

$$
\begin{aligned}
P(\omega)P(\omega^2) &= |P(\omega)|^2 = (111\omega^2 + 2)(111\omega + 2) = 111^2 + 222(\omega + \omega^2) + 4 \\
&= 12321 - 222 + 4 = 12103.
\end{aligned}
$$

类似地,我们计算得到 $P(-\omega) = 111\omega^2, P(-\omega^2) = 111\omega$,于是

$$P(-\omega)P(-\omega^2) = |P(-\omega)|^2 = 111^2 = 12321.$$

因此有

$$\frac{Q(1)}{Q(-1)} = \frac{|P(-\omega)|^2}{|P(\omega)|^2} = \frac{12321}{12103}.$$

$\square$

习题 2.7. *求方程*

$$\sum_{k=1}^{2017} \frac{1}{z - \varepsilon_k} = 0$$

的所有根的乘积,其中 ε_k *遍历多项式* $x^{2018} - 1$ *不等于* 1 *的根.*

解 我们考虑一般的情形,即方程

$$\sum_{k=1}^{n-1} \frac{1}{z - \varepsilon_k} = 0,$$

其中 ε_k 是多项式 $x^n - 1$ 不等于 1 的根. 设

$$P(x) = (x - \varepsilon_1) \cdots (x - \varepsilon_{n-1}) = \frac{x^n - 1}{x - 1}.$$

我们有

$$\log P(z) = \sum_{k=1}^{n-1} \log(z - \varepsilon_k) = \log(z^{n-1} + z^{n-2} + \cdots + z + 1),$$

求导得到

$$\frac{P'(z)}{P(z)} = \sum_{k=1}^{n-1} \frac{1}{z - \varepsilon_k} = \frac{(n-1)z^{n-2} + (n-2)z^{n-3} + \cdots + 1}{z^{n-1} + z^{n-2} + \cdots + z + 1}.$$

因此目标方程的根恰好是多项式

$$P'(z) = (n-1)z^{n-2} + (n-2)z^{n-3} + \cdots + 1$$

的根. 根据韦达定理,所有根的乘积是 $\dfrac{(-1)^n}{n-1}$. 在本题的情况下,得到 $\dfrac{1}{2017}$. □

习题 2.8. 设 x 和 y 是复数,n 是正整数. 证明:

$$x^{2n} - x^n y^n + y^{2n} = \prod_{\substack{1 \leqslant k < 3n \\ \gcd(k,6)=1}} \left(x^2 - 2\cos\left(\frac{k\pi}{3n}\right) xy + y^2 \right).$$

Roman Witula, Ddyta Hetmaniok, Damian Slota, 大学数学杂志 *1876*

证明 首先看右端的乘积. 在范围 $1 \leqslant k < 3n$ 中不是 3 的倍数的 k 的值为 $3m+1$ 和 $3m+2$,其中 $m = 0, \cdots, n-1$. 对每个这样的对,其中恰好有一个是奇数,于是给出乘积中的一项. 因此右端的乘积有恰好 n 个二次的因子. 所以待证明的等式两端都是齐次的多项式,次数为 $2n$. 两端除以 y^{2n},取 $z = \dfrac{x}{y}$,只需证明

$$z^{2n} - z^n + 1 = \prod_{\substack{1 \leqslant k < 3n \\ \gcd(k,6)=1}} \left(z^2 - 2\cos\left(\frac{k\pi}{3n}\right) z + 1 \right).$$

左端可以写成

$$z^{2n} - z^n + 1 = \frac{z^{3n} + 1}{z^n + 1}.$$

因此其根为 -1 的 $3n$ 次根(即 $z^{3n} + 1 = 0$ 的根),但不是 -1 的 n 次根(即 $z^n + 1 = 0$ 的根). 根据定理 2.9,我们发现 -1 的 $3n$ 次根是

$$z = \cos\left(\frac{(2m+1)\pi}{3n}\right) + \mathrm{i}\sin\left(\frac{(2m+1)\pi}{3n}\right),$$

其中 $0 \leqslant m < 3n$,也可以描述为

$$z = \cos\left(\frac{k\pi}{3n}\right) \pm \mathrm{i}\sin\left(\frac{k\pi}{3n}\right),$$

其中 k 是奇数, $1 \leqslant k < 3n$. 由于同样的论述说明 -1 的 n 次单位根对应 k 是 3 的倍数的情况, 我们得到, 右端的根由上面式子在 k 满足 $1 \leqslant k < 3n$ 和 $\gcd(k,6) = 1$ 时给出. 因此等式左端等于

$$\prod_{\substack{1 \leqslant k < 3n \\ \gcd(k,6)=1}} \left(z - \cos\left(\frac{k\pi}{3n}\right) - \mathrm{i}\sin\left(\frac{k\pi}{3n}\right) \right) \left(z - \cos\left(\frac{k\pi}{3n}\right) + \mathrm{i}\sin\left(\frac{k\pi}{3n}\right) \right)$$

$$= \prod_{\substack{1 \leqslant k < 3n \\ \gcd(k,6)=1}} \left(z^2 - 2\cos\left(\frac{k\pi}{3n}\right) z + 1 \right),$$

这正是我们要证明的. $\qquad\square$

习题 2.9. 考虑多项式

$$f(x) = x^n + 2x^{n-1} + 3x^{n-2} + \cdots + nx + n + 1$$

并设 $\varepsilon = \cos\dfrac{2\pi}{n+2} + \mathrm{i}\sin\dfrac{2\pi}{n+2}$. 证明:

$$f(\varepsilon)f(\varepsilon^2)\cdots f(\varepsilon^{n+1}) = (n+2)^n.$$

Mihai Piticari, Alexandru Myller 竞赛 2003

证明 设 $g(x) = x^{n+1} + x^n + \cdots + x + 1$. g 的根是 $\varepsilon, \varepsilon^2, \cdots, \varepsilon^{n+1}$, 所以我们有

$$g(x) = (x - \varepsilon)(x - \varepsilon^2)\cdots(x - \varepsilon^{n+1}).$$

展开得到

$$(x-1)f(x) = x^{n+1} + x^n + \cdots + x - n - 1,$$

所以 $g(x) = (x-1)f(x) + n + 2$. 于是

$$0 = g(\varepsilon^k) = (\varepsilon^k - 1)f(\varepsilon^k) + n + 2, \qquad k = 1, 2, \cdots, n+1,$$

可以将其改写为

$$(1 - \varepsilon^k)f(\varepsilon^k) = n + 2, \qquad k = 1, 2, \cdots, n+1.$$

这些方程两边相乘, 得到

$$(1-\varepsilon)(1-\varepsilon^2)\cdots(1-\varepsilon^{n+1})f(\varepsilon)\cdots f(\varepsilon^{n+1}) = (n+2)^{n+1}.$$

然而还有

$$(1-\varepsilon)(1-\varepsilon^2)\cdots(1-\varepsilon^{n+1}) = g(1) = n + 2.$$

上面最后两个式子相除, 得到

$$f(\varepsilon)f(\varepsilon^2)\cdots f(\varepsilon^{n+1}) = (n+2)^n.$$

$\square$

习题 2.10. 设 n 是正整数, $z_1, \cdots, z_n$ 是 $1+z^n$ 的根. 对每个 $a > 0$, 证明:

$$\frac{1}{n}\sum_{k=1}^{n}\frac{1}{|z_k - a|^2} = \frac{1 + a^2 + \cdots + a^{2(n-1)}}{(1+a^n)^2}.$$

Gheorghe Stoica, 美国数学月刊 *11947*

证明 设 $P(z) = z^n + 1 = (z - z_1)\cdots(z - z_n)$. 那么 $t_1 = a - z_1, \cdots, t_n = a - z_n$ 是多项式

$$P(a - z) = (a - z)^n + 1 = (-1)^n(z - a)^n + 1$$
$$= (-1)^n z^n + \cdots - na^{n-1}z + a^n + 1$$

的根. 根据韦达定理, 有

$$t_1 \cdots t_n = a^n + 1, \qquad t_1 \cdots t_{n-1} + \cdots + t_2 \cdots t_n = na^{n-1}.$$

因此

$$\frac{1}{t_1} + \cdots + \frac{1}{t_n} = \frac{t_1 \cdots t_{n-1} + \cdots + t_2 \cdots t_n}{t_1 \cdots t_n} = \frac{na^{n-1}}{1 + a^n}.$$

即

$$\sum_{k=1}^{n}\frac{1}{a - z_k} = \frac{na^{n-1}}{1 + a^n}.$$

代数变形得到

$$\sum_{k=1}^{n}\frac{a - z_k + a + z_k}{a - z_k} = \frac{2na^n}{1 + a^n},$$

$$n + \sum_{k=1}^{n}\frac{a + z_k}{a - z_k} = \frac{2na^n}{1 + a^n},$$

也就是说

$$\frac{1}{n}\sum_{k=1}^{n}\frac{a + z_k}{a - z_k} = \frac{2a^n - a^n - 1}{1 + a^n} = \frac{a^n - 1}{a^n + 1}.$$

两边取实部, 并且利用恒等式

$$\mathrm{Re}\left(\frac{a + b}{a - b}\right) = \frac{|a|^2 - |b|^2}{|a - b|^2},$$

得到

$$\frac{1}{n}\sum_{k=1}^{n}\frac{a^2-1}{|a-z_k|^2}=\frac{a^n-1}{a^n+1}=\frac{a^{2n}-1}{(1+a^n)^2}.$$

于是,当 $a\neq1$ 时,两边除以 a^2-1,得到

$$\frac{1}{n}\sum_{k=1}^{n}\frac{1}{|z_k-a|^2}=\frac{1+a^2+\cdots+a^{2(n-1)}}{(1+a^n)^2}.$$

$a=1$ 的情形根据最后的恒等式和连续性得到. □

习题 2.11. 设 $a\neq0,b,c$ 是实数. 证明:存在实系数多项式 $P(x)$,使得 $aP(x)^2+bP(x)+c$ 被 x^2+1 整除.

Alexander Golovanov

证明 由于 $aP(x)^2+bP(x)+c$ 是实系数多项式,因此它被 x^2+1 整除等价于它在 $x=\mathrm{i}$ 处为零,即

$$aP(\mathrm{i})^2+bP(\mathrm{i})+c=0.$$

将其看成未知量 $P(\mathrm{i})$ 的方程,得到

$$P(\mathrm{i})=\frac{-b\pm\sqrt{b^2-4ac}}{2a}.$$

若 $b^2-4ac\geqslant0$,则根是实数,我们可以取 $P(x)$ 为常数多项式

$$P(x)=\frac{-b+\sqrt{b^2-4ac}}{2a}.$$

若 $b^2-4ac<0$,则根是复数

$$P(\mathrm{i})=\frac{-b\pm\mathrm{i}\sqrt{4ac-b^2}}{2a},$$

我们可以取 $P(x)$ 为线性多项式

$$P(x)=-\frac{b}{2a}+\frac{\sqrt{4ac-b^2}}{2a}x. \qquad\square$$

习题 2.12. 证明:若 k,m,n 是非负整数,则多项式

$$P(x)=x^{3k+2}+x^{3m+1}+x^{3n}$$

被 x^2+x+1 整除.

波兰数学奥林匹克 1966

证法一 对于非负整数 p,多项式

$$x^{3p} - 1 = (x^3)^p - 1$$

被 $x^3 - 1$ 整除,因此也被 $x^2 + x + 1$ 整除. 所以差

$$P(x) - (x^2 + x + 1) = x^2(x^{3k} - 1) + x(x^{3m} - 1) + x^{3n} - 1$$

被 $x^2 + x + 1$ 整除. 于是 $P(x)$ 被 $x^2 + x + 1$ 整除. □

证法二 由于 P 是实系数多项式,被 $x^2 + x + 1$ 整除等价于有一个根是本原三次单位根 $\omega = \dfrac{-1 + \mathrm{i}\sqrt{3}}{2}$. 由于 $\omega^3 = 1$,计算得到

$$P(\omega) = \omega^{3k+2} + \omega^{3m+1} + \omega^{3n} = \omega^2 + \omega + 1 = 0,$$

这正是我们要证明的. □

习题 2.13. 证明:对任意正整数 k,多项式

$$(x^4 - 1)(x^3 - x^2 + x - 1)^k + (x + 1)x^{4k-1}$$

被 $x^5 + 1$ 整除.

波兰数学奥林匹克 1986

证法一 设 $P(x) = (x^4 - 1)(x^3 - x^2 + x - 1)^k + (x + 1)x^{4k-1}$. 注意到

$$x^3 - x^2 + x - 1 = \frac{x^4 - 1}{x + 1}.$$

因此我们可以得到

$$
\begin{aligned}
x^{k+1}P(x) &= x^{k+1}(x+1)\left(\frac{x^4-1}{x+1}\right)^{k+1} + (x+1)x^{5k} \\
&= (x+1)\left[\left(\frac{x(x^4-1)}{x+1}\right)^{k+1} - (-1)^{k+1}\right] + (x+1)\left(x^{5k} - (-1)^k\right).
\end{aligned}
$$

由于 $a^n - b^n$ 总是 $a - b$ 的倍数,因此第一项是

$$(x+1)\left[\frac{x(x^4-1)}{x+1} + 1\right] = x^5 - x + x + 1 = x^5 + 1$$

的倍数,第二项是 $x^5 - (-1) = x^5 + 1$ 的倍数. 因此 $x^{k+1}P(x)$ 是 $x^5 + 1$ 的倍数,于是 $P(x)$ 也是它的倍数. □

证法二 设

$$P_k(x) = (x^4 - 1)(x^3 - x^2 + x - 1)^k + (x+1)x^{4k-1}.$$

定义多项式

$$p(x) = x^3 - x^2 + x - 1, \qquad q(x) = x^4 - p(x)$$

注意到

$$x^4 - 1 = (x+1)p(x)$$
$$x^5 + 1 = (x+1)q(x)$$
$$P_k(x) = (x^4 - 1)\,(p(x))^k + (x+1)x^{4k-1},$$

即

$$P_k(x) = (x+1)\left((p(x))^{k+1} + x^{4k-1}\right).$$

我们对 k 归纳证明,对所有的正整数 k, $P_k(x)$ 是 $x^5 + 1$ 的倍数. 若 $k = 1$,则有

$$
\begin{aligned}
P_1(x) &= (x^4 - 1)(x^3 - x^2 + x - 1) + (x+1)x^3 \\
&= x^7 - x^6 + x^5 + x^2 - x + 1 \\
&= (x^2 - x + 1)(x^5 + 1).
\end{aligned}
$$

由 $x^5 + 1 = (x+1)q(x)$,我们看到 P_k 被 $x^5 + 1$ 整除等价于

$$Q_k(x) = (p(x))^{k+1} + x^{4k-1}$$

被 $q(x)$ 整除. 假设 $q(x)$ 整除 $Q_k(x)$, k 是正整数,那么

$$
\begin{aligned}
Q_{k+1}(x) - x^4 Q_k(x) &= \left((p(x))^{k+2} + x^{4k+3}\right) - x^4\left((p(x))^{k+1} + x^{4k-1}\right) \\
&= (p(x))^{k+1}\left(p(x) - x^4\right) \\
&= -(p(x))^{k+1}\, q(x).
\end{aligned}
$$

因此 $q(x)$ 整除 $Q_{k+1}(x)$. 我们归纳证明了所需的结论. $\qquad\square$

习题 2.14. 设 $f(x)$ 是多项式, n 是正整数. 证明:若 $f(x^n)$ 被 $x - 1$ 整除,则它也被

$$x^{n-1} + x^{n-2} + \cdots + x + 1$$

整除.

波兰数学奥林匹克 1988

证明 设 $F(x) = f(x^n)$. 由于 $F(x)$ 被 $x-1$ 整除, 我们有 $F(1) = 0$. 因此 $f(1) = 0$, 多项式 $f(x)$ 被 $x-1$ 整除. 也就是说, 存在多项式 $g(x)$, 使得

$$f(x) = (x-1)g(x).$$

因此

$$
\begin{aligned}
F(x) &= f(x^n) \\
&= (x^n - 1)g(x^n) \\
&= (x-1)(x^{n-1} + x^{n-2} + \cdots + x + 1)g(x^n),
\end{aligned}
$$

这给出了想要的结论. □

习题 2.15. 求所有的数对 (n, r), 其中 n 是正整数, r 是实数, 满足 $(x+1)^n - r$ 被多项式 $2x^2 + 2x + 1$ 整除.

波兰数学奥林匹克 1996

解法一 分别用 $Q_n(x)$ 和 $R_n(x)$ 表示多项式 $(x+1)^n$ 除以 $2x^2 + 2x + 1$ 的商和余数. 数对 (n, r) 满足题目条件当且仅当 $R_n(x)$ 是常数多项式, 而且等于 r. 对 $n = 1, 2, 3, 4$, 我们有:

$$
\begin{aligned}
(x+1)^1 &= 0 \cdot \left(2x^2 + 2x + 1\right) + (x+1) \\
(x+1)^2 &= \frac{1}{2} \cdot \left(2x^2 + 2x + 1\right) + \left(x + \frac{1}{2}\right) \\
(x+1)^3 &= \left(\frac{1}{2}x + 1\right)\left(2x^2 + 2x + 1\right) + \frac{1}{2}x \\
(x+1)^4 &= \left(\frac{1}{2}x^2 + \frac{3}{2}x + \frac{5}{4}\right)\left(2x^2 + 2x + 1\right) - \frac{1}{4}.
\end{aligned}
$$

因此

$$
\begin{aligned}
&R_1(x) = x + 1, \qquad R_2(x) = x + \frac{1}{2}, \\
&R_3(x) = \frac{1}{2}x, \qquad R_4(x) = -\frac{1}{4}.
\end{aligned}
\tag{9.4}
$$

对于整数 $n \geqslant 0$, 我们有

$$
\begin{aligned}
(x+1)^{n+4} &= (x+1)^n (x+1)^4 \\
&= \left(Q_n(x)(2x^2 + 2x + 1) + R_n(x)\right)\left(Q_4(x)(2x^2 + 2x + 1) - \frac{1}{4}\right) \\
&= P(x) - \frac{1}{4}R_n(x),
\end{aligned}
$$

其中多项式 $P(x)$ 被 $2x^2 + 2x + 1$ 整除. 因此

$$R_{n+4}(x) = -\frac{1}{4}R_n(x).$$

于是根据公式 (9.4), 我们归纳得到下面的方程, 其中 $k = 1, 2, 3, \cdots$

$$
\begin{aligned}
R_{4k}(x) &= \left(-\frac{1}{4}\right)^k \\
R_{4k+1}(x) &= \left(-\frac{1}{4}\right)^k (x+1) \\
R_{4k+2}(x) &= \left(-\frac{1}{4}\right)^k \left(x + \frac{1}{2}\right) \\
R_{4k+3}(x) &= \left(-\frac{1}{4}\right)^k \left(\frac{1}{2}x\right).
\end{aligned}
$$

我们由此发现 $R_n(x)$ 是常数多项式当且仅当 $n = 4k$, 这个常数是 $\left(-\frac{1}{4}\right)^k$. 综上所述, 所求的数对 (n, r) 具有形式 $\left(4k, \left(-\frac{1}{4}\right)^k\right)$, 其中 k 是正整数. □

解法二 由于 $2x^2 + 2x + 1$ 的根为 $-\frac{1}{2} \pm \frac{\mathrm{i}}{2}$, 多项式 $(x+1)^n - r$ 的系数为实数, 因此数对 (n, r) 满足题目条件当且仅当 $-\frac{1}{2} + \frac{\mathrm{i}}{2}$ 是 $(x+1)^n - r$ 的根. 因此当且仅当

$$\left(-\frac{1}{2} + \frac{\mathrm{i}}{2} + 1\right)^n = \left(\frac{1}{2} + \frac{\mathrm{i}}{2}\right)^n$$

为实数, 并且 r 是这个值时, n 给出题目的解. 由于

$$\frac{1}{2} + \frac{\mathrm{i}}{2} = \frac{1}{\sqrt{2}}\left(\cos\frac{\pi}{4} + \mathrm{i}\sin\frac{\pi}{4}\right),$$

我们计算发现

$$\left(\frac{1}{2} + \frac{\mathrm{i}}{2}\right)^n = 2^{-\frac{n}{2}}\left(\cos\frac{n\pi}{4} + \mathrm{i}\sin\frac{n\pi}{4}\right).$$

当且仅当 $\sin\frac{n\pi}{4} = 0$ 时, 得出实数. 当 $n = 4k$ 时, 相应的 r 的值为

$$r = 2^{-\frac{n}{2}}\cos\frac{n\pi}{4} = 2^{-2k}\cos k\pi.$$

因此题目的结论是: 所求的数对 (n, r) 具有形式 $(4k, 2^{-2k}\cos k\pi)$, 其中 k 是正整数. □

习题 2.16. 给定正实数 $q_1, q_2, \cdots$，定义多项式序列：$f_0(x) = 1, f_1(x) = x$，

$$f_{n+1}(x) = (1 + q_n)x f_n(x) - q_n f_{n-1}(x), \quad n \geqslant 1.$$

证明：这些多项式的所有实根都在区间 $[-1, 1]$ 上.

莫斯科数学奥林匹克 1968

证明 我们对 n 归纳证明：对 $|x| > 1$，有

$$|f_{n+1}(x)| > |f_n(x)|.$$

若 $n = 0$，这是显然的. 现在假设：对 $|x| > 1$，有 $|f_n(x)| > |f_{n-1}(x)|$. 于是

$$
\begin{aligned}
|f_{n+1}(x)| &\geqslant (1 + q_n)|x f_n(x)| - q_n|f_{n-1}(x)| \\
&> (1 + q_n)|f_n(x)| - q_n|f_n(x)| \\
&= |f_n(x)|.
\end{aligned}
$$

因此，若 $|x| > 1$，则有 $|f_n(x)| > |f_{n-1}(x)| > \cdots > |f_1(x)| > 1$，于是 $f_n(x) \neq 0$ 对所有的非负整数 n 成立. $\square$

习题 2.17. 求所有的复数 $a \neq 0$ 和 b，使得对 $x^4 - ax^3 - bx - 1 = 0$ 的任意复根 z，有 $|a - z| \geqslant |z|$.

Nikolai Nikolov, 保加利亚数学奥林匹克 2006

解 设 z_1, z_2, z_3, z_4 是多项式 $x^4 - ax^3 - bx - 1$ 的根. 根据韦达定理，有

$$z_1 + z_2 + z_3 + z_4 = a, \qquad \sum_{1 \leqslant i < j \leqslant 4} z_i z_j = 0.$$

因此 $z_1{}^2 + z_2{}^2 + z_3{}^2 + z_4{}^2 = a^2$. 记 $t_k = \dfrac{2z_k}{a} = x_k + \mathrm{i}y_k$，$k = 1, 2, 3, 4$. 于是 $t_1 + t_2 + t_3 + t_4 = 2$，所以 $x_1 + x_2 + x_3 + x_4 = 2$. 而 $t_1^2 + t_2^2 + t_3^2 + t_4^2 = 4$ 和 $t_k{}^2 = x_k{}^2 - y_k{}^2 + 2\mathrm{i}x_k y_k$ 结合得到

$$x_1^2 + x_2^2 + x_3^2 + x_4^2 = 4 + y_1^2 + y_2^2 + y_3^2 + y_4^2 \geqslant 4.$$

另一方面，$|a - z_k| \geqslant |z_k|$，给出 $|2 - t_k| \geqslant |t_k|$. 进一步得到不等式

$$(2 - x_k)^2 + y_k^2 \geqslant x_k^2 + y_k^2,$$

化简为 $x_k \leqslant 1$. 此外,由于 $x_1 + x_2 + x_3 + x_4 = 2$,我们有

$$x_k + 3 \geqslant x_1 + x_2 + x_3 + x_4 = 2,$$

因此 $x_k \geqslant -1$. 于是 $-1 \leqslant x_k \leqslant 1$,推出 $x_k^2 \leqslant 1$. 将这些合起来,得到

$$x_1^2 + x_2^2 + x_3^2 + x_4^2 \leqslant 4.$$

于是我们必然有 $x_1^2 + x_2^2 + x_3^2 + x_4^2 = 4$,上面的所有不等式的等号成立. 这说明 $y_k = 0, t_k = x_k = \pm 1$,对所有的 k 成立. 由于 $t_1 + t_2 + t_3 + t_4 = 2$,我们可以不妨设 $t_1 = t_2 = t_3 = 1, t_4 = -1$. 因此 $z_1 = z_2 = z_3 = -z_4 = \dfrac{a}{2}$. 由于韦达定理还给出 $z_1 z_2 z_3 z_4 = -1$,我们得到 $\left(\dfrac{a}{2}\right)^4 = 1$. 因此 $a = 2, -2, 2\mathrm{i}$ 或 $-2\mathrm{i}$. 由这些根,我们计算得到 $b = -\dfrac{a^3}{4}$. 这给出四个解

$$(a, b) \in \{(2, -2), (-2, 2), (2\mathrm{i}, 2\mathrm{i}), (-2\mathrm{i}, -2\mathrm{i})\}.$$

$\square$

习题 2.18. z_0 是多项式 $z^{n+1} - z^2 + az + 1$ 的非实数根,其中 a 是任意实数,$n \geqslant 2$,证明:

$$|z_0| > \frac{1}{\sqrt[n]{n}}.$$

德国国家队选拔考试 2009

证明 设 $z_0 = r(\cos\alpha + \mathrm{i}\sin\alpha), |z_0| = r$. 由于 z_0 是所给多项式的根,方程除以 z_0 得到

$$z_0^n = z_0 - a - \frac{1}{z_0}.$$

代入

$$z_0^n = r^n(\cos n\alpha + \mathrm{i}\sin n\alpha),$$
$$\frac{1}{z_0} = \frac{1}{r}(\cos\alpha - \mathrm{i}\sin\alpha),$$

取虚部得到

$$r^n \sin n\alpha = \frac{1 + r^2}{r}\sin\alpha.$$

因为 $\sin\alpha \neq 0$,所以 $\sin n\alpha \neq 0$,上式变形得到

$$\frac{\sin\alpha}{\sin n\alpha} = \frac{r^{n+1}}{1 + r^2}.$$

此外, 由于 $\dfrac{r^{n+1}}{1+r^2} > 0$, 因此

$$\frac{r^{n+1}}{1+r^2} = \frac{\sin\alpha}{\sin n\alpha} = \left|\frac{\sin\alpha}{\sin n\alpha}\right| \geqslant \frac{1}{n}.$$

进一步, 结合 $r^n > \dfrac{r^{n+1}}{1+r^2}$ 就得到 $r^n > \dfrac{1}{n}$.   □

习题 2.19. 证明: 若复系数多项式

$$P(x) = x^n + a_1 x^{n-1} + \cdots + a_{n-1} x + (-1)^n$$

的所有根有同样的模长, 则 $P(-1)$ 是实数.

N. Micu, 罗马尼亚数学奥林匹克 1974

证明 设 $x_1, x_2, \cdots, x_n$ 是多项式 $P(x)$ 的根. 由于 P 的根的模长都相同, 且乘积为 1, 因此

$$|x_1| = |x_2| = \cdots = |x_n| = 1.$$

由于

$$P(x) = (x - x_1)(x - x_2)\cdots(x - x_n),$$

我们有

$$\begin{aligned}
P(-1) &= (-1 - x_1)(-1 - x_2)\cdots(-1 - x_n) \\
&= (-1)^n (1 + x_1)(1 + x_2)\cdots(1 + x_n).
\end{aligned}$$

此外, 由于 $\overline{x_i} = 1/x_i, i = 1, 2, \cdots, n$, 我们有

$$\begin{aligned}
\overline{P(-1)} &= (-1)^n \overline{(1 + x_1)(1 + x_2)\cdots(1 + x_n)} \\
&= (-1)^n (1 + \overline{x_1})(1 + \overline{x_2})\cdots(1 + \overline{x_n}) \\
&= (-1)^n \left(1 + \frac{1}{x_1}\right)\left(1 + \frac{1}{x_2}\right)\cdots\left(1 + \frac{1}{x_n}\right) \\
&= (-1)^n \frac{(x_1 + 1)(x_2 + 1)\cdots(x_n + 1)}{x_1 x_2 \cdots x_n} \\
&= (-1)^n (1 + x_1)(1 + x_2)\cdots(1 + x_n).
\end{aligned}$$

所以 $P(-1) = \overline{P(-1)}$, 说明 $P(-1) \in \mathbb{R}$.   □

习题 2.20. 设 d 是正奇数, 复系数多项式

$$P(x) = x^d + a_{d-1} x^{d-1} + \cdots + a_1 x + a_0$$

的所有根在单位圆上, $a_0 \neq 1$. 证明: $\dfrac{a_{d-1} - a_1}{1 - a_0}$ 是实数.

证明 设 $P(x)$ 的根为 $r_1, \cdots, r_d$. 于是

$$r_1 + \cdots + r_d = -a_{d-1}, \quad r_1 \cdots r_d \left(\frac{1}{r_1} + \cdots + \frac{1}{r_d} \right) = a_1, \quad r_1 \cdots r_d = -a_0.$$

因此

$$\frac{a_{d-1} - a_1}{1 - a_0} = \frac{r_1 + \cdots + r_d + r_1 \cdots r_d \left(\frac{1}{r_1} + \cdots + \frac{1}{r_d} \right)}{1 + r_1 \cdots r_d}.$$

现在取共轭, 我们发现 $\dfrac{a_{d-1} - a_1}{1 - a_0}$ 的共轭是

$$\frac{\overline{r_1} + \cdots + \overline{r_d} + \overline{r_1 \cdots r_d} \left(\frac{1}{\overline{r_1}} + \cdots + \frac{1}{\overline{r_d}} \right)}{1 + \overline{r_1 \cdots r_d}}.$$

由于 $r_1, \cdots, r_d$ 在单位圆上, 有

$$\overline{r_i} = \frac{1}{r_i}.$$

因此上面的表达式等于

$$\frac{\frac{1}{r_1} + \cdots + \frac{1}{r_d} + \frac{1}{r_1 \cdots r_d}(r_1 + \cdots + r_d)}{1 + \frac{1}{r_1 \cdots r_d}}$$

$$= \frac{r_1 \cdots r_d \left(\frac{1}{r_1} + \cdots + \frac{1}{r_d} \right) + r_1 + \cdots + r_d}{1 + r_1 \cdots r_d}$$

$$= \frac{a_{d-1} - a_1}{1 - a_0}.$$

因为这个数与它的共轭相同, 所以必然是实数. $\qquad\square$

习题 2.21. 设 $a \neq 0, m > n, m \neq 2n$, 多项式 $ax^m + bx^n + c$ 的所有根的模长相同. 证明: $b = 0$.

证明 设多项式的所有根为 $r_1, \cdots, r_m$. 那么有

$$\sigma_{m-n} = \sum_{i_1 < i_2 < \cdots < i_{m-n}} r_{i_1} \cdots r_{i_{m-n}} = (-1)^{m-n} \frac{b}{a}.$$

由于 $m - n \neq n$, x^{m-n} 的系数为零, 因此

$$\sigma_n = \sum_{i_1 < \cdots < i_n} r_{i_1} \cdots r_{i_n} = 0.$$

设 $|r|$ 是所有根的公共模长. 我们看到

$$
\begin{aligned}
\sigma_{m-n} &= r_1 r_2 \cdots r_m \sum_{i_1 < \cdots < i_n} \frac{1}{r_{i_1} \cdots r_{i_n}} \\
&= r_1 r_2 \cdots r_m \sum_{i_1 < \cdots < i_n} \frac{\overline{r_{i_1}} \cdots \overline{r_{i_n}}}{|r_{i_1}|^2 \cdots |r_{i_n}|^2} \\
&= \frac{r_1 r_2 \cdots r_m}{|r|^{2n}} \sum_{i_1 < \cdots < i_n} \overline{r_{i_1}} \cdots \overline{r_{i_n}} \\
&= \frac{r_1 r_2 \cdots r_m}{|r|^{2n}} \overline{\sigma_n} = 0.
\end{aligned}
$$

因此 $b = 0$. $\qquad\qquad\square$

习题 2.22. 设复系数多项式 $P(x) = a_d x^d + a_{d-1} x^{d-1} + \cdots + a_0$ 的所有根在单位圆内,

$$
P^*(x) = x^d \overline{P}\left(\frac{1}{x}\right).
$$

证明: $P(z) + P^*(z)$ 的所有根在单位圆上.

证明 我们可以记 $P(x) = a_d(x - z_1) \cdots (x - z_d)$, 其中 $z_1, \cdots, z_d$ 是 P 的所有根. 根据题目假设, 有 $|z_i| < 1, 1 \leqslant i \leqslant d$. 因此有

$$
\overline{P}(x) = \overline{a_d}(1 - x\overline{z_1}) \cdots (1 - x\overline{z_d}).
$$

现在, 设 r 是 $P(z) + P^*(z)$ 的任意根, 那么

$$
|r - z_1| \cdots |r - z_d| = |1 - r\overline{z_1}| \cdots |1 - r\overline{z_d}|.
$$

现在有

$$
|r - z_j|^2 - |1 - r\overline{z_j}|^2 = |r|^2 + |z_j|^2 - 1 - |r z_j|^2 = (1 - |z_j|^2)(|r|^2 - 1).
$$

现在 $|z_j| < 1$, 我们发现: 若 $|r| > 1$, 则 $|r - z_j| > |1 - r\overline{z_j}|$ 对所有的 j 成立; 若 $|r| < 1$, 则 $|r - z_j| < |1 - r\overline{z_j}|$, 对所有的 j 成立. 在这两种情况下, 等式

$$
|r - z_1| \cdots |r - z_d| = |1 - r\overline{z_1}| \cdots |1 - r\overline{z_d}|
$$

均不成立. 因此必然有 $|r| = 1$. $\qquad\qquad\square$

习题 2.23. 设 $|a| \leqslant 1$ 是实数. 证明: 方程 $x^{n+1} - a x^n - a x + 1 = 0$ 的所有根在单位圆上.

证明 设 z 是多项式 $x^{n+1} - ax^n - ax + 1$ 的一个根. 那么有

$$z^n(z - a) = az - 1.$$

因此 $z^n = \dfrac{az - 1}{z - a}$. 取模长得到 $|z|^n = \left|\dfrac{az - 1}{z - a}\right|$,然后有

$$|z|^{2n} = \left|\frac{az - 1}{z - a}\right|^2 = \frac{az - 1}{z - a} \cdot \frac{a\bar{z} - 1}{\bar{z} - a} = \frac{1 + a^2|z|^2 - 2\mathrm{Re}(az)}{a^2 + |z|^2 - 2\mathrm{Re}(az)}.$$

因此

$$|z|^{2n} - 1 = \underbrace{\frac{(1 - a^2)(1 - |z|^2)}{a^2 + |z|^2 - 2\mathrm{Re}(az)}}_{\text{正}}.$$

由于 $|a| \leqslant 1$,因此 $|z|^{2n} - 1$ 和 $1 - |z|^2$ 必须有相同的符号. 只有 $|z| = 1$ 时,这才会发生. $\square$

习题 2.24. 设 a, b, c, d 是实数,$b - d \geqslant 5$,x_1, x_2, x_3, x_4 是

$$P(x) = x^4 + ax^3 + bx^2 + cx + d$$

的四个实根. 求乘积 $(x_1^2 + 1)(x_2^2 + 1)(x_3^2 + 1)(x_4^2 + 1)$ 的极小值.

蒂图·安德雷斯库,美国数学奥林匹克 2014

解 由于 x_1, x_2, x_3, x_4 是 $P(x)$ 的根,因此

$$P(x) = (x - x_1)(x - x_2)(x - x_3)(x - x_4).$$

我们继续有

$$
\begin{aligned}
\prod_{k=1}^{4}(x_k^2 + 1) &= \prod_{k=1}^{4}(x_k - \mathrm{i})(x_k + \mathrm{i}) \\
&= P(\mathrm{i})P(-\mathrm{i}) \\
&= (1 - b + d - \mathrm{i}(a - c))(1 - b + d + \mathrm{i}(a - c)) \\
&= (b - d - 1)^2 + (a - c)^2 \\
&\geqslant 16,
\end{aligned}
$$

等号成立时,$b - d = 5$,$a = c$. $\square$

第 3 章 多项式函数方程 (I)

习题 3.1. 设 $P(x) = x^2 + a(a \neq 0), Q(x) = x^3 + bx + c$. $Q(P(x)) = P(Q(x))$ 对所有的实数 x 成立，求 $Q(10)$.

解 根据题目的条件，有下面的恒等式：

$$(x^3 + bx + c)^2 + a = (x^2 + a)^3 + b(x^2 + a) + c.$$

比较两边 x^3 项的系数，发现 $2c = 0$，于是 $c = 0$. 然后代入得到

$$(x^3 + bx)^2 + a = (x^2 + a)^3 + b(x^2 + a).$$

比较两边 x^4, x^2, x^0 项的系数，分别得到

$$2b = 3a, \quad b^2 = 3a^2 + b, \quad a = a^3 + ab.$$

第一个方程给出 $b = \dfrac{3}{2}a$，代入第二个方程得到 $\dfrac{9}{4}a^2 = 3a^2 + \dfrac{3}{2}a$，化为 $0 = a^2 + 2a$. 由于 $a \neq 0$，因此 $a = -2, b = -3$. 这些值也满足第三个方程，因此我们找到了唯一的解为

$$P(x) = x^2 - 2, \qquad Q(x) = x^3 - 3x.$$

因此 $Q(10) = 970$. $\qquad\qquad\qquad\qquad\qquad\qquad\qquad\qquad\qquad\qquad\qquad$ □

习题 3.2. 求所有的 d 次多项式 $P(x)$，满足

$$P(1) + P(x) + \cdots + P(x^d) = (1 + x + \cdots + x^d)P(x).$$

解 等式左端的次数为 d^2，右端的次数为 $2d$，因此有 $d = 2$. 然后得到

$$P(1) + P(x) + P(x^2) = (x^2 + x + 1)P(x),$$

即 $P(1) + P(x^2) = (x^2 + x)P(x)$. 设 $P(x) = ax^2 + bx + c$，代入得到

$$ax^4 + bx^2 + a + b + 2c = (x^2 + x)(ax^2 + bx + c).$$

比较 x^3 的系数，得到 $a + b = 0$. 于是有

$$ax^4 - ax^2 + 2c = (x^2 + x)(ax^2 - ax + c).$$

比较常数项，得到 $c = 0$. 于是

$$ax^4 - ax^2 = (x^2 + x)(ax^2 - ax).$$

这是一个恒等式，因此 $P(x) = a(x^2 - x)$. $\qquad\qquad\qquad\qquad\qquad\qquad\qquad$ □

习题 3.3. 求所有多项式 $P(x)$, 满足

$$P(2x) = 8P(x) + (x-2)^2.$$

P. Černek, 捷克和斯洛伐克数学奥林匹克 2001

解 设 $P(x) = a_d x^d + a_{d-1} x^{d-1} + \cdots + a_0$. 比较方程中 x^k 的系数, 得到: 若 $k \geqslant 3$, 则 $2^k a_k = 8 a_k$; 对 $k = 2$, 有 $2^2 a_2 = 8 a_2 + 1$; 对 $k = 1$, 有 $2a_1 = 8a_1 - 4$; 对 $k = 0$, 有 $a_0 = 8a_0 + 4$. 因此我们得到 $a_k = 0$, 对 $k \geqslant 4$ 成立; a_3 无限制; $a_2 = -\dfrac{1}{4}$; $a_1 = \dfrac{2}{3}$; $a_0 = -\dfrac{4}{7}$. 因此

$$P(x) = ax^3 - \frac{1}{4}x^2 + \frac{2}{3}x - \frac{4}{7}, a \in \mathbb{R}.$$

□

习题 3.4. 设

$$3P(x^2) + 2122x^2 = 2(x^2 + 2)P(x) + x^4 + 4024x^3 + 8048x + 1959,$$

求 $P(2013)$.

解 设 $\deg P(x)) = d$. 若 $d < 2$, 则等式左端的次数小于 4, 右端的次数等于 4, 矛盾. 若 $d > 2$, 则左端的次数为 $2d$, 右端的次数为 $d + 2 < 2d$, 矛盾. 因此 $\deg P(x) = 2$. 记 $P(x) = ax^2 + bx + c$, 我们得到

$$3(ax^4 + bx^2 + c) + 2122x^2 = 2(x^2 + 2)(ax^2 + bx + c) + x^4 + 4024x^3 + 8048x + 1959.$$

比较 x^4 的系数得出 $3a = 2a + 1$, $a = 1$. 比较 x^3 项的系数得出 $0 = 2b + 4024$, $b = -2012$. 比较常数项给出 $3c = 4c + 1959$, $c = -1959$. 因此有

$$P(x) = x^2 - 2012x - 1959.$$

代入检验其余的系数, 得出一个解, 因此 $P(2013) = 54$.

□

习题 3.5. 求所有的实系数多项式 $P(x)$, 使得对所有的非零实数 x, 有

$$P(x)P\left(\frac{1}{x}\right) = 1.$$

解 若 $P(x) = cx^d, c$ 是实数,$d \geqslant 0$ 是整数,则方程变成 $c^2 = 1$,我们看到唯一的这种形式的解是 $P(x) = \pm x^d$. 如果 P 不是这种形式,那么它至少有两个单项,因此可以记 $P(x) = a_d x^d + \cdots + a_k x^k$,其中 $k < d, a_k, a_d$ 均非零. 方程变为

$$(a_d x^d + \cdots + a_k x^k)(a_d x^{-d} + \cdots + a_k x^{-k}) = 1,$$

可以写成多项式方程的形式为

$$(a_d x^d + \cdots + a_k x^k)(a_k x^{d-k} + \cdots + a_d) = x^d.$$

比较两边 x^k 项的系数,得到 $a_k a_d = 0$,矛盾. 因此唯一的解为 $P(x) = \pm x^d$. □

习题 3.6. 求所有多项式 $P(x)$ 和 $Q(x)$,使得

$$(x+1)P(x-1) - x^2 Q(x+1) = x^2 - x - 1,$$

$$P(x+1) - (x+2)Q(x+3) = -1.$$

解 变量代换 $x \mapsto x + 2$,第一个方程变成

$$(x+3)P(x+1) - (x+2)^2 Q(x+3) = x^2 + 3x + 1.$$

将第二个方程乘以 $-(x+2)$ 然后两个方程相加,得到

$$P(x+1) = (x+2)^2 - 1.$$

因此 $P(x) = x(x+2)$,然后

$$(x+2)Q(x+3) = 1 + P(x+1) = (x+2)^2$$

得出 $Q(x) = x - 1$. 验证这是题目的解. □

习题 3.7. 求所有有理系数多项式 $P(x)$ 和 $Q(x)$,满足

$$2x + 1 + (3x+1)P(x) = Q(x)^2.$$

解 代入 $x = -\dfrac{1}{3}$,有 $Q\left(-\dfrac{1}{3}\right)^2 = \dfrac{1}{3}$. 因此 $Q\left(-\dfrac{1}{3}\right) = \pm\dfrac{1}{\sqrt{3}}$,与有理系数的条件矛盾. 因此没有这样的多项式. □

注 存在实系数多项式 $P(x)$ 和 $Q(x)$ 满足题目条件. 例如 $P(x) = x - 1, Q(x) = \pm\sqrt{3}x$.

习题 3.8. 求所有实系数多项式 $P(x)$ 和 $Q(x)$, $P(0) = Q(0) = 0$, 并且满足

$$P(Q(x) + 1) = 1 + Q(P(x)), \quad Q(P(x) + 1) = 1 + P(Q(x))$$

解 代入 $x = 0$, 得到 $P(1) = Q(1) = 1$. 代入 $x = 1$, 得到 $P(2) = Q(2) = 2$. 继续归纳可证, $P(k) = Q(k) = k$ 对所有的正整数 k 成立. 因此 $P(x) = Q(x) = x$, 对所有的实数 x 成立. □

习题 3.9. 求所有实系数多项式 $P(x)$, 使得

$$P(x)P(y) = P\left(\frac{x+y}{2}\right)^2 - P\left(\frac{x-y}{2}\right)^2.$$

解 代入 $x = y = 0$, 得到 $P(0) = 0$. 代入 $y = 3x$, 得到

$$P(x)P(3x) = P(2x)^2 - P(-x)^2.$$

设 $P(x) = a_d x^d + \cdots + a_0, a_d \neq 0$. 比较两边的首项系数, 得到

$$3^d a_d^2 = 4^d a_d^2 - (-1)^{2d} a_d^2.$$

因此 $3^d = 4^d - 1$. 若 $d > 1$, 则有 $4^d - 3^d > 1$, 矛盾. 因此 $d = 1, P(x) = a_1 x$. 容易验证这给出了一个解. □

习题 3.10. 求所有复系数多项式 $P(x)$, $P(0) = 0$, 满足对所有的整数 $n > 2$ 和所有实数 $a_1, a_2, \cdots, a_n, a_1 + a_2 \cdots + a_n \neq 0$, 有

$$P\left(\frac{a_1}{a_1 + a_2 + \cdots + a_n}\right) + \cdots + P\left(\frac{a_n}{a_1 + a_2 + \cdots + a_n}\right) = 0.$$

解 设 $\deg P(x) = d$. 然后对正整数 $k = 1, 2, \cdots, d+1$, 代入 $a_1 = \cdots = a_k = 1$, $a_{k+1} = \cdots = a_n = 0$, 得到 $P\left(\frac{1}{k}\right) = 0$. 因此 $P(x) = 0$, 对所有的 x 成立. □

习题 3.11. 设 $P(x)$ 是非零多项式, a, b, c 是实数, 满足

$$P(x)(x-1)^{20} = (x^2 + ax + 1)^{30} + (x^2 + bx + c)^{10}.$$

计算 $P(1) + a^2 + b^2 + c^2$.

解 代入 $x = 1$, 得到 $(2 + a)^{30} + (1 + b + c)^{10} = 0$. 于是 $2 + a = 1 + b + c = 0$, 解得 $a = -2, b + c = -1$. 因此

$$x^2 + bx + c = (x-1)(x-c).$$

将原始的恒等式改写为

$$P(x)(x-1)^{20} = (x^2 - 2x + 1)^{30} + (x-1)^{10}(x-c)^{10}$$
$$= (x-1)^{60} + (x-1)^{10}(x-c)^{10}.$$

若 $c \neq 1$,则右端只被 $(x-1)^{10}$ 整除. 因此 $c = 1, b = -2$,然后

$$P(x)(x-1)^{20} = (x-1)^{60} + (x-1)^{20}.$$

这说明 $P(x) = (x-1)^{40} + 1$. 于是 $P(1) = 1$,进一步得到

$$P(1) + a^2 + b^2 + c^2 = 1 + 4 + 4 + 1 = 10.$$

$\square$

习题 3.12. 求所有首项系数为 1 的实系数多项式 $P(x)$,使得对任意实数 x,有

$$P(x + P(x)) = x^2 + P(P(x)).$$

解 显然 $P(x)$ 不能是常数多项式,所以 $\deg P(x) = d > 0$,记

$$P(x) = x^d + Q(x),$$

其中多项式 $Q(x)$ 满足 $\deg Q(x) = k \leqslant d - 1$. 于是计算得到

$$P(x + P(x)) - P(P(x)) = [(x + P(x))^d - P(x)^d] + Q(x + P(x)) - Q(P(x)).$$

最后两项的次数不超过 $kd \leqslant d(d-1)$. 方括号中的项,根据二项式定理,有

$$(x + P(x))^d - P(x)^d = dxP(x)^{d-1} + \frac{d(d-1)}{2}x^2 P(x)^{d-2} + \cdots + x^d.$$

这个展开式中的第一项的次数为 $1 + d(d-1)$,其余项次数更低. 因此 $P(x + P(x)) - P(P(x))$ 的次数是 $d^2 - d + 1$.

现在,若所给方程成立,则有 $P(x + P(x)) - P(P(x)) = x^2$,比较次数得到 $d^2 - d + 1 = 2$.然而这个方程没有整数解,所以不存在满足要求的多项式 $P(x)$. $\square$

习题 3.13. 求所有实系数首项系数为 1 的多项式 $P(x)$,使得对任意实数 x,有

$$P(x + P(x)) = 2x^3 + x^2 + P(P(x)).$$

解 类似上一个解答,$P(x)$ 不能是常数多项式,设 $\deg P(x) = d > 0$,我们发现多项式 $P(x + P(x)) - P(P(x))$ 的次数为 $d^2 - d + 1$. 在本题中,我们有

$$P(x + P(x)) - P(P(x)) = 2x^3 + x^2,$$

于是比较次数得到 $d^2 - d + 1 = 3, d = 2$. 记 $P(x) = x^2 + bx + c$(题目假设了 $P(x)$ 的首项系数为 1),计算得到

$$\begin{aligned}
&P(x + P(x)) - P(P(x)) \\
&= (x + P(x))^2 + b(x + P(x)) + c - (P(x))^2 - bP(x) - c \\
&= 2xP(x) + x^2 + bx = 2x^3 + (2b+1)x^2 + (2c+b)x.
\end{aligned}$$

因此有 $2b + 1 = 1, 2c + b = 0$,于是 $b = c = 0$. 因此 $P(x) = x^2$ 是唯一的解. □

习题 3.14. (i) 求所有的实系数多项式 $P(x)$,使得

$$(x - 4)P(x + 1) - xP(x) + 20 = 0.$$

(ii) 求满足条件 (i) 和 $P(0) = 29$ 的多项式.

I. V. Maftei,罗马尼亚数学奥林匹克 1971

解 (i) 设 $P(x) = Q(x) + 5$. 于是所给条件变成

$$(x - 4)Q(x + 1) = xQ(x).$$

依次代入 $x = 0, 1, 2, 3$,得到 $Q(1) = Q(2) = Q(3) = Q(4) = 0$. 所以存在实系数多项式 $G(x)$,使得

$$Q(x) = G(x)(x - 1)(x - 2)(x - 3)(x - 4).$$

将这个表达式代入方程 $(x - 4)Q(x + 1) = xQ(x)$,得到

$$G(x + 1) = G(x).$$

根据第 3.5 节的结果,我们知道 $G(x)$ 必然是常数,于是得到

$$P(x) = C(x - 1)(x - 2)(x - 3)(x - 4) + 5, \quad C \in \mathbb{R}.$$

(ii) 在前面结果中代入 $x = 0$,得到 $29 = 24C + 5, C = 1$. 所以

$$P(x) = (x - 1)(x - 2)(x - 3)(x - 4) + 5.$$

□

习题 3.15. 设整系数多项式 $P(x)$ 和整数 a, b 满足

$$P(a) = 1, \quad P(b) = 2, \quad P(17) = 3, \quad a < b < 17.$$

(i) 证明：方程 $P(x) = 5$ 只有一个整数解.

(ii) 求所有的多项式 $P(x)$，使得 $P(x) = 5$ 恰好有一个整数解.

证明 (i) 我们将重复使用命题：若 $P(x)$ 是整系数多项式，则对任意整数 r, s，有 $r - s$ 整除 $P(r) - P(s)$. 于是有 $17 - b$ 整除 $P(17) - P(b) = 1$，所以 $17 - b = \pm 1$. 由于已经假设 $b < 17$，只能是 $b = 16$. 类似地，$b - a = 16 - a$ 整除 $P(b) - P(a) = 1$，得到 $a = 15$.

现在假设 $P(r) = 5$. 和上面一样，$r - 17$ 整除 $P(r) - P(17) = 2$，因此 $r - 17 \in \{\pm 1, \pm 2\}$，得到 $r \in \{15, 16, 18, 19\}$. 同时，$r - 16 = r - b$ 整除 $P(r) - P(b) = 3$，因此 $r - 16 \in \{\pm 1, \pm 3\}$，$r \in \{13, 15, 17, 19\}$. 两个集合比较，由于 $r \neq a$，因此排除 $r = 15$ 的情况，只能是 $r = 19$. 因此 $P(x) = 5$ 最多有一个解，若有解，则必然是 $x = 19$.

(ii) 假设 P 是这样的多项式. 根据 (i) 的解答，如果定义 $Q(x) = P(x) + 14 - x$，那么

$$Q(15) = Q(16) = Q(17) = Q(19) = 0.$$

因此我们可以记

$$Q(x) = (x - 15)(x - 16)(x - 17)(x - 19)R(x),$$

其中 $R(x)$ 是整系数多项式，代入得到

$$P(x) = x - 14 + (x - 15)(x - 16)(x - 17)(x - 19)R(x).$$

从构造过程看到，$P(x)$ 满足所需的条件. $\square$

习题 3.16. 安娜和电脑玩一个数学游戏. 电脑隐藏了一个多项式 $P(x)$，安娜不知道 $P(x)$ 的次数和系数，但是她知道系数都是正实数. 在每一步，安娜输入一个实数 a，然后电脑给出 $P(a)$. 这个过程重复到安娜可以确定 $P(x)$ 为止.

对于安娜使用的一个策略 S，设 $S(P)$ 是她得出 $P(x)$ 所需的步骤. 如果一个策略 S 满足对任何其他策略 S' 和任何正系数多项式 P，均有 $S(P) \leqslant S'(P)$，那么称策略 S 是最佳的. 问：是否存在最佳的策略？

解 答案是肯定的. 下面的策略是最佳的：按递增顺序选择正整数 $1, 2, 3, \cdots$. 此外，这个策略对所有的严格正系数的多项式给出 $S(P) = \deg P + 2$. 为了证明这个结论，只需证明下面的两个命题：

(i) $S(P) \leqslant \deg P + 2$.

(ii) 对任何策略 S',有 $S'(P) \geqslant \deg P + 2$.

我们对 $d = \deg P$ 归纳证明 (i). 在 $d = 0$ 的基础情形中,我们要证明 $S(P) \leqslant 2$. 于是安娜要从 $P(1)$ 和 $P(2)$ 正确判断 $P(x)$ 是常数,并且是哪个常数. 如果 $P(x)$ 不是常数,那么由于 $P(x)$ 的所有系数为正,我们有 $P(1) < P(2)$. 另一方面,若 $P(x)$ 是常数,则 $P(1) = P(2)$. 因此从 $P(1)$ 和 $P(2)$,安娜可以判断 $P(x)$ 是否是常数,并且如果是常数,安娜可以知道是哪个常数. 现在设 $d > 0$,而且假设 (i) 对所有的次数不超过 $d-1$ 的多项式都成立. 我们将要证明:如果 $Q(x)$ 是严格正系数的多项式,并且 $Q(i) = P(i), i = 1, 2, \cdots, d+2$,那么 $P(x) = Q(x)$ 对所有的 x 成立. 考虑多项式

$$R(x) = P(x+1) - P(x), \quad S(x) = Q(x+1) - Q(x).$$

显然 $R(x)$ 和 $S(x)$ 都有严格正的实系数,并且 $R(i) = S(i)$,对 $i = 1, 2, \cdots, d+1$ 成立. 由于 $\deg R(x) = d-1$,根据归纳假设,我们知道 $R(x) = S(x)$. 于是 $(Q-P)(x+1) = (Q-P)(x)$ 对所有的 x 成立. 这说明 $Q-P$ 是常数. 因为 $P(1) = Q(1)$,所以 $P = Q$.

现在我们用反证法证明 (ii). 假设存在策略 S',以及多项式 $P(x)$,系数为正实数,次数为 d,并且 $S'(P) \leqslant d+1$. 设 S' 的前 $d+1$ 次输入为 $r_1, \cdots, r_{d+1}$. 由于 P 的系数为正,存在 $\varepsilon > 0$,使得

$$T(x) = P(x) + \varepsilon(x - r_1) \cdots (x - r_{d+1})$$

的系数也是正的. 然而,多项式 $T(x)$ 和 $P(x)$ 是不同的,但在点 $r_1, \cdots, r_{d+1}$ 处都取同样的值. 策略 S' 不能确定答案是这两个多项式中的哪个,这和我们的假设矛盾. $\square$

习题 3.17. 求所有的多项式 P 和 Q,使得对所有的实数 x,有

$$Q(x^2) = (x+1)^4 - x\,(P(x))^2.$$

P. Černek, 捷克和斯洛伐克数学奥林匹克 2001

解 设 $\deg P(x) = n$. 若 $n \geqslant 2$,则方程右端的次数为奇数 $2n+1$,左端的次数为偶数,矛盾. 因此 $n \leqslant 1$. 记 $P(x) = ax + b$,得到

$$\begin{aligned}
Q(x^2) &= (x+1)^4 - x(ax+b)^2 \\
&= x^4 + (4-a^2)x^3 + (6-2ab)x^2 + (4-b^2)x + 1.
\end{aligned}$$

由于 $Q(x^2)$ 只有 x 的偶数次幂, 右端 x 的奇数次幂系数为零. 于是得到 $4 - a^2 = 4 - b^2 = 0$, 给出 $a, b \in \{-2, 2\}$, $Q(x^2) = x^4 + (6 - 2ab)x^2 + 1$. 将 a, b 四种可能的取值搭配代入, 我们发现四个解:

$$P(x) = 2x + 2, \quad Q(x) = x^2 - 2x + 1$$
$$P(x) = 2x - 2, \quad Q(x) = x^2 + 14x + 1$$
$$P(x) = -2x + 2, \quad Q(x) = x^2 + 14x + 1$$
$$P(x) = -2x - 2, \quad Q(x) = x^2 - 2x + 1.$$

□

习题 3.18. 求所有实系数多项式 $P(x)$, 使得

$$P\left(x^2\right) P\left(x^3\right) = (P(x))^5.$$

波兰数学奥林匹克 2008

解法一 我们首先发现, 满足条件的常数解只有 $P(x) \equiv 0$ 和 $P(x) \equiv 1$. 现在假设 $P(x)$ 不是常数.

如果 $P(x)$ 是 $P(x) = cx^n$ 的形式, 其中实数 $c \neq 0$, 整数 $n \geqslant 1$, 那么

$$c^2 x^{5n} = P\left(x^2\right) P\left(x^3\right) = (P(x))^5 = c^5 x^{5n},$$

说明 $c^2 = c^5$, $c = 1$. 于是这种类型的解只有 $P(x) = x^n$, $n \geqslant 1$.

还剩下 $P(x)$ 有两个非零单项式的情况需要考虑. 记

$$P(x) = a_n x^n + a_l x^l + G(x),$$

其中 $n > l \geqslant 0$, $a_n \neq 0$, $a_l \neq 0$, $G(x)$ 的次数不超过 $l - 1$. 于是有

$$\begin{aligned} P\left(x^2\right) P\left(x^3\right) &= \left(a_n x^{2n} + a_l x^{2l} + G\left(x^2\right)\right)\left(a_n x^{3n} + a_l x^{3l} + G\left(x^3\right)\right) \\ &= a_n^2 x^{5n} + a_l a_n x^{3n+2l} + a_l a_n x^{2n+3l} + H(x), \end{aligned}$$

其中多项式 $H(x)$ 的次数不超过 $2n + 3l - 1$, 而且有

$$(P(x))^5 = (a_n x^n + a_l x^l + G(x))^5 = a_n^5 x^{5n} + 5 a_n a_l x^{4n+l} + Q(x),$$

其中 $Q(x)$ 的次数不超过 $3n + 2l$. 观察到

$$2n + 3l < 3n + 2l < 4n + l.$$

所以 x^{4n+l} 在多项式 $P\left(x^2\right)P\left(x^3\right)$ 中系数为零,在 $(P(x))^5$ 中的系数为 $5a_na_l \neq 0$,矛盾. 综上所述,满足题目条件的多项式有 $P(x) \equiv 0$, $P(x) \equiv 1$, $P(x) = x^n$, $n = 1, 2, \cdots$. □

解法二 像解法一一样,先考虑 $P(x)$ 是常数的情形,得到 $P(x) \equiv 0$ 和 $P(x) \equiv 1$. 现在假设 $P(x)$ 不是常数.

代入 $x = 0$,得到 $P(0)^2 = P(0)^5$. 因此 $P(0) = 0$ 或者 $P(0) = 1$.

先假设 $P(0) = 1$. 多项式 $P(x) - 1$ 不是常数,而且 $x = 0$ 是它的一个根. 因此存在正整数 k,以及多项式 $G(x)$,使得

$$P(x) = 1 + x^k G(x), \qquad G(0) \neq 0.$$

根据二项式定理,有

$$
\begin{aligned}
P\left(x^2\right)P\left(x^3\right) &= \left(1 + x^{2k}G\left(x^2\right)\right)\left(1 + x^{3k}G\left(x^3\right)\right) \\
&= 1 + x^{2k}R(x),
\end{aligned}
$$

$$(P(x))^5 = \left(1 + x^k G(x)\right)^5 = 1 + 5x^k G(x) + x^{2k}S(x),$$

其中 $R(x), S(x)$ 是实系数多项式. 因此 x^k 在原方程左端的系数为零,在右端的系数为 $5G(0) \neq 0$,矛盾.

现在我们需要考虑 $P(x)$ 不是常数,$P(0) = 0$ 的情况. 我们可以记

$$P(x) = x^m G(x) \tag{9.5}$$

其中 m 是正整数,$G(0) \neq 0$. 根据所给的关系以及式 (9.5),我们有

$$x^{5m}G\left(x^2\right)G\left(x^3\right) = P\left(x^2\right)P\left(x^3\right) = (P(x))^5 = x^{5m}\left(G(x)\right)^5,$$

所以对任意实数 x,有

$$G\left(x^2\right)G\left(x^3\right) = \left(G(x)\right)^5.$$

也就是说,多项式 $G(x)$ 也满足所给条件. 由于 $G(0) \neq 0$,因此从上一部分的证明中看到,必然有 $G(x) \equiv 1$. 因此 $P(x) = x^m$. 只需验证每个这样的多项式都满足所给条件. □

习题 3.19. 求所有的实系数多项式 $P(x)$ 和 $Q(x)$,使得 $x^3Q(x) = P(Q(x))$ 对所有的实数 x 成立.

解 若 $Q(x) = 0$，则 $P(Q(x)) = 0$，于是 $P(0) = 0$. 反之，容易验证：若 $Q(x) = 0$，$P(0) = 0$，则得到一个解.

现在，设 $\deg P(x) = p, \deg Q(x) = q \geqslant 0$，于是

$$\deg(x^3 Q(x)) = 3 + q, \quad \deg(P(Q(x))) = pq.$$

因此 $pq = 3 + q$. 将其改写成 $q(p - 1) = 3$，我们发现 $q \mid 3$，于是 $(p, q) = (4, 1)$ 或者 $(2, 3)$.

若 $(p, q) = (4, 1)$，则记 $Q(x) = ax + b, a \neq 0, b$ 是实数. 于是方程变成

$$x^3(ax + b) = P(ax + b).$$

作代换 $x \mapsto \dfrac{x - b}{a}$，我们发现

$$P(x) = x \left(\frac{x - b}{a} \right)^3.$$

若 $(p, q) = (2, 3)$，则记 $P(x) = ax^2 + bx + c$，其中 $a \neq 0$. 方程变成

$$x^3 Q(x) = aQ(x)^2 + bQ(x) + c.$$

这需要 $Q(x)$ 整除 c，由于 $\deg Q(x) = 3 > 0$，因此 $c = 0$. 去掉 $Q(x)$ 的因子，得到 $x^3 = aQ(x) + b$. 因此得到解

$$P(x) = ax^2 + bx, \qquad Q(x) = \frac{1}{a}x^3 - \frac{b}{a}.$$

□

习题 3.20. 求所有的多项式 $P(x)$，使得 $\dfrac{1}{\dfrac{1}{P(x)} - \dfrac{1}{P(P(x))}}$ 也是多项式.

改编自 Oleg Mushkarov

解法一 首先假设 $P(x)$ 和 $P(P(x)) - P(x)$ 都不是常数. 将表达式写成

$$\frac{P(P(x))P(x)}{P(P(x)) - P(x)}$$

并且注意到

$$\frac{P(P(x))P(x)}{P(P(x)) - P(x)} = P(x) + \frac{P(x)^2}{P(P(x)) - P(x)}.$$

因此

$$\frac{P(x)^2}{P(P(x)) - P(x)}$$

是一个多项式. 若 $\deg P(x) = d > 2$, 则分子的次数为 $2d$, 分母的次数为 $d^2 > 2d$, 矛盾. 因此 $\deg P(x) \in \{1, 2\}$.

若 $\deg P(x) = 1$, 记 $P(x) = ax + b, a \neq 0$. 由于 $P(P(x)) - P(x)$ 不是常数, 因此 $a \neq 1$. 于是

$$\frac{P(x)^2}{P(P(x)) - P(x)} = \frac{(ax + b)^2}{(a^2 - a)x + ab} = cx + d,$$

其中 c, d 是实数. 这给出

$$(ax + b)^2 = ((a^2 - a)x + ab)(cx + d).$$

比较 x^2 的系数得到 $c = \dfrac{a}{a-1}$, 比较常数项给出 $d = \dfrac{b}{a}$. 于是

$$(ax + b)^2 = ((a^2 - a)x + ab)\left(\frac{a}{a-1}x + \frac{b}{a}\right).$$

比较 x 的系数, 发现

$$2ab = b(a - 1) + \frac{a^2 b}{a - 1},$$

化简为 $b = 0$. 因此 $P(x) = ax$, 容易验证这是一个解.

若 $\deg P(x) = 2$, 由于

$$\frac{P(x)^2}{P(P(x)) - P(x)}$$

中分子和分母都是二次的, 因此

$$P(P(x)) - P(x) = aP(x)^2,$$

其中 a 是常数. 于是存在无穷多个 t (可以写成 $t = P(x)$ 的 t) 使得 $P(t) = at^2 + t$ 成立. 因此

$$P(x) = ax^2 + x.$$

最后, 若 $P(x)$ 是常数, 我们得到一个解; 若 $P(P(x)) - P(x) = C$ 是常数, 则 $P(x) = x + C$ 也是一个解. □

解法二 如解法一, 如果 $P(x)$ 和 $P(P(x)) - P(x)$ 不是常数, 那么

$$\frac{P(x)^2}{P(P(x)) - P(x)}$$

是一个多项式. 因此 $P(P(x)) - P(x)$ 的所有根是 $P(x)^2$ 的根, 也就是 $P(x)$ 的根.

设 r 是 $P(P(x)) - P(x)$ 的任意根. 于是 $P(r) = 0$,然后有

$$P(P(r)) = P(r) = 0,$$

因此 $P(P(r)) = P(0) = 0$. 所以 0 是 $P(x)$ 的根,我们可以设 $P(x) = xS(x)$,$S(x)$ 是多项式. 因此 $P(P(x)) = P(x)S(P(x))$,继续有

$$\frac{P(x)^2}{P(P(x)) - P(x)} = \frac{P(x)^2}{P(x)S(P(x)) - P(x)} = \frac{P(x)}{S(P(x)) - 1}$$

是一个多项式. 和之前一样,或者 $S(x)$ 是常数(于是 $P(x) = ax$),或者 $S(P(x)) - 1$ 的根都是 $P(x)$ 的根. 因此 $S(0) = 1$. 记 $S(x) = 1 + xT(x)$,我们得到

$$S(P(x)) = 1 + P(x)T(P(x)).$$

于是

$$\frac{P(x)}{S(P(x)) - 1} = \frac{P(x)}{P(x)T(P(x))} = \frac{1}{T(P(x))}$$

是多项式. 因此 $T(x)$ 是常数.

这说明 $S(x) = 1 + ax$,而 $P(x) = x(1 + ax) = ax^2 + x$. □

习题 3.21. 求所有的多项式 $P(x)$,满足

$$P(P(x)) + x = P(x + P(x)).$$

解 如习题 3.12 中一样,我们看到 $P(x)$ 不能是常数. 如果设 $\deg P(x) = d > 0$,那么 $P(x + P(x)) - P(P(x))$ 的次数是 $d^2 - d + 1$.

将方程写成 $P(x + P(x)) - P(P(x)) = x$,比较次数得到 $d^2 - d + 1 = 1$,因此 $d = 1$. 记 $P(x) = ax + b, a \neq 0$. 我们发现

$$P(x + P(x)) - P(P(x)) = a((a+1)x + b) + b - a(ax + b) - b = ax.$$

因此 $a = 1, P(x) = x + b$. □

习题 3.22. 求所有的多项式 $P(x)$,满足

$$\binom{2018}{0}P(x) + \binom{2018}{2}P(x+2) + \cdots + \binom{2018}{2018}P(x+2018)$$

$$= \binom{2018}{1}P(x+1) + \binom{2018}{3}P(x+3) + \cdots + \binom{2018}{2017}P(x+2017).$$

解 回忆在第 3.6 节中有，如果 $\deg P(x) = d > 0$ 并且首项系数为 a_d，那么 $P(x+1) - P(x)$ 的次数为 $d-1$，首项系数为 da_d. 我们记 $P(x+1) - P(x)$ 为 ΔP. 迭代得到

$$\Delta^2 P = \Delta(\Delta P) = P(x+2) - 2P(x+1) + P(x).$$

类似地，迭代 k 次得到

$$\Delta^k P = P(x+k) - \binom{k}{1}P(x+k-1) + \cdots + (-1)^k P(x).$$

此外，如果 $\deg P(x) = d \geqslant k$ 的首项系数为 a_d，那么 $\Delta^k P$ 的次数为 $d-k$，首项系数为

$$d(d-1)\cdots(d-k+1)a_d = \frac{d!}{(d-k)!}a_d.$$

（若 $d < k$，则 $\Delta^k P \equiv 0$.）特别地，有 $\Delta^d P = d!a_d$.

使用 Δ 的记号，题目是要求找到所有的多项式 $P(x)$，满足 $\Delta^{2018} P = 0$. 根据上面的讨论，答案是所有次数不超过 2017 的多项式. $\qquad\square$

习题 3.23. 给定正整数 k，求所有的实系数多项式 $P(x)$，使得

$$P(P(x)) = (P(x))^k.$$

加拿大数学奥林匹克 1975

解 首先 $P(x)$ 是常数或者 $P(x)$ 取到无穷多值. 若 $P(x)$ 是常数，记 $P(x) = c$，$c \in \mathbb{R}$，则有

$$c = P(c) = P(P(x)) = (P(x))^k = c^k$$

对所有的实数 x 成立. 因此 $k = 1$ 并且 c 是任意数，或者 $k \neq 1$ 并且 $c \in \{0,1\}$. 若 $P(x)$ 不是常数，则 $P(t) = t^k$ 对无穷多实数 t 成立. 于是多项式 $Q(x) = P(x) - x^k$ 有无穷多个根，必然恒为零，于是 $P(x) = x^k$. $\qquad\square$

习题 3.24. 整数 $n \geqslant 3$，求所有的多项式 $f_1(x), \cdots, f_n(x)$，使得

$$f_k(x)f_{k+1}(x) = f_{k+1}(f_{k+2}(x)), \quad 1 \leqslant k \leqslant n$$

其中 $f_{n+1}(x) = f_1(x), f_{n+2}(x) = f_2(x)$.

Oleg Mushkarov, 保加利亚数学奥林匹克 2012

解 设 $\deg f_k(x) = d_k, k = 1, 2, \cdots, n$. 我们有

$$d_k + d_{k+1} = d_{k+1}d_{k+2}.$$

因此 $d_{k+1} \mid d_k$, 对所有的 $k = 1, 2, \cdots, n$ 成立. 然而, 这样的循环整除关系可以成立的唯一可能是所有的 d_k 是常数. 于是所有的 f_k 次数相同, 记为 d, 而且有 $2d = d^2$. 若 $d = 0$, 则所有的多项式 f_k 是常数, 我们发现 $f_k(x) = 1$, 对所有的 k 成立. 若所有的多项式 f_k 是二次的, 记

$$f_k(x) = a_k x^2 + b_k x + c_k,$$

其中 $a_k \neq 0, k = 1, 2, \cdots, n$. 比较 x^4 的系数, 我们发现 $a_k = a_{k+2}^2, k = 1, 2, \cdots, n$. 若 $n = 2m$, 则

$$a_1 = a_3^2 = \cdots = a_{2m-1}^{2^{m-1}} = a_1^{2^m},$$

因此 $a_1 = a_3 = \cdots = a_{2m-1} = 1$. 类似地, 我们发现 $a_2 = a_4 = \cdots = a_{2m} = 1$. 若 n 是奇数, 则论证类似, 此时变量关系对应一个长度为 n 的圈. 无论在哪种情况下, 我们得到

$$a_1 = a_2 = \cdots = a_n = 1.$$

现在, 考察 x^3 的系数得到

$$b_k + b_{k+1} = 2b_{k+2}, \quad k = 1, 2, \cdots, n.$$

设 $\min\{b_1, \cdots, b_n\} = b$ 并设极小值在 $b_s = b$ 处取到. 考察方程在 $k = s - 2$ 的情况, 我们得到 $2b \leqslant b_{s-1} + b_{s-2} = 2b_s = 2b$. 因此这些不等式等号成立, 说明 $b_{s-1} = b_{s-2} = b$. 迭代这个过程, 我们发现 $b_1 = \cdots = b_n = b$.

考察 x^2 的系数, 发现

$$c_k + c_{k+1} = 2c_{k+2} + b, \quad k = 1, 2, \cdots, n.$$

将所有这些方程相加, 得到 $nb = 0$, 于是 $b = 0$. 因此

$$c_k + c_{k+1} = 2c_{k+2}.$$

用上面同样的论证, 可以得到 $c_1 = c_2 = \cdots = c_n = c, c$ 是某常数. 因此 $f_k(x) = x^2 + c$ 对所有的 k 成立. 代入方程得到

$$(x^2 + c)^2 + c = (x^2 + c)^2,$$

只在 $c = 0$ 时成立. 因此 $f_k(x) = x^2$, 对所有的 k 成立. □

习题 3.25. *求所有的实系数多项式 $P(x)$,满足*

$$P(x)^2 - P(x-1)P(x+1) = 2P(x).$$

解 若 $P(x)$ 是常数,则易知 $P(x) = 0$. 否则,设 $\deg P(x) = d > 0$,记

$$P(x) = a_d x^d + a_{d-1}x^{d-1} + \cdots + a_0, \quad a_d \neq 0.$$

首先,我们找到 $P(x)^2 - P(x-1)P(x+1)$ 的次数和首项系数. 我们有

$$P(x)^2 = a_d^2 x^{2d} + 2a_d a_{d-1}x^{2d-1} + (2a_d a_{d-2} + a_{d-1}^2)x^{2d-2} + \cdots.$$

计算还得到

$$\begin{aligned}
P(x \pm 1) &= a_d(x \pm 1)^d + a_{d-1}(x \pm 1)^{d-1} + \cdots \\
&= a_d x^d + (a_{d-1} \pm da_d)x^{d-1} \\
&\quad + \left(a_{d-2} \pm (d-1)a_{d-1} + \frac{d(d-1)}{2}a_d\right)x^{d-2} + \cdots,
\end{aligned}$$

于是

$$P(x-1)P(x+1) = a_d^2 x^{2d} + 2a_d a_{d-1}x^{2d-1} + (a_{d-1}^2 + 2a_d a_{d-2} - da_d^2)x^{2d-2} + \cdots.$$

因此

$$P(x)^2 - P(x-1)P(x+1) = da_d^2 x^{2d-2} + \cdots.$$

因此左端的次数为 $2d - 2$,首项系数为 da_d^2.

由于右端的次数为 d, 首项系数为 $2a_d$, 我们得到 $2d - 2 = d$, $d = 2$ 并且 $a_2 = 1$. 设 r 是 $P(x)$ 的一个根,代入 $x = r$,得到

$$P(r+1)P(r-1) = 0.$$

于是,$r+1$ 或者 $r-1$ 也是 $P(x)$ 的根. 必要时交换两个根,我们发现 $P(x)$ 的两个根可以描述为 r 和 $r+1$,因此

$$P(x) = (x-r)(x-r-1).$$

由于 $P(x)$ 是实系数的,r 是实数. 容易验证这给出了所需的解. □

习题 3.26. *求所有的实系数多项式 $P(x)$,使得*

$$P(x-1)P(x+1) > P(x)^2 - 1$$

对所有的实数 x 成立.

Nikolai Nikolov

解 若 $P(x) = c$ 是常数,则不等式变成 $c^2 > c^2 - 1$,这总成立,因此所有的常数多项式都是解. 对于非常数的情况,我们将不等式写成

$$P(x)^2 - P(x-1)P(x+1) < 1.$$

从上一个解答的计算看到,如果设 $\deg P(x) = d > 0$,$P(x)$ 的首项系数为 $a_d \neq 0$,那么 $P(x)^2 - P(x-1)P(x+1)$ 是 $2d - 2$ 次多项式,首项系数为 da_d^2. 若 $d \geq 2$,则 $P(x)^2 - P(x-1)P(x+1)$ 是一个非常数多项式,首项系数为正. 期待的不等式对足够大的 x 不能成立. 若 $d = 1$,则 $P(x)^2 - P(x-1)P(x+1) = a_1^2$ 是常数,不等式化为 $a_1^2 < 1$. 因此,$P(x) = ax + b, a \in (-1, 1)$,都是所求的解. □

习题 3.27. *求所有的实系数多项式 $P(x)$,使得*

$$(x+1)P(x-1) - (x-1)P(x)$$

是常数多项式.

加拿大数学奥林匹克 2013

解法一 答案是 $P(x)$ 是常数多项式或者

$$P(x) = ax^2 + ax + c, \quad a, c \in \mathbb{R}, a \neq 0.$$

设

$$T(x) = (x+1)P(x-1) - (x-1)P(x). \tag{9.6}$$

代入 $x = -1$,得到 $T(-1) = 2P(-1)$;代入 $x = 1$,得到 $T(1) = 2P(0)$. 由于 $T(x)$ 是常数,我们有 $2P(-1) = 2P(0)$,即 $P(-1) = P(0)$. 设 $c = P(-1) = P(0)$,于是存在实系数多项式 $R(x)$,使得

$$P(x) = x(x+1)R(x) + c. \tag{9.7}$$

将式 (9.7) 代入式 (9.6) 得到

$$\begin{aligned} T(x) &= (x+1)\left((x-1)xR(x-1) + c\right) - (x-1)\left(x(x+1)R(x) + c\right) \\ &= x(x-1)(x+1)\left(R(x-1) - R(x)\right) + 2c. \end{aligned}$$

由于 $T(x)$ 是常数,$x(x-1)(x+1)\left(R(x-1) - R(x)\right)$ 也是常数. 因此 $R(x-1) - R(x)$ 是零多项式,说明 $R(x) = R(x-1)$ 对所有的 $x \in \mathbb{R}$ 成立. 根据第 3.5 节的结果,得到 $R(x) = a$ 是常数. 若 $a = 0$,我们从式 (9.7) 得到 $P(x)$ 是常数. 若 $a \neq 0$,我们从式 (9.7) 得到 $P(x) = ax(x+1) + c$. 容易验证这些都满足题目条件. □

解法二 注意到常数多项式都满足所给条件. 假设 P 不是常数, 设 $n = \deg P \geqslant 1$, 记

$$P(x) = \sum_{k=0}^{n} a_k x^k, \quad a_n \neq 0.$$

我们计算得到

$$(x-1)P(x) = a_n x^{n+1} + (a_{n-1} - a_n)x^n + \cdots - a_0$$

以及

$$
\begin{aligned}
P(x-1) &= a_n(x-1)^n + a_{n-1}(x-1)^{n-1} + \cdots + a_0 \\
&= a_n x^n + (a_{n-1} - n a_n)x^{n-1} + \cdots + P(-1)
\end{aligned}
$$

所以有

$$(x+1)P(x-1) = a_n x^{n+1} + (a_{n-1} - (n-1)a_n)x^n + \cdots + P(-1).$$

于是

$$(x+1)P(x-1) - (x-1)P(x) = (2-n)a_n x^n + \cdots + P(-1) - a_0.$$

因此 x^n 的系数是 $(2-n)a_n$. 由于我们希望左端是常数多项式, 因此这个系数必然为 0, 而 $a_n \neq 0$, 所以 $n = 2$. 因此 P 是二次多项式, 设

$$P(x) = ax^2 + bx + c, \qquad a, b, c \in \mathbb{R}, a \neq 0.$$

于是代入方程得到

$$(x+1)(a(x-1)^2 + b(x-1) + c) - (x-1)(ax^2 + bx + c) = C.$$

将左端化简得到

$$(b-a)(x-1) + 2c = 2C.$$

因此 $b - a = 0, 2c = 2C$. 所以 $P(x) = ax^2 + ax + c$, 其中 $a, c \in \mathbb{R}, a \neq 0$. □

习题 3.28. 求所有的实系数多项式 $P(x)$, 使得对所有的实数, 有

$$(x+1)P(x-1) + (x-1)P(x+1) = 2xP(x).$$

E. Kováč, 捷克和斯洛伐克数学奥林匹克 2002

解法一 我们将证明满足条件的多项式具有形式

$$P(x) = ax^3 - ax + d,$$

其中 a 和 d 是任意实数.

容易验证常数多项式都是解. 因此假设 $P(x)$ 不是常数, 设 $\deg P(x) = n > 0$, 首项系数为 $a_n \neq 0$. 将方程写成

$$x(P(x+1) - 2P(x) + P(x-1)) = P(x+1) - P(x-1).$$

回忆第 3.6 节的结果: 如果 $P(x)$ 是 n 次多项式, 首项系数为 $a_n \neq 0$, 那么 $P(x+1) - P(x)$ 是 $n-1$ 次多项式, 首项系数为 na_n. 因此 $P(x+1) - P(x-1)$ 是 $n-1$ 次多项式, 首项系数为 $2na_n$, 而 $P(x+1) - 2P(x) + P(x-1)$ 是 $n-2$ 次多项式, 首项系数为 $n(n-1)a_n$. 比较首项系数得到 $n(n-1)a_n = 2a_n$, 由于 $n \geqslant 1$, $a_n \neq 0$, 我们得到 $n = 3$.

记 $P(x) = ax^3 + bx^2 + cx + d$. 此时, 方程的两端是 $n-1 = 2$ 次多项式, 我们已经发现其首项系数相同. 这说明, 若将方程写成

$$(x+1)P(x-1) + (x-1)P(x+1) - 2xP(x) = 0,$$

则左端是线性多项式. 因此要证这个等式成立, 只需代入两个不同的 x 值验证. 对 $x = 1$, 我们得到 $2P(0) - 2P(1) = 0$, 化为 $a + b + c = 0$. 对 $x = -1$, 我们得到 $-2P(0) + 2P(-1) = 0$, 化为 $a - b + c = 0$. 因此 $b = 0$, $c = -a$. 于是问题的解为 $P(x) = ax^3 - ax + d$(其中 $a = 0$ 的情形对应于上面发现的常数解). □

解法二 设多项式 $P(x)$ 满足关系

$$(x+1)P(x-1) + (x-1)P(x+1) = 2xP(x). \tag{9.8}$$

代入 $x = 1$, 我们得到 $P(0) = P(1)$; 代入 $x = -1$, 得到 $P(0) = P(-1)$. 于是, 若定义 $P(0) = d$, 则方程 $P(x) = d$ 有三个根 $x = 0$, $x = 1$, $x = -1$. 于是存在多项式 $Q(x)$ 满足 $P(x) = x(x-1)(x+1)Q(x) + d$. 我们将这个表达式代入方程 (9.8) 来看 $Q(x)$ 和系数 d 需要满足怎样的条件. 这给出

$$(x+1)x(x-1)(x-2)Q(x-1)$$
$$+ d(x+1) + (x-1)(x+1)x(x+2)Q(x+1) + d(x-1)$$
$$= 2x^2(x-1)(x+1)Q(x) + 2dx.$$

包含系数 d 的项在最后的方程中抵消,其余的项都有公因子 $x(x-1)(x+1)$. 所以消去这个因子,得到方程

$$(x-2)Q(x-1)+(x+2)Q(x+1)=2xQ(x), \qquad (9.9)$$

其中 $Q(x)$ 是未知多项式. 由于 $a(x-2)+a(x+2)=2ax$,常数多项式 $Q(x)=a$ 满足方程 (9.9). 因此方程 (9.8) 的解包含所有以下形式的多项式:

$$P(x)=x(x-1)(x+1)a+d=ax^3-ax+d, \qquad a,d\in\mathbb{R}.$$

要证明没有其他的多项式 $P(x)$ 满足式 (9.8),我们必须证明满足方程式 (9.9) 的多项式 $Q(x)$ 都是常数. 假设 $Q(x)$ 满足这个方程,记 $Q(2)=a$. 在方程式 (9.9) 中代入 $x=2$,我们得到 $Q(3)=Q(2)=a$. 现在我们归纳证明 $Q(n)=a$ 对所有的 $n\geqslant 2$ 成立. 我们已经得到了基础情形. 如果已有 $n\geqslant 2$,并且 $Q(n)=Q(n+1)=a$,那么将 $x=n+1$ 代入到方程式 (9.9)中,我们得到

$$\begin{aligned}
Q(n+2) &= \frac{2(n+1)Q(n+1)-(n-1)Q(n)}{n+3}\\
&= \frac{2(n+1)a-(n-1)a}{n+3}\\
&= a.
\end{aligned}$$

这就完成了归纳. 因此 $Q(n)=a$ 对所有的整数 $n\geqslant 2$ 成立,这有无穷多个数,因此 $Q(x)=a$ 是常数,我们完成了证明. $\qquad\square$

习题 3.29. 求所有的实系数多项式 $P(x)$,满足

$$(x-1)P(x+1)-(x+1)P(x-1)=4P(x).$$

白俄罗斯数学奥林匹克 2013

解 代入 $x=1$ 和 $x=-1$,得到

$$2P(1)=-P(0), \quad 2P(-1)=-P(0).$$

代入 $x=0$,得到

$$-P(1)-P(-1)=4P(0).$$

因此 $P(0)=P(1)=P(-1)=0$,设

$$P(x)=x(x-1)(x+1)Q(x),$$

其中 $Q(x)$ 是某多项式. 于是

$$(x+2)Q(x+1) - (x-2)Q(x-1) = 4Q(x).$$

代入 $x = 2$, 得到 $Q(1) = Q(2)$.

现在我们对 n 归纳证明 $Q(n) = Q(1)$, 对所有的正整数 n 成立. 命题对 $n = 1$ 显然成立, 而且我们也已经证明了 $n = 2$ 的情况. 假设命题对 $2, 3, \cdots, n-1$ 成立. 代入 $x = n - 1$, 得到

$$(n+1)Q(n) - (n-3)Q(n-2) = 4Q(n-1).$$

由于 $Q(n-2) = Q(n-1) = Q(1)$, 因此 $Q(n) = Q(1)$, 完成了归纳. 现在方程 $Q(x) = Q(1)$ 有无穷多解, 说明 $Q(x)$ 是常数. 于是 $P(x) = C(x^3 - x)$, C 是常数. 容易验证这确实给出题目的解. $\qquad\square$

习题 3.30. 设 a, b 是实数, $a \neq 0$. 求所有的多项式 $P(x)$, 满足

$$xP(x-a) = (x-b)P(x).$$

越南数学奥林匹克 1984

解 若 $b = 0$, 则 $xP(x-a) = xP(x)$, 说明 $P(x)$ 是常数多项式. 现在, 假设 $b \neq 0$. 我们要证明: 若 $b/a \notin \mathbb{N}^*$, 则 $P(x) \equiv 0$. 有两种情况.

(i) 若 $\deg P(x) = 0$, 即 $P(x) = C$, $C \in \mathbb{R}$, 则 $xC = (x-b)C$ 对所有的 x 成立, 因此得到 $C = 0$, $P(x) \equiv 0$.

(ii) 设 $\deg P(x) = n > 0$, 其中多项式 $P(x)$ 满足题目条件. 我们要证明 $b/a \in \mathbb{N}^*$. 所给方程可以写成

$$bP(x) = x\left(P(x) - P(x-a)\right). \tag{9.10}$$

假设 $P(x) = c_n x^n + c_{n-1} x^{n-1} + \cdots + c_0$, 其中 $c_n \neq 0$, $n \geqslant 1$, 那么

$$
\begin{aligned}
P(x) - P(x-a) &= c_n\left(x^n - (x-a)^n\right) + Q(x) \\
&= nc_n a x^{n-1} + R(x),
\end{aligned}
$$

其中 $Q(x)$ 和 $R(x)$ 是次数不超过 $n-2$ 的多项式. 将 $P(x)$ 和 $P(x) - P(x-a)$ 的表达式代入式 (9.10), 我们得到

$$c_n b x^n + c_{n-1} b x^{n-1} + \cdots + bc_0 = nc_n a x^n + xR(x),$$

而且 $\deg(xR(x)) = n-1$. 于是得到 $c_n b = n c_n a$, 即 $b/a = n$. 因此, 若 $b/a \notin \mathbb{N}^*$, 则 $P(x) \equiv 0$.

现在, 假设 $b/a = n$, 即 $b = na$, 其中 $n \in \mathbb{N}^*$. 所给方程变成

$$xP(x-a) = (x-na)P(x).$$

依次代入 $x = 0, a, 2a, \cdots, (n-1)a$, 我们得到

$$P(0) = P(a) = P(2a) = \cdots = P((n-1)a) = 0.$$

由于我们找到了 n 个不同的根, 而且 $P(x)$ 的次数为 n, 必然有

$$P(x) = Cx(x-a)(x-2a)\cdots(x-(n-1)a), \qquad C \in \mathbb{R},$$

容易验证, 这给出了问题的解.

综上所述, 若 $b = 0$, 则 $P(x)$ 是常数. 若 $b \neq 0$ 且 $\dfrac{b}{a} \notin \mathbb{N}^*$, 则 $P(x) = 0$. 若 $b \neq 0$ 且 $\dfrac{b}{a} \in \mathbb{N}^*$, 则

$$P(x) = Cx(x-a)(x-2a)\cdots(x-(n-1)a), \qquad C \in \mathbb{R}.$$

$\square$

习题 3.31. 求所有的实系数多项式 $P(x)$, 使得

$$(x^3 + 3x^2 + 3x + 2)P(x-1) = (x^3 - 3x^2 + 3x - 2)P(x).$$

越南数学奥林匹克 2003

解 所给方程等价于

$$(x+2)(x^2+x+1)P(x-1) = (x-2)(x^2-x+1)P(x). \tag{9.11}$$

代入 $x = -2$ 和 $x = 2$, 我们得到 $P(-2) = P(1) = 0$. 代入 $x = -1$ 和 $x = 1$, 我们得到 $P(-1) = P(0) = 0$. 于是有

$$P(x) = (x-1)x(x+1)(x+2)Q(x),$$

其中 $Q(x)$ 是实系数多项式. 于是

$$P(x-1) = (x-2)(x-1)x(x+1)Q(x-1).$$

将这个表达式代入式 (9.11), 得到

$$(x-2)(x-1)x(x+1)(x+2)(x^2+x+1)Q(x-1)$$
$$= (x-2)(x-1)x(x+1)(x+2)(x^2-x+1)Q(x),$$

说明

$$(x^2+x+1)Q(x-1) = (x^2-x+1)Q(x), \qquad \forall\ x \neq 0, \pm 1, \pm 2.$$

这是关于变量 x 的多项式等式, 对无穷多 x 成立, 因此对所有的 x 成立, 即

$$(x^2+x+1)Q(x-1) = (x^2-x+1)Q(x). \tag{9.12}$$

现在注意到 $\gcd(x^2+x+1, x^2-x+1) = 1$, 实际上, 如果

$$d(x) = \gcd(x^2+x+1, x^2-x+1),$$

那么

$$d(x) \mid \frac{1}{2}\left((x+1)(x^2-x+1) - (x-1)(x^2+x+1)\right) = 1.$$

因此 $(x^2+x+1) \mid Q(x)$, 即

$$Q(x) = (x^2+x+1)R(x),$$

其中 $R(x)$ 是实系数多项式. 于是

$$Q(x-1) = (x^2-x+1)R(x-1).$$

代入到式 (9.12), 得到

$$(x^2+x+1)(x^2-x+1)R(x-1) = (x^2-x+1)(x^2+x+1)R(x),$$

由于 $(x^2+x+1)(x^2-x+1) \neq 0$ 对所有的 $x \in \mathbb{R}$ 成立, 因此

$$R(x-1) = R(x)$$

这个方程说明 $R(x)$ 是常数, 所以

$$P(x) = C(x-1)x(x+1)(x+2)(x^2+x+1), \quad C \in \mathbb{R}.$$

反之, 容易验证这个形式的多项式满足题目条件, 因此是所求的解.　　　　　□

习题 3.32. 找到一个多项式 $P(x)$,次数为 2001,并且满足

$$P(x) + P(1-x) = 1.$$

V. Senderov,莫斯科数学奥林匹克 *2001*

解 代入 $x = \dfrac{1}{2} + t$,得到

$$P\left(\frac{1}{2} + t\right) + P\left(\frac{1}{2} - t\right) = 1.$$

因此,若定义 $Q(x) = P\left(\dfrac{1}{2} + x\right) - \dfrac{1}{2}$,则有

$$Q(x) + Q(-x) = 0.$$

容易看到这个方程的解是所有只包含 x 的奇数次幂的多项式 $Q(x)$. 由于 Q 的次数和 P 相同,我们需要 Q 的次数为 2001. 最简单的选择是 $Q(x) = x^{2001}$,这给出

$$P(x) = \left(x - \frac{1}{2}\right)^{2001} + \frac{1}{2}.$$

理解这个题目的一个方法是:注意到关于 P 的方程实际上表明 $y = P(x)$ 的图像在点 $\left(\dfrac{1}{2}, \dfrac{1}{2}\right)$ 有一个对称中心. $y = Q(x) = x^{2001}$ 的图像在原点有一个对称中心,所以我们将坐标系平移,把对称中心移动到所需的位置. □

习题 3.33. 是否存在正整数 d 和整系数多项式 $P(x)$,满足

$$x^d + x + 2 = P(P(x)).$$

解 回答是否定的. 对于 $d = 1$ 的情形,我们想要有

$$P(P(x)) = 2x + 2$$

是线性的. 这需要 $P(x)$ 是线性的. 然而,记 $P(x) = ax + b$,我们得到 $P(P(x)) = a^2 x + (a+1)b$,因此需要 $a^2 = 2$,无整数解.

现在,对所有的整数 x,

$$P(P(x)) - x = (P(P(x)) - P(x)) + (P(x) - x)$$

被 $P(x) - x$ 整除. 因此,若 $P(x)$ 是解,则 $P(x) - x$ 整除 $x^d + 2$. 因此 $P(0) - 0$ 整除 $0^d + 2 = 2$,得到 $P(0) \in \{\pm 1, \pm 2\}$.

若 $P(0) = 1$,则 $P(1) = P(P(0)) = 2$. 所以 $P(2) = P(P(1)) = 4$,此时 $2-0$ 需要整除 $P(2) - P(0)$,矛盾.

若 $P(0) = -1$,则 $P(-1) = P(P(0)) = 2$.所以 $P(2) = P(P(-1)) = (-1)^d+1$, 此时 $P(0)$ 是奇数,$P(2)$ 是偶数,矛盾.

若 $P(0) = 2$,则 $P(2) = P(P(0)) = 2$. 于是 $2 = P(2) = P(P(2)) = 2^d+4$,矛盾.

最后,若 $P(0) = -2$,则 $P(-2) = P(P(0)) = 2$. 所以

$$P(2) = P(P(-2)) = (-2)^d.$$

若 d 是偶数,则 $P(2) = 2^d$. 然而,我们上面发现 $P(2) - 2$ 整除 $2^d + 2$,所以 $(2^d - 2) \mid (2^d + 2), (2^d - 2) \mid 4$. 因此有 $2^d - 2 \leqslant 4$,给出 $d \leqslant 2$. $d = 2$ 的情形不能成立,因为 $d = (\deg P(x))^2$ 必须是平方数.

若 d 是奇数,则 $(P(-1) + 1) \mid 1$,所以 $P(-1) \in \{-2, 0\}$. 若 $P(-1) = 0$,则 $-2 = P(0) = P(P(-1)) = (-1)^d - 1 + 2 = 0$,矛盾. 若 $P(-1) = -2$,则 $P(-2) = P(P(-1)) = 0, -2 = P(0) = P(P(-2)) = -2^d$. 得到 $d = 1$,矛盾. $\square$

第 4 章 多项式函数方程 (II):唯一性引理

习题 4.1. 设多项式 $R(t)$ 的次数为 2017. 证明:存在无穷多多项式 $P(x)$,满足

$$P((R^{2017}(t) + R(t) + 1)^2 - 2) = P(R^{2017}(t) + R(t) + 1)^2 - 2.$$

找到这些多项式 $P(x)$ 之间的一个关系.

证明 设 $Q(t) = R^{2017}(t) + R(t) + 1$,则 $Q(t)$ 的次数为 2017^2,因此是 $\mathbb{R}$ 上的满射. 对每个实数 x,存在实数 t,使得 $Q(t) = x$. 于是我们可以将原始方程写成

$$P(x^2 - 2) = P(x)^2 - 2.$$

比较首项系数,我们发现这样的多项式的首项系数为 1. 因此根据第二唯一性引理,对每个次数存在至多一个这样的多项式. 现在,我们证明对每个正整数 d,存在 d 次多项式 $P_d(x)$,满足 $P_d(x^2 - 2) = P_d(x)^2 - 2$. 我们已经知道两个这样的多项式 $P_1(x) = x$ 和 $P_2(x) = x^2 - 2$. 定义多项式序列 $P_d(x)$ 为 $P_{d+2}(x) + P_d(x) = xP_{d+1}(x), d \geqslant 0$. 简单的归纳可以证明 $P_d(x)$ 是 d 次首项系数为 1 的多项式. 我们要归纳证明 $P_d(x)$ 是一个解. 因此根据唯一性引理,它们是所有的解.

我们已经讨论了基础情形 $d = 1, 2$. 在归纳的步骤中,假设命题对所有不超过 $d + 1$ 的正整数成立. 现在,

$$P_{d+2}(x^2 - 2) - P_{d+2}(x)^2 + 2$$
$$= (x^2 - 2)P_{d+1}(x^2 - 2) - P_d(x^2 - 2) - (xP_{d+1}(x) - P_d(x))^2 + 2.$$

我们需要证明这是零. 利用归纳假设,重新整理,我们得到

$$(x^2 - 2)(P_{d+1}(x)^2 - 2) - (P_d(x)^2 - 2)$$
$$- x^2 P_{d+1}(x)^2 + 2xP_{d+1}(x)P_d(x) - P_d(x)^2 + 2$$
$$= -2P_{d+1}(x)^2 - 2P_d(x)^2 + 2xP_{d+1}(x)P_d(x) - 2x^2 + 8.$$

消去 -2 因子,只需证明

$$Q_d(x) = P_{d+1}(x)^2 + P_d(x)^2 - xP_{d+1}(x)P_d(x) + x^2 - 4$$

为零. 注意到

$$Q_d(x) = (xP_d(x) - P_{d-1}(x))^2 + P_d(x)^2 - x(xP_d(x) - P_{d-1}(x))P_d(x) + x^2 - 4$$
$$= Q_{d-1}(x).$$

因此 $Q_d(x)$ 与 d 无关. 计算得到

$$Q_1(x) = (x^2 - 2)^2 + x^2 - x^2(x^2 - 2) + x^2 - 4 = 0,$$

因此 $Q_d(x)$ 对所有的 d 均为零. 因此有

$$P_{d+2}(x^2 - 2) = P_{d+2}(x)^2 - 2.$$

$\square$

习题 4.2. 求所有的实系数多项式 $P(x)$,满足

$$P(x)P(x + 1) = P(x^2 - x + 3).$$

中国台湾队选拔考试 2014

解 应用第一唯一性引理,我们在每个次数有最多一个解. 容易验证,$P(x) = x^2 - 2x - 3$ 满足题目条件. 若 $P(x)$ 的次数为偶,则

$$P(x) = (x^2 - 2x - 3)^d.$$

若 $P(x)$ 的次数为奇数,则 $P(x)^2$ 满足题目条件. 因此

$$P(x)^2 = (x^2 - 2x - 3)^k,$$

其中 k 是整数. 但是 $x^2 - 2x - 3$ 没有重根,因此我们不会有奇数次的解. $\square$

习题 4.3. 多项式 f 非零,并且对任意实数 x,有

$$f(x)f(x+3) = f(x^2 + x + 3),$$

证明:f 没有实根.

波兰数学奥林匹克 *1986*

证明 假设 f 是一个解,f 有实根. 设 r 是 f 的最大的实根. 代入 $x = r$,我们发现

$$f(r^2 + r + 3) = 0.$$

因此 $r^2 + r + 3 > r$ 也是一个实根,矛盾. □

习题 4.4. 求所有的线性和二次多项式 $P(x)$,满足

$$P(x)P(2-x) = P(2 + 2x - x^2).$$

解 注意到唯一性引理不能应用到这个情形,因此可能在某些次数有多个解. 考察两边的首项系数,容易发现,每个解 $P(x)$ 都是首项系数为 1 的多项式.

对于线性的解,$P(x) = x + b$. 代入得到

$$(x + b)(b + 2 - x) = (2 + 2x - x^2 + b).$$

展开化简,得到 $(b-1)(b+2) = 0$. 因此我们得到两个线性的解 $P(x) = x + 1$ 和 $P(x) = x - 2$.

对于二次多项式,首先注意到线性的解给出三个二次的解

$$P(x) = (x+1)^2, \quad P(x) = (x+1)(x-2), \quad P(x) = (x-2)^2.$$

要找其余的解,记 $P(x) = x^2 + bx + c$. 代入得到

$$(x^2 + bx + c)((2-x)^2 + b(2-x) + c) = (-x^2 + 2x + 2)^2 + b(-x^2 + 2x + 2) + c,$$

展开化简得到

$$(2c-b^2-b+4)x^2 - 2(2c-b^2-b+4)x + (c-1)(2b+c+4) = 0.$$

若 $2b+c+4 = 0$,则 $P(2) = 0$,于是 $P(x)$ 是 $x - 2$ 乘以一个线性函数的解. 我们已经找到这样的解,因此假设 $c = 1$. 现在方程变成 $b^2 + b - 6 = 0$,因此 $(b-2)(b+3) = 0$. $b = 2$ 的情形给出解 $P(x) = (x+1)^2$,我们也已经发现. $b = -3$ 的情形给出一个新的解 $P(x) = x^2 - 3x + 1$. □

习题 4.5. 求所有的非常数多项式 $P(x)$，满足

$$P(x)P(2x^2 - 2) = P(2x^3 - 5x).$$

解 由于可以应用唯一性引理，只要找到一个非常数解，就可以完成题目．由于输入多项式都是奇的或者偶的，我们寻找一个奇的或者偶的低次的解．

对于求解问题来说，我们为什么决定找奇的或者偶的解并不重要，但是可以解释一下．设 $D(x) = \gcd(P(x), P(-x))$．于是 $D(x)$ 是奇的或者偶的，记 $P(x) = S(x)D(x)$，于是 $P(-x) = \pm S(-x)D(x)$．注意到，对 $P(2x^3 - 5x)$ 和 $P(-2x^3 + 5x)$ 的任意公共根 r，我们有 $2r^3 - 5r$ 是 $P(x)$ 和 $P(-x)$ 的公共根．因此 $D(2x^3 - 5x) = \gcd(P(2x^3 - 5x), P(-2x^3 + 5x))$．因此根据所给方程，我们得到

$$\frac{\pm S(-x)}{S(x)} = \frac{P(-x)}{P(x)} = \frac{P(-2x^3 + 5x)}{P(2x^3 - 5x)} = \frac{\pm S(-2x^3 + 5x)}{S(2x^3 - 5x)}.$$

由于最左端和最右端是有理函数，其分子分母互素，我们必然有 $S(x) = CS(2x^3 - 5x)$，C 是常数．然而，比较次数发现 $S(x)$ 必然是常数，因此 $P(x) = D(x)$ 是奇的或者偶的．

比较首项系数给出 $P(x)$ 的首项系数为 1，先试验 $P(x) = x^2 + a$．代入得到

$$(x^2 + a)((2x^2 - 2)^2 + a) = (2x^3 - 5x)^2 + a,$$

展开给出

$$-2(2a + 3)x^4 + \left(7a + \frac{33}{4}\right)x^2 - a(a + 3) = 0.$$

容易看到，常数项和 x^4 的系数不同时为零，无解．我们再试验 $P(x) = x^3 + ax$，给出

$$(x^3 + ax)((2x^2 - 2)^3 + a(2x^2 - 2)) = (2x^3 - 5x)^3 + a(2x^3 - 5x),$$

因此

$$-2(4a + 9)x^7 + \frac{11(4a + 9)}{2}x^5 - \frac{(4a + 9)(4a + 31)}{8}x^3 + \frac{a(4a + 9)}{2}x = 0.$$

于是得到解 $P(x) = x^3 - \frac{9}{4}x$．根据唯一性引理，所有的非常数解是

$$P(x) = \left(x^3 - \frac{9}{4}x\right)^n, \quad n > 0.$$

习题 4.6. 求所有的非常数多项式 $P(x)$,满足

$$P(x)P(x+2) = P(x^2+1).$$

解 我们将证明没有这样的多项式. 否则,先假设 $P(x)$ 有一个(复)根 r, $|r| \geqslant 2$. 选择 $P(x)$ 的一个模长最大的根,记为 α, 于是 $|\alpha| \geqslant 2$. 代入 $x = \alpha$, 我们发现 $\alpha^2 + 1$ 也是一个根. 然而,计算得到

$$|\alpha^2+1| \geqslant |\alpha|^2 - 1 \geqslant 2|\alpha| - 1 > |\alpha|,$$

和 $|\alpha|$ 的最大性矛盾. 因此我们得到 $P(x)$ 的所有根满足 $|r| < 2$.

设 r 是 $P(x)$ 的一个根, β 是两个数 r 和 $r-2$ 之一,满足 $|\mathrm{Re}(\beta)| \geqslant 1$. 于是我们可以记 $\beta = u + \mathrm{i}v$, $|u| \geqslant 1$. 代入 $x = \beta$, 我们得到 $P(\beta)$ 或 $P(\beta+2)$ 等于 $P(r)$, 因此为零. 所以 $P(\beta^2+1) = 0$, $\beta^2 + 1 = (u^2 + 1 - v^2) + 2\mathrm{i}uv$ 也是 $P(x)$ 的一个根. 根据前面的论述,这个根的模小于 2, 有

$$(u^2+1-v^2)^2 + 4u^2v^2 < 4,$$

这可以写成 $(u^2+1)^2 + 2(u^2-1)v^2 + v^4 < 4$. 但是

$$(u^2+1)^2 + 2(u^2-1)v^2 + v^4 \geqslant (u^2+1)^2 \geqslant 4,$$

矛盾. 因此不存在这样的多项式. □

习题 4.7. 求所有的非常数多项式 $P(x)$,满足

$$P(x^3 - 3x) = P(x)^3 - 3P(x).$$

解 将题目所求的多项式 $P(x)$ 和 $T_3(x) = x^3 - 3x$ 交换. 注意到 $T_3(x) = x^3 - 3x$ 属于这一章中讨论过的多项式序列 $T_m(x)$, 满足

$$T_m\left(x + \frac{1}{x}\right) = x^m + \frac{1}{x^m}.$$

此序列中 $T_3(x)$ 与每一个 $T_m(x)$ 交换. 还注意到 $T_3(-x) = -T_3(x)$, 因此 $T_3(x)$ 也和 $-T_m(x)$ 交换. 现在假设 $P(x) = ax^d + \cdots$ 是一个 d 次多项式,和 $T_3(x)$ 交换. 比较首项系数发现 $a = a^3$, 得到 $a = \pm 1$. 根据唯一性引理,在每个次数,最多有两个多项式与 $T_3(x)$ 交换,首项系数分别为 1 和 -1. 由于我们已经找到了两个这样的多项式,因此这就是所有的. 因此答案是 $P(x) = \pm T_m(x)$, $m > 0$. □

第 5 章 多项式函数方程 (III)：利用根

习题 5.1. 求所有的首项系数为 1 的多项式，只有单实根，并且满足

$$P(x^2) = \pm P(x)P(-x).$$

解 设 $r_1 < \cdots < r_d$ 是 $P(x)$ 的所有不同的实根. 于是有

$$(x^2 - r_1^2) \cdots (x^2 - r_d^2) = \pm(x^2 - r_1) \cdots (x^2 - r_d).$$

因此集合 $\{r_1^2, \cdots, r_d^2\}$ 和 $\{r_1, \cdots, r_d\}$ 相同. 这说明每个 $r_i \geqslant 0$，于是

$$r_1^2 < \cdots < r_d^2.$$

根据大小关系对比，必然有 $r_i^2 = r_i$，于是 $r_i \in \{0, 1\}$.

所以 $P(x) \in \{1, x, x-1, x(x-1)\}$. □

习题 5.2. 设 $P(x)$ 是整系数不可约多项式，有一个根的绝对值大于 $\dfrac{3}{2}$. 证明：若 $P(\alpha) = 0$，则 $P(1 + \alpha^3) \neq 0$.

证明 用反证法，假设 $P(1 + \alpha^3) = 0$. 设 $Q(x) = P(1 + x^3)$，则 $P(x)$ 和 $Q(x)$ 有公共根. 由于 $P(x)$ 不可约，它是 α 的极小多项式，因此 $P(x)$ 整除 $Q(x)$. 设 $P(1 + x^3) = P(x)R(x)$，$R(x)$ 是多项式. 取 β 是 $P(x)$ 的模长最大的根，记 $|\beta| = r$. 代入 $x = \beta$ 得到 $P(1 + \beta^3) = 0$，因此 $\beta^3 + 1$ 也是 $P(x)$ 的一个根. 由于 $r > \dfrac{3}{2}$，有 $r^3 - r - 1 > 0$，因此 $|1 + \beta^3| \geqslant |\beta|^3 - 1 > |\beta|$，矛盾. □

习题 5.3. 求所有复系数多项式 $P(x)$，使得 $P(x^3 - 1)$ 被 $P(x^2 + x + 1)$ 整除.

数学公报

解 多项式 $P(x) = ax^d$ 以及零多项式满足题目条件. 如果还有其他的解 $P(x)$，那么取 z 是它的一个模长最大的根. 方程 $x^2 + x + 1 = z$ 有两个复根，记为 x_1 和 x_2. 设

$$P(x^3 - 1) = P(x^2 + x + 1)Q(x),$$

其中 $Q(x)$ 是某多项式，则

$$P(x_1^3 - 1) = P(x_2^3 - 1) = 0.$$

因为 $x_1 + x_2 = -1$，所以利用三角不等式，可得

$$|x_1 - 1| + |x_2 - 1| \geqslant |x_1 + x_2 - 2| = 3.$$

由于

$$x_1^3 - 1 = z(x_1 - 1), \quad x_2^3 - 1 = z(x_2 - 1),$$

因此

$$|z| \cdot |x_1 - 1| + |z| \cdot |x_2 - 1| \geqslant 3|z|.$$

于是 $x_1^3 - 1$ 和 $x_2^3 - 1$ 之一的模长不小于 $\dfrac{3|z|}{2}$，因此大于 $|z|$. 这和 z 的选取矛盾，所以本题没有不同于 $P(x) = ax^d$ 和 $P(x) = 0$ 的解.   □

习题 5.4. 求所有的多项式 $P(x)$，满足

$$P(x^2) = P\left(x + \frac{1}{2}\right) P\left(x - \frac{1}{2}\right).$$

解法一 若 $P(x)$ 不是常数，则有一个根. 假设 α 是模长最大的一个根. 代入 $x = \alpha + \dfrac{1}{2}$ 和 $x = \alpha - \dfrac{1}{2}$，我们得到 $P\left(\left(\alpha \pm \dfrac{1}{2}\right)^2\right) = 0$. 于是

$$\left| \left(\alpha \pm \frac{1}{2}\right)^2 \right| \leqslant |\alpha|.$$

根据三角不等式，有

$$\left| \left(\alpha + \frac{1}{2}\right)^2 \right| + \left| \left(\alpha - \frac{1}{2}\right)^2 \right| \geqslant \left| \left(\alpha + \frac{1}{2}\right)^2 - \left(\alpha - \frac{1}{2}\right)^2 \right| = 2|\alpha|.$$

由于 $|\alpha|$ 最大，每一步的等号都成立，因此必然有

$$\left(\alpha + \frac{1}{2}\right)^2 = \alpha, \quad \left(\alpha - \frac{1}{2}\right)^2 = -\alpha,$$

得到 $\alpha^2 + \dfrac{1}{4} = 0$. 于是 $\alpha = \pm \dfrac{1}{2}\mathrm{i}$，二者都必然是根. 因此

$$P(x) = \left(x^2 + \frac{1}{4}\right) Q(x).$$

容易验证，$Q(x)$ 和 $P(x)$ 一样满足方程，因此同样的过程表明 $Q(x)$ 是常数或者被 $x^2 + \dfrac{1}{4}$ 整除. 由于唯一的常数解是 0 和 1，简单归纳得到，所有的解是 $P(x) = 0$ 或者

$$P(x) = \left(x^2 + \frac{1}{4}\right)^n.$$

□

解法二 由于容易验证 $P(x)=x^2+\dfrac{1}{4}$ 是解，根据唯一性引理，所有的非常数解为

$$P(x)=\left(x^2+\frac{1}{4}\right)^n,\quad n\geqslant 1.$$

常数解包含上式对应 $n=0$ 的情况以及零多项式. $\qquad\square$

习题 5.5. 求最大的实数 c，使得存在非常数多项式 $P(x)$，满足

$$P(x^2)=P(x-c)P(x+c).$$

巴西训练营

解 答案是 $c=\dfrac{1}{2}$. 此时上一个题目的答案是方程的解，因此我们只需证明，对于 $c>\dfrac{1}{2}$，方程没有非常数解.

假设 $c>\dfrac{1}{2}$，$P(x)$ 是非常数解. 设 r 是 $P(x)$ 的模长最大的根. 代入 $x=r-c$ 和 $x=r+c$，表明 $(r-c)^2$ 和 $(r+c)^2$ 也是 $P(x)$ 的根. 此外，根据三角不等式得到

$$|(r+c)^2|+|(r-c)|^2\geqslant |(r+c)^2-(r-c)^2|=4c\cdot|r|.$$

因此这两个根之一的模长至少是 $2c\cdot|r|>|r|$，矛盾. 因此对于 $c>\dfrac{1}{2}$ 方程无解. $\quad\square$

习题 5.6. 求所有的多项式 $P(x)=x^3+ax^2+bx+c$，满足

$$P(x^2-2)=-P(x)P(-x).$$

John Murray，爱尔兰数学奥林匹克 2012

解 设 $P(x)=(x-r_1)(x-r_2)(x-r_3)$，则有

$$P(-x)=-(x+r_1)(x+r_2)(x+r_3).$$

所以有

$$-P(x)P(-x)=(x^2-r_1^2)(x^2-r_2^2)(x^2-r_3^2)$$
$$P(x^2-2)=(x^2-2-r_1)(x^2-2-r_2)(x^2-2-r_3).$$

两个多项式的根的集合必然相同，因此

$$\{r_1^2,r_2^2,r_3^3\}=\{r_1+2,r_2+2,r_3+2\}.$$

我们下面讨论三种情况.

(i) $2+r_i=r_i^2$, 对所有的 $i=1,2,3$ 成立. 此时 $r_i=-1,2$, 我们得到解

$$P(x)\in\{(x+1)^3,(x+1)^2(x-2),(x+1)(x-2)^2,(x-2)^3\}.$$

(ii) $2+r_i=r_i^2$ 对恰好一个 i 成立. 不妨设 $2+r_1=r_1^2, r_2\neq r_3$ 并且 $2+r_2=r_3^2$, $2+r_3=r_2^2$. 此时和上面一样有 $r_1=-1,2$. 设 $Q(x)=x^2-2$, 另外两个方程是 $r_2=Q(r_3)$ 和 $r_3=Q(r_2)$. 因此 $Q(Q(r_2))=r_2$ 并且 $Q(Q(r_3))=r_3$. 也就是说, r_2 和 r_3 是 $Q(Q(x))=x$ 的根, 但不是 $Q(x)=x$ 的根. 计算得到

$$Q(Q(x))-x=(x^2-2)^2-x=(x^2-x-2)(x^2+x-1),$$

其中第一个因子来自于 $Q(x)=x$. 因此 r_2 和 r_3 是 x^2+x-1 的两个根. 这样我们找到两个新的解

$$P(x)=(x+1)(x^2+x-1),\quad P(x)=(x-2)(x^2+x-1).$$

(iii) 不存在 i, 使得 $2+r_i=r_i^2$. 此时将根重新排列, 不妨设 $2+r_{i+1}=r_i^2$. 如 (ii) 中处理, 这说明 r_i 是 $Q(Q(Q(x)))=x$ 的根, 不是 $Q(x)=x$ 的根. 由于 $Q(Q(x))=x^4-4x^2+2$, 计算得到

$$Q(Q(Q(x)))-x=(x^4-4x^2+2)^2-x=x^8-8x^6+20x^4-16x^2-x+2.$$

这是 8 次多项式, 已知它的一个因子为 $Q(x)-x=x^2-x-2$, 所以分解因式得到

$$Q(Q(Q(x)))-x=(x^2-x-2)(x^6+x^5-5x^4-3x^3+7x^2+x-1).$$

我们现在有一个六次多项式, 任何解 $P(x)$ 是一个三次的首一因子. 由于常数项系数为 -1, 因此每个因子的常数项为 ±1[1]. 设其中一个因子是 $x^3+\alpha x^2+\beta x+1$, 根据 x^5 和 x 的系数, 我们得到另一个因子是 $x^3+(1-\alpha)x^2+(1+\beta)x-1$. 因此有

$$x^6+x^5-5x^4-3x^3+7x^2+x-1=(x^3+\alpha x^2+\beta x+1)(x^3+(1-\alpha)x^2+(1+\beta)x-1).$$

比较 x^3 的系数, 得到

$$-3=-1+\alpha(1+\beta)+\beta(1-\alpha)+1=\alpha+\beta,$$

---

[1]此处推导有漏洞, 题目中没有要求 $P(x)$ 是整系数多项式. 一个补救的说法是, 把从此开始的证明当作是因式分解的一个探索过程, 分解后得到的两个多项式经验证确实是方程的解. 然后按这一部分的假设, 两个多项式的任意一个根 r, 经过 $r\mapsto r^2-2$ 的迭代后必然得到相应多项式的其余两个根, 于是 (iii) 情形下的解只能是这两个多项式之一. 解答后面的注是正确的替代方法——译者注

所以 $\beta = -3 - \alpha$. 比较 x^4 的系数得到

$$-5 = 1 + \beta + \alpha(1 - \alpha) + \beta = -5 - \alpha - \alpha^2,$$

所以 $\alpha = 0$ 或 -1. 因此 $(\alpha, \beta) = (0, -3)$ 或 $(-1, -2)$. 最后, x^2 的系数给出

$$7 = 1 - 2\alpha + \beta(1 + \beta),$$

所以只有 $(\alpha, \beta) = (0, -3)$ 是一个解, 我们得到因式分解为

$$x^6 + x^5 - 5x^4 - 3x^3 + 7x^2 + x - 1 = (x^3 - 3x + 1)(x^3 + x^2 - 2x - 1),$$

因此 (此处需要验证是原方程的解或者验证 $P(x)$ 的根 r 在映射 $r \mapsto r^2 - 2$ 下还得到 $P(x)$ 的根)

$$P(x) = x^3 + x^2 - 2x - 1, \quad P(x) = x^3 - 3x + 1.$$

□

注 我们还可以如下讨论, 将分解六次多项式的过程化简. 从 $P(x)$ 的任意根 r_i 开始, 我们可以得到 $P(x)$ 的所有三个根为

$$r_i, \quad r_i^2 - 2, \quad (r_i^2 - 2)^2 - 2 = r_i^4 - 4r_i^2 + 2.$$

由于 $P(x) = x^3 + ax^2 + bx + c$, 三个根的和为 $-a$. 因此

$$r_i + r_i^2 - 2 + r_i^4 - 4r_i^2 + 2 = -a,$$

说明 r_i 是多项式 $R(x) = x^4 - 3x^2 + x + a$ 的根. 由于 $R(x)$ 的根的求和为零, 我们发现第四个根必然是 $x = a$. 因此

$$\begin{aligned}
x^4 - 3x^2 + x + a &= (x - a)(x - r_1)(x - r_2)(x - r_3) \\
&= (x - a)P(x) = (x - a)(x^3 + ax^2 + bx + c).
\end{aligned}$$

比较 x^2, x, x^0 的系数, 得到

$$-a^2 + b = -3, \quad -ab + c = 1, \quad -ac = a.$$

从最后一个方程看到, $a = 0$ 或者 $c = -1$. 若 $a = 0$, 则有 $b = -3, c = 1$, 得到

$$P(x) = x^3 - 3x + 1.$$

若 $c = -1$, 则有 $ab = -2, a^3 - 3a = ab = -2$, 所以

$$a^3 - 3a + 2 = (a-1)^2(a+2) = 0.$$

因此 $a \in \{1, -2\}$ 并且 $b = -\dfrac{2}{a}$. 这给出另外两个解

$$P(x) = x^3 + x^2 - 2x - 1, \quad P(x) = x^3 - 2x^2 + x - 1.$$

于是我们有 $P(x)$ 的三个备选解. 前两个确实是我们的六次多项式的因子. 第三个 $x^3 - 2x^2 + x - 1$, 并不满足所给方程, 是我们计算过程的一个副产物. 我们还可以先做上述计算, 然后代入三个备选到原方程或者看是否整除六次多项式来验证是否是真的解.

习题 5.7. 设二次多项式 $P(x), Q(x)$ 满足 $-22, 7, 13$ 是方程 $P(Q(x)) = 0$ 的三个根, 求方程的第四个根.

P. Černek, 捷克和斯洛伐克数学奥林匹克 *2000*

解法一 设 r_1 和 r_2 是 $P(x)$ 的根, 则 $P(Q(x))$ 的四个根是 $Q(x) = r_1$ 的两个根 s_1, s_2 与 $Q(x) = r_2$ 的两个根 s_3, s_4 的并集. 由于二次多项式 $Q(x) - r_1$ 和 $Q(x) - r_2$ 有相同的 x^2 和 x 项系数, 根据韦达定理得到 $s_1 + s_2 = s_3 + s_4$. 于是有下面三种情况:

(i) 其中一个二次多项式的根为 $-22, 7$, 另一个的根为 $13, q$. 于是 $-22 + 7 = 13 + q$, 得到 $q = -28$.

(ii) 其中一个二次多项式的根为 $-22, 13$, 另一个的根为 $7, q$. 于是 $-22 + 13 = 7 + q$, 得到 $q = -16$.

(iii) 其中一个二次多项式的根为 $13, 7$, 另一个的根为 $-22, q$. 于是 $13 + 7 = -22 + q$, 得到 $q = 42$.

上面每种情况都可以实现. 若 $s_1 + s_2 = s_3 + s_4 = C$, 则取 $Q(x) = x^2 - Cx$ 来保证两个求和均为 C, 然后 $Q(s_1) = s_1^2 - (s_1 + s_2)s_1 = -s_1 s_2$, 取 $P(x) = (x + s_1 s_2)(x + s_3 s_4)$ 来保证 $P(Q(s_i)) = 0$. 例如在 (i) 的情形下, 有 $C = -22 + 7 = 13 - 28 = -15$, 所以取 $Q(x) = x^2 + 15x$. 然后需要 $r_1 = -(-22) \cdot 7 = 154$ 和 $r_2 = -13 \cdot (-28) = 364$ 是 $P(x)$ 的根, 取 $P(x) = (x - 154)(x - 364)$ 即可. □

解法二 我们使用二次函数图像的一些性质来解决这个问题. 令 r_1 和 r_2 是 $P(x)$ 的根. 那么 $P(Q(x))$ 的四个根将是二次函数 $f_1 : y = Q(x) - r_1$ 和 $f_2 : y = Q(x) - r_2$ 与 x 轴相交的四个点的横坐标. 这些图像是抛物线, 彼此相差一个垂直位移, 因此它们具有相同的对称轴. 假设对称轴是直线 $x = C$. 那么与 x 轴的四个交点将关

于 $x = C$ 对称,因此它们在 x 轴上以点 C 为对称中心. 这导致与解法一一样的三种情况.

(i) 对称中心是 x 轴上的点 $-7.5 = \dfrac{-22 + 7}{2}$. 第四个根位于 x 轴上,并且关于 x 轴上的点 -7.5 与点 13 对称. 我们得到 $-7.5 = \dfrac{13 + q}{2}$,所以 $q = -28$.

(ii) 对称中心是 x 轴上的点 $-4.5 = \dfrac{-22 + 13}{2}$. 第四个根位于 x 轴上,关于点 -4.5 与点 7 对称. 我们得到 $-4.5 = \dfrac{7 + q}{2}$,所以 $q = -16$.

(iii) 对称中心是 x 轴上的点 $10 = \dfrac{13 + 7}{2}$. 第四个根位于 x 轴上,关于点 10 与点 -22 对称. 我们得到 $10 = \dfrac{-22 + q}{2}$,所以 $q = 42$.

同样,这些情况都可以实现,因为从对称轴 $x = C$ 和它与 x 轴相交的点,我们可以选择一个首项系数为 1 的二次函数,其图像满足这些条件. 两对根产生的两个二次函数的首项相同,对称轴相同,因此彼此的图像只相差垂直位移. 这意味着若我们选择其中一个为 $y = Q(x)$,则另一个将是 $y = Q(x) - a, a$ 是某个数,因此我们可以选择 $P(x) = x(x - a)$. □

习题 5.8. 设复系数多项式 $P(x)$ 和 $Q(x)$ 满足 $P(x)$ 和 $P(Q(x))$ 都是首项系数为 1 的多项式,$P(x)$ 不是常数,$Q(x)$ 不是线性的. 设

$$A = \{x \in \mathbb{C} : P(x) = 0\}, \quad B = \{x \in \mathbb{C} : P(Q(x)) = 0\}.$$

证明:下面的命题等价:

(i) $A = B$;

(ii) 存在复数 r,使得

$$P(x) = (x - r)^n, \quad Q(x) = \omega(x - r)^m + r,$$

其中整数 $n > 0, m > 1, \omega$ 是一个 n 次单位根.

证明 显然,若 (ii) 成立,则 $A = B = \{r\}$,于是 (i) 成立. 所以我们只需证明 (i) 推出 (ii). 设 $A = \{r_1, \cdots, r_k\}$ 是 $P(x)$ 的所有不同根,$k \geqslant 1$. 于是 B 是方程

$$Q(x) = r_1, \cdots, Q(x) = r_k$$

的根的并集. 由于方程 $Q(x) = r_1, \cdots, Q(x) = r_k$ 没有公共根,每一个至少有一个根. 其并集的大小至少是 k. 由于 (i) 成立,这个并集等于 A,大小等于 k. 因此,每个方程 $Q(x) = r_1, \cdots, Q(x) = r_k$ 都只有一个复根. 而且存在一个置换 σ,使得 $Q(r_{\sigma(i)}) = r_i$. 因此多项式 $Q(x) - r_i$ 只有 $r_{\sigma(i)}$ 这一个根,$Q(x) = C(x - r_{\sigma(i)})^m + r_i$,其中 $C \neq 0$ 是 $Q(x)$ 的首项系数.

考虑 x^{m-1} 在 $Q(x)$ 中的系数（此处我们用到了 $Q(x)$ 不是线性多项式，因此 $m \geqslant 2$），我们发现 $r_{\sigma(i)} = r_{\sigma(j)}$ 对所有的 i,j 成立. 由于 r_i 互不相同，必然有 $k = 1$. 这说明

$$Q(x) = C(x-r)^m + r, \quad P(x) = (x-r)^n.$$

由于 $P(Q(x))$ 是首项系数为 1 的多项式，因此 $C^n = 1, C$ 是 n 次单位根. 这证明了 (ii).　　　　　　　　　　　　　　　　　　　　　　　　　　□

习题 5.9. 设 $f(x)$ 是首项系数为 1 的整系数多项式，$(a_n)_{n \geqslant 1}$ 是自然数的等差数列. 证明：若存在整数 $k, a_1 = f(k)$，则集合

$$\{a_n \mid n \geqslant 1\} \cap \{f(n) \mid n \in \mathbb{Z}\}$$

是无穷集.

数学公报 B 11/2011, 26536

证明 设 $d > 0$ 是公差. 对正整数 n，因为 $nd = (k+nd) - k$ 整除 $f(k+nd) - f(k)$，所以

$$m = \frac{f(k+nd) - f(k)}{nd}$$

是整数. 由于 f 的首项系数为正，因此当 n 足够大时，$f(k+nd) > f(k)$，于是 m 是正整数，然后

$$a_{mn+1} = a_1 + mnd = f(k) + f(k+nd) - f(k) = f(k+nd) \in \{f(x) \mid x \in \mathbb{Z}\}.$$

这样的 n 显然有无穷多个，于是证明了题目的结论.　　　　　　　　□

第 6 章　拉格朗日插值公式

习题 6.1. 设 $P(x)$ 是 d 次整系数多项式，使得对某个素数 $q > d$，有 $P(k) \equiv 0 \pmod{q}$ 对所有的整数 k 成立. 证明：$P(x)$ 的所有系数是 q 的倍数.

证明 写下 $P(x)$ 在点 $0, 1, \cdots, d$ 处的插值公式，得到

$$d!P(x) = \sum_{k=0}^{d} (-1)^{d-k} \binom{d}{k} Q_k(x) P(k).$$

于是 $d!P(x)$ 的每个系数是 $P(0), P(1), \cdots, P(d)$ 的线性组合. 由于这些 $P(i)$ 都是 q 的倍数，因此 $d!P(x)$ 的系数都是 q 的倍数. 而且 $q > d, d!$ 不是 q 的倍数，所以 $P(x)$ 的系数都是 q 的倍数.　　　　　　　　　　　　　　　　　　□

习题 6.2. 证明:任意 $n-1$ 次多项式 $P(x)$ 可以写成

$$P(z) = \frac{1}{n}\sum_{k=1}^{n} \omega_k P(\omega_k)\frac{z^n-1}{z-\omega_k}$$

的形式,其中 $\omega_1,\omega_2,\cdots,\omega_n$ 是 n 次单位根.

Radu Gologan

证明 写下 $P(x)$ 在 $\omega_1,\omega_2,\cdots,\omega_n$ 处的插值公式,给出

$$P(z) = \sum_{i=1}^{n} \frac{Q_i(z)}{Q_i(\omega_i)}P(\omega_i),$$

其中

$$Q(z) = (z-\omega_1)\cdots(z-\omega_n), \quad Q_i(z) = \frac{Q(z)}{z-\omega_i}, \quad i=0,\cdots,n$$

注意到 $Q(z) = z^n-1$,因此

$$Q_i(z) = \frac{Q(z)}{z-\omega_i} = \frac{z^n-1}{z-\omega_i}.$$

由于

$$Q_i(z) = \frac{z^n-1}{z-\omega_i} = z^{n-1}+\omega_i z^{n-1}+\cdots+\omega_i^{n-2}z+\omega_i^{n-1},$$

因此有

$$Q_i(\omega_i) = n\omega_i^{n-1} = n\frac{\omega_i^n}{\omega_i} = \frac{n}{\omega_i}.$$

于是

$$\frac{Q_i(z)}{Q_i(\omega_i)} = \frac{\frac{z^n-1}{z-\omega_i}}{\frac{n}{\omega_i}} = \frac{\omega_i}{n}\cdot\frac{z^n-1}{z-\omega_i}.$$

最后得到

$$P(z) = \frac{1}{n}\sum_{k=1}^{n}\omega_k P(\omega_k)\frac{z^n-1}{z-\omega_k}.$$

$\square$

注 利用微积分可以给出找到 $Q_i(\omega_i)$ 的另一种方法. 对恒等式

$$z^n-1 = (z-\omega_1)\cdots(z-\omega_n)$$

两边求导发现

$$nz^{n-1} = (z-\omega_2)\cdots(z-\omega_n)+\cdots+(z-\omega_1)\cdots(z-\omega_{n-1}).$$

现在代入 $z=\omega_i$,注意到右端只有一项非零,得到

$$n\omega_i^{n-1} = \frac{n}{\omega_i} = Q_i(\omega_i).$$

习题 6.3. 设 $Q(x)$ 是 d 次实系数多项式，$b_1 < \cdots < b_{d+1}$ 是实数. 证明：多项式

$$f(x) = \sum_{i=1}^{d+1} a_i Q(x + b_i)$$

是常数，其中 $a_i = \prod_{i \neq j} \dfrac{1}{b_i - b_j}$.

证明 注意到 a_i 恰好是这一章中我们记为 $\dfrac{1}{Q_i(b_i)}$ 的量，于是在 x^k 的插值公式中比较 x^d 的系数，在本题的记号下，我们发现

$$\sum_{i=1}^{d+1} a_i b_i^k = \begin{cases} 0, & \text{若 } k = 0, 1, \cdots, d-1 \\ 1, & \text{若 } k = d \end{cases}.$$

设 $Q(x) = c_d x^d + \cdots + c_0$，则有

$$Q(x + b_i) = c_d b_i^d + q_{d-1}(x) b_i^{d-1} + \cdots + q_0(x),$$

其中 $q_{d-1}(x), \cdots, q_0(x)$ 是此时不超过 d 的多项式，依赖于 $Q(x)$，但不依赖于 b_i. 因此

$$\sum_{i=1}^{d+1} a_i Q(x + b_i) = c_d \sum_{i=1}^{d+1} a_i b_i^d + q_{d-1}(x) \sum_{i=1}^{d+1} a_i b_i^{d-1} + \cdots + q_0(x) \sum_{i=1}^{d+1} a_i b_i.$$

应用上面的求和公式，得到

$$\sum_{i=1}^{d+1} a_i Q(x + b_i) = c_d.$$

因此 $f(x)$ 是常数，实际上就是 x^d 在 $Q(x)$ 中的系数. $\qquad\square$

习题 6.4. 设 $\sigma_m(x_1, \cdots, x_n)$ 是 $\{x_1, \cdots, x_n\}$ 的所有 m 元子集的元素乘积的求和（即第 m 个初等对称多项式——译者注）. 整数 $m, k \geqslant 0, m + k < n, x_1, \cdots, x_n$ 是实数. 证明：

$$\sum_{i=1}^{n} \frac{x_i^k \sigma_m(x_1, \cdots, x_{i-1}, x_{i+1}, \cdots, x_n)}{\prod\limits_{j \neq i} (x_i - x_j)} = \begin{cases} (-1)^m, & \text{若 } m + k = n - 1 \\ 0, & \text{其他情况} \end{cases}.$$

证明 我们写下 $P(x) = x^k$ 在点 $x_1, \cdots, x_n$ 的插值公式，得到

$$x^k = \sum_{i=1}^{n} \frac{(x - x_1) \cdots (x - x_{i-1})(x - x_{i+1}) \cdots (x - x_n)}{\prod\limits_{j \neq i} (x_i - x_j)} x_i^k.$$

考虑两边 x^{n-m-1} 的系数, 得到

$$(-1)^m \sum_{i=1}^{n} \frac{x_i^k \sigma_m(x_1, \cdots, x_{i-1}, x_{i+1}, \cdots, x_n)}{\prod_{j \neq i}(x_i - x_j)} = \begin{cases} 1, & \text{若 } n-m-1=k \\ 0, & \text{其他情况} \end{cases}.$$

重新整理, 就得到所需的多项式. $\square$

习题 6.5. 设 $a_1, \cdots, a_n$ 是两两不同的实数, $b_1, \cdots, b_n$ 是任意实数.

(i) 证明: 若所有 $b_i > 0$, 则存在实系数多项式 $P(x)$, 次数小于 $2n$, 没有实根, 并且 $P(a_i) = b_i, i = 1, 2, \cdots, n$.

(ii) 证明: 存在实系数多项式 $P(x)$, 次数小于 $2n$, 所有根都是实根, 并且 $P(a_i) = b_i, i = 1, 2, \cdots, n$.

证明 (i) 一个解答是像在插值公式中一样定义 $Q_i(x)$, 设

$$P(x) = \sum_{i=1}^{n} \left(\frac{Q_i(x)}{Q_i(a_i)} \right)^2 b_i.$$

当 $x = a_i$ 时, 只有 $j = i$ 时才有 $Q_j(a_i)$ 非零, 因此得到 $P(a_i) = b_i$. 由于所有 $b_i > 0$, 显然 $P(x) > 0$ 对所有的 x 成立.

另一个解答是, 取 $0 < b < \min\{b_1, \cdots, b_n\}$, 然后定义 $P(x)$ 为

$$P(x) = b + \left(\sum_{i=1}^{n} \sqrt{b_i - b} \frac{Q_i(x)}{Q_i(a_i)} \right)^2.$$

显然 $P(x) \geqslant b > 0$, 而且插值公式给出 $P(a_i) = b_i$.

(ii) 首先假设 b_i 都非零. 不妨设 $a_1 < \cdots < a_n$. 设 I 是所有的指标 i, 使得 $b_i b_{i+1} > 0$. 对每个 $i \in I$, 选取数 c_i 和 d_i, 使得 $c_i \in (a_i, a_{i+1}), b_i d_i < 0$. 于是利用插值公式构造多项式 $P(x)$, 次数不超过 $n + |I| - 1$, 满足

$$P(a_i) = b_i, \quad P(c_i) = d_i.$$

若 $b_i b_{i+1} < 0$, 则 $P(x)$ 在区间 (a_i, a_{i+1}) 上变号. 若 $b_i b_{i+1} > 0$, 则 $P(x)$ 在区间 (a_i, c_i) 和 (c_i, a_{i+1}) 上都变号. 因此 $P(x)$ 至少有 $n + |I| - 1$ 个不同的实根, 因此它只有实根.

对于一般的情形, 设 J 是满足 $b_i = 0$ 的指标 i 构成的集合. 定义

$$R(x) = \prod_{i \in J}(x - a_i).$$

由于我们需要 $P(x)$ 在所有 a_i 为零,因此考虑多项式 $P(x) = R(x)Q(x)$. 我们还需要

$$Q(a_i) = \frac{b_i}{R(a_i)} \neq 0, \quad \forall i \notin J.$$

利用上一段的结论,可以找到次数不超过 $2(n-|J|)-1$ 的多项式 $Q(x)$,只有实根,并且满足

$$Q(a_i) = \frac{b_i}{R(a_i)}, \quad \forall i \notin J.$$

然后 $P(x) = R(x)Q(x)$ 就满足题目要求. $\qquad \square$

习题 6.6. *证明:存在多项式 P,使得对所有的 $k = 1, 2, \cdots, 2019, P$ 在恰好 k 个不同点取值为 k.*

证明 记

$$P(x) = x^{2019} + CR(x) + \sum_{i=1}^{1009} (a_i x + b_i) R_i(x),$$

其中

$$R(x) = (x-1)^2 \cdots (x-1009)^2, \quad R_i(x) = \frac{R(x)}{(x-i)^2}.$$

于是 $R(i) = R'(i) = 0, R_j(i) = R_j'(i) = 0, i \neq j$. 此外有

$$P(i) = i^{2019} + (ia_i + b_i) R_i(i),$$

$$P'(i) = 2019 i^{2018} + (ia_i + b_i) R_i'(i) + a_i R_i(i).$$

现在我们想要找到 a_i, b_i,使得

$$P(i) = 2i, \quad P'(i) = 0$$

对所有的 $i = 1, \cdots, 1009$ 成立. 解出 a_i 和 b_i,我们首先发现

$$ia_i + b_i = \frac{2i - i^{2019}}{R_i(i)},$$

然后得到

$$a_i = -\frac{2019 i^{2018} + R_i'(i) \left(\frac{2i - i^{2019}}{R_i(i)} \right)}{R_i(i)}.$$

注意到因为 $R_i(i) \neq 0$,这给出了 a_i. 代入第一个式子得到 b_i.

现在,选择足够大的实数 C,使得

$$P\left(\frac{1}{2}\right), P\left(\frac{3}{2}\right), \cdots, P\left(\frac{2017}{2}\right) > 2019.$$

由于 $\lim\limits_{x \to -\infty} P(x) = -\infty$,而且

$$P(1) = 2,\ P(2) = 4, \cdots, P(1009) = 2018,$$

因此在每个区间 $(-\infty, 1), (1, 2), \cdots, (1008, 1009)$ 内,$P(x)$ 都至少有一个局部最大值. 分别任取其一得到 $x_1, \cdots, x_{1009}$. 现在我们有 2018 个极值点

$$x_1 < 1 < x_2 < 2 < \cdots < x_{1009} < 1009.$$

因为 $P(x)$ 的次数为 2019,所以这些是所有的极值点,于是 $1, 2, \cdots, 1009$ 是所有的局部极小值点. 多项式 $P(x)$ 在每个区间 $(-\infty, x_1), (x_1, 1), \cdots, (1009, +\infty)$ 是单调的. 由于 $P(i) = 2i, P(x_i) > 2019$,因此对每个 $k = 1, 2, \cdots, 2019, P(x) = k$ 恰好有 k 个不同的根. $\qquad\square$

第 7 章　牛顿恒等式

习题 7.1. 设 a, b, c 是两两不同的实数,满足 $a + b + c = 2019$. 计算

$$\frac{a(b-c)^2}{(c-a)(a-b)} + \frac{b(c-a)^2}{(a-b)(b-c)} + \frac{c(a-b)^2}{(b-c)(c-a)}.$$

解 设 $r = b - c, s = c - a, t = a - b$,考虑求和

$$x_n = ar^n + bs^n + ct^n.$$

现在的问题是要计算 $\dfrac{x_3}{rst}$. 容易看到 $x_0 = a + b + c = 2019$ 和 $x_1 = 0$. 由于 $r + s + t = 0$,牛顿恒等式给出

$$x_3 = (r + s + t)x_2 - (rs + st + tr)x_1 + rstx_0$$
$$= (a + b + c)rst = 2019rst.$$

因此答案是 2019. $\qquad\square$

习题 7.2. 求所有的正整数 a, b, c,满足

$$\frac{a^4}{(a-b)(a-c)} + \frac{b^4}{(b-c)(b-a)} + \frac{c^4}{(c-a)(c-b)} = 47.$$

解 考虑求和

$$T_n = a^n(b-c) + b^n(c-a) + c^n(a-b).$$

容易看到 $T_0 = T_1 = 0$, 简单计算给出

$$T_2 = -(a-b)(b-c)(c-a).$$

设 $p = a+b+c, q = ab+ac+bc, r = abc$, 根据牛顿恒等式得到

$$T_{n+3} = pT_{n+2} - qT_{n+1} + rT_n.$$

因此有

$$T_3 = pT_2 = -(a+b+c)(a-b)(b-c)(c-a)$$

和

$$T_4 = pT_3 - qT_2 = p^2T_2 - qT_2 = (p^2 - q)T_2$$
$$= -(a-b)(b-c)(c-a)\left(\sum a^2 + \sum ab\right).$$

要满足的条件

$$-\frac{T_4}{(a-b)(b-c)(c-a)} = 47$$

简化成

$$a^2 + b^2 + c^2 + ab + bc + ca = 47.$$

注意到

$$a^2 + b^2 + c^2 + ab + bc + ca \geqslant \frac{2}{3}(a+b+c)^2,$$

因此有 $(a+b+c)^2 \leqslant \dfrac{141}{2}, a+b+c \leqslant 8$. 现在 a, b, c 是不同的整数, 求和不超过 8, 枚举得到可能的解为 $(1,2,3), (1,2,4), (1,2,5), (1,3,4)$. 容易验证, $(1,2,5)$ 是一个解. 于是有六个解, 为 $(a,b,c) = (1,2,5)$ 或者它的置换. $\qquad\square$

习题 7.3. 设 x, y, z 是两两不同的整数, n 是非负整数. 证明:

$$\frac{x^n}{(x-y)(y-z)} + \frac{y^n}{(y-z)(y-x)} + \frac{z^n}{(z-x)(x-y)}$$

是整数.

库尔沙克竞赛 1959

证法一 设

$$P_n(x,y,z) = \frac{x^n(z-y) + y^n(x-z) + z^n(y-x)}{(x-y)(y-z)(z-x)}.$$

我们归纳证明：对所有的整数 $n \geqslant 0$，$P_n(x, y, z)$ 是关于 x, y, z 的整系数多项式. 对于基础情形 $n = 0$ 或者 $n = 1$，我们得到 $P_0(x, y, z) = P_1(x, y, z) = 0$. 假设命题对 $n \geqslant 2$ 成立，那么

$$
\begin{aligned}
P_{n+1}(x, y, z) - z P_n(x, y, z) &= \frac{x^{n+1} - zx^n}{(x-y)(x-z)} - \frac{y^{n+1} - zy^n}{(x-y)(y-z)} \\
&= \frac{x^n - y^n}{x-y}.
\end{aligned}
$$

因此

$$
P_{n+1}(x, y, z) = z P_n(x, y, z) + (x^{n-1} + x^{n-2}y + \cdots + y^{n-1}),
$$

归纳完成. □

证法二 设

$$
P_n(x, y, z) = \frac{x^n(z-y) + y^n(x-z) + z^n(y-x)}{(x-y)(y-z)(z-x)}.
$$

我们用第二归纳法，证明 $P_n(x, y, z)$ 是 x, y, z 的整系数多项式，$n \geqslant 0$.

显然 $P_0(x, y, z) = P_1(x, y, z) = 0$，$P_2(x, y, z) = 1$. 注意到

$$
t^n(t-x)(t-y)(t-z) = t^{n+3} - (x+y+z)t^{n+2} + (xy+yz+zx)t^{n+1} - xyzt^n.
$$

因此，若 $t = x, y, z$，则有

$$
t^{n+3} = (x+y+z)t^{n+2} - (xy+yz+zx)t^{n+1} + xyzt^n.
$$

于是

$$
\begin{aligned}
P_{n+3}(x, y, z) = {}&(x+y+z)P_{n+2}(x, y, z) - (xy+yz+zx)P_{n+1}(x, y, z) \\
&+ xyzP_n(x, y, z).
\end{aligned}
$$

结合 P_0, P_1, P_2 为整系数多项式，由此归纳得到：对所有的 $n \geqslant 0$，$P_n(x, y, z)$ 是整系数多项式. □

习题 7.4. 求所有的正整数 n，使得对所有的实数 $x, y, z, x+y+z = 0, xyz = 1$，表达式 $S_n = x^n + y^n + z^n$ 是常数.

解 根据牛顿恒等式，我们可以将等幂和 S_n 写成初等对称多项式

$$
\sigma_1 = x+y+z, \quad \sigma_2 = xy+yz+zx, \quad \sigma_3 = xyz
$$

的恒等式. 由于 $\sigma_1 = 0$，$\sigma_3 = 1$ 给定，这说明 S_n 是 σ_2 的多项式. 注意到 σ_2 可以取无穷多值. 为此只需看到：如果 $t^2 + zt + \frac{1}{z}$ 有正的判别式，即 $z^2 - \frac{4}{z} > 0$，

就可解出两个实根(可以取作 x, y, 然后根据韦达定理可以推出 $x+y+z=0$ 和 $xyz=1$). 因此有无穷多的三数组 (x, y, z), 满足 $x+y+z=0, xyz=1$, 而且此时 $\sigma_2=-z^2-\frac{1}{z}$ 可以取无穷多不同的值. 事实上, 可以证明 σ_2 的取值范围是 $\left(-\infty, -\frac{3}{\sqrt[3]{4}}\right]$.[2]

因此题目转化为: 在怎样的条件下, S_n 看成 σ_2 的多项式是一个常数? 计算得到 $S_1=\sigma_1=0$, $S_2=\sigma_1^2-2\sigma_2=-2\sigma_2$, $S_3=\sigma_1^3-3\sigma_1\sigma_2+3\sigma_3=3$, 我们看到 $n=1, 3$ 是解. 下面的引理说明没有其他的解.

引理 对所有的 $d \geqslant 1$, S_{2d} 是 σ_2 的 d 次多项式, 首项系数为 $2(-1)^d$, 而 S_{2d+1} 是 σ_2 的 $d-1$ 次多项式, 首项系数为 $(-1)^{d-1}(2d+1)$.

引理的证明 由于 $S_2=-2\sigma_2$, $S_3=3$, 因此命题对 $d=1$ 成立. 假设命题对 $1, 2, \cdots, d-1$ 成立. 由于

$$S_{2d}=-\sigma_2 S_{2d-2}+S_{2d-3},$$

$$S_{2d-3}=(-1)^{d-1}(2d-3)\sigma_2^{d-3}+\cdots,$$

$$S_{2d-2}=2(-1)^{d-1}\sigma_2^{d-1}+\cdots,$$

我们发现 $S_{2d}=2(-1)^d\sigma_2^d+\cdots$. 类似地, 由于

$$S_{2d+1}=-\sigma_2 S_{2d-1}+S_{2d-2},$$

因此 $S_{2d+1}=(-1)^{d-1}(2d+1)\sigma_2^{d-1}+\cdots$, 完成了引理的证明. 也完成了题目的解答. □

习题 7.5. 设

$$x_1+x_2+x_3+x_4=y_1+y_2+y_3+y_4,$$
$$x_1^2+x_2^2+x_3^2+x_4^2=y_1^2+y_2^2+y_3^2+y_4^2,$$
$$x_1^3+x_2^3+x_3^3+x_4^3=y_1^3+y_2^3+y_3^3+y_4^3.$$

证明:

$$(x_1-y_2)(x_1-y_3)(x_1-y_4)=(y_1-x_2)(y_1-x_3)(y_1-x_4).$$

---

[2]这等价于说, 多项式 $x^3+\sigma_2 x-1$ 只对这样的 σ_2 有三个实根. 你可能在《117 个多项式问题》的第四章看到, 这等价于 $\frac{\sigma_2^3}{27}+\frac{1}{4} \leqslant 0$, 因此需要 $\sigma_2 \leqslant -\frac{3}{\sqrt[3]{4}}$. 另一个证明是, 不妨设 $x+y>0$, 于是 $z=-x-y=\frac{1}{xy}$, 然后 $-\sigma_2=x^2+xy+y^2=(x+y)^2-xy=(x+y)^2+\frac{1}{x+y}=(x+y)^2+\frac{1}{2(x+y)}+\frac{1}{2(x+y)} \geqslant \frac{3}{\sqrt[3]{4}}$, 即 $\sigma_2 \leqslant -\frac{3}{\sqrt[3]{4}}$.

证明 设 $P(x) = \prod_{i=1}^{4}(x - x_i), Q(x) = \prod_{i=1}^{4}(x - y_i)$. 若 $x_1 = y_1$, 则有

$$x_2 + x_3 + x_4 = y_2 + y_3 + y_4,$$
$$x_2^2 + x_3^2 + x_4^2 = y_2^2 + y_3^2 + y_4^2,$$
$$x_2^3 + x_3^3 + x_4^3 = y_2^3 + y_3^3 + y_4^3.$$

前两个方程给出

$$x_2 x_3 + x_3 x_4 + x_2 x_4 = y_2 y_3 + y_3 y_4 + y_2 y_4.$$

代入第三个方程给出

$$x_2 x_3 x_4 = y_2 y_3 y_4.$$

因此多项式 $(x - x_2)(x - x_3)(x - x_4)$ 和 $(x - y_2)(x - y_3)(x - y_4)$ 的系数相同,记为

$$S(x) = (x - x_2)(x - x_3)(x - x_4) = (x - y_2)(x - y_3)(x - y_4)$$

分别代入 $x_1 = y_1$ 则得到

$$S(x_1) = (x_1 - y_2)(x_1 - y_3)(x_1 - y_4) = S(y_1) = (y_1 - x_2)(y_1 - x_3)(y_1 - x_4).$$

现在不妨设 $\{x_1, x_2, x_3, x_4\} \neq \{y_1, y_2, y_3, y_4\}$. 从前两个恒等式得到

$$\sum_{1 \leqslant i < j \leqslant 4} x_i x_j = \sum_{1 \leqslant i < j \leqslant 4} y_i y_j.$$

这和第三个恒等式得到

$$\sum_{1 \leqslant i < j < k \leqslant 4} x_i x_j x_k = \sum_{1 \leqslant i < j < k \leqslant 4} y_i y_j y_k.$$

因此

$$P(x) - Q(x) = x_1 x_2 x_3 x_4 - y_1 y_2 y_3 y_4.$$

分别代入 $x = x_1, x = y_1$,得到

$$-Q(x_1) = P(x_1) - Q(x_1) = x_1 x_2 x_3 x_4 - y_1 y_2 y_3 y_4,$$

$$P(y_1) = P(y_1) - Q(y_1) = x_1 x_2 x_3 x_4 - y_1 y_2 y_3 y_4.$$

由于 $x_1 - y_1 \neq 0$,因此有

$$(x_1 - y_2)(x_1 - y_3)(x_1 - y_4) = \frac{-Q(x_1)}{y_1 - x_1} = \frac{x_1 x_2 x_3 x_4 - y_1 y_2 y_3 y_4}{y_1 - x_1}$$

$$(y_1 - x_2)(y_1 - x_3)(y_1 - x_4) = \frac{P(y_1)}{y_1 - x_1} = \frac{x_1 x_2 x_3 x_4 - y_1 y_2 y_3 y_4}{y_1 - x_1}.$$

于是

$$(x_1 - y_2)(x_1 - y_3)(x_1 - y_4) = (y_1 - x_2)(y_1 - x_3)(y_1 - x_4),$$

这样就完成了证明. □

习题 7.6. 证明：存在正整数 k，使得若 a, b, c, d, e, f 是整数，m 是

$$a^n + b^n + c^n - d^n - e^n - f^n, \quad n = 1, 2, \cdots, k$$

的公因子，则对所有的正整数 n，有 m 整除

$$a^n + b^n + c^n - d^n - e^n - f^n.$$

证明 我们要证明 $k = 6$ 满足要求. 定义

$$T_n = a^n + b^n + c^n - d^n - e^n - f^n,$$

$$(x - a)(x - b)(x - c)(x - d)(x - e)(x - f) = x^6 - \sigma_1 x^5 + \cdots + \sigma_6.$$

然后由牛顿恒等式得出

$$T_{n+6} = \sigma_1 T_{n+5} - \sigma_2 T_{n+4} + \cdots - \sigma_6 T_n.$$

因此，如果 m 整除 $T_1, T_2, \cdots, T_6$，那么 m 整除所有的 T_n，n 是整数. □

习题 7.7. 设 $a_1, \cdots, a_n$ 是两两不等的实数，使得它们的任意非空子集的求和都不是零. 解下面的方程组：

$$\begin{cases} a_1 x_1 + a_2 x_2 + \cdots + a_n x_n = 0 \\ a_1 x_1^2 + a_2 x_2^2 + \cdots + a_n x_n^2 = 0 \\ \quad\quad\quad\quad \vdots \\ a_1 x_1^n + a_2 x_2^n + \cdots + a_n x_n^n = 0 \end{cases}$$

解 设

$$P(x) = (x - x_1) \cdots (x - x_n) = x^n - \sigma_1 x^{n-1} + \cdots + (-1)^n \sigma_n.$$

现在，将第 l 个方程两边乘以 $(-1)^{n-l} \sigma_{n-l}$，$l = 1, \cdots, n-1$，然后和第 n 个方程相加，得到

$$\sum_{k=1}^{n} a_k x_k^n + \sum_{l=1}^{n-1} (-1)^{n-l} \sigma_{n-l} \sum_{k=1}^{n} a_k x_k^l = 0.$$

注意到
$$x_k^n - \sigma_1 x_k^{n-1} + \cdots + (-1)^n \sigma_n = 0.$$

将这个方程乘以 a_k，然后所有 n 个这样的方程相加，得到

$$\sum_{k=1}^n a_k x_k^n + \sum_{l=1}^{n-1} (-1)^{n-l} \sigma_{n-l} \sum_{k=1}^n a_k x_k^l + (-1)^{n+1} \sigma_n \sum_{k=1}^n a_k = 0.$$

比较得到
$$\sigma_n (a_1 + a_2 + \cdots + a_n) = 0.$$

由于 a_k 的求和非零，我们发现 $\sigma_n = x_1 x_2 \cdots x_n = 0$，因此 $x_1, \cdots, x_n$ 中至少一个为零. 代入以后，我们把问题转化为更少个数变量的类似问题.

因此我们可以重复上面的论证，迭代得到（或者写下一个更正式的归纳证明）$x_1 = \cdots = x_n = 0$. □

习题 7.8. 设 $z_1, \cdots, z_n$ 是复数，k 是正整数，满足

$$z_1^k + \cdots + z_n^k = z_1^{k+1} + \cdots + z_n^{k+1} = \cdots = z_1^{k+n-1} + \cdots + z_n^{k+n-1} = 0.$$

证明: $z_1 = \cdots = z_n = 0$.

证明 由于 $S_k = S_{k+1} = \cdots = S_{n+k-1} = 0$，根据牛顿恒等式得到，对所有的 $m \geqslant k$ 有 $S_m = 0$. 现在定义 $t_i = z_i^k$. 记 S_m' 为 $t_1, \cdots, t_n$ 的 m 次等幂和. 于是 $S_m' = S_{km}$，我们得到 $S_1' = S_2' = \cdots = S_n' = 0$. 根据例 7.19（$a = 0$ 的情况）或者上一个问题（$a_1 = \cdots = a_n = 1$），我们得到 $t_1, \cdots, t_n$ 均为零，因此 $z_1 = \cdots = z_n = 0$. □

习题 7.9. 证明: 对任意 $z_1, z_2, \cdots, z_n \in \mathbb{C}$，存在正整数 $k \leqslant 2n+1$，使得

$$\operatorname{Re}(z_1^k + z_2^k + \cdots + z_n^k) \geqslant 0.$$

证明 设 $z_{n+1} = \overline{z_1}, \cdots, z_{2n} = \overline{z_n}$，

$$P(x) = (x - z_1) \cdots (x - z_{2n}) = x^{2n} - \sigma_1 x^{2n-1} + \cdots + \sigma_{2n}.$$

则有

$$S_k = z_1^k + z_2^k + \cdots + z_{2n}^k = \sum_{j=1}^n \left(z_j^k + \overline{z}_j^k \right) = 2\operatorname{Re}(z_1^k + z_2^k + \cdots + z_n^k).$$

现在，我们必须证明存在正整数 $k \leqslant 2n+1$，使得 $S_k \geqslant 0$. 我们假设 $S_k < 0$ 对所有的 $1 \leqslant k < 2n+1$ 成立，然后由此推出 $S_{2n+1} > 0$. 根据牛顿恒等式，有

$$S_r = \sigma_1 S_{r-1} - \sigma_2 S_{r-2} + \cdots + (-1)^{r+1} r \sigma_r,$$

对所有的 $r = 1, 2, \cdots, 2n$ 成立. 由于我们假设了 $S_k < 0, 1 \leqslant k < 2n+1$, 简单归纳得到 $\sigma_1, \sigma_3, \cdots < 0$ 并且 $\sigma_2, \sigma_4, \cdots > 0$. 然而, 我们接下来计算得到

$$S_{2n+1} = \sigma_1 S_{2n} - \sigma_2 S_{2n-1} + \cdots - S_1 \sigma_{2n}$$

右端的每一项为正, 因此 $S_{2n+1} > 0$. $\qquad\square$

习题 7.10. 设 a, b, c 是复数, $S_n = a^n + b^n + c^n$. 假设 S_1, S_2, S_3 都是整数, $5S_1 - 3S_2 - 2S_3$ 是 6 的倍数. 证明: 对所有的正整数 n, S_n 是整数.

证明 由于 $5S_1 - 3S_2 - 2S_3$ 被 6 整除, 因此 $S_1 - S_2$ 被 2 整除, $S_1 - S_3$ 被 3 整除. 于是 $S_1^2 - S_2$ 被 2 整除, $S_1^3 - S_3$ 被 3 整除. 因此 $\sigma_2 = \frac{1}{2}(S_1^2 - S_2)$ 是整数. 计算得到

$$\sigma_3 = \frac{1}{3}(S_3 - S_1 S_2 + \sigma_2 S_1) = \frac{1}{3}(S_3 - S_1(S_1^2 - 2\sigma_2) + \sigma_2 S_1)$$
$$= \frac{1}{3}(S_3 - S_1^3 + 3\sigma_2 S_1) = \frac{1}{3}(S_3 - S_1^3) + \sigma_2 S_1,$$

我们看到 σ_3 是整数. 现在 $\sigma_1, \sigma_2, \sigma_3$ 都是整数, 牛顿恒等式给出, 对所有的 n, 有 S_n 是整数. $\qquad\square$

习题 7.11. 设 p, q 是素数, $a_1, \cdots, a_p, b_1, \cdots, b_q$ 是整数, 满足 $a_i + b_j$ 构成模 pq 的完全剩余系. 证明: $a_1, \cdots, a_p$ 构成模 p 的完全剩余系.

Sergei Ivanov,圣彼得堡数学奥林匹克 2006

证明 定义 $S_k = 1^k + \cdots + (p-1)^k$, 回忆在这一章中有 $S_k \equiv 0 \pmod p$, $k = 1, \cdots, p-2$ 以及 $S_{p-1} \equiv -1 \pmod p$. 我们将证明:

引理 在题目的条件下, $a_1, \cdots, a_p$ 中存在 p 的倍数.

假设引理成立. 如果将 a_i 替换为 $a_i' = a_i - k$, $i = 1, \cdots, p$, 那么 $a_i' + b_j = a_i + b_j - k$ 还是构成模 pq 的完全剩余系. 于是根据引理, a_i' 之一是 p 的倍数, 因此相应的 a_i 同余于 $k \pmod p$. 于是我们就证明了 $a_1, \cdots, a_p$ 构成模 p 的完全剩余系.

引理的证明 考虑求和

$$T_k = \sum_{i=1}^{p} \sum_{j=1}^{q} (a_i + b_j)^k.$$

由于 $a_i + b_j$ 构成模 pq 的完全剩余系,因此 $a_i + b_j$ 取到模 p 的每个值恰好 q 次,于是

$$T_k \equiv qS_k \equiv \begin{cases} 0, & \text{若 } k = 1, \cdots, p-2 \\ -q, & \text{若 } k = p-1 \end{cases} \pmod{p}.$$

我们还可以应用二项式定理展开,得到

$$T_k = \sum_{m=0}^{k} \binom{k}{m} \sum_{i=1}^{p} a_i^m \sum_{j=1}^{q} b_j^{k-m}.$$

特别地,对 $k = 1$,得到

$$T_k = p\sum_{i=1}^{q} b_i + q\sum_{i=1}^{p} a_i \equiv q\sum_{i=1}^{p} a_i \equiv 0 \pmod{p}.$$

因此

$$\sum_{i=1}^{p} a_i \equiv 0 \pmod{p}.$$

类似地,对 $k = 2$,有

$$\sum (a_i + b_j)^2 = q\sum_{i=1}^{p} a_i^2 + 2\left(\sum_{i=1}^{q} b_i\right)\left(\sum_{i=1}^{p} a_i\right) + p\sum_{i=1}^{q} b_i^2 \equiv q\sum_{i=1}^{p} a_i^2 \pmod{p}.$$

因此

$$\sum_{i=1}^{p} a_i^2 \equiv 0 \pmod{p}.$$

如此继续,对 $m = 3, \cdots, p-2$,归纳可得

$$\sum (a_i + b_j)^m \equiv q\sum_{i=1}^{p} a_i^m \equiv 0 \pmod{p}.$$

$$\sum_{i=1}^{p} a_i^m \equiv 0 \pmod{p}, \quad m = 1, \cdots, p-2.$$

再做一次得到

$$\sum (a_i + b_j)^{p-1} \equiv q\sum_{i=1}^{p} a_i^{p-1} \equiv -q \pmod{p},$$

因此

$$\sum_{i=1}^{p} a_i^{p-1} \equiv -1 \pmod{p}.$$

费马小定理给出,若 a 不是 p 的倍数,则有 $a^{p-1} \equiv 1 \pmod{p}$,因此我们发现恰好有一个 a_i 是 p 的倍数. $\qquad\square$

习题 7.12. 设 $\{a_n\}, \{b_n\}$ 是两个数列, 满足

$$\begin{cases} 4a_1 - 2b_1 = 7, \\ a_{n+1} = a_n^2 - 2b_n \\ b_{n+1} = b_n^2 - 2a_n. \end{cases}$$

求 $2^{512}a_{10} - b_{10}$ 的值.

白俄罗斯数学奥林匹克

解 设[3]

$$P(x) = x^3 - a_1 x^2 + b_1 x - 1$$

的三个根为 z_1, z_2, z_3. 于是根据韦达定理, 三个根的初等对称多项式为 $a_1 = \sigma_1$, $b_1 = \sigma_2, \sigma_3 = 1$. 计算得到

$$z_1^2 + z_2^2 + z_3^2 = a_1^2 - 2b_1 = a_2$$

$$z_1^2 z_2^2 + z_2^2 z_3^2 + z_3^2 z_1^2 = \sigma_2^2 - 2\sigma_1\sigma_3 = b_1^2 - 2a_1 = b_2.$$

因此 a_2, b_2 分别是初等对称多项式 $\sigma_1(z_1^2, z_2^2, z_3^2)$ 和 $\sigma_2(z_1^2, z_2^2, z_3^2)$. 迭代得到

$$a_n = z_1^{2^{n-1}} + z_2^{2^{n-1}} + z_3^{2^{n-1}},$$

$$b_n = z_1^{2^{n-1}} z_2^{2^{n-1}} + z_2^{2^{n-1}} z_3^{2^{n-1}} + z_3^{2^{n-1}} z_1^{2^{n-1}}.$$

$P(x)$ 中代入 $x = 2$, 利用题目条件发现 $P(2) = 0$. 因此 $z_1 = 2, z_2 z_3 = \dfrac{1}{2}$. 于是

$$a_{10} = 2^{2^9} + z_2^{2^9} + z_3^{2^9}, \quad b_{10} = 2^{-2^9} + 2^{2^9}(z_2^{2^9} + z_3^{2^9}).$$

计算得到 $2^{512}a_{10} - b_{10} = 2^{2^{10}} - 2^{-2^9}$. □

第 8 章 附加题

习题 8.1. 假设

$$(x^2 - x + 1)^3 (x^3 + 4x^2 + 4x + 1)^5 = a_{21}x^{21} + a_{20}x^{20} + \cdots + a_0.$$

求 $a_1 + \cdots + a_{10}$ 的值.

---

[3] 重新叙述了证明——译者注

解 记 $P(x) = (x^2 - x + 1)^3(x^3 + 4x^2 + 4x + 1)^5$，容易得到 $x^{21}P\left(\dfrac{1}{x}\right) = P(x)$，于是 $a_{21} = a_0 = 1, a_{20} = a_1, \cdots$. 然后有

$$a_1 + \cdots + a_{10} = \frac{1}{2}\left(a_0 + \cdots + a_{21} - 2a_0\right) = \frac{1}{2}\left(P(1) - 2P(0)\right) = 49999.$$

$\square$

习题 8.2. 设有理系数首项系数为 1 的不可约多项式 $P(x)$ 有两个根的乘积为 1. 证明：$P(x)$ 的次数为偶数.

证明 设 $P(x) = x^d + a_{d-1}x^{d-1} + \cdots + a_0$. 设 r 和 s 是 $P(x)$ 的根, $rs = 1$. 记 $Q(x) = \dfrac{1}{a_0} \cdot x^d P\left(\dfrac{1}{x}\right)$. 因为 r 是 $P(x)$ 的根，所以 $\dfrac{1}{r} = s$ 是 $Q(x)$ 的根. 因此 $P(x)$ 和 $Q(x)$ 有公共根（即 $x = s$）. 由于 $P(x)$ 是首项系数为 1 的不可约多项式，是 s 的极小多项式，因此 $P(x)$ 整除 $Q(x)$. 由于 $P(x)$ 和 $Q(x)$ 是同样次数的首项系数为 1 的多项式，因此 $P(x) = Q(x)$. 于是对 $P(x)$ 的每个根 $t, \dfrac{1}{t}$ 也是它的一个根. 因为 $\dfrac{1}{r}$ 不可约（有两个根，至少是二次），所以 ± 1 不是 $P(x)$ 的根. 这样, $P(x)$ 的根可以配对成为 $\left\{t, \dfrac{1}{t}\right\}$，说明其次数为偶数. $\square$

习题 8.3. 考虑一个三次多项式，我们可以进行任意多次如下的两种操作：

    (i) 将所有系数倒序，包括零（例如从多项式 $x^3 - 2x^2 - 3$ 可以得到 $-3x^3 - 2x + 1$）；

    (ii) 将多项式 $P(x)$ 变成 $P(x+1)$. 是否可以从多项式 $x^3 - 2$ 得到 $x^3 - 3x^2 + 3x - 3$？

Alexander Golovanov

解法一 注意到多项式 $x^3 - 2$ 不可约，只有一个实根. 题目中的两种变换显然保持这两个性质. 因此只需跟踪实根的变化情况. 如果 r 是 $P(x)$ 的一个根，那么第一个操作得到一个多项式，以 $\dfrac{1}{r}$ 为根；第二个操作得到一个多项式，以 $r - 1$ 为根. 由于原始多项式的实根为 $\sqrt[3]{2}$，目标多项式的实根为 $1 + \sqrt[3]{2}$，问题转化是否可以从 $\sqrt[3]{2}$ 得到 $1 + \sqrt[3]{2}$，使用操作 $x \mapsto \dfrac{1}{x}$ 或者 $x \mapsto x - 1$. 如果可以，那么我们可以在使用一次操作 $x \mapsto x - 1$ 回到 $\sqrt[3]{2}$. 于是得到一系列的操作，最后一个是 $x \mapsto x - 1$，把 $\sqrt[3]{2}$ 变回它自己. 考虑逆向操作，我们可以从 $\sqrt[3]{2}$ 经过 $x \mapsto x + 1$ 或者 $x \mapsto \dfrac{1}{x}$ 变回自己. 从操作 $x \mapsto x + 1$ 开始，简单归纳表明，这两类操作的任意复合是 $x \mapsto \dfrac{ax + b}{cx + d}$，其中 a, b, c, d 是非负整数，而且 $ad - bc = 1$. 此外，操作

$x \mapsto x + 1$ 增加 $a + b + c + d$ 的值, 而另一个操作保持这个值不变. 因此 $\sqrt[3]{2}$ 必然是 $x = \dfrac{ax+b}{cx+d}$ 的一个根, 其中 $a + b + c + d \geqslant 3$. 通分之后, 我们得到一个二次多项式, 以 x 为根, 而且不是零多项式 (因为这只能发生于 $(a, b, c, d) = (1, 0, 0, 1)$ 的情况, 此时 $a + b + c + d < 3$). 然而, $\sqrt[3]{2}$ 的极小多项式是 3 次的, 矛盾. □

解法二 原始多项式有一个实根和两个复根. 我们已经看到, 在两个操作下, 根的变化是 $x \mapsto x - 1$ 和 $x \mapsto \dfrac{1}{x}$.

$x^3 - 2$ 的虚根有负实部, 这个性质在上述操作下不变. 目标多项式的两个虚根有正实部, 因此我们无法操作得到它们. □

解法三 对 $P(x) = ax^3 + bx^2 + cx + d$, 定义 $R(P(x)) = 3ad - bc$. 第一个操作将 $P(x)$ 变为 $x^3 P\left(\dfrac{1}{x}\right) = dx^3 + cx^2 + bx + a$, 因此 $R(P(x))$ 不变. 第二个操作将 $P(x)$ 变为

$$P(x+1) = ax^3 + (b + 3a)x^2 + (c + 3a + 2b)x + (d + a + b + c).$$

因此 $R(P(x+1))$ 的值为

$$3(d + a + b + c)a - (b + 3a)(c + 3a + 2b) = R(P(x)) - 2(b^2 + 3ab + 3a^2).$$

由于 $b^2 + 3ab + 3a^2 > 0$, 因此 $R(P(x+1)) < R(P(x))$. 所以上述操作不会使 $R(P(x))$ 增加.

另一方面, 有 $R(x^3 - 2) = -6, R(x^3 - 3x^2 + 3x - 3) = 0$. 所以我们不能从 $x^3 - 2$ 得到 $x^3 - 3x^2 + 3x - 3$. □

习题 8.4. 设 $z_1, \cdots, z_{2n}$ 是非实数的 $2n + 1$ 次单位根. 证明:

$$\sum_{k=1}^{2n} \frac{1 - \overline{z_k}}{1 + z_k} = 2n + 1.$$

证明 由于 $\overline{z_k} = \dfrac{1}{z_k}$, 因此

$$\frac{1 - \overline{z_k}}{1 + z_k} = \frac{1 - \frac{1}{z_k}}{1 + z_k} = \frac{z_k - 1}{z_k(1 + z_k)}.$$

于是

$$\sum_{k=1}^{2n} \frac{1 - \overline{z_k}}{1 + z_k} = \sum_{k=1}^{2n} \frac{z_k - 1}{z_k(1 + z_k)}.$$

注意到 $z_1, \cdots, z_{2n}$ 可以配对成为 $\left\{ z_k, \dfrac{1}{z_k} \right\}, k = 1, \cdots, n.$ 因此

$$
\sum_{k=1}^{2n} \frac{z_k - 1}{z_k(1 + z_k)} = \sum_{k=1}^{n} \left(\frac{z_k - 1}{z_k(1 + z_k)} + \frac{\frac{1}{z_k} - 1}{\frac{1}{z_k}(\frac{1}{z_k} + 1)} \right)
$$

$$
= \sum_{k=1}^{n} \left(\frac{-1 + z_k + z_k^2 - z_k^3}{z_k(1 + z_k)} \right) = \sum_{k=1}^{n} \left(\frac{(1 - z_k)(z_k^2 - 1)}{z_k(1 + z_k)} \right)
$$

$$
= 2n - \sum_{k=1}^{n} \left(z_k + \frac{1}{z_k} \right) = 2n - \sum_{k=1}^{2n} z_k.
$$

由于所有的 $2n+1$ 次单位根的和为零，因此 $\displaystyle\sum_{k=1}^{2n} z_k = -1.$ 最终的求和为 $2n+1$. $\square$

习题 8.5. a 是正整数，证明：多项式 $3x^{2n} + ax^n + 2$ 不能被 $2x^{2m} + ax^m + 3$ 整除.

莫斯科数学奥林匹克 1952

证明 设 α_1 和 α_2 是 $2x^2 + ax + 3$ 的两个根，即

$$
\alpha_1, \alpha_2 = \frac{-a \pm \sqrt{a^2 - 24}}{4},
$$

设 β_1 和 β_2 是 $3x^2 + ax + 2$ 的两个根，即

$$
\beta_1, \beta_2 = \frac{-a \pm \sqrt{a^2 - 24}}{6}.
$$

于是 $g(x) = 2x^{2m} + ax^m + 3$ 的根是 α_1, α_2 的所有 m 次根. 类似地，$f(x) = 3x^{2n} + ax^n + 2$ 的根是 β_1 和 β_2 的所有 n 次根.

用反证法，假设 $g(x)$ 整除 $f(x)$，则 $g(x)$ 的每个根也是 $f(x)$ 的根. 设 x_1 和 x_2 是 $g(x)$ 的根，$x_1^m = \alpha_1, x_2^m = \alpha_2$. 会有两种情况：

(i) $a^2 - 24 > 0$. 此时 $|\alpha_1| \neq |\alpha_2|$，于是 $|x_1|^n \neq |x_2|^n$，然后 x_1 和 x_2 之一是 β_1 的 n 次根，另一个是 β_2 的 n 次根. 一方面 $|x_1 x_2| = \sqrt[n]{\beta_1 \beta_2} = \sqrt[n]{\dfrac{2}{3}} < 1$，而另一方面 $|x_1 x_2| = \sqrt[m]{\alpha_1 \alpha_2} = \sqrt[m]{\dfrac{3}{2}} > 1$，矛盾.

(ii) $a^2 - 24 < 0$. 此时 $|\alpha_1| = |\alpha_2| = \sqrt{\dfrac{3}{2}}$，$|\beta_1| = |\beta_2| = \sqrt{\dfrac{2}{3}}$. 于是，一方面 $|x_1| = \sqrt[2m]{\dfrac{3}{2}} > 1$，另一方面 $|x_1| = \sqrt[2n]{\dfrac{2}{3}} < 1$，矛盾. $\square$

习题 8.6. 假设 $\alpha^{2005} + \beta^{2005}$ 可以写成 $\alpha + \beta$ 和 $\alpha\beta$ 的多项式，计算这个多项式的系数之和.

中国西部数学奥林匹克 2005

解法一 设

$$\alpha^{2005} + \beta^{2005} = \sum_{i=0}^{2005} \sum_{j=0}^{i} a_{ij} (\alpha + \beta)^{i-j} (\alpha\beta)^j.$$

为了得到右端多项式的系数和,我们设 $\alpha + \beta = 1$ 并且 $\alpha\beta = 1$. 设 $S_k = \alpha^k + \beta^k$, 于是所求的系数和是 S_{2005}. 由于

$$(\alpha + \beta)(\alpha^{k-1} + \beta^{k-1}) = (\alpha^k + \beta^k) + \alpha\beta(\alpha^{k-2} + \beta^{k-2}),$$

我们得到

$$S_{k-1} = S_k + S_{k-2} \implies S_k = S_{k-1} - S_{k-2}.$$

因此

$$S_k = S_{k-1} - S_{k-2} = (S_{k-2} - S_{k-3}) - S_{k-2} = -S_{k-3}$$
$$= S_{k-5} - S_{k-4} = S_{k-5} - (S_{k-5} - S_{k-6}) = S_{k-6}.$$

所以 $\{S_k\}_{k \geqslant 1}$ 是一个周期为 6 的序列,$S_{2005} = S_1 = 1$. $\qquad\square$

解法二 设 $\alpha + \beta = 1, \alpha\beta = 1$,记 $S_k = \alpha^k + \beta^k$. 所求系数和为 S_{2005}. 由于 α 和 β 是方程 $x^2 - x + 1 = 0$ 的根,我们有

$$\alpha = \cos\frac{\pi}{3} + i\sin\frac{\pi}{3}, \quad \beta = \cos\frac{\pi}{3} - i\sin\frac{\pi}{3}.$$

因此

$$\begin{aligned}
\alpha^k + \beta^k &= \left(\cos\frac{\pi}{3} + i\sin\frac{\pi}{3}\right)^k + \left(\cos\frac{\pi}{3} - i\sin\frac{\pi}{3}\right)^k \\
&= \left(\cos\frac{k\pi}{3} + i\sin\frac{k\pi}{3}\right) + \left(\cos\frac{k\pi}{3} - i\sin\frac{k\pi}{3}\right) \\
&= 2\cos\frac{k\pi}{3}.
\end{aligned}$$

若 $k = 2005$,我们得到 $S_{2005} = 1$. $\qquad\square$

习题 8.7. 求所有的非负实系数多项式,满足下列条件:

$$p(0) = 0, \quad p(|z|) \leqslant x^4 + y^4, \quad \forall\, z \in \mathbb{C},$$

其中 $|z|$ 表示复数 $z = x + iy$ 的模长.

西班牙数学奥林匹克 1982

解 由于 $p(0) = 0$,我们记 $p(z) = a_n z^n + a_{n-1} z^{n-1} + \cdots + a_2 z^2 + a_1 z$,其中 $a_i \geqslant 0$,对所有的 $i = 1, 2, \cdots, n$ 成立. 我们有

$$p\left(\sqrt{x^2 + y^2}\right) \leqslant x^4 + y^4, \qquad \forall\, x, y \in \mathbb{R}. \tag{9.13}$$

取 $y = 0, x > 0$,我们得到 $a_n x^n + a_{n-1} x^{n-1} + \cdots + a_1 x \leqslant x^4$,即

$$a_n x^{n-4} + \cdots + a_5 x + a_4 + \frac{a_3}{x} + \frac{a_2}{x^2} + \frac{a_1}{x^3} \leqslant 1. \tag{9.14}$$

如果 a_1, a_2, a_3 之一不是零,那么 $\lim\limits_{x \to 0^+} \dfrac{p(x)}{x^4} = \pm\infty$,与式 (9.14) 矛盾. 所以 $a_1 = a_2 = a_3 = 0$. 还可以得到 $a_5 = a_6 = \cdots = a_n = 0$,否则 $\lim\limits_{x \to +\infty} \dfrac{p(x)}{x^4} = \pm\infty$,还是和式 (9.14) 矛盾. 于是式 (9.14) 给出 $a_4 \leqslant 1$. 因此 $p(z) = a z^4$,其中 $a \geqslant 0$. 现在式 (9.13) 给出

$$a(x^2 + y^2)^2 \leqslant x^4 + y^4, \qquad \forall\, x, y \in \mathbb{R}.$$

代入 $x = y = 1$,得到 $4a \leqslant 2$,于是 $a \leqslant \dfrac{1}{2}$. 对于 $a = \dfrac{1}{2}$,所求的不等式可以变为 $\dfrac{1}{2}(x^2 - y^2)^2 \geqslant 0$,因此总成立. 这也蕴含了不等式对所有的 $a < \dfrac{1}{2}$ 成立. 因此满足要求的例子为 $p(z) = a z^4, 0 \leqslant a \leqslant \dfrac{1}{2}$. $\qquad\square$

习题 8.8. 设 m 是正整数,多项式

$$P(x) = \sum_{k=0}^{6m-1} x^{2^k} = x + x^2 + \cdots + x^{2^{6m-1}},$$

$$Q(x) = x^{2^{2m+1}-2} + x^{2^{2m}-1} + 1.$$

证明: $P(x)$ 被 $Q(x)$ 整除.

证明 $Q(x) = \dfrac{x^{3(2^{2m+1}-1)} - 1}{x^{2^{2m+1}-1} - 1}$,它的根是 $3(2^{2m+1} - 1)$ 次单位根除去 $(2^{2m+1} - 1)$ 次单位根. 要证 $Q(x)$ 整除 $P(x)$,只需证明这些都是 $P(x)$ 的根. 设 α 是 $Q(x)$ 的一个根,则 $\omega = \alpha^{2^{2m}-1} \neq 1$ 是一个本原三次单位根. 若 k 不是 3 的倍数,则有

$$1 + \omega^k + \omega^{2k} = \frac{1 - \omega^{3k}}{1 - \omega^k} = 0.$$

因此计算得到

$$
\begin{aligned}
P(\alpha) &= \sum_{j=0}^{2m-1} (\alpha^{2^j} + \alpha^{2^{j+2m}} + \alpha^{2^{j+4m}}) \\
&= \sum_{j=0}^{2m-1} \alpha^{2^j}(1 + \alpha^{2^j(2^{2m}-1)} + \alpha^{2^j(2^{4m}-1)}) \\
&= \sum_{j=0}^{2m-1} \alpha^{2^j}(1 + \omega^{2^j} + \omega^{2^j(2^{2m}+1)}).
\end{aligned}
$$

现在注意到 $2^{2m} + 1 \equiv 2 \pmod 3$, 所以我们可以将上式写成

$$
P(\alpha) = \sum_{j=0}^{2m-1} \alpha^{2^j}(1 + \omega^{2^j} + \omega^{2 \cdot 2^j}),
$$

根据上一段的说明, 每一项为零, 因此 $P(\alpha) = 0$. □

习题 8.9. 设 n, k 是正整数, $k < n$, 实数 α 满足 $|\alpha| \leqslant 1$. 证明: 多项式

$$
x^n + \alpha x^{n-k} + \alpha x^k + 1
$$

的所有根都在单位圆上.

证明 设 r 是 $x^n + \alpha x^{n-k} + \alpha x^k + 1$ 的任意根. 于是 $-r^{n-k}(r^k + \alpha) = 1 + \alpha r^k$. 若 $r^k = -\alpha$, 则 $\alpha^2 = 1$, 我们已经完成. 否则有

$$
|r|^{n-k} = \left| \frac{\alpha r^k + 1}{r^k + \alpha} \right|.
$$

于是计算得到

$$
|r|^{2n-2k} - 1 = \frac{(1 - \alpha^2)(1 - |r|^{2k})}{|r^k + \alpha|^2}.
$$

若 $|r| > 1$, 则左端是正的, 右端是非正的. 若 $|r| < 1$, 则左端是负的, 右端是非负的. 两种情况都得到了矛盾, 因此必有 $|r| = 1$. □

习题 8.10. (i) 证明: 存在整系数 502 次多项式 P, 满足

$$
1 + x^4 + x^8 + x^{12} + \cdots + x^{2008} = P(x)P(-x)P(\mathrm{i}x)P(-\mathrm{i}x).
$$

(ii) 证明: 如果 $a_0, a_1, \cdots, a_n \in \mathbb{C}, a_n \neq 0$, 那么存在 n 次复系数多项式 Q, 满足

$$
a_0 + a_1 x^4 + a_2 x^8 + \cdots + a_n x^{4n} = Q(x)Q(-x)Q(\mathrm{i}x)Q(-\mathrm{i}x).
$$

Marcel Ţena, 尼古拉·特奥多雷斯库比赛 *2008*

证明 (i) 整系数多项式

$$P(x) = \frac{x^{503}+1}{x+1} = 1 - x + x^2 - x^3 + \cdots + x^{502}$$

满足所需条件. 实际上有

$$
\begin{aligned}
P(x)P(-x)P(\mathrm{i}x)P(-\mathrm{i}x) &= \frac{x^{503}+1}{x+1} \cdot \frac{-x^{503}+1}{-x+1} \cdot \frac{-\mathrm{i}x^{503}+1}{\mathrm{i}x+1} \cdot \frac{\mathrm{i}x^{503}+1}{-\mathrm{i}x+1} \\
&= \frac{(1-x^{1006})(1+x^{1006})}{(1-x^2)(1+x^2)} = \frac{1-x^{2012}}{1-x^4} \\
&= 1 + x^4 + x^8 + \cdots + x^{2008}.
\end{aligned}
$$

(ii) 设 $f(x) = a_0 + a_1 x + a_2 x^2 + \cdots + a_n x^n$, 则有 $f(x^4) = a_0 + a_1 x^4 + a_2 x^8 + \cdots + a_n x^{4n}$. 我们可以记 $f(x) = a_n(x-x_1)(x-x_2)\cdots(x-x_n)$, 其中 $x_1, x_2, \cdots, x_n \in \mathbb{C}$ 是 $f(x)$ 的根. 选择 $y_1, y_2, \cdots, y_n \in \mathbb{C}$, 使得 $y_k^4 = x_k, k = 1, 2, \cdots, n$. 于是有

$$
\begin{aligned}
f(x^4) &= a_n \prod_{k=1}^{n}(x^4 - y_k^4) \\
&= a_n \prod_{k=1}^{n}(x-y_k)(x+y_k)(x-\mathrm{i}y_k)(x+\mathrm{i}y_k) \\
&= a_n \prod_{k=1}^{n}(x-y_k)(-(-x-y_k))(\mathrm{i}(-\mathrm{i}x-y_k))(-\mathrm{i}(\mathrm{i}x-y_k)) \\
&= (-1)^n a_n \prod_{k=1}^{n}(x-y_k) \prod_{k=1}^{n}(-x-y_k) \prod_{k=1}^{n}(-\mathrm{i}x-y_k) \prod_{k=1}^{n}(\mathrm{i}x-y_k).
\end{aligned}
$$

选择 $\lambda \in \mathbb{C}$, 满足 $\lambda^4 = (-1)^n a_n$, 然后定义

$$Q(x) = \lambda \prod_{k=1}^{n}(x-y_k).$$

于是 $f(x^4) = Q(x)Q(-x)Q(\mathrm{i}x)Q(-\mathrm{i}x)$, 这正是我们想要证明的. $\square$

习题 8.11. 设 d 是大于 1 的整数, 实数 $a_0, a_1, \cdots, a_d$ 满足 $a_1 = a_{d-1} = 0$. 证明: 对任意实数 k, 有

$$|a_0| - |a_d| \leqslant \sum_{i=0}^{d-2} |a_i - k a_{i+1} - a_{i+2}|.$$

加拿大数学奥林匹克 2019

证明 设 $Q(x) = x^2 - kx - 1$ 和 $P(x) = a_d x^d + \cdots + a_0$. 注意到 $Q(x)$ 的根的绝对值的乘积为 1，因此 $Q(x)$ 存在一个根 $r, |r| \leqslant 1$. 此外有

$$Q(x)P(x) = a_d x^{d+2} - ka_d x^{d+1} + \sum_{i=0}^{d-2} (a_i - ka_{i+1} - a_{i+2})x^{i+2} - a_0(1 + kx).$$

代入 $x = r$，我们发现

$$0 = a_d r^{d+2} - ka_d r^{d+1} + \sum_{i=0}^{d-2} (a_i - ka_{i+1} - a_{i+2})r^{i+2} - a_0(1 + kr).$$

由于 $r^2 = kr + 1$，因此 $a_d r^{d+2} - ka_d r^{d+1} = a_d r^d$, $-a_0(1 + kr) = -a_0 r^2$，这给出

$$0 = -a_0 r^2 + \sum_{i=0}^{d-2} (a_i - ka_{i+1} - a_{i+2})r^{i+2} + a_d r^d.$$

因此有

$$a_0 = \sum_{i=0}^{d-2} (a_i - ka_{i+1} - a_{i+2})r^i + a_d r^{d-2}.$$

根据三角不等式，有

$$|a_0| \leqslant |a_d| \left| r^{d-2} \right| + \sum_{i=0}^{d-2} |a_i - ka_{i+1} - a_{i+2}| \cdot \left| r^i \right|.$$

由于 $|r| \leqslant 1$，因此得到

$$|a_d| \left| r^{d-2} \right| + \sum_{i=0}^{d-2} |a_i - ka_{i+1} - a_{i+2}| \cdot \left| r^i \right| \leqslant |a_d| + \sum_{i=0}^{d-2} |a_i - ka_{i+1} - a_{i+2}|.$$

于是有 $|a_0| - |a_d| \leqslant \sum_{i=0}^{d-2} |a_i - ka_{i+1} - a_{i+2}|$. □

习题 8.12. 设 $\{a_n\}$ 是实数序列，定义为

$$a_{n+1} = a_n^3 - 3a_n^2 + 3, \quad n \geqslant 0$$

对多少 a_0 的值，我们有 $a_{2017} = a_0$？

解 设 $P(x) = x^3 - 3x^2 + 3$. 将序列改写为 $a_{n+1} = P(a_n)$，其中

$$P(x) - x = x^3 - 3x^2 - x + 3 = (x - 3)(x^2 - 1).$$

显然,如果对某个 k 有 $a_k > 3$,那么 $a_{k+1} > a_k > 3$.如果对某个 k 有 $a_k < -1$,那么 $a_{k+1} < a_k < -1$. 因此,如果我们需要 $a_{2017} = a_0$,那么必然有 $-1 \leqslant a_0 \leqslant 3$,于是有 $-2 \leqslant a_0 - 1 \leqslant 2$,或者等价地,$|a_0 - 1| \leqslant 2$. 因此,可以记 $a_0 = 1 + \omega + \dfrac{1}{\omega}$,其中 $\omega = \cos\alpha + i\sin\alpha$. 于是

$$a_1 = a_0^3 - 3a_0^2 + 3 = (a_0 - 1)^3 - 3(a_0 - 1) + 1 = 1 + \omega^3 + \frac{1}{\omega^3}.$$

迭代这个过程,得到 $a_{2017} = 1 + \omega^{3^{2017}} + \dfrac{1}{\omega^{3^{2017}}}$. 注意到 $a_0 = 1 + 2\cos\alpha$, $a_{2017} = 1 + 2\cos 3^{2017}\alpha$. 若 $a_{2017} = a_0$,则 $\cos\alpha = \cos 3^{2017}\alpha$,也就是说

$$\alpha \in \left\{0, \frac{2\pi}{3^{2017} - 1}, \cdots, \pi\right\} \cup \left\{0, \frac{2\pi}{3^{2017} + 1}, \cdots, \pi\right\}.$$

由于 $\gcd(3^{2017} - 1, 3^{2017} + 1) = 2$,两个集合的唯一交集是首项和末项,因此我们共有 3^{2017} 个不同的 α 的值. □

习题 8.13. 设 $d \geqslant 3$ 是奇数,$r > 0$ 是实数,$a_1, \cdots, a_{d-1}$ 是复数. 多项式

$$P(z) = z^d + a_1 z^{d-1} + \cdots + a_{d-1}z - 1$$

的根 $r_1, \cdots, r_d$ 满足 $|r_j| = r, j = 1, \cdots, d$. 证明:

$$\mathrm{Im}(r_j + r_1 \cdots r_{j-1}r_{j+1} \cdots r_d) = 0$$

对每个 j 成立. 此外,证明:$\mathrm{Im}(a_k) = \mathrm{Im}(a_{d-k})$ 对每个 k 成立.

证明 由于 d 是奇数,根据韦达定理,有

$$r_1 \cdots r_d = 1.$$

另一方面,$|r_1 \cdots r_d| = r^d = 1$. 因此 $r = 1$,于是 $\overline{r_j} = \dfrac{1}{r_j}$.

现在,容易得出

$$r_j + r_1 \cdots r_{j-1}r_{j+1} \cdots r_d = r_j + \frac{1}{r_j} = r_j + \overline{r_j} = 2\mathrm{Re}(r_j) \in \mathbb{R}.$$

此外,由于 $|r_j| = 1$,我们有 $\mathrm{Re}(r_j) \in [-1, 1]$.

因此 $r_j + \overline{r_j} \in [-2, 2]$. 设 $i_1 < \cdots < i_k$ 是不在 $j_1 < \cdots < j_{d-k}$ 之中的 k 个下标,我们计算有

$$
\begin{aligned}
a_k &= (-1)^{d-k} \sum_{1 \leqslant j_1 < \cdots < j_{d-k} \leqslant d} r_{j_1} \cdots r_{j_{d-k}} \\
&= (-1)^{d-k} \sum_{1 \leqslant i_1 < \cdots < i_k \leqslant d} \frac{1}{r_{i_1} \cdots r_{i_k}} \\
&= (-1)^{d-k} \sum_{1 \leqslant i_1 < \cdots < i_k \leqslant d} \overline{r_{i_1} \cdots r_{i_k}} \\
&= (-1)^d \overline{a_{d-k}} = -\overline{a_{d-k}}.
\end{aligned}
$$

因此 $\mathrm{Im}(a_k) = \mathrm{Im}(a_{d-k})$. $\qquad\square$

习题 8.14. 设 $n \geqslant 3$ 是整数. 是否存在正实数 $a_1, a_2, a_3, \cdots, a_n$, 使得对任意 $k = 1, 2, \cdots, n$, 多项式 $a_{k+n-1}x^{n-1} + \cdots + a_{k+1}x + a_k$(其中 $a_{i+n} = a_i$)的每个根满足不等式 $|\mathrm{Im}(z)| \leqslant |\mathrm{Re}(z)|$?

中国国家队选拔考试 2003

解 回答是否定的. 假设存在 $a_1, a_2, a_3, \cdots, a_n$,使得对每个 $k = 1, 2, \cdots, n-1$,多项式

$$a_{k+n-1}x^{n-1} + \cdots + a_{k+1}x + a_k$$

的根 $z_1, \cdots, z_{n-1}$ 均满足 $|\mathrm{Im}(z)| \leqslant |\mathrm{Re}(z)|$. 计算发现

$$z_j^2 = (\mathrm{Re}(z_j) + \mathrm{i}\,\mathrm{Im}(z_j))^2 = (\mathrm{Re}(z_j))^2 - (\mathrm{Im}(z_j))^2 + 2\mathrm{Re}(z_j)\mathrm{Im}(z_j) \cdot \mathrm{i},$$

于是 $\mathrm{Re}(z_j^2) = (\mathrm{Re}(z_j))^2 - (\mathrm{Im}(z_j))^2 \geqslant 0$. 我们继续得到

$$\mathrm{Re}(z_1^2 + \cdots + z_{n-1}^2) = \mathrm{Re}(z_1^2) + \mathrm{Re}(z_2^2) + \cdots + \mathrm{Re}(z_{n-1}^2) \geqslant 0.$$

注意到由于 $n \geqslant 3$,有

$$z_1 + \cdots + z_{n-1} = -\frac{a_{k+n-2}}{a_{k+n-1}}, \qquad \sum_{1 \leqslant i < j \leqslant n-1} z_i z_j = \frac{a_{k+n-3}}{a_{k+n-1}},$$

因此

$$
\begin{aligned}
z_1^2 + \cdots + z_{n-1}^2 &= (z_1 + \cdots + z_{n-1})^2 - 2\sum_{1 \leqslant i < j \leqslant n-1} z_i z_j \\
&= \frac{a_{k+n-2}^2 - 2a_{k+n-1} \cdot a_{k+n-3}}{a_{k+n-1}^2}.
\end{aligned}
$$

由于左端的实部根据前面结果是非负的,因此

$$\frac{a_{k+n-2}^2 - 2a_{k+n-1} \cdot a_{k+n-3}}{a_{k+n-1}^2} \geqslant 0,$$

我们得到 $a_{k+n-2}^2 - 2a_{k+n-1} \cdot a_{k+n-3} \geqslant 0$. 当 k 遍历 $1, \cdots, n$ 时,$j = k+n-2$ 也循环遍历 $1, \cdots, n$. 因此对所有的 $j = 1, 2, \cdots, n$,不等式 $a_j^2 - 2a_{j-1}a_{j+1} \geqslant 0$ 成立. 现在取 a_j 为所有 a_i 的最小值,则得到矛盾. $\hfill\square$

习题 8.15. 设 $P(x) = x^{d+1} + a_1 x^{d-1} + a_2 x^{d-2} + \cdots + a_d$ 是复系数多项式. 考虑 $r = \max\{|a_1|, \cdots, |a_d|\}$. 证明:$P(x)$ 的每个根 r_i 满足 $|r_i|(|r_i| - 1) \leqslant r$.

Marcel Chiriţă

证明 若 $|r_i| \leqslant 1$,则 $|r_i|(|r_i| - 1) \leqslant 0 \leqslant r$,不等式成立. 假设 $|r_i| > 1$. 将方程 $P(r_i) = 0$ 改写为

$$r_i = \frac{a_1}{r_i} + \frac{a_2}{r_i^2} + \cdots + \frac{a_d}{r_i^d},$$

然后应用三角不等式得到

$$|r_i| \leqslant \frac{|a_1|}{|r_i|} + \frac{|a_2|}{|r_i|^2} + \cdots + \frac{|a_d|}{|r_i|^d} \leqslant r\left(\frac{1}{|r_i|} + \frac{1}{|r_i|^2} + \cdots + \frac{1}{|r_i|^d}\right)$$
$$= r \cdot \frac{1 - \frac{1}{|r_i|^d}}{|r_i| - 1} < \frac{r}{|r_i| - 1}.$$

整理后得到所需的不等式. $\hfill\square$

习题 8.16. 设 a, b 是正整数. 证明:

$$2(a^2 - ab + b^2) \mid (a-b)^{2^n} + a^{2^n} + b^{2^n}.$$

数学公报

证法一 设 $P(x) = \frac{1}{2}\left((x-b)^{2^n} + x^{2^n} + b^{2^n}\right)$. 注意到,当 $k \neq 0, 2^n$ 时,组合数 $\binom{2^n}{k}$ 是偶数,所以 $P(x)$ 是整系数多项式. 设 ε 是 $\varepsilon^2 - \varepsilon + 1 = 0$ 的一个根,由于 $1 + \varepsilon^3 = (1 + \varepsilon)(\varepsilon^2 - \varepsilon + 1) = 0$,因此 $\varepsilon^3 = -1$. 于是有

$$P(\varepsilon b) = \frac{1}{2} b^{2^n} (1 + \varepsilon^{2^n} + (1 - \varepsilon)^{2^n}).$$

注意到 $1 - \varepsilon = -\varepsilon^2$,推出

$$1 + \varepsilon^{2^n} + (1 - \varepsilon)^{2^n} = 1 + \varepsilon^{2^n} + \varepsilon^{2^{n+1}} = \frac{\varepsilon^{3 \cdot 2^n} - 1}{\varepsilon^{2^n} - 1} = 0.$$

于是 $P(\varepsilon b)=0$，同理 $P(\bar\varepsilon b)=0$. 因此

$$(x-\varepsilon b)(x-\bar\varepsilon b)=x^2-(\varepsilon+\bar\varepsilon)bx+b^2=x^2-bx+b^2$$

整除 $P(x)$. 记

$$2P(x)=(x-b)^{2^n}+x^{2^n}+b^{2^n}=2(x^2-bx+b^2)Q(x),$$

其中 $Q(x)$ 是整系数多项式. 于是 $2(a^2-ab+b^2)$ 整除 $(a-b)^{2^n}+a^{2^n}+b^{2^n}$. □

证法二 设

$$P(x)=(x-a+b)(x+a)(x-b)=x^3-(a^2+b^2-ab)x+ab(a-b).$$

定义 $S_n=\dfrac{1}{2}\left((a-b)^n+(-a)^n+b^n\right)$. 于是

$$S_1=0,\quad S_2=a^2+b^2-ab,\quad S_3=\frac{3ab(b-a)}{2}$$

都是整数（对于 S_3 的情形，利用 $a,b,a-b$ 之一是偶数）. 牛顿恒等式给出

$$S_{n+3}=(a^2+b^2-ab)S_{n+1}-ab(a-b)S_n,$$

我们看到：对所有的 $n\geqslant 1,S_n$ 是整数. 我们还有

$$S_{n+3}\equiv -ab(a-b)S_n\pmod{a^2+b^2-ab}.$$

由于 $S_1\equiv S_2\equiv 0\pmod{a^2+b^2-ab}$，我们得到

$$S_n\equiv 0\pmod{a^2+b^2-ab}$$

对所有不是 3 的倍数的 n 成立. 特别地，有

$$S_{2^n}\equiv 0\pmod{a^2+b^2-ab},$$

这给出所求结论. □

习题 8.17. 设 $P(x)$ 是整系数多项式，复数 ω 满足 $|\omega|=1$. 设 $P(\omega)=c$，其中 c 是实数. 证明：存在整系数多项式 $Q(x)$，满足

$$c=Q\left(\omega+\frac{1}{\omega}\right).$$

证明 设 $P(x) = a_d x^d + \cdots + a_0$. 注意到 $P(\overline{\omega}) = \overline{P(\omega)} = \overline{c} = c$. 由于 $\overline{\omega} = \dfrac{1}{\omega}$, 我们得到

$$c = \frac{\omega P(\omega) - \overline{\omega} P(\overline{\omega})}{\omega - \overline{\omega}} = \sum_{k=0}^{d} a_k \cdot \frac{\omega^{k+1} - \omega^{-k-1}}{\omega - \omega^{-1}}$$

$$= \sum_{k=0}^{d} a_k \left(\omega^k + \omega^{k-2} + \cdots + \omega^{-k} \right).$$

回忆例 1.7, 存在整系数多项式 $T_k(x)$, 满足

$$T_k \left(x + \frac{1}{x} \right) = x^k + \frac{1}{x^k}.$$

因此我们得到

$$Q(x) = \sum_{k=0}^{d} a_k \left(T_k(x) + T_{k-2}(x) + \cdots \right)$$

是多项式, 使得 $c = Q \left(\omega + \dfrac{1}{\omega} \right)$. $\qquad\square$

习题 8.18. 设复数 z 的模长为 1, d 是给定的正整数. 证明: *存在 d 次多项式 $P(x)$, 其所有系数均为 $+1$ 或 -1, 并且 $|P(z)| \leqslant 4$.*

Komal

证法一 我们需要证明存在 $\varepsilon_i = \pm 1$, 使得

$$\left| \sum_{i=0}^{d} \varepsilon_i z^i \right| \leqslant 4.$$

这可以直接从下面的引理得出.

引理 设 $z_1, \cdots, z_d$ 是单位圆内或者圆上的复数, 则存在 $\varepsilon_i = \pm 1$, 使得

$$\left| \sum_{i=0}^{d} \varepsilon_i z_i \right| \leqslant \sqrt{2}.$$

引理的证明 我们对 d 归纳证明. 若 $d = 1$, 注意到

$$|z_1 - z_0|^2 + |z_1 + z_0|^2 = 2|z_1|^2 + 2|z_0|^2 \leqslant 4.$$

所以 $|z_1 - z_0| \leqslant \sqrt{2}$ 或者 $|z_1 + z_0| \leqslant \sqrt{2}$.

现在假设 $d \geqslant 2$. 考察过原点以及 $d+1$ 个点 $z_0, \cdots, z_d$ 之一的所有直线 Oz_i. 由于 $d+1 \geqslant 3$, 存在其中两条线在 O 的夹角不超过 $\dfrac{\pi}{3}$. 不妨设是 Oz_{d-1} 和 Oz_d 的夹角. 必要时将 z_d 替换为 $-z_d$, 我们可以假设角度 $\angle z_{d-1}Oz_d$ 不超过 $\dfrac{\pi}{3}$. 现在考虑 O, z_{d-1}, z_d 构成的三角形. 由于 $\angle z_{d-1}Oz_d$ 不能是三角形的最大角, 我们有

$$|z_{d-1} - z_d| \leqslant \max\{|z_{d-1}|, |z_d|\} \leqslant 1.$$

因此 $z_0, \cdots, z_{d-2}, z_{d-1} - z_d$ 表示了单位圆内或圆上的 d 个点. 根据归纳假设, 存在 $\varepsilon_i = \pm 1$, 使得

$$\left| \sum_{i=1}^{d-2} \varepsilon_i z_i + \varepsilon_{d-1} z_{d-1} - \varepsilon_{d-1} z_d \right| \leqslant \sqrt{2},$$

定义 $\varepsilon_d = -\varepsilon_{d-1}$, 就完成了归纳步骤.

回到原题证明, 将引理应用到 $1, z, \cdots, z^d$, 表明存在 $\varepsilon_i = \pm 1$, 使得

$$\left| \sum_{i=0}^{d} \varepsilon_i z^i \right| \leqslant \sqrt{2}.$$

$\square$

证法二 由于我们可以将 $P(z)$ 替换为 $P(-z)$, 不妨设 $\text{Re}(z) \leqslant 0$. 考虑 $P(z) = 1 + z + \cdots + z^d$. 由于

$$|1 - z|^2 = 1 + |z|^2 - 2\text{Re}(z) \geqslant 1 + |z|^2 = 2,$$

我们得到

$$|P(z)| = \left| \frac{1 - z^{d+1}}{1 - z} \right| \leqslant \frac{|1 - z^{d+1}|}{\sqrt{2}} \leqslant \frac{1 + |z|^{d+1}}{\sqrt{2}} = \sqrt{2}.$$

$\square$

习题 8.19. 设 r 是多项式 $x^3 - x^2 - 1$ 的实根. 若实数 a 等于集合 $\{1, r, r^2, \cdots\}$ 的某个有限子集的元素和, 则称 a 为"好数". 是否对任意 $\varepsilon > 0$, 存在两个好数 a, b, 使得 $0 < a - b < \varepsilon$?

解 答案是否定的. 设 $P(x) = x^3 - x^2 - 1$. 对 $x \leqslant 1$, 我们有

$$P(x) = -x^2(1 - x) - 1 \leqslant -1,$$

因此 $P(x)$ 在这个范围内没有根. 对 $x > 1$, $x^2(x-1)$ 是 x 的增函数, 因此 $P(x)$ 恰好有一个实根, 就是题目中的 r. $P(x)$ 的另外两个根不是实数, 于是互为共轭. 我们记这两个根为 s 和 t. 由于 $|s| = |t|$, 并且韦达定理给出 $rst = 1$, 因此得到

$$|s|^2 = |t|^2 = \frac{1}{|r|} < 1.$$

所以 $|s| = |t| < 1$.

另外, 多项式 $P(x)$ 在 $\mathbb{Z}[x]$ 上不可约: 否则 $P(x)$ 有线性因子, 给出一个有理根. 根据有理根定理, 我们只需验证 ± 1, 容易看出它们不是 $P(x)$ 的根 (或者上一段论述也证明了这一点).

假设存在好数 a, b, 使得 $0 < a - b < \varepsilon$. 一个好数是系数为 0 或 1 的多项式 $g(x)$ 在点 r 的值 $g(r)$. 因此我们可以记 $a = g_1(r)$, $b = g_2(r)$ 为这两个多项式. 于是 $f(x) = g_1(x) - g_2(x)$ 是系数为 ± 1 或 0 的多项式, 满足 $0 < f(r) < \varepsilon$.

考察多项式 $F(r, s, t) = f(r) \cdot f(s) \cdot f(t)$. 这是变量 r, s, t 的整系数对称多项式. 因此它可以写成初等对称多项式 $\sigma_1 = r + s + t$, $\sigma_2 = rs + st + tr$, $\sigma_3 = rst$ 的整系数多项式. 由于 r, s, t 是 $P(x)$ 的根, 因此 $\sigma_1 = 1$, $\sigma_2 = 0$, $\sigma_3 = 1$, 于是 $F(r, s, t)$ 是整数. 此外, 由于 $f(r) > 0$, $P(x)$ 不可约, 因此 $f(s), f(t)$ 非零, 于是 $F(r, s, t) \neq 0$. 而 $F(r, s, t)$ 是整数, 我们得到

$$|F(r, s, t)| = |f(r)| \cdot |f(s)| \cdot |f(t)| \geqslant 1.$$

因此

$$|f(r)| \geqslant \frac{1}{|f(s)| \cdot |f(t)|}.$$

根据三角不等式有

$$|f(s)| \leqslant 1 + |s| + |s|^2 + \cdots = \frac{1}{1 - |s|},$$

以及类似地, 有 $|f(t)| \leqslant \dfrac{1}{1 - |t|}$, 于是得到

$$\varepsilon > |f(r)| \geqslant (1 - |t|) \cdot (1 - |s|).$$

因此, 对于 $\varepsilon < (1 - |t|) \cdot (1 - |s|)$, 不存在差小于 ε 的两个好数. $\qquad \square$

习题 8.20. 设 $C \in (0, 1)$, d 是正整数. 证明: 多项式

$$P(x) = \sum_{k=0}^{d} \binom{d}{k} C^{k(d-k)} x^k$$

的所有根的模长都是 1.

中国国家队选拔考试 2018

证明 我们对 d 归纳证明这个命题. 定义

$$P_d(x) = \sum_{k=0}^{d} \binom{d}{k} C^{k(d-k)} x^k,$$

于是 $P_1(x) = x + 1$. 假设命题对所有不超过 d 的正整数成立, 于是可以记

$$P_d(x) = (x - z_1) \cdots (x - z_d), \quad |z_i| = 1, i = 1, 2, \cdots, d.$$

容易得到

$$
\begin{aligned}
P_{d+1}(x) &= \sum_{k=0}^{d+1} \binom{d+1}{k} C^{k(d+1-k)} x^k \\
&= \sum_{k=0}^{d+1} \left(\binom{d}{k-1} + \binom{d}{k} \right) C^{k(d+1-k)} x^k \\
&= \sum_{k=0}^{d} \binom{d}{k} C^{(k+1)(d-k)} x^{k+1} + \sum_{k=0}^{d} \binom{d}{k} C^{k(d+1-k)} x^k \\
&= x C^d P_d \left(\frac{x}{C} \right) + P_d(Cx).
\end{aligned}
$$

现在, 假设有一个复数 $z \neq 0$ 满足 $P_{d+1}(z) = 0$. 于是

$$z C^d \left(\frac{z}{C} - z_1 \right) \cdots \left(\frac{z}{C} - z_d \right) + (Cz - z_1) \cdots (Cz - z_d) = 0.$$

然后得到

$$
\begin{aligned}
\left| z C^d \left(\frac{z}{C} - z_1 \right) \cdots \left(\frac{z}{C} - z_d \right) \right| &= |z| \left| \left(\frac{z}{C} - z_1 \right) \cdots \left(\frac{z}{C} - z_d \right) \right| \\
&= |z| \cdot |(z - Cz_1) \cdots (z - Cz_d)| \\
&= |(Cz - z_1) \cdots (Cz - z_d)|.
\end{aligned}
$$

由于 $|z_i| = 1$, 我们容易得到

$$
\begin{aligned}
|z - Cz_i|^2 - |Cz - z_i|^2 &= (z - Cz_i)(\bar{z} - C\overline{z_i}) - (Cz - z_i)(C\bar{z} - \overline{z_i}) \\
&= (1 - C^2)(|z|^2 - 1).
\end{aligned}
$$

所以若 $|z| > 1$, 则 $|z - Cz_i| > |Cz - z_i|$, 然后

$$
\begin{aligned}
|z| \cdot |(z - Cz_1) \cdots (z - Cz_d)| &> |(z - Cz_1) \cdots (z - Cz_d)| \\
&> |(Cz - z_1) \cdots (Cz - z_d)|.
\end{aligned}
$$

此外, 若 $|z| < 1$, 则 $|z - Cz_i| < |Cz - z_i|$, 然后

$$
\begin{aligned}
|z| \cdot |(z - Cz_1) \cdots (z - Cz_d)| &< |(z - Cz_1) \cdots (z - Cz_d)| \\
&< |(Cz - z_1) \cdots (Cz - z_d)|.
\end{aligned}
$$

都产生矛盾, 因此必然有 $|z| = 1$. $\qquad \square$

习题 8.21. 求所有复系数非常数多项式 $P(z)$，使得 $P(z)$ 和 $P(z)-1$ 的所有根都是模长为 1 的.

Ankan Bacharia, 美国国家队选拔考试 *2021*

解 设 $d=\deg P(z)$，$P(z)=C(z-r_1)\cdots(z-r_d)$，其中 $|r_i|=1,1\leqslant i\leqslant d$，$C$ 是任意复数. 设 z_0 是多项式 $P(z)-1$ 的任意根[4]. 我们有 $|z_0|=1,P(z_0)=1$，即

$$C(z_0-r_1)\cdots(z_0-r_d)=1.$$

两边取共轭，得到

$$\overline{C}(\overline{z_0}-\overline{r_1})\cdots\cdot(\overline{z_0}-\overline{r_d})=1.$$

由于 $\overline{r_i}=\dfrac{1}{r_i},\overline{z_0}=\dfrac{1}{z_0}$，这可以化为

$$\frac{(-1)^d\overline{C}}{r_1\cdots r_d z_0^d}\underbrace{(z_0-r_1)\cdots(z_0-r_d)}_{C^{-1}}=1.$$

于是得到

$$z_0^d=\frac{(-1)^d\overline{C}}{Cr_1\cdots r_d}=C_1.$$

因此 $P(z)-1$ 的任意根都是 z^d-C_1 的根，于是 $P(z)-1$ 整除 z^d-C_1. 比较次数和首项系数，得到 $P(z)-1=C(z^d-C_1)$. 所以可以记 $P(z)=\alpha z^d+\beta$，其中 α 和 β 是复数. $P(z)$ 的所有根模长为 1 说明 $|\alpha|=|\beta|$，而 $P(z)-1$ 的所有根模长为 1 说明 $|\alpha|=|\beta-1|$. 因此 $|\beta|=|\beta-1|$，等价于 $\mathrm{Re}(\beta)=\dfrac{1}{2}$. 最终得到，所有满足题目条件的多项式具有形式

$$P(z)=\alpha z^d+\beta,$$

其中 $|\alpha|=|\beta|,\mathrm{Re}(\beta)=\dfrac{1}{2}$. □

习题 8.22. 设 d 是正整数，实数 $a_0,\cdots,a_d$ 满足

$$0<a_0\leqslant a_1\leqslant\cdots\leqslant a_{d-1},\quad a_{d-1}>a_d>0.$$

证明：多项式 $P(x)=a_dx^d+a_{d-1}x^{d-1}+\cdots+a_0$ 的根的实部均小于 1.

---

[4] 多项式 $P(z)-1$ 只有单根，否则这个根 w 是 $P(z)-1$ 和 $P'(z)$ 的公共根，并且在单位圆上. 而 $P(z)$ 的根都在单位圆上，并且根据高斯–卢卡斯定理，$P'(z)$ 的根在 $P(z)$ 的根的凸包内. 现在单位圆上的点 w 在单位圆上的另一些点（$P(z)$ 的根）的凸包内，说明 w 包含于后者. w 同时是 $P(z)$ 和 $P(z)-1$ 的根，矛盾.

证明 观察到

$$(x-1)P(x) = a_d x^{d+1} + (a_{d-1} - a_d)x^d - \Big((a_{d-1} - a_{d-2})x^{d-1} + \cdots$$
$$+ (a_1 - a_0)x + a_0\Big) = a_d x^{d+1} + (a_{d-1} - a_d)x^d - Q(x).$$

假设命题不成立,于是 $P(x)$ 有一个根 $r, \mathrm{Re}(r) \geqslant 1$. 那么

$$\left| a_d r^{d+1} + (a_{d-1} - a_d)r^d \right| = \left| ra_d + a_{d-1} - a_d \right| \left| r^d \right| \geqslant \left| a_d + a_{d-1} - a_d \right| \left| r^d \right|$$
$$= a_{d-1} \left| r^d \right|.$$

此外,由于 $|r| \geqslant \mathrm{Re}(r) \geqslant 1$,因此有

$$|Q(r)| \leqslant |a_{d-1} - a_{d-2}| \, |r|^{d-1} + \cdots + |a_1 - a_0| \, |r| + a_0$$
$$\leqslant |r|^{d-1}(a_{d-1} - a_{d-2} + \cdots + a_1 - a_0 + a_0)|r|^{d-1}$$
$$= a_{d-1}|r|^{d-1}.$$

两个不等式结合得到

$$|(r-1)P(r)| \geqslant \left| a_d r^{d+1} + (a_{d-1} - a_d)r^d \right| - |Q(r)| \geqslant a_{d-1}(|r|-1)\left| r^d \right| \geqslant 0.$$

由于 $P(r) = 0$,所有等号成立,因此必然有 $r = 1$. 但是显然又有 $P(1) > 0$,矛盾. 这样就完成了证明. $\qquad\square$

习题 8.23. 正实系数多项式 $P(x) = rx^3 + qx^2 + px + 1$ 恰有一个实根. 定义序列 $a_1 = 1, a_2 = -p, a_3 = p^2 - q$,并且

$$a_{n+3} + pa_{n+2} + qa_{n+1} + ra_n = 0, \quad n \geqslant 1.$$

证明:此序列中有无穷多项为负实数.

越南国家队选拔考试 2009

证明 设

$$Q(x) = x^3 P\left(\frac{1}{x}\right) = x^3 + px^2 + qx + r.$$

$Q(x)$ 的根是 $P(x)$ 的根的倒数,因此其中只有一个为实数,记为 α,另外两个根互为共轭,记为 β 和 γ. 考察

$$T_n = \alpha^n(\beta - \gamma) + \beta^n(\gamma - \alpha) + \gamma^n(\alpha - \beta).$$

我们容易得到 $T_0 = T_1 = 0$，简单计算给出

$$T_2 = -(\alpha - \beta)(\beta - \gamma)(\gamma - \alpha).$$

此外，牛顿恒等式给出

$$T_{n+3} + pT_{n+2} + qT_{n+1} + rT_n = 0.$$

由此我们计算 $T_3 = -pT_2, T_4 = (p^2 - q)T_2$. 和 a_n 的定义比较，我们看到

$$a_n = \frac{T_{n+1}}{T_2} = \frac{\alpha^{n+1}}{(\alpha - \beta)(\alpha - \gamma)} + \frac{\beta^{n+1}}{(\beta - \gamma)(\beta - \alpha)} + \frac{\gamma^{n+1}}{(\gamma - \alpha)(\gamma - \beta)}.$$

由于 $p, q, r > 0$，实根 α 必然是负数，于是这个公式中的第一项 $\dfrac{\alpha^{n+1}}{|\alpha - \beta|^2}$ 对所有的偶数 n 为负数. 其余的两项互为共轭. 如果定义

$$C = \frac{\beta}{(\beta - \gamma)(\beta - \alpha)},$$

那么其余两项的和为 $2\mathrm{Re}(C\beta^n)$. 现在记

$$\beta^2 = r(\cos\theta + \mathrm{i}\sin\theta)$$
$$C = s(\cos\phi + \mathrm{i}\sin\phi),$$

其中 $r, s > 0, -\pi < \theta, \phi < \pi$. 注意到由于 β 不是实数，$\theta \neq 0$，而且必要时互换 γ 和 β，我们可以假设 $0 < \theta < \pi$. 于是有

$$2\mathrm{Re}(C\beta^{2m}) = 2sr^m\cos(m\theta + \phi).$$

如果 t 增加，那么角度 $t\theta + \phi$ 会趋向于 ∞，说明它会经过区间 $((2k+1/2)\pi, (2k+3/2)\pi)$ 无穷多次. 由于 $\theta < \pi$，而且这些区间的长度为 π，因此在每个这样的区间中总是会有一个对应于 t 的整数值. 于是有无穷多的整数 m，使得 $m\theta + \phi \in ((2k+1/2)\pi, (2k+3/2)\pi), k$ 是整数. 但是任意这样的 m 满足 $\cos(m\theta + \phi) < 0$，因此对这些 m，有 $a_{2m} < 0$. $\qquad\square$

习题 8.24. 设 $P(x)$ 和 $Q(x)$ 是复系数首项系数为 1 的多项式，满足

$$P(x) - Q(y) = \prod_{j=1}^{n}(a_j x + b_j y + c_j),$$

其中 a_j, b_j, c_j 是非零复数. 证明：存在复数 a, b, c，使得

$$P(x) = (x + a)^n + c, \quad Q(x) = (x + b)^n + c.$$

证明 容易得出 $\deg P(x) = \deg Q(x) = n$. 比较两边 x^n 和 y^n 的系数, 我们容易看到

$$a_1 \cdots a_n = 1, \quad b_1 \cdots b_n = -1.$$

因此, 定义 $d_j = -\dfrac{b_j}{a_j}$ 和 $e_j = \dfrac{c_j}{a_j}$, 我们可以将原始等式改写成

$$P(x) - Q(y) = \prod_{j=1}^{n}(x - d_j y + e_j).$$

现在, 验证两边的 n 次齐次部分, 我们得到

$$\prod_{j=1}^{n}(x - d_j y) = x^n - y^n = \prod_{j=1}^{n}(x - \omega^j y),$$

其中 ω 是一个本原 n 次单位根. 于是通过因子重新排序, 我们可以假设 $d_j = \omega^j$, $j = 1, \cdots, n$. 设 a 和 b 是方程 $a - b = e_n$ 和 $a - \omega b = e_1$ 的解, 或者等价地说

$$a = \frac{e_1 - \omega e_n}{1 - \omega}, \quad b = \frac{e_1 - e_n}{1 - \omega},$$

然后定义 $F(x) = P(x - a)$ 和 $G(x) = Q(x - b)$. 那么我们可以得到

$$F(x) - G(y) = (x - y)(x - \omega y)\prod_{j=2}^{n-1}(x - \omega^j y + f_j),$$

其中 $f_j = e_j - a + \omega^j b, 2 \leqslant j \leqslant n-1$. 现在, 对 $x = y$ 和 $x = \omega y$, 我们得到

$$G(y) = F(y) = F(\omega y)$$

对每个 y 成立. 因此, 若 r 是 $F(x)$ 的任意根, 则 $\omega r, \omega^2 r, \cdots, \omega^{n-1} r$ 都是 $F(x)$ 的根. 所以

$$F(x) = G(x) = (x - r)(x - \omega r)\cdots(x - \omega^{n-1}r) = x^n - r^n.$$

最后得到 $P(x) = F(x+a) = (x+a)^n - r^n$ 和 $Q(x) = G(x+b) = (x+b)^n - r^n$. □

习题 8.25. 求所有的正整数 n, 使得多项式

$$a^n(b-c) + b^n(c-a) + c^n(a-b)$$

具有因子 $a^2 + b^2 + c^2 + ab + ac + bc$.

解 我们代入特殊值 $b = 2, c = 1$. 然后提问,是否多项式

$$P(a) = a^n - (2^n - 1)a + 2^n - 2$$

可以被 $Q(a) = a^2 + 3a + 7$ 整除. Q 的根为 $\dfrac{-3 \pm i\sqrt{19}}{2}$,其绝对值为 $\sqrt{7}$. 现在假设 $n \geqslant 5, r$ 是 Q 的一个根,则有

$$|P(r)| = |r^n - (2^n - 1)r + 2^n - 2| \geqslant |r|^n - 2^n(1 + |r|) - 5 > 7^{\frac{n}{2}} - 4 \cdot 2^n > 0.$$

因此当 $n \geqslant 5$ 时,$Q(x)$ 不能整除 $P(x)$. 容易验证,对 $n = 2, 3, P(r) \neq 0$. 还需要验证 $n = 1, 4$,它们给出题目的解. 对 $n = 1$,被除式为零,对 $n = 4$,我们有

$$a^4(b-c) + b^4(c-a) + c^4(a-b) = (a^2 + b^2 + c^2 + ab + ac + bc)(a-b)(b-c)(c-a).$$

$\square$

习题 8.26. 证明:非零复系数多项式 P 和 Q 的根及重数均相同当且仅当函数 $f : \mathbb{C} \to \mathbb{R}, f(x) = |P(x)| - |Q(x)|$ 在 $\mathbb{C}$ 上恒非正或者恒非负.

Marcel Ţena, 罗马尼亚数学奥林匹克 *1978*

证明 假设非零多项式 $P(x), Q(x) \in \mathbb{C}[x]$ 有相同的根,每个根重数相同. 那么存在 $\lambda \in \mathbb{C}^*$,使得 $P(x) = \lambda Q(x)$. 于是 $f(x) = |Q(x)|(|\lambda| - 1)$,在 $\mathbb{C}$ 上符号相同.

现在我们证明逆命题:如果函数 $f : \mathbb{C} \to \mathbb{R}, f(x) = |P(x)| - |Q(x)|$ 在 $\mathbb{C}$ 上符号不变,那么多项式 P 和 Q 的根以及重数相同. 不妨设 $f(x) \geqslant 0$,对所有的 $x \in \mathbb{C}$ 成立. 于是有

$$|P(x)| \geqslant |Q(x)| \quad \forall\, x \in \mathbb{C}. \tag{9.15}$$

如果 x_0 是 $P(x)$ 的一个根,那么根据式 (9.15),我们有 $|Q(x_0)| \leqslant 0$,这给出 $Q(x_0) = 0$,所以 x_0 是 Q 的根. 这说明 P 的每个根也是 Q 的根. 设 $x_1, x_2, \cdots, x_k$ 是 Q 的不同根,重数分别为 $q_1, q_2, \cdots, q_k$. 设 P 在根 $x_1, x_2, \cdots, x_k$ 的重数分别为 $p_1, p_2, \cdots, p_k$(有 $p_i \geqslant 0, i = 1, 2, \cdots, k$),其中若 x_i 不是 P 的根,取 $p_i = 0$. 我们有

$$P(x) = a(x - x_1)^{p_1}(x - x_2)^{p_2} \cdots (x - x_k)^{p_k},$$

$$Q(x) = b(x - x_1)^{q_1}(x - x_2)^{q_2} \cdots (x - x_k)^{q_k},$$

其中 $a, b \in \mathbb{C}^*$. 我们要证明 $p_1 = q_1, p_2 = q_2, \cdots, p_k = q_k$. 不等式 (9.15) 可以写成

$$|a||x - x_1|^{p_1} \cdots |x - x_k|^{p_k} \geqslant |b||x - x_1|^{q_1} \cdots |x - x_k|^{q_k} \quad \forall\, x \in \mathbb{C}. \tag{9.16}$$

我们首先证明 $p_i \leqslant q_i$,对所有的 $i = 1, 2, \cdots, k$ 成立. 我们只证明 $p_1 \leqslant q_1$,其他不等式可以类似证明. 假设 $p_1 > q_1$,若 $x \in \mathbb{C} \setminus \{x_1, x_2, \cdots, x_k\}$,不等式 (9.16) 变为

$$|a||x - x_1|^{p_1 - q_1}|x - x_2|^{p_2} \cdots |x - x_k|^{p_k} \geqslant |b||x - x_2|^{q_2} \cdots |x - x_k|^{q_k}.$$

当 $x \to x_1$ 时(例如取 $x = x_1 + \alpha$,其中 $\alpha \in \mathbb{R}, \alpha \to 0$),我们得到

$$|b||x_1 - x_2|^{q_2} \cdots |x_1 - x_k|^{q_k} \leqslant 0,$$

矛盾. 因此 $p_i \leqslant q_i, i = 1, 2, \cdots, k$ 成立. 若这些不等式中有一个是严格的,不妨设 $p_1 < q_1$. 若 $x \in \mathbb{C} \setminus \{x_1, x_2, \cdots, x_k\}$,则不等式 (9.16) 变成

$$|a| \geqslant |b||x - x_1|^{q_1 - p_1}|x - x_2|^{q_2 - p_2} \cdots |x - x_k|^{q_k - p_k}.$$

当 $|x - x_1| \to \infty$ 时(例如取 $x = x_1 + \beta, \beta \in \mathbb{R}, \beta \to \infty$),我们发现右端趋向于无穷,左端是常数,矛盾. 于是得到结论,$p_i = q_i$ 对所有的 $i = 1, 2, \cdots, k$ 成立. $\quad\square$

习题 8.27. 设复系数多项式 $f = x^{2n} + a_{2n-1}x^{2n-1} + \cdots + a_1 x + 1$ 满足 $a_{2n-k} = a_k$, $k = 1, 2, \cdots, n - 1$,并且

$$|a_1| + |a_2| + \cdots + |a_{2n-1}| < 2.$$

α 是 f 的一个根. 证明:$\left| \alpha + \dfrac{1}{\alpha} \right| < 2$.

Alin Pop,数学公报 B 12/2003, C:2694

证明 设 $z \in \mathbb{C}^*$,满足 $\left| z + \dfrac{1}{z} \right| \geqslant 2$. 我们对 n 归纳证明

$$\left| z^{n+1} + \frac{1}{z^{n+1}} \right| \geqslant \left| z^n + \frac{1}{z^n} \right|, \qquad \forall\, n \geqslant 0.$$

基础情形 $n = 0$ 就是假设. 对于归纳的步骤,假设

$$\left| z^n + \frac{1}{z^n} \right| \geqslant \left| z^{n-1} + \frac{1}{z^{n-1}} \right|.$$

我们有

$$
\begin{aligned}
\left| z^{n+1} + \frac{1}{z^{n+1}} \right| &= \left| \left(z + \frac{1}{z} \right)\left(z^n + \frac{1}{z^n} \right) - \left(z^{n-1} + \frac{1}{z^{n-1}} \right) \right| \\
&\geqslant \left| z + \frac{1}{z} \right|\left| z^n + \frac{1}{z^n} \right| - \left| z^{n-1} + \frac{1}{z^{n-1}} \right| \\
&\geqslant \left| z^n + \frac{1}{z^n} \right|\left(\left| z + \frac{1}{z} \right| - 1 \right) \\
&\geqslant \left| z^n + \frac{1}{z^n} \right|,
\end{aligned}
$$

所以命题对所有的 $n \geqslant 1$ 成立. 设 $\alpha \in \mathbb{C}$ 满足 $f(\alpha) = 0$ 并且

$$\left| \alpha + \frac{1}{\alpha} \right| \geqslant 2.$$

我们有

$$\left| a_n + a_{n+1}\alpha + a_{n-1}\frac{1}{\alpha} + \cdots + a_{2n-1}\alpha^{n-1} + a_1\frac{1}{\alpha^{n-1}} \right| = \left| \alpha^n + \frac{1}{\alpha^n} \right|,$$

因此

$$|a_n| + |a_{n+1}| \cdot \left| \alpha + \frac{1}{\alpha} \right| + \cdots + |a_{2n-1}| \cdot \left| \alpha^{n-1} + \frac{1}{\alpha^{n-1}} \right| \geqslant \left| \alpha^n + \frac{1}{\alpha^n} \right|.$$

于是得到

$$|a_n| + \left| \alpha^n + \frac{1}{\alpha^n} \right| \left(|a_{n+1}| + |a_{n+2}| + \cdots + |a_{2n-1}| \right) \geqslant \left| \alpha^n + \frac{1}{\alpha^n} \right|,$$

给出

$$\begin{aligned}
|a_n| &\geqslant \left| \alpha^n + \frac{1}{\alpha^n} \right| \left(1 - |a_{n+1}| - |a_{n+2}| - \cdots - |a_{2n-1}| \right) \\
&\geqslant 2\left(1 - |a_{n+1}| - |a_{n+2}| - \cdots - |a_{2n-1}| \right),
\end{aligned}$$

所以有 $|a_1| + \cdots + |a_{n-1}| + |a_n| + |a_{n+1}| + \cdots + |a_{2n-1}| \geqslant 2$, 矛盾. $\qquad\square$

习题 8.28. 设 $a, b, c, d > 0$. 证明:

$$\sqrt{\left(a + \sqrt{\frac{bcd}{a}}\right)\left(b + \sqrt{\frac{acd}{b}}\right)\left(c + \sqrt{\frac{abd}{c}}\right)\left(d + \sqrt{\frac{abc}{d}}\right)} + 2\sqrt{abcd}$$

$$\geqslant ab + bc + cd + da + ac + bd.$$

证明 设 $P(x) = (x^2 + a^2)(x^2 + b^2)(x^2 + c^2)(x^2 + d^2)$. 因为有

$$P(x) = |(x + a\mathrm{i})(x + b\mathrm{i})(x + c\mathrm{i})(x + d\mathrm{i})|^2,$$

和

$$\begin{aligned}
&(x + a\mathrm{i})(x + b\mathrm{i})(x + c\mathrm{i})(x + d\mathrm{i}) \\
&= x^4 + \mathrm{i}\left(\sum a\right)x^3 - \left(\sum ab\right)x^2 - \mathrm{i}\left(\sum abc\right)x + abcd,
\end{aligned}$$

所以

$$P(x) = \left(x^4 - \left(\sum ab\right)x^2 + abcd\right)^2 + \left(\left(\sum a\right)x^3 - \left(\sum abc\right)x\right)^2.$$

于是

$$P(x) \geqslant \left(x^4 - \left(\sum ab\right) x^2 + abcd\right)^2.$$

代入 $x = \sqrt[4]{abcd}$，得到

$$(a^2 + \sqrt{abcd})(b^2 + \sqrt{abcd})(c^2 + \sqrt{abcd})(d^2 + \sqrt{abcd}) \geqslant \left(2abcd - \sqrt{abcd} \sum ab\right)^2.$$

因此有

$$\sqrt{(a^2 + \sqrt{abcd})(b^2 + \sqrt{abcd})(c^2 + \sqrt{abcd})(d^2 + \sqrt{abcd})} \geqslant \sqrt{abcd} \sum ab - 2abcd,$$

整理就得到要证明的不等式. □

习题 8.29. 求所有的正整数 n，使得存在单位圆上的 n 个点 $P_1, \cdots, P_n$，满足：对单位圆上的点 M，表达式 $\displaystyle\sum_{i=1}^{n} MP_i^k$ 是常数，其中 (i) $k = 2018$；(ii) $k = 2019$.

中国国家队选拔考试 2019

解 (i) 设 $m = 1009$，利用复数坐标系. 设点 $M, P_1, \cdots, P_n$ 对应的复数分别为 $z, \omega_1, \cdots, \omega_n$，显然这些复数的模长均为 1. 于是

$$MP_i^2 = |z - \omega_i|^2 = \left|\frac{z}{\omega_i} - 1\right|^2 = 2 - \frac{z}{\omega_i} - \frac{\omega_i}{z}.$$

于是

$$MP_i^{2m} = (2 - \frac{z}{\omega_i} - \frac{\omega_i}{z})^m.$$

令

$$f(x) = \left(2 - x - \frac{1}{x}\right)^m = \frac{(-1)^m (x-1)^{2m}}{x^m} = \sum_{k=-m}^{m} a_k x^k,$$

其中

$$a_k = \binom{2m}{m+k}, \quad k = -m, -(m-1), \cdots, m.$$

设

$$S_k = \sum_{i=1}^{n} \omega_i^k$$

以及

$$F(z) = \sum_{i=1}^{n} f\left(\frac{z}{\omega_i}\right) = \sum_{i=1}^{n} \sum_{k=-m}^{m} a_k z^k \omega_i^{-k}.$$

这给出

$$F(z) = \sum_{k=-m}^{m} a_k \left(\sum_{i=1}^{n} \omega_i^{-k} \right) z^k = \sum_{k=-m}^{m} a_k S_{-k} z^k.$$

由于 $F(z) = C$ 是常数，因此

$$z^m(F(z) - C) = \left(\left(\sum_{k=-m}^{m} a_k S_{-k} z^k \right) - C \right) z^m = 0.$$

因此 $a_k S_{-k} = 0$ 对所有的 $k = \pm 1, \cdots, \pm m$ 成立，于是有 $S_1 = \cdots = S_m = 0$.
若 $n \leqslant m$，根据牛顿恒等式，可以得到 $\omega_i = 0$ 对所有的 $i = 1, \cdots, m$ 成立，
因此 $n \geqslant m+1$. 现在，取 $\omega_l = \cos \frac{2\pi l}{n} + \mathrm{i} \sin \frac{2\pi l}{n}$，我们有 $S_{-k} = 0$ 对所有的
$k = \pm 1, \cdots, \pm m$ 成立，但是 $S_0 \neq 0, C = na_0 = n\binom{2m}{m}$. 因此，使得这些点存在的
整数 n 恰好是满足 $n \geqslant 1010$ 的整数.

(ii) 设 $C = \{z \in \mathbb{C} : |z| = 1\}$ 为单位圆，$0 < \varepsilon < \frac{\pi}{n}$，

$$A = \{z \in C : 2\varepsilon < \arg(z) < 2\pi\}.$$

我们不妨设 $P_l = \omega_l^2, \omega_l \in A_1 = \{z \in C : \varepsilon < \arg(z) < \pi\}$. 定义

$$B = C - A = \{z \in C : 0 \leqslant \arg(z) \leqslant 2\varepsilon\}$$

以及

$$B_1 = C - A_1 = \{z \in C : 0 \leqslant \arg(z) \leqslant \varepsilon\}.$$

取 $z \in B_1$，则 $z^2 \in B$. 取 z^2 为 M，于是有

$$|MP_l|^2 = |z^2 - \omega_l^2| = 2 - \frac{z^2}{\omega_l^2} - \frac{\omega_l^2}{z^2} = \left(\left(\frac{z}{\omega_l} - \frac{\omega_l}{z} \right) \mathrm{i} \right)^2.$$

我们有 $0 \leqslant \arg(z) \leqslant \varepsilon < \arg(\omega_l) < \pi$. 由于 $\frac{z}{\omega_l}, \frac{\omega_l}{z}$ 在单位圆上，它们互为共轭，因
此 $\mathrm{Re}\left(\frac{z}{\omega_l} - \frac{\omega_l}{z} \right) = 0$. 所以有

$$|MP_l| = \mathrm{i}\left(\frac{z}{\omega_l} - \frac{\omega_l}{z} \right).$$

也就是说，有

$$|MP_l|^{2m+1} = \left(\frac{z}{\omega_l} - \frac{\omega_l}{z} \right)^{2m+1} \mathrm{i}^{2m+1}.$$

定义

$$g(x) = \mathrm{i}^{2m+1} \left(x - \frac{1}{x} \right)^{2m+1} = \mathrm{i}^{2m+1} \frac{(x^2 - 1)^{2m+1}}{x^{2m+1}} = \sum_{k=0}^{2m+1} b_k x^{2k-2m-1},$$

其中 $b_k = \mathrm{i}^{2m+1}(-1)^{k+1}\binom{2m+1}{k}$. 于是

$$
\begin{aligned}
G(z) &= \sum_{i=1}^{n} g\left(\frac{z}{\omega_l}\right) = \sum_{i=1}^{n}\sum_{k=0}^{2m+1} b_k z^{2k-2m-1}\omega_i^{2m+1-2k} \\
&= \sum_{k=0}^{2m+1} b_k S_{2m+1-2k} z^{2k-2m-1}.
\end{aligned}
$$

由于 $G(z) = K$ 为常数,因此

$$
z^{2m+1}(G(z) - K) = \sum_{k=0}^{2m+1} b_k S_{2m+1-2k} z^{2k} - K z^{2m+1}
$$

是零多项式. 考虑 z^{2m} 的系数,我们发现 $S_1 = 0$. 因此

$$
\sum_{i=1}^{n} \mathrm{Re}(\omega_i) = 0.
$$

但是根据 ω_i 的选择,这个量是正的,矛盾. 因此当 $k = 2019$ 时,对任何 n,不存在满足条件的点集. $\qquad\square$

习题 8.30. 实系数多项式 $u_i(x) = a_i x + b_i, i = 1,2,3$ 和整数 $n > 2$ 满足

$$
(u_1(x))^n + (u_2(x))^n = (u_3(x))^n.
$$

证明:存在实数 A, B, c_1, c_2, c_3,使得 $u_i(x) = c_i(Ax + B), i = 1,2,3$.

波兰数学奥林匹克 1972

证明 若 $a_1 = a_2 = 0$,则多项式 u_1 和 u_2 是常数. 于是多项式 u_3 也是常数,即 $a_3 = 0$. 此时,只需取 $c_i = b_i, i = 1,2,3, A = 0, B = 1$ 即可.

假设 a_1 和 a_2 中至少一个不是零,比如说 $a_1 \neq 0$. 设 $y = a_1 x + b_1$,我们得到

$$
u_j(x) = \frac{a_j}{a_1} y + \frac{b_j a_1 - a_j b_1}{a_1} = A_j y + B_j,
$$

$$
A_j = \frac{a_j}{a_1}, \quad B_j = \frac{b_j a_1 - a_j b_1}{a_1}, \quad j = 2,3.
$$

这给出如下形式的等式

$$
y^n + (A_2 y + B_2)^n = (A_3 y + B_3)^n.
$$

分别比较两边的常数项, y, y^n 的系数, 我们得到方程

$$B_2^n = B_3^n$$
$$nA_2B_2^{n-1} = nA_3B_3^{n-1}$$
$$1 + A_2^n = A_3^n.$$

现在有两个情形.

(i) 若 $B_2 = 0$, 则 $B_3 = 0$, 然后有 $b_j a_1 - a_j b_1 = 0, j = 2, 3$, 即 $b_j = \dfrac{a_j}{a_1} b_1$. 此时, 取 $c_1 = 1, c_j = \dfrac{a_j}{a_1}, j = 2, 3, A = a_1, B = b_1$ 即可.

(ii) 若 $B_2 \neq 0$, 则 $B_3 \neq 0$, 然后将第二个方程除以第一个方程, 我们得到 $\dfrac{A_2}{B_2} = \dfrac{A_3}{B_3}$. 将最后的等式 n 次方, 利用第一个方程, 我们得到 $A_2^n = A_3^n$. 这和第三个方程矛盾. 因此这种情况不会发生.   □

习题 8.31. 求所有的复系数多项式 P 和 Q, 使得对所有的复数 x, 有

$$P(P(x)) - Q(Q(x)) = 1 + \mathrm{i}, \quad P(Q(x)) - Q(P(x)) = 1 - \mathrm{i}.$$

解 注意到 $P(P(x)) - P(Q(x))$ 和 $Q(P(x)) - Q(Q(x))$ 都被 $P(x) - Q(x)$ 整除. 因此得到

$$2\mathrm{i} = P(P(x)) - P(Q(x)) + Q(P(x)) - Q(Q(x)),$$

被 $P(x) - Q(x)$ 整除, 所以 $P(x) - Q(x)$ 是常数. 假设 $P(x) = Q(x) + C$, 由于

$$\underbrace{P(P(x)) - Q(P(x))}_{C} + \underbrace{P(Q(x)) - Q(Q(x))}_{C} = 2,$$

因此 $C = 1$, 即 $P(x) = Q(x) + 1$. 于是

$$P(P(x)) = 1 + Q(P(x)) = 1 + Q(1 + Q(x)).$$

代入得到 $Q(1 + Q(x)) - Q(Q(x)) = \mathrm{i}$. 显然 $Q(x)$ 不是常数, 于是 $Q(1 + x) - Q(x) = \mathrm{i}$, 说明 $Q(x)$ 是线性式, 首项系数为 i. 这给出 $Q(x) = \mathrm{i}x + a, P(x) = \mathrm{i}x + a + 1, a$ 是常数.   □

习题 8.32. 设有多项式

$$P(x) = a_0 + a_1 x + a_2 x^2 + a_{10} x^{10} + a_{11} x^{11} + a_{12} x^{12} + a_{13} x^{13}, \quad a_{13} \neq 0$$

$$Q(x) = b_0 + b_1 x + b_2 x^2 + b_3 x^3 + b_{10} x^{10} + b_{11} x^{11} + b_{12} x^{12} + b_{13} x^{13}, \quad b_3 \neq 0$$

令 $D(x) = \gcd(P(x), Q(x))$, 求 $\deg D(x)$ 的最大值.

解 设

$$R(x) = a_0 + a_1 x + a_2 x^2, \quad S(x) = a_{10} + a_{11} x + a_{12} x^2 + a_{13} x^3,$$

$$T(x) = b_0 + b_1 x + b_2 x^2 + b_3 x^3, \quad U(x) = b_{10} + b_{11} x + b_{12} x^2 + b_{13} x^3.$$

于是 $P(x) = R(x) + x^{10} S(x), Q(x) = T(x) + x^{10} U(x)$. 由于

$$P(x)U(x) - Q(x)S(x) = R(x)U(x) + x^{10} S(x)U(x) - T(x)S(x) - x^{10} S(x)U(x)$$
$$= R(x)U(x) - T(x)S(x),$$

因此 $D(x)$ 整除

$$R(x)U(x) - T(x)S(x) = -b_3 a_{13} x^6 + \cdots.$$

因为 $b_3 a_{13} \neq 0$, 所以 $R(x)U(x) - T(x)S(x)$ 的次数为 6, 于是 $\deg D(x) \leqslant 6$.

要证明 $\deg D(x) = 6$ 是最大值, 我们需要给出一个多项式 $P(x)$ 和 $Q(x)$ 的例子, 其最大公约式的次数为 6. 要得到这个例子, 我们选择 $D(x)$ 的 6 个根. 对每个所选的根 r, 方程 $P(r) = Q(r) = 0$ 给出两个关于系数的线性方程. 如果对 $\{0, 1, 1, -1, i, -i\}$ 中每个根这样做, 其中重复的 1 表示一个重根, 我们就得到了两个多项式

$$P(x) = 2x^{13} - 3x^{10} + 3x^2 - 2x,$$

$$Q(x) = x^{11} - x^{10} - x^3 - x^2,$$

其最大公约式为 $D(x) = x(x-1)^2(x+1)(x^2+1)$. $\square$

习题 8.33. 求所有的多项式 P, 使得对任意实数 x, 有

$$(P(x))^2 + P(-x) = P(x^2) + P(x).$$

P. Calábec, 捷克和斯洛伐克数学奥林匹克 2001

解法一 若 $P(x) = c$ 是常数, 则代入得到 $c^2 + c = c + c, c = 0$ 或 $c = 1$. 因此 $P(x) = 0$ 或 $P(x) = 1$ 是方程的解. 若 $\deg P(x) > 0$, 记 $P(x) = ax^n + Q(x)$, $a \neq 0, \deg Q \leqslant n - 1$. 于是有

$$(ax^n + Q(x))^2 + a(-x)^n + Q(-x) = ax^{2n} + Q(x^2) + ax^n + Q(x). \tag{9.17}$$

比较 x^{2n} 的系数, 得到 $a^2 = a$, 于是 $a = 1$. 然后方程式 (9.17) 变成

$$2x^n Q(x) + (Q(x))^2 - Q(x^2) = (1 - (-1)^n)x^n + Q(x) - Q(-x). \tag{9.18}$$

假设 $\deg Q(x) = k > 0$. 那么式 (9.18) 的左端的次数不少于 $n + k$, 右端的次数不超过 n, 因此 Q 是常数. 设 $Q(x) = b$, 代入到式 (9.18), 得到

$$2bx^n + b^2 - b = (1 - (-1)^n)x^n,$$

因此 $2b = 1 - (-1)^n, b^2 - b = 0$. 所以若 n 是偶数, 则得到 $P(x) = x^n$; 若 n 是奇数, 则得到 $P(x) = x^n + 1$. 最终答案是: $P(x) \in \{0, 1, x^{2k}, x^{2k+1} + 1\}, k \geqslant 0$. □

解法二 所给的关系式可以写成

$$(P(x))^2 + 2P(-x) = P(x^2) + P(x) + P(-x).$$

右端是 x 的偶函数, 所以左端也是偶函数: 对任意 x, 有

$$(P(-x))^2 + 2P(x) = (P(x))^2 + 2P(-x),$$

即

$$(P(x) - P(-x))(P(x) + P(-x) - 2) = 0.$$

于是 $P(x) = P(-x), P(x)$ 是偶的; 或者 $P(x) - 1 = 1 - P(-x), P(x) - 1$ 是奇的.

两种情况下分别记 $P(x) = R(x^2)$ 和 $P(x) = 1 + xR(x^2)$, 代入后方程都化简成为 $R(x^2) = R(x)^2$. 我们在例 3.18 的解答中看到, 这得到 $R(x) = x^n, n \geqslant 0$. 因此题目答案是 $P(x) = x^{2n}$ 或者 $1 + x^{2n+1}, n \geqslant 0$. □

习题 8.34. 求所有次数相同的首项系数为 1 的多项式 $P(x), Q(x)$, 满足对所有的实数 x, 有

$$P(x)^2 - P(x^2) = Q(x).$$

解 设 $P(x) = x^d + R(x)$, 其中 $\deg R(x) = k < d$. 然后我们计算得到

$$P(x)^2 - P(x^2) = 2x^d R(x) + R(x)^2 - R(x^2).$$

这是 $d + k$ 次的多项式, 我们期望它等于 $Q(x)$, 次数为 d. 因此 $k = 0, R(x) = C$ 是常数. 方程变成

$$P(x)^2 - P(x^2) = 2Cx^d + C^2 - C = Q(x).$$

由于 $Q(x)$ 的首项系数为 1, 因此 $C = \dfrac{1}{2}$. 于是答案是

$$P(x) = x^d + \frac{1}{2}, \quad Q(x) = x^d - \frac{1}{4}.$$

□

习题 8.35. 求所有首项系数为 1 的多项式 $P(x), Q(x)$,使得 $P(1) = 1$,并且有

$$2P(x) = Q\left(\frac{(x+1)^2}{2}\right) - Q\left(\frac{(x-1)^2}{2}\right).$$

希腊数学奥林匹克 2016

解 设 $Q(x) = x^d + \cdots + b_0$,则

$$Q\left(\frac{(x+1)^2}{2}\right) - Q\left(\frac{(x-1)^2}{2}\right) = \left(\frac{(x+1)^2}{2}\right)^d - \left(\frac{(x-1)^2}{2}\right)^d + \cdots$$

的次数为 $2d - 1$,首项系数为 $\dfrac{d}{2^{d-2}}$. 由于 $P(x)$ 的首项系数为 1,因此 $d = 2^{d-1}$,$d = 1$ 或者 $d = 2$.

若 $d = 1$,则 $Q(x) = x + b$,解得 $P(x) = x$.

若 $d = 2$,则 $Q(x) = x^2 + a_1 x + a_0$,得到

$$P(x) = \frac{1}{2}\left(Q\left(\frac{(x+1)^2}{2}\right) - Q\left(\frac{(x-1)^2}{2}\right)\right) = x^3 + (1 + a_1)x.$$

因为 $P(1) = 1$,所以 $a_1 = -1$. 于是

$$P(x) = x^3, \quad Q(x) = x^2 - x + a_0.$$

$\square$

习题 8.36. 求所有的实系数多项式 $P(x)$,使得对所有的 $|x| < 1$,有

$$P\left(x\sqrt{2}\right) = P\left(x + \sqrt{1-x^2}\right).$$

美国国家集训队预赛 2014

解 假设 $0 < x < 1$. 在等式中用 $\sqrt{1-x^2}$ 替换 x,我们得到

$$P\left(\sqrt{2}\cdot\sqrt{1-x^2}\right) = P\left(\sqrt{1-x^2} + \sqrt{1 - \left(\sqrt{1-x^2}\right)^2}\right) = P\left(\sqrt{1-x^2} + x\right).$$

因此有

$$P\left(x\sqrt{2}\right) = P\left(\sqrt{2}\sqrt{1-x^2}\right).$$

设 $x\sqrt{2} = t$,得到

$$\sqrt{2}\cdot\sqrt{1-x^2} = \sqrt{2 - 2x^2} = \sqrt{2 - t^2}.$$

即 $P(t) = P\left(\sqrt{2-t^2}\right)$, 对所有的 $0 < t < \sqrt{2}$ 成立.

现在, 记 $P(x) = Q(x^2) + xR(x^2), Q(x)$ 和 $R(x)$ 是多项式. 若 $R(x) \neq 0$, 则代入 $x = \sqrt{2-t^2}$, 得到

$$Q(t^2) + tR(t^2) = Q(2-t^2) + \sqrt{2-t^2}R(2-t^2).$$

于是

$$\sqrt{2-t^2} = \frac{Q(t^2) + tR(t^2) - Q(2-t^2)}{R(2-t^2)}.$$

但是 $2 - t^2$ 显然不是有理式的平方, 矛盾.

因此 $R(t) = 0$, 然后 $Q(t^2) = Q(2-t^2), 0 < t < \sqrt{2}$. 由于这对无穷多的 t 值成立, 因此是多项式恒等式, 得到 $Q(x) = Q(2-x)$. 于是 $Q(x) = A((x-1)^2)$,

$$P\left(x\sqrt{2}\right) = Q(2x^2) = A((2x^2-1)^2) = A(4x^4 - 4x^2 + 1).$$

此外, 有

$$P\left(x + \sqrt{1-x^2}\right) = Q\left(1 + 2x\sqrt{1-x^2}\right) = A\left(\left(1 + 2x\sqrt{1-x^2} - 1\right)^2\right)$$
$$= A(4x^2(1-x^2)) = A(4x^2 - 4x^4).$$

所以

$$A(4x^4 - 4x^2 + 1) = A(4x^2 - 4x^4).$$

记 $4x^4 - 4x^2 + 1 = z$, 我们发现 $A(z) = A(1-z)$ 对无穷多 z 成立, 因此对所有的 z 成立. 得到 $A(x) = B(x^2 - x), B(x)$ 是某多项式. 最终得到

$$P(x) = Q(x^2) = A((x^2-1)^2) = B((x^2-1)^4 - (x^2-1)^2)$$
$$= B((x^2-1)^2(x^4 - 2x^2)).$$

$\square$

习题 8.37. 求所有的实系数多项式 $P(x)$, 使得存在唯一的多项式 $Q(x), Q(0) = 0$, 并且

$$x + Q(y + P(x)) = y + Q(x + P(y)), \qquad \forall\, x, y \in \mathbb{R}.$$

解 设 $\deg P(x) = p, \deg Q(x) = q$. 代入 $y = 0$, 我们得到 $x + Q(P(x)) = Q(x + P(0))$. 次数条件表明 $\max\{1, pq\} = q$. 因此我们得到 $p \leqslant 1 \leqslant q$, 于是 $P(x) = ax + b, a$ 和 b 是实数. 原始方程变成

$$x + Q(ax + y + b) = y + Q(x + ay + b).$$

若 $q = 1$, 则根据 $Q(0) = 0$, 我们得到 $Q(x) = cx, c \neq 0$ 是实数. 此时, 方程变为 $(1 + ac)x + cy + cb = cx + (1 + ac)y + cb$. 方程成立当且仅当 $1 + ca = c$, 解得 $c = \dfrac{1}{1 - a}$. 因此对 $a \neq 1$, 我们找到了解 $Q(x) = \dfrac{x}{1 - a}$.

现在假设 $q > 1$. 记 $Q(x) = a_q x^d + \cdots$, 比较首项系数, 我们发现 $a^q = 1$. 因此 $a = 1$ 或者 $a = -1$.

若 $a = 1$, 则有 $x + Q(x + y + b) = y + Q(x + y + b)$, 于是 $x = y$, 矛盾.

若 $a = -1$, 则有 $x + Q(b + y - x) = y + Q(b + x - y)$. 设 $S(x) = Q(b + x) - \dfrac{x}{2}$. 于是这个方程化简为 $S(x) = S(-x)$, 说明 $S(x)$ 是偶函数, 可以记为 $S(x) = T(x^2)$, $T(x)$ 是多项式. 因此对 $a = -1$, 我们得到无穷多解 $P(x) = -x + b$ 以及

$$Q(x) = S(x - b) + \frac{x - b}{2} = T((x - b)^2) + \frac{x - b}{2}.$$

当然, 这种情况下的解不唯一.

因此使得方程有唯一解的多项式为 $P(x) = ax + b, a \neq \pm 1$.   □

习题 8.38. 是否存在有理系数多项式 $P(x)$, 次数 $d > 0$, 系数不全为整数, 以及整系数多项式 $Q(x)$ 和 $d + 1$ 个整数构成的集合 S, 使得对所有的 $s \in S$, 有 $P(s) = Q(s)$?

解 答案是否定的. 假设存在这样的多项式. 进一步假设 $Q(x)$ 是次数最小的例子. 由于 $P(s) = Q(s)$ 对所有的 $s \in S$ 成立, 我们可以记

$$Q(x) = P(x) + R(x) \prod_{s \in S} (x - s),$$

其中 $R(x)$ 是某多项式. 假设 $\deg R(x) = k$, 首项系数为 b_k. 那么 $Q(x)$ 的次数为 $d + k + 1$, 首项系数为 b_k. 于是 b_k 必须是整数. 然而多项式

$$Q_1(x) = Q(x) - b_k x^k \prod_{s \in S} (x - s)$$

的系数为整数, 满足 $Q_1(s) = Q(s) = P(s)$ 对所有的 $s \in S$ 成立, 但是次数低于 $Q(x)$. 这和 $Q(x)$ 的选择矛盾, 因此这样的多项式不存在.   □

习题 8.39. 求所有实系数多项式 $P(x)$, 使得 $|P(x)| \leqslant x$ 对所有的实数 x 成立.

罗马尼亚数学奥林匹克 1974

解 取 $x = 0$, 则有 $|P(0)| \leqslant 0$, 所以 $P(0) = 0$. 于是 $P(x) = xQ(x)$, $Q(x)$ 是某多项式, $|Q(x)| \leqslant 1$ 对所有的 $x \in \mathbb{R}$ 成立. 由于 $Q(x)$ 有界, 因此是常数, 于是得到 $P(x) = cx, |c| \leqslant 1$.   □

习题 8.40. 设 $P \in \mathbb{R}[x]$,并且 $P(\sin t) = P(\cos t)$ 对所有的 $t \in \mathbb{R}$ 成立. 证明:*存在多项式* $Q \in \mathbb{R}[x]$,*使得* $P(x) = Q(x^4 - x^2)$.

Vladimir Maşek, 罗马尼亚国家队选拔考试 *1983*

证明 由于

$$P(\sin t) = P(\cos t) = P(\cos(-t)) = P(\sin(-t)) = P(-\sin t),$$

而且 $\sin t$ 取到无穷多的值, 因此有 $P(x) = P(-x)$. $P(x)$ 是偶多项式, 记为 $P(x) = R(x^2), R(x)$ 是多项式. 于是有 $R(\sin^2 t) = R(\cos^2 t) = R(1 - \sin^2 t)$. 因为 $\sin^2 t$ 取到无穷多的值, 所以 $R(x) = R(1 - x)$, 然后可以得到 $R(x) = Q(x^2 - x)$, $Q(x)$ 是多项式. 最后有

$$P(x) = R(x^2) = Q(x^4 - x^2). \qquad \square$$

习题 8.41. 设实系数多项式 $P(x)$ 满足

$$P(\cos\theta + \sin\theta) = P(\cos\theta - \sin\theta)$$

对所有的实数 θ 成立. 证明: $P(x) = Q((1-x^2)^2)$, 其中 $Q(x)$ 是某实系数多项式.

证明 设

$$a = \cos\theta + \sin\theta = \sqrt{2}\sin(\theta + \pi/4),$$
$$b = \cos\theta - \sin\theta = \sqrt{2}\cos(\theta + \pi/4).$$

于是 (a, b) 可以取到所有满足 $a^2 + b^2 = 2$ 的实数值. 因此问题转化为寻找所有的多项式 $P(x)$, 使得 $a^2 + b^2 = 2 \Rightarrow P(a) = P(b)$. 这说明 $P(a) = P(-a)$, 因此 $P(x)$ 是偶函数.

记 $P(x) = R(x^2), R(x)$ 是多项式. 方程变为 $R(a^2) = R(b^2) = R(2 - a^2)$, 于是 $R(x) = R(2 - x)$. 因此 $R(x) = Q((1-x)^2), Q(x)$ 是多项式. 代入得到

$$P(x) = R(x^2) = Q((1-x^2)^2),$$

完成了证明. $\qquad \square$

习题 8.42. 求所有的多项式 $P \in \mathbb{R}[x]$,满足

$$P(\sin x) = P(\tan x)P(\cos x), \qquad \forall\, x \in \left(\frac{\pi}{3}, \frac{\pi}{2}\right).$$

Vladimir Maşek, 罗马尼亚数学奥林匹克 *1986*

解法一 若 $P(x) = c$,其中 $c \in \mathbb{R}$ 是常数,则有 $c = c^2$,得到 $P(x) = 0$ 或者 $P(x) = 1$.现在假设 $P(x)$ 不是常数,设 $\deg P(x) = n \geqslant 1$.记 $t = \cos x$,于是 $t \in \left(0, \dfrac{1}{2}\right)$,而且有

$$P(\sqrt{1 - t^2}) = P(t)P\left(\frac{\sqrt{1 - t^2}}{t}\right), \quad \forall\, t \in \left(0, \frac{1}{2}\right).$$

这个等式对无穷多 t 成立,因此对所有的 $t \in (0, 1)$ 成立.(注意到此处有一些微妙的问题,相关的函数不是多项式,也不是有理函数,它们是代数函数,确实有这样的性质.一个初等的证明是用代换 $t = \dfrac{2s}{1 + s^2}$,然后得到 $\sqrt{1 - t^2} = \dfrac{1 - s^2}{1 + s^2}$,然后利用有理函数在无穷多点相同则恒等的事实.)从这个等式我们得到

$$\frac{P(\sqrt{1 - t^2})}{P(t)} = P\left(\frac{\sqrt{1 - t^2}}{t}\right), \qquad \forall\, t \in (0, 1).$$

用代换 $t \mapsto \sqrt{1 - t^2}$,得到

$$\frac{P(t)}{P(\sqrt{1 - t^2})} = P\left(\frac{t}{\sqrt{1 - t^2}}\right), \qquad \forall\, t \in (0, 1).$$

因此有

$$P\left(\frac{t}{\sqrt{1 - t^2}}\right)P\left(\frac{\sqrt{1 - t^2}}{t}\right) = 1, \qquad \forall\, t \in (0, 1).$$

取 $y = \dfrac{t}{\sqrt{1 - t^2}}$,我们得到

$$P(y)P\left(\frac{1}{y}\right) = 1, \qquad \forall\, y \in (0, +\infty).$$

根据习题 3.5,我们最后得到 $P(x) = x^n$,容易验证这是问题的解. $\square$

解法二 显然,零多项式 $P(x) \equiv 0$ 满足条件.设 $P(x) \in \mathbb{R}[x]$ 是满足条件的非零的 n 次多项式.我们将对 n 归纳证明,$P(x) = x^n$ 对所有的 $n \in \mathbb{N}$ 成立.若 $n = 0$,则有 $P(x) = c, c \in \mathbb{R}^*$,所给条件写成 $c = c^2$,解出 $c = 1$.所以 $P(x) = 1 = x^0$.假设满足条件的唯一的 n 次多项式是 x^n.我们证明满足条件的 $n + 1$ 次多项式是 x^{n+1}.设 $P(x) \in \mathbb{R}[x], \deg P(x) = n + 1$,满足

$$P(\sin x) = P(\tan x)P(\cos x), \qquad \forall\, x \in \left(\frac{\pi}{3}, \frac{\pi}{2}\right). \tag{9.19}$$

然后有

$$P(\cos x) = \frac{P(\sin x)}{P(\tan x)}, \qquad \forall\, x \in \left(\frac{\pi}{3}, \frac{\pi}{2}\right) \setminus A, \tag{9.20}$$

其中 A 是有限集,对应 $x \in \left(\dfrac{\pi}{3}, \dfrac{\pi}{2}\right)$ 中满足 $P(\tan x) = 0$ 的 x 值. 在式 (9.20) 两边对 $x \to \pi/2$ 取极限,我们得到

$$P(0) = \frac{P(1)}{\lim\limits_{x \to \frac{\pi}{2}} P(\tan x)} = \frac{P(1)}{\lim\limits_{y \to \infty} P(y)} = 0.$$

因此,$P(x) = xQ(x)$,其中多项式 $Q(x) \in \mathbb{R}[x]$,$\deg Q(x) = n$. 方程式 (9.19) 变成

$$(\sin x)Q(\sin x) = (\tan x)Q(\tan x)(\cos x)Q(\cos x), \qquad \forall\, x \in \left(\frac{\pi}{3}, \frac{\pi}{2}\right),$$

因此

$$Q(\sin x) = Q(\tan x)Q(\cos x), \qquad \forall\, x \in \left(\frac{\pi}{3}, \frac{\pi}{2}\right).$$

根据归纳假设,有 $Q(x) = x^n$,所以 $P(x) = xQ(x) = x^{n+1}$,就得到了题目结论. $\square$

习题 8.43. 求所有的实系数多项式四元组 $P_1(x), P_2(x), P_3(x), P_4(x)$,满足对任意四个整数 $x, y, z, t, xy - zt = 1$,有

$$P_1(x)P_2(y) - P_3(z)P_4(t) = 1.$$

Alexander Golovanov, 圣彼得堡数学奥林匹克 *1996*

解法一 若 $P_1(1) = 0$,则 $P_3(z)P_4(t) = -1$ 对每对整数 z, t 成立,所以 P_3 和 P_4 是常数函数,乘积为 -1. 于是方程变为 $P_1(x)P_2(y) = 0$,所以 P_1 和 P_2 之一恒等于零. 忽略这样的解,我们假设 $P_i(1) \neq 0$,$i = 1, 2, 3, 4$.

首先看到,$P_1(x)P_2(1) = P_1(1)P_2(x)$ 对所有的非零整数 x 成立,所以 P_1 和 P_2 相差一个常数倍;类似地,P_3 和 P_4 相差一个常数倍. 现在 $P_1(x)P_2(ay) = P_1(ax)P_2(y)$ 对所有的非零整数 a, x, y 成立,所以两边作为 a 的多项式完全一样. 特别地,比较首项系数,看左端这是 $b_k y^k P_1(x)$,看右端这是 $a_k x^k P_2(y)$,因此 $P_1(x) = cx^k$,k 是整数,c 是常数,$P_2(x) = dx^k$. 类似地,得到 $P_3(x) = ex^m$,$P_4(x) = fx^m$.

代入 $xy - zt = 1$ 推出 $cdx^k y^k - efz^m t^m = 1$. 取 $x = y = 1, z = t = 0$,得到 $cd = 1$,类似地得到 $ef = 1$. 考察 $(x, y, z, t) = (n+1, 1, n, 1)$,得到 $(n+1)^k - n^m = 1$. 将其看成关于 n 的多项式并比较次数,我们得到 $k = m$. 若 $k > 1$,我们考察 n^{k-1} 的系数则得到矛盾. 因此最终结果是:$P_1(x) = cx$,$P_2(x) = x/c$,$P_3(x) = ex$,$P_4(x) = x/e$,其中 c, e 是非零实数. $\square$

解法二 假设 $\deg P_i = d_i$. 取较大的正整数 N, 具有多于 $d_1 + d_2$ 个因子, 并且设 $(x, y, z, t) = (x, \dfrac{N}{x}, 1, N-1)$, 则有

$$P_1(x) P_2\left(\frac{N}{x}\right) = 1 + P_3(1) P_4(N-1).$$

上面的方程有多于 $d_1 + d_2$ 个根, 因此对所有的 x,

$$P_1(x) P_2\left(\frac{N}{x}\right)$$

为常数, 记为 K. 这说明 $P_1(x), P_2(x)$ 有同样的次数. 设

$$P_1(x) = ax^d + \cdots + c, \qquad P_2(x) = bx^d + \cdots + e.$$

于是将 $x, \dfrac{N}{x}$ 分别代入 P_1, P_2 并相乘, 利用前面得方程, 得到

$$Kx^d = \left(ax^d + \cdots + c\right)\left(ex^d + \cdots + bN^d\right).$$

说明右端两个因子都只有零为根, 于是都是单项式. 因此 $P_1(x) = ax^d, P_2(x) = bx^d$. 同样的论证得到 $P_3(x) = cx^k, P_4(x) = ex^k$. 代入 $x = y = 1, z = t = 0$ 得到 $ab = 1$, 类似地有 $cd = 1$. 现在代入 $x = z = 1, t = y - 1$, 得到 $y^n - (y-1)^m = 1$ 对所有的 y 成立, 因此 $m = n = 1$.

最终得到: $P_1(x) = ax, P_2(x) = \dfrac{x}{a}, P_3(x) = cx, P_4(x) = \dfrac{x}{c}$. $\square$

习题 8.44. 设 F, G, H 是次数不超过 $2n+1$ 的实系数多项式, 满足:

(i) 对所有的实数 x, 有 $F(x) \leqslant G(x) \leqslant H(x)$;

(ii) 存在两两不等的实数 $x_1, x_2, \cdots, x_n$, 使得

$$F(x_i) = H(x_i), \quad i = 1, 2, 3, \cdots, n.$$

(iii) 存在实数 x_0, 和 $x_1, x_2, \cdots, x_n$ 都不同, 满足

$$F(x_0) + H(x_0) = 2G(x_0).$$

证明: $F(x) + H(x) = 2G(x)$ 对所有的实数 x 成立.

波罗的海数学竞赛 2007

证明 设 $P(x) = G(x) - F(x)$. 注意到 $\deg P(x) \leqslant 2n + 1$. 根据条件 (i), 我们有 $P(x) \geqslant 0$ 对所有的实数 x 成立. 根据条件 (ii), $x_1, x_2, \cdots, x_n$ 是 $P(x)$ 的根. 由于恒有 $P(x) \geqslant 0$, 这些根的重数为偶数. 因此 P 被每个 $(x - x_i)^2$ 整除, 记

$$P(x) = Q(x)(x - x_1)^2 (x - x_2)^2 \cdots (x - x_n)^2,$$

其中 $Q(x)$ 是实系数多项式. 比较次数发现 $\deg Q(x) \leqslant \deg P(x) - 2n \leqslant 1$. 然而, $Q(x) \geqslant 0$ 对所有的实数 x 成立, 因此 $Q(x)$ 是常数. 于是

$$G(x) - F(x) = a(x - x_1)^2(x - x_2)^2 \cdots (x - x_n)^2, \quad a \geqslant 0$$

类似地, 我们可以证明

$$H(x) - F(x) = b(x - x_1)^2(x - x_2)^2 \cdots (x - x_n)^2, \quad b \geqslant 0$$

现在根据条件 (iii), 存在实数 x_0, 与 $x_1, x_2, \cdots, x_n$ 不同, 满足

$$F(x_0) + H(x_0) - 2G(x_0) = (b - 2a)(x_0 - x_1)^2(x_0 - x_2)^2 \cdots (x_0 - x_n)^2 = 0.$$

于是得到 $b - 2a = 0$, 此时表达式恒为零. 所以 $F(x) + H(x) - 2G(x) = 0$ 对所有的实数 x 成立, 这正是我们要证明的. $\qquad\square$

习题 8.45. 考虑实系数多项式 P, Q, 使得

$$\{n \in \mathbb{N} \mid P(n) \leqslant Q(n)\}, \quad \{n \in \mathbb{N} \mid Q(n) \leqslant P(n)\}$$

是无限集. 证明: $P = Q$.

Laurenţiu Panaitopol, 劳伦修•帕奈托波尔竞赛 *2010*

证明 根据假设, 存在序列 $\{a_n\}_{n \in \mathbb{N}}$ 和 $\{b_n\}_{n \in \mathbb{N}}$, 满足 $a_n < b_n < a_{n+1} < b_{n+1}$ 以及

$$P(a_n) \geqslant Q(a_n), \quad P(b_n) \leqslant Q(b_n), \quad \forall\, n \in \mathbb{N}.$$

考虑多项式 $F = P - Q$, 我们有 $F(a_n) \leqslant 0 \leqslant F(b_n)$ 对所有的 $n \in \mathbb{N}$ 成立, 所以 F 有无穷多个根, 必然是零多项式. $\qquad\square$

习题 8.46. 证明: 不存在有理函数 $R(z)$, 使得 $R(n) = n!$ 对所有的自然数 n 成立.

Jacques Marion, 数学难题 *5/1976*

证法一 用反证法, 假设存在有理函数 $R(z)$, 使得 $R(n) = n!$. 设

$$R(z) = \frac{P(z)}{Q(z)} = \frac{a_r z^r + a_{r-1} z^{r-1} + \cdots + a_0}{b_s z^s + b_{s-1} z^{s-1} + \cdots + b_0},$$

其中 P 和 Q 是互素的多项式, $a_r, b_s \neq 0$.

由于 $\lim\limits_{n \to \infty} \dfrac{n^{r-s}}{n!} = 0$, 我们有

$$1 = \lim_{n \to \infty} \frac{P(n)/Q(n)}{R(n)} = \lim_{n \to \infty} \frac{a_r n^{r-s}}{b_s n!} = 0,$$

矛盾. $\qquad\square$

证法二 由于 $(n+1)! = R(n+1) = (n+1)R(n)$ 对所有的自然数 n 成立,因此 $R(x+1) = (x+1)R(x)$ 对所有的 x 成立. 于是 $R(0) = 0$. 我们还看到,若 $r \geqslant 0$ 是 $R(x)$ 的一个根,则 $r+1$ 也是 $R(x)$ 的根. 于是 $R(x)$ 以所有非负整数为根,于是必然有 $R(x) = 0$,矛盾. $\square$

习题 8.47. 求所有的多项式 $P(x)$,使得

$$P(x)P(2x^2) = P(x+x^3).$$

数学与青年杂志

解 容易看到,常数解为 $P(x) = 0$ 或 1. 假设 $P(x)$ 不是常数,$d = \deg P(x) > 0$. 代入 $x = 0$,得到 $P(0)^2 = P(0)$,因此 $P(0) \in \{0,1\}$. 若 $P(0) = 0$,记 $P(x) = x^k Q(x)$,其中 $Q(0) \neq 0$,则得到

$$2^k x^{2k} Q(x)Q(2x^2) = (1+x^2)^k Q(x+x^3),$$

要求 $Q(0) = 0$,矛盾. 所以我们有 $P(0) = 1$. 比较 x^{3d} 的系数,发现 $P(x)$ 的首项系数是 $\dfrac{1}{2^d}$.

设 r 是 $P(x)$ 的模长最大的根. 所有 d 个根的模长乘积为 2^d,因此 $|r| \geqslant 2$. 代入 $x = r$,发现 $r + r^3$ 也是 $P(x)$ 的一个根,计算得到

$$|r+r^3| = |r^2+1| \cdot |r| \geqslant (|r|^2-1)|r| \geqslant 3|r| > |r|.$$

这与 $|r|$ 的最大性矛盾. 因此没有非常数的解. $\square$

习题 8.48. 证明:对任意正整数 n,存在 n 次多项式 $P(x)$,有 n 个不同的实根,并且满足

$$P(x(4-x)) = P(x)P(4-x).$$

蒙古数学奥林匹克

证明 设 $P(x) = (x-c_1)\cdots(x-c_n)$,我们有

$$P(4x-x^2) = (-1)^n \prod_{i=1}^{n}(x^2-4x-c_i)$$

以及

$$P(x)P(4-x) = (-1)^n \prod_{i=1}^{n}(x-c_i)(x-4+c_i) = (-1)^n \prod_{i=1}^{n}(x^2-4x-c_i^2+4c_i).$$

如果我们证明对任意 n, 方程组

$$\begin{cases} c_2 = 4c_1 - c_1^2, \\ c_3 = 4c_2 - c_2^2, \\ \vdots \\ c_1 = 4c_n - c_n^2 \end{cases}$$

有一组解, 使得 c_i 为互不相同的实数, 我们就给出了所需的例子. 我们容易看到 $c_i \in [0,4]$. 取 $c_1 = 4\sin^2 \alpha$, 得到

$$c_2 = 16\sin^2 \alpha - 16\sin^4 \alpha = 16\sin^2 \alpha \cos^2 \alpha = 4\sin^2 2\alpha$$

然后迭代得到 $c_k = 4\sin^2 2^k \alpha$. 我们希望这个过程循环,

$$c_1 = 4\sin^2 \alpha = 4\sin^2 2^{n+1}\alpha.$$

所以 $2^{n+1}\alpha = k\pi \pm \alpha, k$ 是整数, 于是

$$\alpha = \frac{k\pi}{2^{n+1} \pm 1}.$$

取 $k = 1$, 符号为正, 得到

$$c_i = 4\sin^2 \frac{2^i \pi}{2^{n+1} + 1}.$$

由于 $\frac{2^i \pi}{2^{n+1}+1} < \frac{\pi}{2}$, 因此 c_i 关于 i 递增, 是互不相同的实数. 这就完成了证明. $\square$

注 可以把这个题与第四章学到的内容比较.

习题 8.49. 求所有的实系数多项式 P, 使得

$$\frac{P(x)}{yz} + \frac{P(y)}{zx} + \frac{P(z)}{xy} = P(x-y) + P(y-z) + P(z-x)$$

对所有满足 $2xyz = x+y+z$ 的非零实数 x,y,z 成立.

Titu Andreescu, Gabriel Dospinescu, 美国数学奥林匹克 *2019*

解 若 $P(x) = c, c$ 是常数, 则

$$\frac{c(x+y+z)}{xyz} = 3c.$$

我们得到 $2c = 3c, c = 0$.

现在考虑非常数多项式的情况,首先有

$$xP(x) + yP(y) + zP(z) = xyz(P(x - y) + P(y - z) + P(z - x))$$

对所有满足 $2xyz = x + y + z$ 的实数 x, y, z 成立. 等式两边都是多项式(变量为 x, y, z). 它们在 2 维曲面 $2xyz = x + y + z$ 上取值相同,除了曲面上的三条 1 维曲线(对应 x, y, z 之一为零). 根据连续性,等式对曲面上的所有点成立. 令 $z = 0$,我们得到 $y = -x$,然后 $x(P(x) - P(-x)) = 0$. 因此 P 是偶函数.

(此处有一个粗略的初等证明. 设 $z = \dfrac{x + y}{2xy - 1}$,我们有

$$
\begin{aligned}
&xP(x) + yP(y) + \frac{x + y}{2xy - 1}P\left(\frac{x + y}{2xy - 1}\right) \\
&= xy\frac{x + y}{2xy - 1}\left(P(x - y) + P\left(y - \frac{x + y}{2xy - 1}\right) + P\left(\frac{x + y}{2xy - 1} - x\right)\right).
\end{aligned}
$$

这是一个有理函数的等式. 两边乘以 $(2xy - 1)^N$,N 足够大,得到多项式,比如说 $A(x, y) = B(x, y)$,对所有满足 $x \neq 0, y \neq 0, x + y \neq 0, 2xy - 1 \neq 0$ 的实数 x, y 成立. 对于一个固定的 x,两个关于 y 的多项式对无穷多 y 取值相同,它们必然相同. 令 $y = 0$,就得到 $x^{N+1}(P(x) - P(-x)) = 0$.)

注意到,如果 $P(x)$ 是一个解,那么对任意常数 $c, cP(x)$ 也是解. 简化起见,不妨设 P 的首项系数是 1:

$$P(x) = x^n + a_{n-2}x^{n-2} + \cdots + a_2 x^2 + a_0,$$

其中 n 是正偶数.

设 $y = \dfrac{1}{x}, z = x + \dfrac{1}{x}$,则 $2xyz = x + y + z$,因此

$$
\begin{aligned}
&xP(x) + \frac{1}{x}P\left(\frac{1}{x}\right) + \left(x + \frac{1}{x}\right)P\left(x + \frac{1}{x}\right) \\
&= \left(x + \frac{1}{x}\right)\left(P\left(x - \frac{1}{x}\right) + P(-x) + P\left(\frac{1}{x}\right)\right).
\end{aligned}
$$

利用 $P(x) = P(-x)$ 化简,得到

$$\left(x + \frac{1}{x}\right)\left(P\left(x + \frac{1}{x}\right) - P\left(x - \frac{1}{x}\right)\right) = \frac{1}{x}P(x) + xP\left(\frac{1}{x}\right).$$

展开并合并同类项,两边的形式都是

$$c_{n-1}x^{n-1} + c_{n-3}x^{n-3} + \cdots + c_1 x + c_{-1}x^{-1} + \cdots + c_{-n+1}x^{-n+1}.$$

比较两边的首项系数，左端得到 $2nx^{n-1}$. 右端有两种情况：若 $n > 2$，则为 x^{n-1}；若 $n = 2$，则为 $(1+a_0)x$. 对于 $n > 2$ 两边不同. 若 $n = 2$，则得到 $4 = 1 + a_0$，于是 $a_0 = 3$.

因此解是 $P(x) = c(x^2 + 3), c$ 是任意常数. $\qquad\square$

习题 8.50. 求所有的多项式 $P(x)$，满足

$$P(a+b) = 6\left(P(a) + P(b)\right) + 15a^2b^2(a+b),$$

对所有满足 $a^2 + b^2 = ab$ 的复数 a, b 成立.

Titu Andreescu, Mircea Becheanu, 数学反思 U484

解 取 $a = b = 0$，得到 $P(0) = 12P(0)$，所以 $P(0) = 0$. 显然 $P \not\equiv 0$，设 $P(x) = c_n x^n + \cdots + c_1 x, n \geqslant 1, c_n \neq 0$.

假设 $a^2 + b^2 = ab$. 我们将证明，对每个 $k \geqslant 1$，存在常数 f_k，使得 $a^k + b^k = f_k(a+b)^k$. 实际上，$f_1 = 1$. 由于

$$a^2 + b^2 = (a+b)^2 - 2ab = (a+b)^2 - 2\left(a^2 + b^2\right),$$

因此 $f_2 = \dfrac{1}{3}$. 对 $k \geqslant 2$，递推得到

$$\begin{aligned}
a^{k+1} + b^{k+1} &= (a^k + b^k)(a+b) - ab(a^{k-1} + b^{k-1}) \\
&= f_k(a+b)^{k+1} - \frac{1}{3}f_{k-1}(a+b)^{k+1}.
\end{aligned}$$

因此 $f_{k+1} = f_k - \dfrac{1}{3}f_{k-1}$. 特别地，$f_3 = 0, f_4 = -\dfrac{1}{9} = f_5$.

利用生成函数或者别的工具，我们可以得到

$$f_k = \left(\frac{\sqrt{3}+\mathrm{i}}{2\sqrt{3}}\right)^k + \left(\frac{\sqrt{3}-\mathrm{i}}{2\sqrt{3}}\right)^k.$$

因此对于 $k \geqslant 6$，有

$$|6f_k| \leqslant 12\left|\frac{\sqrt{3}+\mathrm{i}}{2\sqrt{3}}\right|^k = 12\left(\frac{1}{\sqrt{3}}\right)^k \leqslant \frac{12}{27} < 1.$$

比较 $(a+b)^k$ 在 $P(a+b) = 6(P(a)+P(b)) + \dfrac{5}{3}(a+b)^5$ 中的系数，我们得到 $(1 - 6f_k)c_k = 0$ 对所有的 $k \neq 5$ 成立，因此对 $k \neq 5$ 有 $c_k = 0$. 而且因为 $c_5 = 6f_5 c_5 + \dfrac{5}{3} = -\dfrac{2}{3}c_5 + \dfrac{5}{3}$，所以 $c_5 = 1$. 综上所述，$P(x) = x^5$ 是唯一的解. $\quad\square$

注 可以有很多种方法求解这个题目中的递推数列的通项公式. 所谓的生成函数方法是考虑函数

$$F(x) = \sum_{n=0}^{\infty} f_n x^n.$$

递推关系表明

$$\left(\frac{1}{3}x^2 - x + 1\right) F(x) = f_0 + (f_1 - f_0)x + \sum_{n=2}^{\infty} \left(f_n - f_{n-1} + \frac{1}{3}f_{n-2}\right) x^n = 2 - x,$$

因此

$$F(x) = \frac{3(2-x)}{x^2 - 3x + 3}.$$

要得到 f_n 的公式,我们需要考虑

$$\alpha = \frac{\sqrt{3}+\mathrm{i}}{2\sqrt{3}}, \quad \beta = \frac{\sqrt{3}-\mathrm{i}}{2\sqrt{3}},$$

可以验证

$$F(x) = \frac{3(2-x)}{x^2 - 3x + 3} = \frac{1}{1 - \alpha x} + \frac{1}{1 - \beta x}.$$

利用等比数列求和公式

$$\frac{1}{1 - \alpha x} = 1 + \alpha x + \alpha^2 x^2 + \cdots$$

以及 β 类似的公式得到上面的通项公式.

还可以先验证 α^n 和 β^n 都满足递推关系,然后它们的线性组合 $C_1\alpha^n + C_2\beta^n$ 也满足递推关系. 然后用数列的初值来确定常数 C_1 和 C_2. 另一个方法是计算足够多 f_n 的值,然后注意到 $(\mathrm{i}\sqrt{3})^n f_n$ 关于 n 是周期为 6 的数列.

本题解答只用了条件 $f_n \neq \frac{1}{6}$. 而递推关系能得到 f_n 是有理数,分母是 3 的幂,因此不会是 $\frac{1}{6}$.

习题 8.51. 求所有的复系数多项式 P,使得

$$P(a) + P(b) = 2P(a+b),$$

对所有满足 $a^2 + 5ab + b^2 = 0$ 的复数 a, b 成立.

Titu Andreescu, Mircea Becheanu,数学反思 U491

解 设非零数对 (a, b) 满足条件 $a^2 + 5ab + b^2 = 0$, 于是有

$$\frac{a}{b} = \frac{-5 \pm \sqrt{21}}{2}$$

设 $\lambda = \dfrac{-5 + \sqrt{21}}{2}$, $(\lambda t, t)$ 满足题目假设. 设多项式 $P(x) = \sum\limits_{i=0}^{n} a_i x^i$ 是题目的一个解, 则

$$\sum_{i=0}^{n} a_i \lambda^i t^i + \sum_{i=0}^{n} a_i t^i = 2\sum_{i=0}^{n} a_i (\lambda + 1)^i t^i$$

对所有的 t 成立, 因此是关于 t 的多项式恒等式. 比较 t^i 的系数得到, $a_i \neq 0$ 或者

$$1 + \lambda^i = 2(1 + \lambda)^i. \tag{9.21}$$

这对 $i = 0, 3$ 成立, 对 $i = 1$ 和 $i = 2$ 不成立. 我们证明它对 $i > 3$ 也不成立.

假设它对 $i > 0$ 成立, 我们先证明 i 必然是奇数. 根据式 (9.21), λ 是多项式

$$f(x) = 2(x + 1)^i - x^i - 1$$

的根. 但 $g(x) = x^2 + 5x + 1$ 是 λ 的极小多项式. 因此 $g(x)$ 整除 $f(x)$, 记

$$2(x + 1)^i - x^i - 1 = (x^2 + 5x + 1)h(x),$$

其中 $h(x)$ 是整系数多项式. 代入 $x = -1$, 得到 $-(-1)^i - 1 = -3h(-1)$, 因此 $(-1)^i \equiv -1 \pmod 3$, 得到 i 是奇数.

现在, 由于 $0 < \lambda + 1 < 1$, 函数 $p(i) = 2(1 + \lambda)^i$ 关于 i 递减. 函数 $q(i) = 1 + t^i$ 对于奇数的 i, 可以写成

$$q(i) = 1 + (-1)^i (-t)^i = 1 - (-t)^i.$$

由于 $0 < -\lambda < 1$, 代入 $t = \lambda$ 后, $q(i)$ 关于 i 递增. 所以方程 (9.21) 最多有一个奇数 i 的解. 由于 $i = 3$ 是解, 因此是唯一解.

这样我们就证明了题目的解为 $P(x) = a_0 + a_3 x^3$. $\quad\square$

习题 8.52. 设 a 是正整数, $f(x) = x^2 + ax + 2017!$ 没有实根. 证明: 对任意整数 k, $f(x^k)$ 是整系数不可约多项式.

证明 用反证法. 假设存在数 k, 使得

$$f(x^k) = g(x)h(x),$$

对某个非常数整系数多项式 g 和 h 成立. 多项式 $f(x)$ 有两个复根, 模长为 $\sqrt{2017!}$. 于是 $f(x^k)$ 的所有根的模长为 $\sqrt[2k]{2017!}$. 这说明 g 的所有根的模长乘积为 $2017!^{(\deg g)/(2k)}$. 多项式 $g(x)$ 的系数为整数, 这个乘积必然是整数. 然而, 素数 2017 在 2017! 中的幂次为 1, 所以 2017! 不是整数的幂. 因此 $\deg g$ 必然是 $2k$ 的倍数. 这和 $h(x)$ 不是常数, 因而 $\deg g < 2k$ 矛盾. $\square$

习题 8.53. 求所有的有序正整数对 (m,n), 使得存在实系数多项式 $P(x),Q(x)$, 次数分别为 m,n, 并且整数 $1,2,\cdots,mn$ 是 $P(Q(x))$ 的根.

解法一 若 $m=1$, 则解是

$$P(x) = x, \quad Q(x) = (x-1)\cdots(x-n).$$

若 $n=1$, 则解是

$$P(x) = (x-1)\cdots(x-m), \quad Q(x) = x.$$

若 $n=2$, 则解是

$$P(x) = \prod_{k=1}^{m}(x + k(2m+1-k)), \quad Q(x) = x(x-2m-1).$$

现在假设 $m>1, n>2$.

我们知道, $P(Q(x))$ 的根是 $Q(x) = r_i$ 类型的方程的根的集合, 其中 r_i 遍历 $P(x)$ 的根. 由于 $P(Q(x))$ 有 mn 个不同的实根, 所以 $P(x)$ 必然有 m 个不同实根. 设 $r_1 < \cdots < r_m$ 是 $P(x)$ 的根. 必要时将 $P(x)$ 替换成 $P(-x)$, 我们可以假设 $Q(1) = r_1$. 于是例 5.20 中的论述表明, 序列 $Q(1), Q(2), \cdots, Q(mn)$ 会遍历 $r_1, r_2, \cdots, r_m$, 然后反向, 遍历 $r_m, r_{m-1}, \cdots, r_1$, 再次反向, 如此重复. 因此

$$Q(1) = r_1, Q(2) = r_2, \cdots, Q(m) = r_m, Q(m+1) = r_m, Q(m+2) = r_{m-1}, \cdots.$$

于是 $Q(1) = r_k$ 的根为

$$\{k, 2m+1-k, 2m+k, 4m+1-k, \cdots\}.$$

特别地, 对所有的整数 $x, 2m+1 \leqslant x \leqslant mn$, 我们有

$$Q(x) = Q(x-2m).$$

多项式 $Q(x) - Q(x-2m)$ 的次数是 $n-1$, 我们已经找到 $m(n-2)$ 个根, 因此 $m(n-2) \leqslant n-1$. 由于 $m \geqslant 2, n \geqslant 3$, 唯一的可能是 $(m,n) = (2,3)$.

$(m,n)=(2,3)$ 并不会发生. 此时 $Q(x)-r_1$ 的根为 $\{1,4,5\}$, $Q(x)=r_2$ 的根为 $\{2,3,6\}$. 这两个集合的和不同, 而 $\deg Q(x)>2$, 这两个和都对应 $Q(x)$ 的次高项系数, 矛盾. $\square$

解法二 我们也可以像例 5.20 一样完成最后的部分. 得到 $Q(1)=r_k$ 的根是

$$\{k, 2m+1-k, 2m+k, 4m+1-k, \cdots\}$$

之后, 由于 $\deg Q(x)=n>2$, 这些集合的求和都相同, 平方和都相同. 由于这些集合中的元素每依次取两个的求和分别为 $2m+1, 6m+1, \cdots$, 因此求和相同要求 n 是偶数. 然而考察每一对的平方和, 发现

$$1^2+(2m)^2>2^2+(2m-1)^2, \quad (2m+1)^2+(4m)^2>(2m+2)^2+(4m-1)^2, \cdots.$$

因此对于偶数的 n, 集合 $\{1, 2m, 2m+1, 4m, \cdots\}$ 的平方和超过 $\{2, 2m-1, 2m+2, 4m-1, \cdots\}$ 的平方和, 矛盾. 所以当 $m>1, n>2$ 时无解. $\square$

习题 8.54. 求所有的首项系数为 1 的多项式 $P(x), Q(x)$, 满足

$$P(Q(x))=x^{2019}.$$

解法一 设 $P(x)=(x-r_1)^{\alpha_1}\cdots(x-r_d)^{\alpha_1}$, 其中 $r_1, \cdots, r_d$ 是不同的数, 则有

$$P(Q(x))=(Q(x)-r_1)^{\alpha_1}\cdots(Q(x)-r_d)^{\alpha_1}=x^{2019}.$$

由于 $Q(x)-r_1, \cdots, Q(x)-r_d$ 没有公共根, 而右端的根只有 0, 我们得到 $d=1$. 因此

$$P(x)=(x-r_1)^{\alpha_1}.$$

此外, 由于

$$(Q(x)-r_1)^{\alpha_1}=x^{2019},$$

因此 $Q(0)=r_1$. 而且因为方程 $Q(x)-r_1$ 只有 $x=0$ 为根, 所以 $Q(x)-r_1=x^{\beta_1}$. 代入得到 $x^{\alpha_1\beta_1}=x^{2019}$, $\alpha_1\beta_1=2019$. 我们得到

$$(\alpha_1\beta_1)\in\{(1,2019),(3,673),(673,3),(2019,1)\}.$$

最终所有解为

$$(P(x),Q(x))=(x-r_1, r_1+x^{2019}), ((x-r_1)^3, r_1+x^{673}),$$
$$((x-r_1)^{673}, r_1+x^3), ((x-r_1)^{2019}, r_1+x).$$

$\square$

解法二 我们可以利用求导解决这个问题. 求导得到

$$P'(Q(x))Q'(x) = 2019x^{2018}.$$

因此 $Q'(x)$ 整除 $2019x^{2018}$, 设

$$Q'(x) = kx^c,$$

其中 k 是常数, 整数 $c \geqslant 0$. 积分得到

$$Q(x) = \frac{k}{c+1}x^{c+1} + e,$$

其中 e 是常数, 而且由于 $Q(x)$ 的首项系数为 1, 因此 $k = c+1, Q(x) = x^{c+1} + e$. 代入到原始方程, 得到

$$P(x^{c+1} + e) = x^{2019},$$

因此

$$P(x) = (x - e)^{\frac{2019}{c+1}}.$$

因为 $P(x)$ 是多项式, 所以 $(c+1) \mid 2019$. 因此 $c + 1 \in \{1, 3, 673, 2019\}$, 我们得到解法一中同样的那些解. □

习题 8.55. 设 P, Q, R 是非常数的整系数多项式, 满足对任意实数 x, 有

$$P(Q(x)) = Q(R(x)) = R(P(x)).$$

证明: $P = Q = R$.

波兰数学奥林匹克 2009

证明 将 $y = P(x)$ 代入等式 $P(Q(y)) = Q(R(y))$, 得到

$$P(Q(P(x))) = Q(R(P(x))).$$

利用 $P(Q(x)) = R(P(x))$, 得到 $Q(P(Q(x))) = Q(R(P(x)))$, 然后和上式结合得到 $P(Q(P(x))) = Q(P(Q(x)))$, 于是迭代得到

$$P(Q(P(Q(P(Q(x)))))) = Q(P(Q(P(Q(P(x)))))).$$

将例 5.26 应用到

$$F(x) = P(Q(x)), \quad G(x) = Q(P(x)),$$

得到 $P(Q(x)) = Q(P(x))$. 因此 $Q(P(x)) = R(P(x))$, 而且由于 P 不是常数, 对无穷多 y 有 $Q(y) = R(y)$, 所以 $Q = R$. 代入得到 $P(Q(x)) = Q(R(x)) = Q(Q(x))$, 由于 $Q(x)$ 不是常数, 因此有 $P(x) = Q(x)$. □

习题 8.56. *求所有的实系数多项式 $P(x), Q(x)$,满足*

$$P(P(x)) = Q(Q(1-x)).$$

白俄罗斯数学奥林匹克 2001

解法一 设

$$R(x) = P\left(\frac{1}{2} + x\right) - \frac{1}{2}, \quad S(x) = Q\left(\frac{1}{2} + x\right) - \frac{1}{2}.$$

于是有

$$P(P(x)) = R\left(P(x) - \frac{1}{2}\right) + \frac{1}{2} = R\left(R\left(x - \frac{1}{2}\right)\right) + \frac{1}{2},$$

$$Q(Q(x)) = S\left(P(x) - \frac{1}{2}\right) + \frac{1}{2} = S\left(S\left(x - \frac{1}{2}\right)\right) + \frac{1}{2}.$$

现在,等式 $P(P(x)) = Q(Q(1-x))$ 转化为

$$R\left(R\left(x - \frac{1}{2}\right)\right) = S\left(S\left(\frac{1}{2} - x\right)\right).$$

因此 $R(R(t)) = S(S(-t))$ 对所有的 t 成立. 显然 $R(x)$ 和 $S(x)$ 的次数相同. 设

$$R(x) = a_d x^d + \cdots + a_0, \quad S(x) = b_d x^d + \cdots + b_0.$$

于是

$$R(R(x)) = a_d R(x)^d + a_{d-1} R(x)^{d-1} + \cdots + a_0,$$

$$S(S(-x)) = b_d S(-x)^d + b_{d-1} S(-x)^{d-1} + \cdots + b_0.$$

比较首项系数, 得到 $a_d^{d+1} = (-1)^{d^2} b_d^{d+1}$. 若 d 是奇数, 则左端是正的, 右端是负的, 矛盾. 因此 d 是偶数, 并且有 $a_d^{d+1} = b_d^{d+1}$, 得到 $a_d = b_d$. 现在将恒等式 $R(R(x)) = S(S(-x))$ 写成

$$a_d(R(x) - S(-x))(R(x)^{d-1} + \cdots + S(-x)^{d-1})$$
$$= a_{d-1} R(x)^{d-1} + \cdots + a_0 - b_{d-1} S(-x)^{d-1} - \cdots - b_0.$$

由于 $R(x)^{d-1} + \cdots + S(-x)^{d-1}$ 是 $d(d-1)$ 次多项式,而右端的次数不超过 $d(d-1)$, 因此 $R(x) - S(-x)$ 是常数. 设 $S(-x) = R(x) + C$,因此

$$R(R(x)) = S(C + R(x)).$$

若 $R(x)$ 不是常数,则有 $R(x) = S(C + x)$(若 $R(x)$ 是常数,则 $S(x) = R(-x) + C$ 也是常数,这个关系也满足). 此外 $R(x) = S(-x) - C$,因此有

$$S(x + C) + C = S(-x).$$

代入 $x = -\dfrac{C}{2}$,得到 $C = 0$. 因此 $S(x) = S(-x)$,设 $S(x) = R(x) = T(x^2)$,于是

$$P(x) = Q(x) = T\left(\left(x - \frac{1}{2}\right)^2\right) + \frac{1}{2}.$$

经验证是题目的解. □

解法二 我们要用到渐近性引理.

由于 $\deg P(P(x)) = (\deg P(x))^2$, $\deg Q(Q(1-x)) = (\deg Q(x))^2$,因此 $\deg P(x) = \deg Q(x)$. 设 d 是这个次数,并设 $d > 0$. 设 a_d 是 $P(x)$ 的首项系数,b_d 是 $Q(x)$ 的首项系数. 我们于是得到 $a_d^{d+1} = (-1)^d b_d^{d+1}$. 如解法一中所说,这能得到 d 是偶数,$a_d = b_d$. 现在应用渐近性引理,我们得到

$$\lim_{x \to \infty} \left(\sqrt[d]{|P(P(x))|} - a|P(x) + b_1| \right) = 0,$$

以及

$$\lim_{x \to \infty} \left(\sqrt[d]{|Q(Q(1-x))|} - a|Q(1-x) + b_2| \right) = 0.$$

因此

$$\lim_{x \to \infty} \left(|P(x) + b_1| - |Q(1-x)) + b_2| \right) = 0.$$

由于 $P(x)$ 和 $Q(x)$ 的次数相同(偶数),首项系数相同,因此有 $P(x) - Q(1-x) = C$,其中 $C = b_2 - b_1$. 代入到原始方程,得到

$$P(P(x)) = Q(P(x) - C),$$

因此 $P(x) = Q(x - C)$. 这个式子和 $P(x) = Q(1-x) + C$ 结合得到

$$P(x) = P(1 - x - C) + C.$$

代入 $x = \dfrac{1 - C}{2}$,得到 $C = 0$. 于是

$$P(x) = Q(x), \quad P(x) = P(1 - x).$$

从第二个等式可知,存在多项式 $R(x)$,使得

$$P(x) = Q(x) = R\left(\left(x - \frac{1}{2}\right)^2\right).$$

□

习题 8.57. 设 k 是奇数, $f_1, \cdots, f_k$ 是实系数多项式, 满足

$$f_1(f_2(x)) = f_2(f_3(x)) = \cdots = f_k(f_1(x)).$$

证明: $f_1 = \cdots = f_k$.

证明 设 $d_i = \deg f_i(x)$. 比较次数得到 $d_1 d_2 = d_2 d_3 = \cdots = d_k d_1$. 因此 $d_{i+2} = d_i$, 而 k 是奇数, 所以所有 d_i 相同, 记为 d. 设 f_i 的首项系数为 a_i, 比较首项得到方程

$$a_i a_{i+1}^d = a_{i+1} a_{i+2}^d.$$

因此有

$$\frac{a_i}{a_{i+1}} = \left(\frac{a_{i+1}}{a_{i+2}} \right)^d.$$

循环迭代, 得到

$$\frac{a_i}{a_{i+1}} = \left(\frac{a_i}{a_{i+1}} \right)^{d^k},$$

因此 $\dfrac{a_i}{a_{i+1}} = \pm 1$. 若 -1 出现过, 则 d 是奇数, 而且 $\dfrac{a_i}{a_{i+1}} = -1$ 对所有的 i 成立. 然而, 这和乘积 $\dfrac{a_1}{a_2} \cdots \dfrac{a_k}{a_1} = 1$ 并且 k 是奇数矛盾, 因此所有的首项系数相同, 记为 a. 根据渐近性引理, 我们发现

$$\lim_{x \to \infty} \left(\sqrt[d]{f_{i-1}(f_i(x))} - A \cdot |f_i(x) - b_i| \right) = 0,$$

其中 $A = \sqrt[d]{a}$. 因此对所有的 i, j, 有

$$\lim_{x \to \infty} \left(|f_i(x) - b_i| - |f_j(x) - b_j| \right) = 0.$$

因为 f_i 都有相同的次数和首项系数, 所以

$$f_i(x) - b_i = f_j(x) - b_j.$$

若 $d > 1$, 则 f_i 的 x^{d-1} 项的系数都相同. 渐近性引理中的 b_i 是由 f_{i-1} 的这个系数和首项系数计算得到, 因此 $b_i = b_j$, $f_i(x) = f_j(x)$ 对所有的 x 成立. 若 $d = 1$, 我们记 $f_i(x) = ax + c_i$, 根据原始方程得到 $ac_2 + c_1 = ac_3 + c_2 = \cdots = ac_1 + c_k$. 设这个共同值为 B. 若 $a = -1$, 则有 $c_i = c_{i+1} + B$, 循环迭代得到 $c_i = c_i + kB$, $B = 0$, 于是所有 c_i 相同. 若 $a \neq -1$, 将方程 $ac_{i+1} + c_i = B$ 改写为

$$c_i - \frac{B}{a+1} = -a \left(c_{i+1} - \frac{B}{a+1} \right).$$

循环迭代,得到

$$c_i - \frac{B}{a+1} = (-a)^k \left(c_i - \frac{B}{a+1} \right).$$

由于 $a \neq -1$,而且 k 是奇数,我们得到 $c_i = \frac{B}{a+1}$ 对所有的 i 成立.

综上所述,总有 $f_1 = \cdots = f_k$. $\qquad\square$

习题 8.58. 是否存在整系数多项式 $P(x)$ 和 $Q(x)$,次数不小于 2018,并且满足

$$P(Q(x)) - 3Q(P(x)) = 1?$$

解 答案是肯定的. 假设 $(P(x), Q(x))$ 满足题目的条件,替换 $x \mapsto P \circ Q \circ P(x)$,我们发现 $(P \circ Q \circ P(x), Q \circ P(x))$ 也满足题目的条件.

注意到

$$P_0(x) = x^2 + 3x + 1, \quad Q_0(x) = 3x + 3$$

满足题目条件. 现在定义

$$P_{n+1}(x) = P_n \circ Q_n \circ P_n, \quad Q_{n+1} = Q_n \circ P_n.$$

显然经过有限步,P_n 和 Q_n 的次数都超过 2018.(实际上,$\deg P_n = 2^{F_{2n}}$, $\deg Q_n = 2^{F_{2n-1}}$,其中 F_n 是斐波那契数列. 因此 $\deg P_4(x) > \deg Q_4(x) = 2^{21} > 2018$.) $\qquad\square$

习题 8.59. 设非常数整系数多项式 $P(x)$ 满足:对有限个正整数之外的所有正整数 n, $P(1) + \cdots + P(n)$ 整除 $nP(n+1)$. 证明:存在非负整数 k,使得对每个正整数 n,有

$$P(n) = \binom{n+k}{n-1} P(1).$$

证明 设

$$x_n = \frac{nP(n+1)}{P(1) + \cdots + P(n)}.$$

根据假设,x_n 对有限多个 n 之外的值取正整数. 假设 $P(x)$ 的次数为 d,首项系数为 a_d. 于是从第 3.6 节知道,存在 $d+1$ 次多项式 $R(x)$,首项系数为 $\frac{a_d}{d+1}$, $R(0) = 0$,满足 $R(x) - R(x-1) = P(x)$. 对 $x = 1, 2, \cdots, n$,求和得到

$$P(1) + \cdots + P(n) = R(n) - R(0) = R(n).$$

注意到这说明 $R(x)$ 是整值多项式.

由于 $xP(x+1)$ 是 $d+1$ 次多项式,首项系数为 a_d,我们有

$$\lim_{n \to \infty} x_n = \lim_{n \to \infty} \frac{nP(n+1)}{P(1) + \cdots + P(n)} = \lim_{n \to \infty} \frac{nP(n+1)}{R(n)} = \lim_{n \to \infty} \frac{a_d}{\frac{a_d}{d+1}} = d+1.$$

由于 x_n 对足够大的 n 取值为整数, 因此 $x_n = d + 1$ 对足够大的 n 成立. 所以

$$nP(n+1) = (d+1)R(n)$$

对足够大的 n 成立. 两个多项式 $xP(x+1)$ 和 $(d+1)R(x)$ 对无穷多值相同, 必然恒等. 所以有

$$xP(x+1) - xP(x) = (d+1)(R(x) - R(x-1)) = (d+1)P(x),$$

并可以改写为

$$\frac{P(x+1)}{P(x)} = \frac{x+d+1}{x}.$$

将这个恒等式对 $x = 1, 2, \cdots, n-1$ 相乘, 得到

$$\frac{P(n)}{P(1)} = \frac{P(n)}{P(n-1)} \cdot \frac{P(n-1)}{P(n-2)} \cdots \frac{P(2)}{P(1)} = \frac{n+d-1}{n-1} \cdot \frac{n+d-2}{n-2} \cdot \cdots \cdot \frac{d+1}{1}$$

$$= \frac{(n+d-1)!}{(n-1)!d!} = \binom{n+d-1}{n-1}.$$

因此 $k = d - 1$ 满足题目要求. $\qquad\square$

习题 8.60. 求所有的整系数多项式 $P(x)$, 使得若正整数 a, b, c 构成直角三角形的三边长, 则 $P(a), P(b), P(c)$ 也构成直角三角形的三边长.

解法一 由于边长为 $(2n, n^2-1, n^2+1)$ 的三角形是直角三角形, 因此 $P(2n) > 0$ 对所有的正整数 $n \geqslant 2$ 成立. 所以 $P(x)$ 的首项系数为正. 于是对足够大的 x, $P(x)$ 严格递增. 对足够大的 n, 有 $P(n^2+1) > P(n^2-1), P(2n)$, 所以 $P(n^2+1)$ 是直角三角形的斜边长, 我们得到方程

$$P(n^2+1)^2 = P(2n)^2 + P(n^2-1)^2.$$

假设 $\deg P(x) = d, P(x) = a_d x^d + a_{d-1} x^{d-1} + \cdots + a_0, a_d \neq 0$. 我们有

$$P(n^2+1)^2 = a_d^2 n^{4d} + (2d a_d^2 + 2 a_d a_{d-1}) n^{4d-2} + \cdots$$

以及

$$P(n^2-1)^2 + P(2n)^2 = a_d^2 n^{4d} + (-2d a_d^2 + 2 a_d a_{d-1}) n^{4d-2} + \cdots + 2^{2d} a_d^2 n^{2d} + \cdots.$$

若 $d > 1$, 比较 n^{4d-2} 项的系数, 则得到 $4d a_d^2 = 0$, 矛盾. 因此 $d = 1$. 设 $P(x) = a_1 x + a_0$, 方程

$$P(n^2+1)^2 = P(2n)^2 + P(n^2-1)^2$$

变为 $-4a_0 a_1 n + a_0(4a_1 - a_0) = 0$. 因此 $a_0 = 0, P(x) = a_1 x$. 显然这是题目的解. $\qquad\square$

解法二 我们首先证明下面的引理.

引理 设多项式 $P(x)$ 满足 $\deg P(x) = d \geqslant 2$, 首项系数为正. 若 $s < t$, 则 $sP(tx) > tP(sx)$ 对所有足够大的 x 成立.

引理的证明 记 $P(x) = a_d x^d + Q(x), \deg Q(x) < d$, 我们有

$$sP(tx) - tP(sx) = a_d ts(t^{d-1} - s^{d-1})x^d + sQ(tx) - tQ(sx).$$

由于 $\deg(sQ(tx) - tQ(sx)) < d$, 因此发现对所有足够大的 x, 有 $sP(tx) > tP(sx)$, 完成了引理的证明.

现在回到原题. 由于 $(a, b, c) = (5k, 4k, 3k)$ 是直角三角形的三边长, 我们发现 $P(5k), P(4k), P(3k)$ 构成直角三角形的边长. 根据上面的引理, 对足够大的 k, 有

$$3P(5k) > 5P(3k), \quad 4P(5k) > 5P(4k).$$

因此平方后相加, 得到

$$25P(5k)^2 > 25(P(3k)^2 + P(4k)^2).$$

也就是说, $P(5k)^2 > P(3k)^2 + P(4k)^2$, 矛盾. 因此没有次数大于 1 的这样的多项式. 对 $d = 1$, 设 $P(x) = ax + b$, 得到

$$P(5k)^2 - P(4k)^2 - P(3k)^2 = -4abk - b^2 = 0,$$

因此 $b = 0$, 唯一的解为 $P(x) = ax$. $\qquad\square$

习题 8.61. 求所有的实系数多项式 P, Q, 满足

$$P(Q(x)) = P(x)^{2017}.$$

解 若 $(P(x), Q(x))$ 是一个解, 则 $(-P(x), Q(x))$ 也是一个解. 因此不妨设 $P(x)$ 的首项系数为正. 设 $\deg P(x) = d$, 记

$$P(x) = a_d x^d + a_{d-1} x^{d-1} + \cdots + a_0,$$

其中 $a_d > 0$. 由于 $\sqrt[d]{P(Q(x))} = \sqrt[d]{P(x)^{2017}}$, 因此渐近性引理给出

$$\lim_{x \to \infty} \left(\sqrt[d]{a_d} \left| Q(x) + \frac{a_{d-1}}{da_d} \right| - \sqrt[d]{a_d^{2017}} \left(x + \frac{a_{d-1}}{da_d} \right)^{2017} \right) = 0$$

（若 d 是奇数，我们可以不用绝对值符号）. 所以有

$$Q(x) + \frac{a_{d-1}}{da_d} = \pm \sqrt[d]{a_d^{2016}} \left(x + \frac{a_{d-1}}{da_d} \right)^{2017}.$$

代入 $B = \frac{a_{d-1}}{da_d}$, $A = \pm \sqrt[d]{a_d^{2016}}$（其中符号只对偶数 d 用），我们可以把方程写为

$$Q(x) = A(x+B)^{2017} - B.$$

将 $Q(x)$ 代入原始方程，得到

$$P(A(x+B)^{2017} - B) = P(x)^{2017}.$$

因此 $P(Ax^{2017} - B) = P(x-B)^{2017}$. 设

$$R(x) = P(x-B) = a_d x^d + a_s x^s + \cdots,$$

则 $R(Ax^{2017}) = R(x)^{2017}$. 若 $R(x)$ 至少有两个非零项，比较两边的第二个非零项，左端为 $a_s x^{2017s}$，右端为 $a_d^{2016} a_s x^{2016d+s}$，矛盾. 因此 $R(x) = a_d x^d$. 也就是说，

$$P(x) = a_d(x+B)^d, \quad Q(x) = A(x+B)^{2017} - B, \quad A^d = a_d^{2016}.$$

□

习题 8.62. 计算求和

$$\sum_{k=1}^{1000} \frac{(2^k - 3^1) \cdots (2^k - 3^{1000})}{(2^k - 2^1) \cdots (2^k - 2^{k-1})(2^k - 2^{k+1}) \cdots (2^k - 2^{1000})}.$$

解 设 $P(x) = (x-3^1) \cdots (x-3^{1000}) - (x-2^1) \cdots (x-2^{1000})$. 于是 $P(x)$ 是次数不超过 999 的多项式，然后 $P(x)$ 在点 $2, 4, \cdots, 2^{1000}$ 的插值公式为

$$\sum_{k=1}^{1000} \frac{(x-2^1) \cdots (x-2^{k-1})(x-2^{k+1}) \cdots (x-2^{100})(2^k-3^1) \cdots (2^k-3^{1000})}{(2^k-2^1) \cdots (2^k-2^{k-1})(2^k-2^{k+1}) \cdots (2^k-2^{1000})}.$$

因此所求的求和是 $P(x)$ 的首项系数，为

$$2^1 + \cdots + 2^{1000} - (3^1 + \cdots + 3^{1000}) = 2^{1001} - \frac{3^{1001}+1}{2}.$$

□

习题 8.63. 设 $A = \{a_1, \cdots, a_n\}, B = \{b_1, \cdots, b_n\}$. 证明:

$$\sum_{k=1}^{n} \frac{\prod\limits_{i=1}^{n}(a_k + b_i)}{\prod\limits_{i \neq k}(a_k - a_i)} = \sum_{k=1}^{n} \frac{\prod\limits_{i=1}^{n}(b_k + a_i)}{\prod\limits_{i \neq k}(b_k - b_i)}.$$

中国国家队选拔考试 2010

证明 设 $P(x) = (x + a_1) \cdots (x + a_n) - (x - b_1) \cdots (x - b_n)$,则有

$$P(-a_k) = (-1)^{n+1} \prod_{i=1}^{n}(a_k + b_i), \quad P(b_k) = \prod_{i=1}^{n}(b_k + a_i).$$

注意到 $\deg P(x) \leqslant n - 1$. 现在分别写下在点 $-a_1, \cdots, -a_n$ 和点 $b_1, \cdots, b_n$ 处的插值公式,得到

$$P(x) = (-1)^{n-1} \sum_{k=1}^{n} \frac{\prod\limits_{i \neq k}(x + a_i)}{\prod\limits_{i \neq k}(a_k - a_i)} P(-a_k)$$

以及

$$P(x) = \sum_{k=1}^{n} \frac{\prod\limits_{i \neq k}(x - b_i)}{\prod\limits_{i \neq k}(b_k - b_i)} P(b_k).$$

现在考察 x^{n-1} 的系数,得到

$$\sum_{k=1}^{n} \frac{P(b_k)}{\prod\limits_{i \neq k}(b_k - b_i)} = (-1)^{n-1} \sum_{k=1}^{n} \frac{P(-a_k)}{\prod\limits_{i \neq k}(a_k - a_i)}.$$

代入 $P(b_k), P(-a_k)$ 的值得到

$$\sum_{k=1}^{n} \frac{\prod\limits_{i=1}^{n}(a_k + b_i)}{\prod\limits_{i \neq k}(a_k - a_i)} = \sum_{k=1}^{n} \frac{\prod\limits_{i=1}^{n}(b_k + a_i)}{\prod\limits_{i \neq k}(b_k - b_i)} = \sum_{k=1}^{n}(a_k + b_k). \qquad \square$$

习题 8.64. 设 $b_i = (a_i - a_1) \cdots (a_i - a_{i-1})(a_i - a_{i+1}) \cdots (a_i - a_n)$. 证明:$(n-1)!$ 整除 $\mathrm{lcm}(b_1, \cdots, b_n)$.

Fedor Petrov,圣彼得堡数学奥林匹克 *2005*

证明 设 $P(x) = (x-1) \cdots (x-n+1)$. 写下 $P(x)$ 在 $a_1, \cdots, a_n$ 的插值公式,得到

$$P(x) = \sum_{i=1}^{n} \frac{Q_i(x)}{Q_i(a_i)} P(a_i).$$

比较两边的首项系数,得到

$$1 = \sum_{i=1}^{n} \frac{P(a_i)}{Q_i(a_i)} = \sum_{i=1}^{n} \frac{P(a_i)}{b_i}.$$

因此 $\operatorname{lcm}(b_1, \cdots, b_n) = c_1 P(a_1) + \cdots + c_n P(a_n)$,其中

$$c_i = \frac{\operatorname{lcm}(b_1, b_2, \cdots, b_n)}{b_i}.$$

此外,对每个整数 m, $P(m)$ 是连续 $n-1$ 个整数的乘积,因此是 $(n-1)!$ 的倍数. 于是 $(n-1)!$ 整除 $P(a_1), \cdots, P(a_n)$ 中每一个,因此整除 $c_1 P(a_1) + \cdots + c_n P(a_n)$, 即整除 $\operatorname{lcm}(b_1, \cdots, b_n)$. $\qquad\square$

习题 8.65. 设 $P(x)$ 是非常数的实系数多项式,$M > 0$,证明:存在正整数 m,使得 若首项系数为 1 的多项式 $Q(x)$ 的次数不小于 m,则不等式 $|P(Q(x))| \leqslant M$ 的整 数解个数不超过 $\deg Q(x)$.

纳维德·萨法伊,伊朗数学奥林匹克 2018

证明 显然,不等式 $|P(x)| \leqslant M$ 的解集可以包含在某个区间 $(-a, a)$ 中,a 是正实 数. 现在设 $\deg Q(x) = d \geqslant m$. 考虑整数 $x_0 < x_1 < \cdots < x_d$. 根据插值公式,有

$$Q(x) = \sum_{i=0}^{d} Q(x_i) \prod_{i \neq j} \frac{x - x_j}{x_i - x_j}.$$

由于 $Q(x)$ 的首项系数为 1,因此

$$1 = \sum_{i=0}^{d} Q(x_i) \prod_{i \neq j} \frac{1}{x_i - x_j}.$$

右端不超过

$$\max_{i} |Q(x_i)| \cdot \sum_{i=0}^{d} \frac{1}{i!(d-i)!} = \frac{2^d}{d!} \cdot \max_{i} |Q(x_i)|.$$

因此有

$$\max_{i} |Q(x_i)| \geqslant \frac{d!}{2^d} \geqslant \frac{m!}{2^m}.$$

现在,取 m 使得 $(-a,a) \subseteq \left(-\dfrac{m!}{2^m}, \dfrac{m!}{2^m}\right)$. 我们证明了,对任意 $d+1$ 个整数,至少有一个满足

$$|Q(x)| > \frac{m!}{2^m}.$$

但是不等式 $|P(Q(x))| \leqslant M$ 的任何整数解都满足

$$|Q(x)| \leqslant \frac{m!}{2^m},$$

因此至多有 d 个整数满足 $|P(Q(x))| \leqslant M$. □

习题 8.66. 求所有两两不同的正整数 $a_1, \cdots, a_n$,使得对每个正整数 $k = 1, \cdots, n$,数 $a_1 \cdots a_n$ 整除 $(k+a_1) \cdots (k+a_n)$.

解 设 $P(x) = (x+a_1) \cdots (x+a_n)$,则 $P(0), \cdots, P(n)$ 被 $a_1 \cdots a_n$ 整除. 写下 $P(x)$ 在点 $0, 1, \cdots, n$ 处的插值公式,比较首项系数,得到

$$\sum_{i=0}^{n} (-1)^i \binom{n}{i} P(i) = n!.$$

由于 $P(0), \cdots, P(n)$ 都被 $a_1 \cdots a_n$ 整除,因此 $a_1 \cdots a_n$ 整除左端,也整除 $n!$. 于是 $a_1 \cdots a_n \leqslant n!$. 但是 $a_1, \cdots, a_n$ 是不同的正整数,$a_1 \cdots a_n \geqslant 1 \times 2 \times \cdots \times n = n!$,因此等号成立,并且有 $\{a_1, \cdots, a_n\} = \{1, 2, \cdots, n\}$. □

习题 8.67. 设 d 是正整数. 求常数 $C(d)$ 的最大值,使得对任意 d 次复系数多项式 $P(x) = a_0 + \cdots + a_d x^d$ 和 $(0, 1, \cdots, d)$ 的任意排列 $(x_0, \cdots, x_d)$,我们有

$$\sum_{k=0}^{d} |P(x_k) - P(x_{k+1})| \geqslant C|a_d|, \quad x_{d+1} = x_0.$$

解 首先我们简化题目的叙述. 题目允许 $P(x)$ 的系数为复数. 由于可以将 $P(x)$ 乘某个常数,不改变常数 C 的值,我们可以假设 a_d 是实数. 同时,我们可以设 $Q(x)$ 是 $P(x)$ 的实部,次数和首项系数都不变. 若存在常数 C 对 $Q(x)$ 满足条件,则有

$$\sum_{k=0}^{d} |P(x_k) - P(x_{k+1})| \geqslant \sum_{k=0}^{d} |Q(x_k) - Q(x_{k+1})| \geqslant C|a_d|.$$

因此同一个常数对 $P(x)$ 也满足条件. 所以可以不妨设 $P(x)$ 是实系数多项式.

设 $m = \min\limits_{0 \leqslant k \leqslant d} P(k) = P(x_i), M = \max\limits_{0 \leqslant k \leqslant d} P(k) = P(x_j)$ 分别为 $P(x_k)$ 的最小值和最大值. 于是（下标循环理解）根据三角不等式得到

$$\sum_{k=i}^{j-1} |P(x_k) - P(x_{k+1})| \geqslant P(x_j) - P(x_i) = M - m,$$

以及

$$\sum_{k=j}^{i-1} |P(x_k) - P(x_{k+1})| \geqslant P(x_j) - P(x_i) = M - m,$$

其中等号成立当且仅当（注意下式下标循环理解，意思是从 $P(x_i)$ 从两个方向到 $P(x_j)$ 都是不减的）

$$P(x_i) \leqslant P(x_{i+1}) \leqslant \cdots \leqslant P(x_j), \qquad P(x_j) \geqslant P(x_{j+1}) \geqslant \cdots \geqslant P(x_i).$$

因此对所有的置换,求和 $\sum\limits_{k=0}^{d} |P(x_k) - P(x_{k+1})|$ 的极小值为 $2(M - m)$.

于是题目转化为求最大的常数 $C = C(d)$，使得对任意实系数 d 次多项式 $P(x)$,首项系数为 $a_d, m = \min\limits_{0 \leqslant k \leqslant d} P(k), M = \max\limits_{0 \leqslant k \leqslant d} P(k)$,我们有

$$2(M - m) \geqslant C|a_d|.$$

现在我们可以用插值公式继续化简. 先选取 $P(0), P(1), \cdots, P(d) \in [m, M]$,然后应用插值公式来确定 $P(x)$,其次数不超过 d:

$$P(x) = \sum_{k=0}^{d} \frac{(-1)^{d-k}}{x - k} \binom{d}{k} \binom{x}{d} P(k).$$

由于这个多项式 $P(x)$ 的首项系数为

$$a_d = \frac{1}{d!} \sum_{k=0}^{d} (-1)^{d-k} \binom{d}{k} P(k),$$

我们发现需要求最大的常数 C,使得

$$2(M - m) \geqslant \frac{C}{d!} \sum_{k=0}^{d} (-1)^{d-k} \binom{d}{k} P(k).$$

由于右端是 $P(k)$ 的线性函数,我们可以在 $[m, M]$ 中自由选择这些值,因此只需对 $d - k$ 为偶数时选择 M, $d - k$ 为奇数时选择 m. 于是得到

$$2(M - m) \geqslant \frac{C}{d!} \left(M \sum_{2 | d-k} \binom{d}{k} - m \sum_{2 \nmid d-k} \binom{d}{k} \right) = \frac{C}{d!} (M - m) 2^{d-1}.$$

因此最大的常数为 $C = \dfrac{d!}{2^{d-2}}$. $\hfill \square$

习题 8.68. 设 $d > 1$ 是奇数，$P(x)$ 是 d 次多项式. 假设 $P(k) = 2^k$，对 $k = 0, 1, \cdots, d$ 成立. 证明：$P(x)$ 被 $x + 1$ 整除，但不被 $(x + 1)^2$ 整除.

纳维德·萨法伊

证法一 我们已经知道，$P(x)$ 是

$$P(x) = \binom{x}{0} + \binom{x}{1} + \cdots + \binom{x}{d}.$$

利用组合数的恒等式

$$\binom{x+1}{k} = \binom{x}{k-1} + \binom{x}{k}$$

以及

$$\binom{x+1}{k} = \frac{x+1}{k}\binom{x}{k-1},$$

由于 d 是奇数，我们有

$$
\begin{aligned}
P(x) &= \binom{x+1}{1} + \binom{x+1}{3} + \cdots + \binom{x+1}{d} \\
&= (x+1)\left(1 + \frac{1}{3}\binom{x}{2} + \cdots + \frac{1}{d}\binom{x}{d-1}\right).
\end{aligned}
$$

因此 $P(x)$ 被 $x + 1$ 整除. 设第二个因子为 $Q(x)$，要证 $(x+1)^2$ 不整除 $P(x)$，只需证明 $Q(-1) \neq 0$. 由于

$$\binom{-1}{2m} = \frac{(-1)(-2)\cdots(-2m)}{(2m)!} = 1,$$

因此有

$$Q(-1) = 1 + \frac{1}{3} + \cdots + \frac{1}{d} \neq 0,$$

这就完成了证明. $\qquad\square$

证法二 我们已经知道

$$P(x) = \binom{x}{0} + \binom{x}{1} + \cdots + \binom{x}{d},$$

因此 $P(x)$ 的首项系数是 $\dfrac{1}{d!}$.

考虑多项式 $Q(x) = P(x+1) - 2P(x)$. 容易证明 $\deg Q(x) = d$，$Q(x)$ 的首项系数为 $\dfrac{1}{d!}$，而且

$$Q(0) = Q(1) = \cdots = Q(d-1) = 0.$$

因此

$$Q(x) = P(x+1) - 2P(x) = -\frac{1}{d!}x(x-1)\cdots(x-(d-1)).$$

因为 d 是奇数,所以

$$Q(d-1-x) = (-1)^d Q(x) = -Q(x).$$

得到

$$Q(-1) = -Q(d) = \frac{1}{d!} \cdot d! = 1.$$

因此

$$1 = Q(-1) = P(0) - 2P(-1) = 1 - 2P(-1).$$

所以 $P(-1) = 0$,证明了 $x+1$ 整除 $P(x)$.

根据 $Q(d-1-x) = -Q(x)$,得到

$$Q'(d-1-x) = Q'(x).$$

因此 $Q'(d) = Q'(-1) = P'(0) - 2P'(-1)$. 计算发现

$$Q'(x) = -\frac{1}{d!}x(x-1)\cdots(x-(d-1))\left(\frac{1}{x} + \cdots + \frac{1}{x-d+1}\right),$$

我们得到

$$Q'(d) = -\left(1 + \frac{1}{2} + \cdots + \frac{1}{d}\right).$$

另一方面,$P'(0)$ 等于表达式

$$\binom{x}{0} + \binom{x}{1} + \cdots + \binom{x}{d}$$

中 x 的系数,因此

$$P'(0) = 1 - \frac{1}{2} + \frac{1}{3} - \cdots + \frac{1}{d}.$$

所以

$$P'(-1) = \frac{1}{2}(P'(0) - Q'(d)) = 1 + \frac{1}{3} + \cdots + \frac{1}{d} \neq 0,$$

完成了证明. □

习题 8.69. 设 $d > 1$ 是奇数,$P(x)$ 是 d 次多项式. 假设 $P(k) = 2^k$,对 $k = 0, 1, \cdots, d$ 成立. 证明:存在最多有限个整数 k,使得 $P(k)$ 是 2 的幂.

中国台湾队选拔考试 *2018*

证明 根据上一个题目,我们发现 $d!P(x) = (x+1)Q(x)$,$Q(x)$ 是整系数首项系数为 1 的多项式,$Q(-1) \neq 0$.

由于 $d > 1$ 是奇数,因此 $d \geqslant 3$. 存在常数 M,使得对 $x > M$,有 $P(x) > (x+1)^2$. $P(x)$ 的次数为奇数,首项系数为正,因此只有有限个负整数 m,使得 $P(m) > 0$. 所以只需证明存在有限个整数 $m > M$,使得 $P(m)$ 是 2 的幂.

假设 $m > M$ 满足 $P(m) = 2^n$. 设 $m+1 = 2^a \cdot b$,b 是奇数. 由于

$$(m+1) \mid d!P(m) = d! \cdot 2^n,$$

因此 $b \mid d!$. 此外,由于 $m > M$,我们有

$$P(m) = 2^n > (m+1)^2 \geqslant 2^{2a},$$

因此 $n > 2a$. 于是 $(m+1)^2 = 2^{2a} \cdot b^2$ 整除 $(d!)^2 P(m) = d!(m+1)Q(m)$,所以 $m+1 \mid d!Q(m)$. 然而,Q 是整系数多项式,所以 $m+1 \mid Q(m) - Q(-1)$. 因此 $m+1 \mid d!Q(-1)$. 因为 $Q(-1) \neq 0$,所以只有有限个整数 $m+1$ 满足此条件. $\square$

习题 8.70. 多项式 $P(x)$ 的次数为 d,满足 $P(k) = 2^k$ 对所有的 $k = 0, 1, \cdots, d$ 成立. 证明:$P(k) \geqslant 2^{k-1}$,对所有的整数 $k = d+1, d+2, \cdots, 2d+1$ 成立.

证明 我们已经看到

$$P(x) = \binom{x}{0} + \binom{x}{1} + \cdots + \binom{x}{d}.$$

当 $k = d+1, d+2, \cdots, 2d+1$ 时,根据组合数的对称性,我们还有

$$P(k) = \binom{k}{k-d} + \binom{k}{k-d+1} + \cdots + \binom{k}{k}.$$

相加得到

$$2P(k) = \binom{k}{0} + \binom{k}{1} + \cdots + \binom{k}{d} + \binom{k}{k-d} + \binom{k}{k-d+1} + \cdots + \binom{k}{k}.$$

由于右端包含了每个 $\binom{k}{j}$,$0 \leqslant j \leqslant k$ 至少一次,因此

$$2P(k) \geqslant \sum_{j=0}^{k} \binom{k}{j} = 2^k.$$

$\square$

注 根据上面的证明,当 $k = 2d+1$ 时,有等式成立:

$$P(2d+1) = 2^{2d}.$$

习题 8.71. 设 $P(x)$ 是 d 次复系数多项式，$P(0) = 0$. 证明：对每个复数 $\alpha, |\alpha| < 1$，存在单位圆上的复数 $z_1, \cdots, z_{d+2}$，使得

$$P(\alpha) = \sum_{i=1}^{d+2} P(z_i).$$

美国数学月刊 11432

证明 我们将证明更强的结论：对任意 $|\alpha| < 1$，存在单位圆上的复数 $z_1, \cdots, z_{d+2}$，使得对 $i = 1, \cdots, d$，均有

$$\sum_{i=1}^{d+2} z_i^k = \alpha^k. \tag{9.22}$$

要从这个结论得到题目的结果，只需将这些恒等式乘以多项式 $P(x)$ 的系数再相加即可.

我们通过寻找 $z_1, \cdots, z_{d+2}$ 所满足的多项式来证明这个命题. 于是记

$$Q(z) = \prod_{i=1}^{d+2}(z - z_i) = \sum_{j=0}^{d+2}(-1)^j \sigma_j z^{d+2-j}.$$

方程 (9.22) 要求等幂和 $S_1, \cdots, S_d$ 分别等于 α 的幂，即 $S_k = \alpha^k$. 因此，我们需要 $\sigma_1 = S_1 = \alpha$，而且根据牛顿恒等式有

$$S_k - S_{k-1}\sigma_1 + \cdots + (-1)^{k-1}S_1\sigma_{k-1} + k(-1)^k\sigma_k = 0,$$

对 $k = 2, \cdots, d$ 成立，因此得到 $\sigma_2 = \cdots = \sigma_d = 0$.

所以有

$$Q(z) = z^{d+2} - \alpha z^{d+1} + Az + B$$

其中 A, B 是复数. 我们希望 $Q(z)$ 的根都在单位圆上. 这需要 $|B| = 1$，简化起见，我们取 $B = 1$. 韦达定理给出

$$A = -\sum_{i=1}^{d+2}\frac{1}{z_i} = -\sum_{i=1}^{d+2}\overline{z_i} = -\overline{\alpha}.$$

因此必然有

$$Q(z) = z^{d+2} - \alpha z^{d+1} - \overline{\alpha}z + 1.$$

我们现在需要证明 $Q(z)$ 的所有根确实在单位圆上. 若 z 是 $Q(z)$ 的一个根，我们有

$$z^{d+1} = \frac{\overline{\alpha}z - 1}{z - \alpha}.$$

设

$$f(z) = \frac{\overline{\alpha}z - 1}{z - \alpha}$$

为式子右端,观察到

$$|f(z)|^2 - 1 = \frac{(1 - |\alpha|^2)(1 - |z|^2)}{|z - \alpha|^2}.$$

因此,若 $|z| < 1$,则有

$$|z|^{d+1} < 1 < |f(z)|,$$

矛盾. 若 $|z| > 1$,则两个不等式都反号,还是得到矛盾.

因此我们证明了 $Q(z)$ 的所有根在单位圆上,完成了题目.   □

习题 8.72. 设 a, b, c 是整数,满足 $a + b + c = 0$. 证明:

(i) $(a^2b^2 + c^2b^2 + a^2c^2) \mid (a^5b^5 + c^5b^5 + a^5c^5)$;

(ii) 若 $3 \mid (n-1)$,则 $(a^2 + b^2 + c^2) \mid (a^n + b^n + c^n)$;

(iii) 若 $3 \mid (n-2)$,则 $(a^2b^2 + c^2b^2 + a^2c^2) \mid (a^nb^n + c^nb^n + c^na^n)$.

Kvant M 2023

证明 设

$$S_n = a^n + b^n + c^n, \quad T_n = a^nb^n + c^nb^n + c^na^n$$

为等幂和,注意到

$$S_2 = -2(a^2 + ab + b^2), \quad T_2 = (a^2 + ab + b^2)^2.$$

定义

$$P_n = \frac{1}{2}[a^n + b^n + (-a-b)^n] = \frac{1}{2}S_n.$$

于是有 $P_1 = 0, P_2 = -(a^2 + ab + b^2), P_3 = -\frac{3ab(a+b)}{2}$ 都是整数(因为 $a, b, a+b$ 之一必然是偶数). 根据牛顿恒等式,有

$$P_{n+3} = (a^2 + ab + b^2)P_{n+1} + ab(a+b)P_n.$$

因此 P_n 对所有的 n 为整数. 此外,由于 P_1 和 P_2 是 $a^2 + ab + b^2$ 的倍数,牛顿恒等式给出

$$P_{n+3} \equiv ab(a+b)P_n \pmod{a^2 + ab + b^2},$$

我们得到:若 $3 \nmid n$,则 P_n 被 $a^2 + ab + b^2$ 整除,这就证明了 (ii). 对于 $n = 3m + 1$,我们有

$$P_{3m+4} = (a^2 + ab + b^2)P_{3m+2} + ab(a+b)P_{3m+1}.$$

由于 P_{3m+2} 被 $a^2 + ab + b^2$ 整除，因此

$$P_{3m+4} \equiv ab(a+b)P_{3m+1} \pmod{(a^2 + ab + b^2)^2}.$$

因为 $P_1 = 0$ 被 $(a^2 + ab + b^2)^2$ 整除，所以归纳可得，当 $n \equiv 1 \pmod 3$ 时，P_n 被 $(a^2 + ab + b^2)^2$ 整除.

注意到 $2T_n = S_n^2 - S_{2n}$. 若 $n = 3m + 2$，则 $S_2 = 2(a^2 + ab + b^2)$ 整除 S_n，于是 $2(a^2 + ab + b^2)^2$ 整除 S_n^2. 因为 $2n = 6m + 4 \equiv 1 \pmod 3$，所以 $2(a^2 + ab + b^2)^2$ 整除 S_{2n}. 因此 $2(a^2 + ab + b^2)^2 = 2T_2$ 整除 $S_{3m+2}^2 - S_{6m+4} = 2T_{3m+2}$，于是 T_2 整除 T_{3m+2}，这就是 (iii)，而 (i) 是一个特例. □

注 下面的题目来自 Kvant 题目 M2173，在 2015 年美国国家队选拔考试中出现：

设素数 $p > 3, p \mid a^2 + ab + b^2$. 证明：$p^3 \mid (a+b)^p - a^p - b^p$.

习题 8.73. 设整数 $x_1, \cdots, x_n$ 的最大公约数为 1. 定义 $s_k = x_1^k + \cdots + x_n^k$. 证明：

$$\gcd(s_1, \cdots, s_n) \mid \operatorname{lcm}(1, 2, \cdots, n).$$

Komal

证明 设 p 是素数，整除 $\gcd(s_1, \cdots, s_n)$，并设

$$v_p(\gcd(s_1, \cdots, s_n)) = t.$$

我们要证明 $p^t \leqslant n$，于是 $p^t \mid \operatorname{lcm}(1, 2, \cdots, n)$，就证明了题目. 设

$$P(x) = (x - x_1)\cdots(x - x_n) = x^n - \sigma_1 x^{n-1} + \cdots + (-1)^n \sigma_n.$$

于是

$$S_{n+r} = \sigma_1 S_{n+r-1} - \sigma_2 S_{n+r-2} + \cdots + (-1)^{n-1}\sigma_n S_r,$$

说明对每个 k，有 S_k 被 p^t 整除. 现在取 $k = tp^{t-1}(p-1)$. 由于 $\varphi(p^t) = p^{t-1}(p-1)$，欧拉定理给出：若 $\gcd(a, p) = 1$，则 $a^k \equiv 1 \pmod{p^t}$. 此外，由于 $k \geqslant t$，若 $p \mid a$，则 $p^t \mid a^k$，因此 $a^k \equiv 0 \pmod{p^t}$. 所以 $x_1^k + \cdots + x_n^k \equiv s \pmod{p^t}$，其中 s 是 $x_1, \cdots, x_n$ 中和 p 互素的项的个数. 因为 $\gcd(x_1, \cdots, x_n) = 1$，我们有 $1 \leqslant s \leqslant n$. 然而，我们已经知道 S_k 是 p^t 的倍数，因此 $p^t \mid s$，进而有 $n \geqslant s \geqslant p^t$. □

习题 8.74. 设 $x_1, \cdots, x_{1000}$ 为整数，满足

$$\sum_{i=1}^{1000} x_i^k \equiv 0 \pmod{2017}, \quad \forall\, k = 1, 2, \cdots, 672.$$

证明：$2017 \mid x_i$，对所有的 $i = 1, 2, \cdots, 1000$ 成立.

日本数学奥林匹克 2017

证明 设 S_k 和 σ_k 分别是 $x_1, \cdots, x_{1000}$ 的等幂和以及初等对称多项式. 本题的条件说明

$$S_1 \equiv \cdots \equiv S_{672} \equiv 0 \pmod{2017}.$$

首先, 我们证明 $\sigma_1 \equiv \cdots \equiv \sigma_{672} \equiv 0 \pmod{2017}$. 我们对 k 归纳证明. 当 $k = 1$ 时, $\sigma_1 = S_1$, 命题成立. 假设命题对小于 k 的正整数成立. 由于 $k \leqslant 672 < 1000$, 根据牛顿恒等式, 我们得到

$$(-1)^{k+1} k \sigma_k = S_k - \sigma_1 S_{k-1} + \sigma_2 S_{k-2} + \cdots + (-1)^k S_1 \sigma_{k-1}.$$

右端被 2017 整除, 因此 2017 整除 $k\sigma_k$. 因为 $\gcd(k, 2017) = 1$, 所以 σ_k 被 2017 整除. 这样就完成了归纳.

现在对 S_{1000+r} 应用牛顿恒等式, 得到

$$S_{1000+r} = \sigma_1 S_{999+r} - \sigma_2 S_{998+r} + \cdots + (-1)^{n-1} \sigma_{1000} S_r.$$

对于 $1 \leqslant r \leqslant 344$, 我们可以将其写成

$$S_{1000+r} = \sum_{i=0}^{328} (-1)^{i+1} \sigma_{1000-i} S_{r+i} + \sum_{i=329}^{999} (-1)^{i+1} \sigma_{1000-i} S_{r+i}.$$

第一个求和中由于 $i + r \leqslant 672$, 因此 S_{r+i} 被 2017 整除. 在第二个求和中, σ_{1000-i} 被 2017 整除. 因此 $S_{1001}, \cdots, S_{1344}$ 都被 2017 整除. 最后

$$S_{2016} = \sum_{i=0}^{328} (-1)^{i+1} \sigma_{1000-i} S_{1016+i} + \sum_{i=329}^{999} (-1)^{i+1} \sigma_{1000-i} S_{1016+i}.$$

一样的原因, 第一个和第二个求和都被 2017 整除.

设 r 是 $x_1, \cdots, x_{1000}$ 中不被 2017 整除的项的个数, 则费马小定理说明: 若 2017 不整除 a, 则 $a^{2016} \equiv 1 \pmod{2017}$; 若 2017 整除 a, 则 $a^{2016} \equiv 0 \pmod{2017}$. 因此 $S_{2016} \equiv r \pmod{2017}$. 上面的计算说明 r 必然被 2017 整除, 但是它不超过 1000, 只能是 $r = 0$. 这证明了 $x_1, \cdots, x_{1000}$ 都被 2017 整除. □

注 假设 g 是模 2017 的一个原根. 设

$$x_j \equiv g^{3(j-1)} \pmod{2017}, \quad j = 1, \cdots, 672$$

而 $x_j = 0, 673 \leqslant j \leqslant 1000$. 我们可以计算得到, 对 $k = 1, 2, \cdots, 671$, 有

$$\sum_{i=1}^{1000} x_i^k \equiv 0 \pmod{2017}.$$

因此 672 是 k 的最佳值.

习题 8.75. 设整数 n 不是 3 的倍数. 求方程

$$(a^2 - bc)^n + (b^2 - ac)^n + (c^2 - ab)^n = 1$$

的所有整数解.

H. Van Der Berg, 数学反思 O52

解法一 设

$$P_n(a, b, c) = (a^2 - bc)^n + (b^2 - ac)^n + (c^2 - ab)^n.$$

我们首先证明: 对每个不被 3 整除的 n, $P_n(a, b, c)$ 被

$$P_1(a, b, c) = a^2 + b^2 + c^2 - ab - ac - bc$$

整除. 若 $n = 1$, 这是显然的. 若 $n = 2$, 则有

$$(a^2 - bc)^2 + (b^2 - ac)^2 + (c^2 - ab)^2 = (a^2 + b^2 + c^2)^2 - (ab + ac + bc)^2,$$

显然是 $P_1(a, b, c)$ 的倍数. 现在定义

$$x = a^2 - bc, \quad y = b^2 - ac, \quad z = c^2 - ab.$$

则有

$$x^2 - yz = a(a^3 + b^3 + c^3 - 3abc) = a(a + b + c)(a^2 + b^2 + c^2 - ab - ac - bc).$$

同样地, $y^2 - xz$ 和 $z^2 - xy$ 也是 $P_1(a, b, c)$ 的倍数. 利用

$$x^{n+3} + y^{n+3} + z^{n+3} = (x^2 - yz)x^{n+1} + (y^2 - xz)y^{n+1} + (z^2 - yx)x^{n+1}$$
$$+ xyz(x^n + y^n + z^n),$$

得到: 若 $x^n + y^n + z^n$ 是 $P_1(a, b, c)$ 的倍数, 则 $x^{n+3} + y^{n+3} + z^{n+3}$ 也是它的倍数. 迭代这个过程就证明了上面的结论.

现在回到原题. 由于

$$a^2 + b^2 + c^2 - ab - ac - bc = \frac{1}{2}\left[(a - b)^2 + (b - c)^2 + (c - a)^2\right] \geqslant 0,$$

整除 $P_n(a, b, c)$, $P_n(a, b, c) = 1$ 的任何解必然满足

$$a^2 + b^2 + c^2 - ab - ac - bc = 1.$$

因此 a, b, c 中有两个相同,第三个和它们相差 1. 由于 $P_n(a, b, c) = P_n(-a, -b, -c)$,因此不妨设第三个数更大. 于是我们需要找到下面方程的整数解.

$$1 = P_n(k, k, k+1) = (2k+1)^n + 2(-k)^n.$$

若 $n = 1$,这是恒等式,因此得到解 $(a, b, c) = (k, k, k \pm 1)$,或它的排列.

若 n 是偶数,则右端的项都是非负的,我们看到解为 $k = 0$. 这给出 $(a, b, c) = (0, 0, \pm 1)$ 及其排列.

若 $n > 1$ 是奇数,则方程变为 $(2k+1)^n = 2k^n + 1$. 容易看到 $k = 0, -1$ 是解. 对于 $k \geqslant 1$,我们有 $(2k+1)^n > 2k^n + 1$,无解. 对于 $k \leqslant -2$,我们设 $k = -m$,方程变为 $1 + (2m-1)^n = 2m^n$. 然而 $2m - 1 \geqslant \dfrac{3}{2}m$,$(2m-1)^n \geqslant \dfrac{27}{8}m^n > 2m^n$,无解. 因此对奇数 $n > 1$,解为 $(a, b, c) = (0, 0, \pm 1), (1, 1, 0), (-1, -1, 0)$ 或它们的排列. $\qquad\square$

解法二 设 $S_n = (a^2 - bc)^n + (b^2 - ac)^n + (c^2 - ab)^n$,记

$$(x - a^2 + bc)(x - b^2 + ca)(x - c^2 + ab) = x^3 - px^2 + qx - r.$$

计算得到 $S_1 = p = a^2 + b^2 + c^2 - ab - bc - ca$ 以及

$$q = -(ab + bc + ca)(a^2 + b^2 + c^2 - ab - bc - ca).$$

由于牛顿恒等式给出 $S_2 = p^2 - 2q$,因此 S_2 是 $a^2 + b^2 + c^2 - ab - bc - ca$ 的倍数. 根据牛顿恒等式的递推关系

$$S_{n+3} = pS_{n+2} - qS_{n+1} + rS_n$$

以及初值条件,我们看到对于 $3 \nmid n$,S_n 是 $a^2 + b^2 + c^2 - ab - bc - ca$ 的倍数. 因此像解法一一样,我们将问题转化为 $a^2 + b^2 + c^2 - ab - bc - ca = 1$ 的情形. $\quad\square$

习题 8.76. 设 r 是 $r = r^{\frac{2}{3}} + 1$ 的正根. 证明:存在正整数 N,使得

$$4^{100} \left| N - r^{300} \right| < 1.$$

证明 考虑多项式 $P(x) = x^3 - x^2 - 1$. 对于 $x \leqslant 1$,我们有 $x^2(x-1) < 1$,因此没有 $P(x)$ 的根. 对于 $x > 1$,$x^2(x-1)$ 递增. 因此 $P(x)$ 只有一个实根 $r_1(r_1 > 1)$,另外两个根 r_2, r_3 互为共轭.

现在回到问题, 我们发现 $r = r_1^3$. 等幂和 $S_k = r_1^k + r_2^k + r_3^k$ 满足 $S_0 = 3$, $S_1 = S_2 = 1$ 以及 $S_n = S_{n-1} + S_{n-3}$. 我们看到 $N = S_{900} = r_1^{900} + r_2^{900} + r_3^{900}$ 是正整数. 还需证明

$$\left| N - r^{300} \right| = \left| N - r_1^{900} \right| = \left| r_2^{900} + r_3^{900} \right| < 4^{-100}.$$

注意到 $r_2^{900} + r_3^{900} = 2\mathrm{Re}(r_2^{900}) \leqslant 2|r_2|^{900}$. 最后,因为

$$P(\sqrt{2}) = 2\sqrt{2} - 3 < 0,$$

所以 $r_1 > \sqrt{2}$. 由于 $r_1 r_2 r_3 = r_1 |r_2|^2 = 1$,我们得到 $|r_2|^2 = \dfrac{1}{r_1} < 2^{-\frac{1}{2}}$. 因此有

$$2|r_2|^{900} < 2^{-224} < 2^{-200} = 4^{-100}.$$

$\square$

习题 8.77. 求所有的整数 n,使得对任意正实数 a, b, c, x, y, z,若有

$$\max(a, b, c, x, y, z) = a, \quad a + b + c = x + y + z, \quad abc = xyz,$$

则有不等式 $a^n + b^n + c^n \geqslant x^n + y^n + z^n$ 成立.

中国国家队选拔考试 2018

解 将 $t = a$ 代入

$$(t - x)(t - y)(t - z) - (t - a)(t - b)(t - c) = (xy + yz + zx - ab - bc - ca)t,$$

发现 $xy + yz + zx > ab + ac + bc$. 定义

$$T_n = a^n + b^n + c^n - x^n - y^n - z^n,$$

于是得到

$$T_{n+3} - (x + y + z)T_{n+2} + (xy + yz + zx)T_{n+1} - xyzT_n$$
$$= (xy + yz + zx - ab - ac - bc)(a^{n+1} + b^{n+1} + c^{n+1}) > 0.$$

将此不等式改写为

$$T_{n+3} - (x + y)T_{n+2} + xyT_{n+1} > z(T_{n+2} - (x + y)T_{n+1} + xyT_n).$$

计算得到 $T_0 = T_1 = 0$, 以及

$$
\begin{aligned}
T_2 &= a^2 + b^2 + c^2 - x^2 - y^2 - z^2 \\
&= (a+b+c)^2 - (x+y+z)^2 - 2(ab+ac+bc-xy-yz-zx) \\
&= -2(ab+ac+bc-xy-yz-zx) > 0.
\end{aligned}
$$

因此

$$
T_2 - (x+y)T_1 + xyT_0 = T_2 > 0.
$$

这说明对所有的 $n \geqslant 0$, 有

$$
T_{n+2} - (x+y)T_{n+1} + xyT_n > 0.
$$

改写为

$$
T_{n+2} - xT_{n+1} > y(T_{n+1} - xT_n).
$$

由于 $T_2 > 0$, 因此 $T_2 - xT_1 = T_2 > 0$. 因此上面不等式说明 $T_{n+2} - xT_{n+1} > 0$, 对所有的 $n > 0$ 成立. 这个论述再做一次得到 $T_{n+2} > 0$ 对所有的 $n \geqslant 0$ 成立. 因此 $T_n \geqslant 0$, 对所有的 $n \geqslant 0$ 成立. 因此题目中的不等式对所有的非负整数 n 成立.

现在, 定义 $U_m = T_{-m}$. 此时有

$$
\frac{1}{xy} + \frac{1}{yz} + \frac{1}{xz} = \frac{1}{ab} + \frac{1}{ac} + \frac{1}{bc}, \quad \frac{1}{xyz} = \frac{1}{abc},
$$

以及

$$
\frac{1}{x} + \frac{1}{y} + \frac{1}{z} > \frac{1}{a} + \frac{1}{b} + \frac{1}{c}.
$$

进一步, 有

$$
\begin{aligned}
&U_{m+3} - \left(\frac{1}{a} + \frac{1}{b} + \frac{1}{c}\right)U_{m+2} + \left(\frac{1}{ab} + \frac{1}{ac} + \frac{1}{bc}\right)U_{m+1} - \frac{U_m}{abc} \\
&= \left(\frac{1}{a} + \frac{1}{b} + \frac{1}{c} - \frac{1}{x} - \frac{1}{y} - \frac{1}{z}\right)\left(x^{-m-2} + y^{-m-2} + z^{-m-2}\right) < 0.
\end{aligned}
$$

我们计算得到 $U_0 = U_{-1} = 0, U_1 < 0$. 将前面的论证稍微修改, 我们先得到

$$
U_{m+2} - \left(\frac{1}{a} + \frac{1}{b}\right)U_{m+1} + \frac{1}{ab}U_m < 0
$$

对所有的 $m \geqslant -1$ 成立. 然后得到 $U_{m+2} - \dfrac{1}{a}U_{m+1} < 0$, 最后得到 $U_{m+2} < 0$ 对所有的 $m \geqslant -1$ 成立. 因此对所有的 $m \geqslant 1$, 有 $U_m < 0, T_{-m} < 0$. 因此题目中的不等式只对非负整数成立. $\qquad\square$

索　引

三角不等式, 51, 53

单位圆, 28

唯一性引理
 第一唯一性引理, 127, 129
 第二唯一性引理, 134

复数, 20
 三角形式, 27
 像, 27
 共轭, 21
 复坐标, 27
 实部, 20
 模, 22
 虚部, 20
 辐角, 27
 辐角主值, 27

多项式
 反射, 1

对称性, 117

最大公约式, 105

比较次数, 80

比较系数, 80

系数的平方和, 2

自反射, 9

恒等条件, 77

拉格朗日插值公式, 181, 182
 第二种表述, 183

根
 n 次单位根, 33, 34
 本原 n 次单位根, 34

棣莫弗公式, 28

渐近性引理, 167, 170

牛顿恒等式, 216, 218
 第一形式, 221
 第二形式, 223

刘培杰数学工作室
已出版(即将出版)图书目录——初等数学

书　名	出版时间	定　价	编号
新编中学数学解题方法全书(高中版)上卷(第2版)	2018—08	58.00	951
新编中学数学解题方法全书(高中版)中卷(第2版)	2018—08	68.00	952
新编中学数学解题方法全书(高中版)下卷(一)(第2版)	2018—08	58.00	953
新编中学数学解题方法全书(高中版)下卷(二)(第2版)	2018—08	58.00	954
新编中学数学解题方法全书(高中版)下卷(三)(第2版)	2018—08	68.00	955
新编中学数学解题方法全书(初中版)上卷	2008—01	28.00	29
新编中学数学解题方法全书(初中版)中卷	2010—07	38.00	75
新编中学数学解题方法全书(高考复习卷)	2010—01	48.00	67
新编中学数学解题方法全书(高考真题卷)	2010—01	38.00	62
新编中学数学解题方法全书(高考精华卷)	2011—03	68.00	118
新编平面解析几何解题方法全书(专题讲座卷)	2010—01	18.00	61
新编中学数学解题方法全书(自主招生卷)	2013—08	88.00	261
数学奥林匹克与数学文化(第一辑)	2006—05	48.00	4
数学奥林匹克与数学文化(第二辑)(竞赛卷)	2008—01	48.00	19
数学奥林匹克与数学文化(第二辑)(文化卷)	2008—07	58.00	36'
数学奥林匹克与数学文化(第三辑)(竞赛卷)	2010—01	48.00	59
数学奥林匹克与数学文化(第四辑)(竞赛卷)	2011—08	58.00	87
数学奥林匹克与数学文化(第五辑)	2015—06	98.00	370
世界著名平面几何经典著作钩沉——几何作图专题卷(共3卷)	2022—01	198.00	1460
世界著名平面几何经典著作钩沉(民国平面几何老课本)	2011—03	38.00	113
世界著名平面几何经典著作钩沉(建国初期平面三角老课本)	2015—08	38.00	507
世界著名解析几何经典著作钩沉——平面解析几何卷	2014—01	38.00	264
世界著名数论经典著作钩沉(算术卷)	2012—01	28.00	125
世界著名数学经典著作钩沉——立体几何卷	2011—02	28.00	88
世界著名三角学经典著作钩沉(平面三角卷Ⅰ)	2010—06	28.00	69
世界著名三角学经典著作钩沉(平面三角卷Ⅱ)	2011—01	38.00	78
世界著名初等数论经典著作钩沉(理论和实用算术卷)	2011—07	38.00	126
世界著名几何经典著作钩沉(解析几何卷)	2022—10	68.00	1564
发展你的空间想象力(第3版)	2021—01	98.00	1464
空间想象力进阶	2019—05	68.00	1062
走向国际数学奥林匹克的平面几何试题诠释.第1卷	2019—07	88.00	1043
走向国际数学奥林匹克的平面几何试题诠释.第2卷	2019—09	78.00	1044
走向国际数学奥林匹克的平面几何试题诠释.第3卷	2019—03	78.00	1045
走向国际数学奥林匹克的平面几何试题诠释.第4卷	2019—09	98.00	1046
平面几何证明方法全书	2007—08	48.00	1
平面几何证明方法全书习题解答(第2版)	2006—12	18.00	10
平面几何天天练上卷·基础篇(直线型)	2013—01	58.00	208
平面几何天天练中卷·基础篇(涉及圆)	2013—01	28.00	234
平面几何天天练下卷·提高篇	2013—01	58.00	237
平面几何专题研究	2013—07	98.00	258
平面几何解题之道.第1卷	2022—05	38.00	1494
几何学习题集	2020—10	48.00	1217
通过解题学习代数几何	2021—04	88.00	1301
圆锥曲线的奥秘	2022—06	88.00	1541

刘培杰数学工作室
已出版(即将出版)图书目录——初等数学

书　　名	出版时间	定　价	编号
最新世界各国数学奥林匹克中的平面几何试题	2007－09	38.00	14
数学竞赛平面几何典型题及新颖解	2010－07	48.00	74
初等数学复习及研究(平面几何)	2008－09	68.00	38
初等数学复习及研究(立体几何)	2010－06	38.00	71
初等数学复习及研究(平面几何)习题解答	2009－01	58.00	42
几何学教程(平面几何卷)	2011－03	68.00	90
几何学教程(立体几何卷)	2011－07	68.00	130
几何变换与几何证题	2010－06	88.00	70
计算方法与几何证题	2011－06	28.00	129
立体几何技巧与方法(第2版)	2022－10	168.00	1572
几何瑰宝——平面几何500名题暨1500条定理(上、下)	2021－07	168.00	1358
三角形的解法与应用	2012－07	18.00	183
近代的三角形几何学	2012－07	48.00	184
一般折线几何学	2015－08	48.00	503
三角形的五心	2009－06	28.00	51
三角形的六心及其应用	2015－10	68.00	542
三角形趣谈	2012－08	28.00	212
解三角形	2014－01	28.00	265
探秘三角形:一次数学旅行	2021－10	68.00	1387
三角学专门教程	2014－09	28.00	387
图天下几何新题试卷.初中(第2版)	2017－11	58.00	855
圆锥曲线习题集(上册)	2013－06	68.00	255
圆锥曲线习题集(中册)	2015－01	78.00	434
圆锥曲线习题集(下册·第1卷)	2016－10	78.00	683
圆锥曲线习题集(下册·第2卷)	2018－01	98.00	853
圆锥曲线习题集(下册·第3卷)	2019－10	128.00	1113
圆锥曲线的思想方法	2021－08	48.00	1379
圆锥曲线的八个主要问题	2021－10	48.00	1415
论九点圆	2015－05	88.00	645
论圆的几何学	2024－06	48.00	1736
近代欧氏几何学	2012－03	48.00	162
罗巴切夫斯基几何学及几何基础概要	2012－07	28.00	188
罗巴切夫斯基几何学初步	2015－06	28.00	474
用三角、解析几何、复数、向量计算解数学竞赛几何题	2015－03	48.00	455
用解析法研究圆锥曲线的几何理论	2022－05	48.00	1495
美国中学几何教程	2015－04	88.00	458
三线坐标与三角形特征点	2015－04	98.00	460
坐标几何学基础.第1卷,笛卡儿坐标	2021－08	48.00	1398
坐标几何学基础.第2卷,三线坐标	2021－09	28.00	1399
平面解析几何方法与研究(第1卷)	2015－05	28.00	471
平面解析几何方法与研究(第2卷)	2015－06	38.00	472
平面解析几何方法与研究(第3卷)	2015－07	28.00	473
解析几何研究	2015－01	38.00	425
解析几何学教程.上	2016－01	38.00	574
解析几何学教程.下	2016－01	38.00	575
几何学基础	2016－01	58.00	581
初等几何研究	2015－02	58.00	444
十九和二十世纪欧氏几何学中的片段	2017－01	58.00	696
平面几何中考.高考.奥数一本通	2017－07	28.00	820
几何学简史	2017－08	28.00	833
四面体	2018－01	48.00	880
平面几何证明方法思路	2018－12	68.00	913
折纸中的几何练习	2022－09	48.00	1559
中学新几何学(英文)	2022－10	98.00	1562
线性代数与几何	2023－04	68.00	1633

刘培杰数学工作室
已出版(即将出版)图书目录——初等数学

书　名	出版时间	定　价	编号
四面体几何学引论	2023—06	68.00	1648
平面几何图形特性新析.上篇	2019—01	68.00	911
平面几何图形特性新析.下篇	2018—06	88.00	912
平面几何范例多解探究.上篇	2018—04	48.00	910
平面几何范例多解探究.下篇	2018—12	68.00	914
从分析解题过程学解题:竞赛中的几何问题研究	2019—07	68.00	946
从分析解题过程学解题:竞赛中的向量几何与不等式研究(全2册)	2019—06	138.00	1090
从分析解题过程学解题:竞赛中的不等式问题	2021—01	48.00	1249
二维、三维欧氏几何的对偶原理	2018—12	38.00	990
星形大观及闭折线论	2019—03	68.00	1020
立体几何的问题和方法	2019—11	58.00	1127
三角代换论	2021—05	58.00	1313
俄罗斯平面几何问题集	2009—08	88.00	55
俄罗斯立体几何问题集	2014—03	58.00	283
俄罗斯几何大师——沙雷金论数学及其他	2014—01	48.00	271
来自俄罗斯的5000道几何习题及解答	2011—03	58.00	89
俄罗斯初等数学问题集	2012—05	38.00	177
俄罗斯函数问题集	2011—03	38.00	103
俄罗斯组合分析问题集	2011—01	48.00	79
俄罗斯初等数学万题选——三角卷	2012—11	38.00	222
俄罗斯初等数学万题选——代数卷	2013—08	68.00	225
俄罗斯初等数学万题选——几何卷	2014—01	68.00	226
俄罗斯《量子》杂志数学征解问题100题选	2018—08	48.00	969
俄罗斯《量子》杂志数学征解问题又100题选	2018—08	48.00	970
俄罗斯《量子》杂志数学征解问题	2020—05	48.00	1138
463个俄罗斯几何老问题	2012—01	28.00	152
《量子》数学短文精粹	2018—09	38.00	972
用三角、解析几何等计算解来自俄罗斯的几何题	2019—11	88.00	1119
基谢廖夫平面几何	2022—01	48.00	1461
基谢廖夫立体几何	2023—04	48.00	1599
数学:代数、数学分析和几何(10—11年级)	2021—01	48.00	1250
直观几何学:5—6年级	2022—04	58.00	1508
几何学:第2版.7—9年级	2023—08	68.00	1684
平面几何:9—11年级	2022—10	48.00	1571
立体几何.10—11年级	2022—01	58.00	1472
几何快递	2024—05	48.00	1697

谈谈素数	2011—03	18.00	91
平方和	2011—03	18.00	92
整数论	2011—05	38.00	120
从整数谈起	2015—10	28.00	538
数与多项式	2016—01	38.00	558
谈谈不定方程	2011—05	28.00	119
质数漫谈	2022—07	68.00	1529

解析不等式新论	2009—06	68.00	48
建立不等式的方法	2011—03	98.00	104
数学奥林匹克不等式研究(第2版)	2020—07	68.00	1181
不等式研究(第三辑)	2023—08	198.00	1673
不等式的秘密(第一卷)(第2版)	2014—02	38.00	286
不等式的秘密(第二卷)	2014—01	38.00	268
初等不等式的证明方法	2010—06	38.00	123
初等不等式的证明方法(第二版)	2014—11	38.00	407
不等式·理论·方法(基础卷)	2015—07	38.00	496
不等式·理论·方法(经典不等式卷)	2015—07	38.00	497
不等式·理论·方法(特殊类型不等式卷)	2015—07	48.00	498
不等式探究	2016—03	38.00	582
不等式探秘	2017—01	88.00	689

书　名	出版时间	定价	编号
四面体不等式	2017—01	68.00	715
数学奥林匹克中常见重要不等式	2017—09	38.00	845
三正弦不等式	2018—09	98.00	974
函数方程与不等式:解法与稳定性结果	2019—04	68.00	1058
数学不等式.第1卷,对称多项式不等式	2022—05	78.00	1455
数学不等式.第2卷,对称有理不等式与对称无理不等式	2022—05	88.00	1456
数学不等式.第3卷,循环不等式与非循环不等式	2022—05	88.00	1457
数学不等式.第4卷,Jensen不等式的扩展与加细	2022—05	88.00	1458
数学不等式.第5卷,创建不等式与解不等式的其他方法	2022—05	88.00	1459
不定方程及其应用.上	2018—12	58.00	992
不定方程及其应用.中	2019—01	78.00	993
不定方程及其应用.下	2019—02	98.00	994
Nesbitt不等式加强式的研究	2022—06	128.00	1527
最值定理与分析不等式	2023—02	78.00	1567
一类积分不等式	2023—02	88.00	1579
邦费罗尼不等式及概率应用	2023—05	58.00	1637
同余理论	2012—05	38.00	163
$[x]$与$\{x\}$	2015—04	48.00	476
极值与最值.上卷	2015—06	28.00	486
极值与最值.中卷	2015—06	38.00	487
极值与最值.下卷	2015—06	28.00	488
整数的性质	2012—11	38.00	192
完全平方数及其应用	2015—08	78.00	506
多项式理论	2015—10	88.00	541
奇数、偶数、奇偶分析法	2018—01	98.00	876
历届美国中学生数学竞赛试题及解答(第一卷)1950—1954	2014—07	18.00	277
历届美国中学生数学竞赛试题及解答(第二卷)1955—1959	2014—04	18.00	278
历届美国中学生数学竞赛试题及解答(第三卷)1960—1964	2014—06	18.00	279
历届美国中学生数学竞赛试题及解答(第四卷)1965—1969	2014—04	28.00	280
历届美国中学生数学竞赛试题及解答(第五卷)1970—1972	2014—06	18.00	281
历届美国中学生数学竞赛试题及解答(第六卷)1973—1980	2017—07	18.00	768
历届美国中学生数学竞赛试题及解答(第七卷)1981—1986	2015—01	18.00	424
历届美国中学生数学竞赛试题及解答(第八卷)1987—1990	2017—05	18.00	769
历届国际数学奥林匹克试题集	2023—09	158.00	1701
历届中国数学奥林匹克试题集(第3版)	2021—10	58.00	1440
历届加拿大数学奥林匹克试题集	2012—08	38.00	215
历届美国数学奥林匹克试题集	2023—08	98.00	1681
历届波兰数学竞赛试题集.第1卷,1949～1963	2015—03	18.00	453
历届波兰数学竞赛试题集.第2卷,1964～1976	2015—03	18.00	454
历届巴尔干数学奥林匹克试题集	2015—05	38.00	466
历届CGMO试题及解答	2024—03	48.00	1717
保加利亚数学奥林匹克	2014—10	38.00	393
圣彼得堡数学奥林匹克试题集	2015—01	38.00	429
匈牙利奥林匹克数学竞赛题解.第1卷	2016—05	28.00	593
匈牙利奥林匹克数学竞赛题解.第2卷	2016—05	28.00	594
历届美国数学邀请赛试题集(第2版)	2017—10	78.00	851
全美高中数学竞赛:纽约州数学竞赛(1989—1994)	2024—08	48.00	1740
普林斯顿大学数学竞赛	2016—06	38.00	669
亚太地区数学奥林匹克竞赛题	2015—07	18.00	492
日本历届(初级)广中杯数学竞赛试题及解答.第1卷(2000～2007)	2016—05	28.00	641
日本历届(初级)广中杯数学竞赛试题及解答.第2卷(2008～2015)	2016—05	38.00	642
越南数学奥林匹克题选:1962—2009	2021—07	48.00	1370
欧洲女子数学奥林匹克	2024—04	48.00	1723
360个数学竞赛问题	2016—08	58.00	677

刘培杰数学工作室

已出版(即将出版)图书目录——初等数学

书 名	出版时间	定 价	编号
奥数最佳实战题.上卷	2017—06	38.00	760
奥数最佳实战题.下卷	2017—05	58.00	761
解决问题的策略	2024—08	48.00	1742
哈尔滨市早期中学数学竞赛试题汇编	2016—07	28.00	672
全国高中数学联赛试题及解答:1981—2019(第4版)	2020—07	138.00	1176
2024年全国高中数学联合竞赛模拟题集	2024—01	38.00	1702
20世纪50年代全国部分城市数学竞赛试题汇编	2017—07	28.00	797
国内外数学竞赛题及精解:2018～2019	2020—08	45.00	1192
国内外数学竞赛题及精解:2019～2020	2021—11	58.00	1439
许康华竞赛优学精选集.第一辑	2018—08	68.00	949
天问叶班数学问题征解100题.Ⅰ,2016—2018	2019—05	88.00	1075
天问叶班数学问题征解100题.Ⅱ,2017—2019	2020—07	98.00	1177
美国初中数学竞赛:AMC8准备(共6卷)	2019—07	138.00	1089
美国高中数学竞赛:AMC10准备(共6卷)	2019—08	158.00	1105
王连笑教你怎样学数学:高考选择题解题策略与客观题实用训练	2014—01	48.00	262
王连笑教你怎样学数学:高考数学高层次讲座	2015—02	48.00	432
高考数学的理论与实践	2009—08	38.00	53
高考数学核心题型解题方法与技巧	2010—01	28.00	86
高考思维新平台	2014—03	38.00	259
高考数学压轴题解题诀窍(上)(第2版)	2018—01	58.00	874
高考数学压轴题解题诀窍(下)(第2版)	2018—01	48.00	875
突破高考数学新定义创新压轴题	2024—08	88.00	1741
北京市五区文科数学三年高考模拟题详解:2013～2015	2015—08	48.00	500
北京市五区理科数学三年高考模拟题详解:2013～2015	2015—09	68.00	505
向量法巧解数学高考题	2009—08	28.00	54
高中数学课堂教学的实践与反思	2021—11	48.00	791
数学高考参考	2016—01	78.00	589
新课程标准高考数学解答题各种题型解法指导	2020—08	78.00	1196
全国及各省市高考数学试题审题要津与解法研究	2015—02	48.00	450
高中数学章节起始课的教学研究与案例设计	2019—05	28.00	1064
新课标高考数学——五年试题分章详解(2007～2011)(上、下)	2011—10	78.00	140,141
全国中考数学压轴题审题要津与解法研究	2013—04	78.00	248
新编全国及各省市中考数学压轴题审题要津与解法研究	2014—05	58.00	342
全国及各省市5年中考数学压轴题审题要津与解法研究(2015版)	2015—04	58.00	462
中考数学专题总复习	2007—04	28.00	6
中考数学较难题常考题型解题方法与技巧	2016—09	48.00	681
中考数学难题常考题型解题方法与技巧	2016—09	48.00	682
中考数学中档题常考题型解题方法与技巧	2017—08	68.00	835
中考数学选择填空压轴好题妙解365	2024—01	80.00	1698
中考数学:三类重点考题的解法例析与习题	2020—04	48.00	1140
中小学数学的历史文化	2019—11	48.00	1124
小升初衔接数学	2024—06	68.00	1734
赢在小升初——数学	2024—08	78.00	1739
初中平面几何百题多思创新解	2020—01	58.00	1125
初中数学中考备考	2020—01	58.00	1126
高考数学之九章演义	2019—08	68.00	1044
高考数学之难题谈笑间	2022—06	68.00	1519
化学可以这样学:高中化学知识方法智慧感悟疑难辨析	2019—07	58.00	1103
如何成为学习高手	2019—09	58.00	1107
高考数学:经典真题分类解析	2020—04	78.00	1134
高考数学解答题破解策略	2020—11	58.00	1221
从分析解题过程学解题:高考压轴题与竞赛题之关系探究	2020—08	88.00	1179
从分析解题过程学解题:数学高考与竞赛的互联互通探究	2024—06	88.00	1735
教学新思考:单元整体视角下的初中数学教学设计	2021—09	58.00	1278
思维再拓展:2020年经典几何题的多解探究与思考	即将出版		1279
中考数学小压轴汇编初讲	2017—07	48.00	788
中考数学大压轴专题微言	2017—09	48.00	846

刘培杰数学工作室
已出版(即将出版)图书目录——初等数学

书 名	出版时间	定 价	编号
怎么解中考平面几何探索题	2019—06	48.00	1093
北京中考数学压轴题解题方法突破(第9版)	2024—01	78.00	1645
助你高考成功的数学解题智慧:知识是智慧的基础	2016—01	58.00	596
助你高考成功的数学解题智慧:错误是智慧的试金石	2016—04	58.00	643
助你高考成功的数学解题智慧:方法是智慧的推手	2016—04	68.00	657
高考数学奇思妙解	2016—04	38.00	610
高考数学解题策略	2016—05	48.00	670
数学解题泄天机(第2版)	2017—10	48.00	850
高中物理教学讲义	2018—01	48.00	871
高中物理教学讲义:全模块	2022—03	98.00	1492
高中物理答疑解惑65篇	2021—11	48.00	1462
中学物理基础问题解析	2020—08	48.00	1183
初中数学、高中数学脱节知识补缺教材	2017—06	48.00	766
高考数学客观题解题方法和技巧	2017—10	38.00	847
十年高考数学精品试题审题要津与解法研究	2021—10	98.00	1427
中国历届高考数学试题及解答.1949—1979	2018—01	38.00	877
历届中国高考数学试题及解答.第二卷,1980—1989	2018—10	28.00	975
历届中国高考数学试题及解答.第三卷,1990—1999	2018—10	48.00	976
跟我学解高中数学题	2018—07	58.00	926
中学数学研究的方法及案例	2018—05	58.00	869
高考数学抢分技能	2018—07	68.00	934
高一新生常用数学方法和重要数学思想提升教材	2018—06	38.00	921
高考数学全国卷六道解答常考题型解题诀窍(全2册)	2019—07	78.00	1101
高考数学全国卷16道选择、填空题常考题型解题诀窍.理科	2018—09	88.00	971
高考数学全国卷16道选择、填空题常考题型解题诀窍.文科	2020—01	88.00	1123
高中数学一题多解	2019—06	58.00	1087
历届中国高考数学试题及解答:1917—1999	2021—08	98.00	1371
2000～2003年全国及各省市高考数学试题及解答	2022—05	88.00	1499
2004年全国及各省市高考数学试题及解答	2023—08	78.00	1500
2005年全国及各省市高考数学试题及解答	2023—08	78.00	1501
2006年全国及各省市高考数学试题及解答	2023—08	88.00	1502
2007年全国及各省市高考数学试题及解答	2023—08	98.00	1503
2008年全国及各省市高考数学试题及解答	2023—08	88.00	1504
2009年全国及各省市高考数学试题及解答	2023—08	88.00	1505
2010年全国及各省市高考数学试题及解答	2023—08	98.00	1506
2011～2017年全国及各省市高考数学试题及解答	2024—01	78.00	1507
2018～2023年全国及各省市高考数学试题及解答	2024—03	78.00	1709
突破高原:高中数学解题思维探究	2021—08	48.00	1375
高考数学中的"取值范围"	2021—10	48.00	1429
新课程标准高中数学各种题型解法大全.必修一分册	2021—06	58.00	1315
新课程标准高中数学各种题型解法大全.必修二分册	2022—01	68.00	1471
高中数学各种题型解法大全.选择性必修一分册	2022—06	68.00	1525
高中数学各种题型解法大全.选择性必修二分册	2023—01	58.00	1600
高中数学各种题型解法大全.选择性必修三分册	2023—04	48.00	1643
高中数学专题研究	2024—05	88.00	1722
历届全国初中数学竞赛经典试题详解	2023—04	88.00	1624
孟祥礼高考数学精刷精解	2023—06	98.00	1663
新编640个世界著名数学智力趣题	2014—01	88.00	242
500个最新世界著名数学智力趣题	2008—06	48.00	3
400个最新世界著名数学最值问题	2008—09	48.00	36
500个世界著名数学征解问题	2009—06	48.00	52
400个中国最佳初等数学征解老问题	2010—01	48.00	60
500个俄罗斯数学经典老题	2011—01	28.00	81
1000个国外中学物理好题	2012—04	48.00	174
300个日本高考数学题	2012—05	38.00	142
700个早期日本高考数学试题	2017—02	88.00	752

刘培杰数学工作室
已出版(即将出版)图书目录——初等数学

书　名	出版时间	定　价	编号
500 个前苏联早期高考数学试题及解答	2012-05	28.00	185
546 个早期俄罗斯大学生数学竞赛题	2014-03	38.00	285
548 个来自美苏的数学好问题	2014-11	28.00	396
20 所苏联著名大学早期入学试题	2015-02	18.00	452
161 道德国工科大学生必做的微分方程习题	2015-05	28.00	469
500 个德国工科大学生必做的高数习题	2015-06	28.00	478
360 个数学竞赛问题	2016-08	58.00	677
200 个趣味数学故事	2018-02	48.00	857
470 个数学奥林匹克中的最值问题	2018-10	88.00	985
德国讲义日本考题.微积分卷	2015-04	48.00	456
德国讲义日本考题.微分方程卷	2015-04	38.00	457
二十世纪中叶中、英、美、日、法、俄高考数学试题精选	2017-06	38.00	783
中国初等数学研究　2009 卷(第 1 辑)	2009-05	20.00	45
中国初等数学研究　2010 卷(第 2 辑)	2010-05	30.00	68
中国初等数学研究　2011 卷(第 3 辑)	2011-07	60.00	127
中国初等数学研究　2012 卷(第 4 辑)	2012-07	48.00	190
中国初等数学研究　2014 卷(第 5 辑)	2014-02	48.00	288
中国初等数学研究　2015 卷(第 6 辑)	2015-06	68.00	493
中国初等数学研究　2016 卷(第 7 辑)	2016-04	68.00	609
中国初等数学研究　2017 卷(第 8 辑)	2017-01	98.00	712
初等数学研究在中国.第 1 辑	2019-03	158.00	1024
初等数学研究在中国.第 2 辑	2019-10	158.00	1116
初等数学研究在中国.第 3 辑	2021-05	158.00	1306
初等数学研究在中国.第 4 辑	2022-06	158.00	1520
初等数学研究在中国.第 5 辑	2023-07	158.00	1635
几何变换(Ⅰ)	2014-07	28.00	353
几何变换(Ⅱ)	2015-06	28.00	354
几何变换(Ⅲ)	2015-01	38.00	355
几何变换(Ⅳ)	2015-12	38.00	356
初等数论难题集(第一卷)	2009-05	68.00	44
初等数论难题集(第二卷)(上、下)	2011-02	128.00	82,83
数论概貌	2011-03	18.00	93
代数数论(第二版)	2013-08	58.00	94
代数多项式	2014-06	38.00	289
初等数论的知识与问题	2011-02	28.00	95
超越数论基础	2011-03	28.00	96
数论初等教程	2011-03	28.00	97
数论基础	2011-03	18.00	98
数论基础与维诺格拉多夫	2014-03	18.00	292
解析数论基础	2012-08	28.00	216
解析数论基础(第二版)	2014-01	48.00	287
解析数论问题集(第二版)(原版引进)	2014-05	88.00	343
解析数论问题集(第二版)(中译本)	2016-04	88.00	607
解析数论基础(潘承洞,潘承彪著)	2016-07	98.00	673
解析数论导引	2016-07	58.00	674
数论入门	2011-03	38.00	99
代数数论入门	2015-03	38.00	448

刘培杰数学工作室
已出版(即将出版)图书目录——初等数学

书 名	出版时间	定 价	编号
数论开篇	2012—07	28.00	194
解析数论引论	2011—03	48.00	100
Barban Davenport Halberstam 均值和	2009—01	40.00	33
基础数论	2011—03	28.00	101
初等数论100例	2011—05	18.00	122
初等数论经典例题	2012—07	18.00	204
最新世界各国数学奥林匹克中的初等数论试题(上、下)	2012—01	138.00	144,145
初等数论(Ⅰ)	2012—01	18.00	156
初等数论(Ⅱ)	2012—01	18.00	157
初等数论(Ⅲ)	2012—01	28.00	158
平面几何与数论中未解决的新老问题	2013—01	68.00	229
代数数论简史	2014—11	28.00	408
代数数论	2015—09	88.00	532
代数、数论及分析习题集	2016—11	98.00	695
数论导引提要及习题解答	2016—01	48.00	559
素数定理的初等证明.第2版	2016—09	48.00	686
数论中的模函数与狄利克雷级数(第二版)	2017—11	78.00	837
数论:数学导引	2018—01	68.00	849
范氏大代数	2019—02	98.00	1016
解析数学讲义.第一卷,导来式及微分、积分、级数	2019—04	88.00	1021
解析数学讲义.第二卷,关于几何的应用	2019—04	68.00	1022
解析数学讲义.第三卷,解析函数论	2019—04	78.00	1023
分析·组合·数论纵横谈	2019—04	58.00	1039
Hall 代数:民国时期的中学数学课本:英文	2019—08	88.00	1106
基谢廖夫初等代数	2022—07	38.00	1531
基谢廖夫算术	2024—05	48.00	1725
数学精神巡礼	2019—01	58.00	731
数学眼光透视(第2版)	2017—06	78.00	732
数学思想领悟(第2版)	2018—01	68.00	733
数学方法溯源(第2版)	2018—08	68.00	734
数学解题引论	2017—05	58.00	735
数学史话览胜(第2版)	2017—01	48.00	736
数学应用展观(第2版)	2017—08	68.00	737
数学建模尝试	2018—04	48.00	738
数学竞赛采风	2018—01	68.00	739
数学测评探营	2019—05	58.00	740
数学技能操握	2018—03	48.00	741
数学欣赏拾趣	2018—02	48.00	742
从毕达哥拉斯到怀尔斯	2007—10	48.00	9
从迪利克雷到维斯卡尔迪	2008—01	48.00	21
从哥德巴赫到陈景润	2008—05	98.00	35
从庞加莱到佩雷尔曼	2011—08	138.00	136
博弈论精粹	2008—03	58.00	30
博弈论精粹.第二版(精装)	2015—01	88.00	461
数学 我爱你	2008—01	28.00	20
精神的圣徒 别样的人生——60位中国数学家成长的历程	2008—09	48.00	39
数学史概论	2009—06	78.00	50

刘培杰数学工作室
已出版(即将出版)图书目录——初等数学

书　名	出版时间	定　价	编号
数学史概论(精装)	2013—03	158.00	272
数学史选讲	2016—01	48.00	544
斐波那契数列	2010—02	28.00	65
数学拼盘和斐波那契魔方	2010—07	38.00	72
斐波那契数列欣赏(第2版)	2018—08	58.00	948
Fibonacci数列中的明珠	2018—06	58.00	928
数学的创造	2011—02	48.00	85
数学美与创造力	2016—01	48.00	595
数海拾贝	2016—01	48.00	590
数学中的美(第2版)	2019—04	68.00	1057
数论中的美学	2014—12	38.00	351
数学王者　科学巨人——高斯	2015—01	28.00	428
振兴祖国数学的圆梦之旅:中国初等数学研究史话	2015—06	98.00	490
二十世纪中国数学史料研究	2015—10	48.00	536
《九章算法比类大全》校注	2024—06	198.00	1695
数字谜、数阵图与棋盘覆盖	2016—01	58.00	298
数学概念的进化:一个初步的研究	2023—07	68.00	1683
数学发现的艺术:数学探索中的合情推理	2016—07	58.00	671
活跃在数学中的参数	2016—07	48.00	675
数海趣史	2021—05	98.00	1314
玩转幻中之幻	2023—08	88.00	1682
数学艺术品	2023—09	98.00	1685
数学博弈与游戏	2023—10	68.00	1692
数学解题——靠数学思想给力(上)	2011—07	38.00	131
数学解题——靠数学思想给力(中)	2011—07	48.00	132
数学解题——靠数学思想给力(下)	2011—07	38.00	133
我怎样解题	2013—01	48.00	227
数学解题中的物理方法	2011—06	28.00	114
数学解题的特殊方法	2011—06	48.00	115
中学数学计算技巧(第2版)	2020—10	48.00	1220
中学数学证明方法	2012—01	58.00	117
数学趣题巧解	2012—03	28.00	128
高中数学教学通鉴	2015—05	58.00	479
和高中生漫谈:数学与哲学的故事	2014—08	28.00	369
算术问题集	2017—03	38.00	789
张教授讲数学	2018—07	38.00	933
陈永明实话实说数学教学	2020—04	68.00	1132
中学数学学科知识与教学能力	2020—06	58.00	1155
怎样把课讲好:大罕数学教学随笔	2022—03	58.00	1484
中国高考评价体系下高考数学探秘	2022—03	48.00	1487
数苑漫步	2024—01	58.00	1670
自主招生考试中的参数方程问题	2015—01	28.00	435
自主招生考试中的极坐标问题	2015—04	28.00	463
近年全国重点大学自主招生数学试题全解及研究.华约卷	2015—02	38.00	441
近年全国重点大学自主招生数学试题全解及研究.北约卷	2016—05	38.00	619
自主招生数学解证宝典	2015—09	48.00	535
中国科学技术大学创新班数学真题解析	2022—03	48.00	1488
中国科学技术大学创新班物理真题解析	2022—03	58.00	1489
格点和面积	2012—07	18.00	191
射影几何趣谈	2012—04	28.00	175
斯潘纳尔引理——从一道加拿大数学奥林匹克试题谈起	2014—01	28.00	228
李普希兹条件——从几道近年高考数学试题谈起	2012—10	18.00	221
拉格朗日中值定理——从一道北京高考试题的解法谈起	2015—10	18.00	197

刘培杰数学工作室
已出版（即将出版）图书目录——初等数学

书　　名	出版时间	定　价	编号
闵科夫斯基定理——从一道清华大学自主招生试题谈起	2014-01	28.00	198
哈尔测度——从一道冬令营试题的背景谈起	2012-08	28.00	202
切比雪夫逼近问题——从一道中国台北数学奥林匹克试题谈起	2013-04	38.00	238
伯恩斯坦多项式与贝齐尔曲面——从一道全国高中数学联赛试题谈起	2013-03	38.00	236
卡塔兰猜想——从一道普特南竞赛试题谈起	2013-06	18.00	256
麦卡锡函数和阿克曼函数——从一道前南斯拉夫数学奥林匹克试题谈起	2012-08	18.00	201
贝蒂定理与拉姆贝克莫斯尔定理——从一个拣石子游戏谈起	2012-08	18.00	217
皮亚诺曲线和豪斯道夫分球定理——从无限集谈起	2012-08	18.00	211
平面凸图形与凸多面体	2012-10	28.00	218
斯坦因豪斯问题——从一道二十五省市自治区中学数学竞赛试题谈起	2012-07	18.00	196
纽结理论中的亚历山大多项式与琼斯多项式——从一道北京市高一数学竞赛试题谈起	2012-07	28.00	195
原则与策略——从波利亚"解题表"谈起	2013-04	38.00	244
转化与化归——从三大尺规作图不能问题谈起	2012-08	28.00	214
代数几何中的贝祖定理（第一版）——从一道IMO试题的解法谈起	2013-08	18.00	193
成功连贯理论与约当块理论——从一道比利时数学竞赛试题谈起	2012-04	18.00	180
素数判定与大数分解	2014-08	18.00	199
置换多项式及其应用	2012-10	18.00	220
椭圆函数与模函数——从一道美国加州大学洛杉矶分校(UCLA)博士资格考题谈起	2012-10	28.00	219
差分方程的拉格朗日方法——从一道2011年全国高考理科试题的解法谈起	2012-08	28.00	200
力学在几何中的一些应用	2013-01	38.00	240
从根式解到伽罗华理论	2020-01	48.00	1121
康托洛维奇不等式——从一道全国高中联赛试题谈起	2013-03	28.00	337
西格尔引理——从一道第18届IMO试题的解法谈起	即将出版		
罗斯定理——从一道前苏联数学竞赛试题谈起	即将出版		
拉克斯定理和阿廷定理——从一道IMO试题的解法谈起	2014-01	58.00	246
毕卡大定理——从一道美国大学数学竞赛试题谈起	2014-07	18.00	350
贝齐尔曲线——从一道全国高中联赛试题谈起	即将出版		
拉格朗日乘子定理——从一道2005年全国高中联赛试题的高等数学解法谈起	2015-05	28.00	480
雅可比定理——从一道日本数学奥林匹克试题谈起	2013-04	48.00	249
李天岩—约克定理——从一道波兰数学竞赛试题谈起	2014-06	28.00	349
受控理论与初等不等式：从一道IMO试题的解法谈起	2023-03	48.00	1601
布劳维不动点定理——从一道前苏联数学奥林匹克试题谈起	2014-01	38.00	273
伯恩赛德定理——从一道英国数学奥林匹克试题谈起	即将出版		
布查特-莫斯特定理——从一道上海市初中竞赛试题谈起	即将出版		
数论中的同余数问题——从一道普特南竞赛试题谈起	即将出版		
范·德蒙行列式——从一道美国数学奥林匹克试题谈起	即将出版		
中国剩余定理：总数法构建中国历史年表	2015-01	28.00	430
牛顿程序与方程求根——从一道全国高考试题解法谈起	即将出版		
库默尔定理——从一道IMO预选试题谈起	即将出版		
卢丁定理——从一道冬令营试题的解法谈起	即将出版		
沃斯滕霍姆定理——从一道IMO预选试题谈起	即将出版		
卡尔松不等式——从一道莫斯科数学奥林匹克试题谈起	即将出版		
信息论中的香农熵——从一道近年高考压轴题谈起	即将出版		

书　　名	出版时间	定　价	编号
约当不等式——从一道希望杯竞赛试题谈起	即将出版		
拉比诺维奇定理	即将出版		
刘维尔定理——从一道《美国数学月刊》征解问题的解法谈起	即将出版		
卡塔兰恒等式与级数求和——从一道IMO试题的解法谈起	即将出版		
勒让德猜想与素数分布——从一道爱尔兰竞赛试题谈起	即将出版		
天平称重与信息论——从一道基辅市数学奥林匹克试题谈起	即将出版		
哈密尔顿-凯莱定理:从一道高中数学联赛的解法谈起	2014－09	18.00	376
艾思特曼定理——从一道CMO试题的解法谈起	即将出版		
阿贝尔恒等式与经典不等式及应用	2018－06	98.00	923
迪利克雷除数问题	2018－07	48.00	930
幻方、幻立方与拉丁方	2019－08	48.00	1092
帕斯卡三角形	2014－03	18.00	294
蒲丰投针问题——从2009年清华大学的一道自主招生试题谈起	2014－01	38.00	295
斯图姆定理——从一道"华约"自主招生试题的解法谈起	2014－01	18.00	296
许瓦兹引理——从一道加利福尼亚大学伯克利分校数学系博士生试题谈起	2014－08	18.00	297
拉姆塞定理——从王诗宬院士的一个问题谈起	2016－04	48.00	299
坐标法	2013－12	28.00	332
数论三角形	2014－04	38.00	341
毕克定理	2014－07	18.00	352
数林掠影	2014－09	48.00	389
我们周围的概率	2014－10	38.00	390
凸函数最值定理:从一道华约自主招生题的解法谈起	2014－10	28.00	391
易学与数学奥林匹克	2014－10	38.00	392
生物数学趣谈	2015－01	18.00	409
反演	2015－01	28.00	420
因式分解与圆锥曲线	2015－01	18.00	426
轨迹	2015－01	28.00	427
面积原理:从常庚哲命的一道CMO试题的积分解法谈起	2015－01	48.00	431
形形色色的不动点定理:从一道28届IMO试题谈起	2015－01	38.00	439
柯西函数方程:从一道上海交大自主招生的试题谈起	2015－02	28.00	440
三角恒等式	2015－02	28.00	442
无理性判定:从一道2014年"北约"自主招生试题谈起	2015－01	38.00	443
数学归纳法	2015－03	18.00	451
极端原理与解题	2015－04	28.00	464
法雷级数	2014－08	18.00	367
摆线族	2015－01	38.00	438
函数方程及其解法	2015－05	38.00	470
含参数的方程和不等式	2012－09	28.00	213
希尔伯特第十问题	2016－01	38.00	543
无穷小量的求和	2016－01	28.00	545
切比雪夫多项式:从一道清华大学金秋营试题谈起	2016－01	38.00	583
泽肯多夫定理	2016－03	38.00	599
代数等式证题法	2016－01	28.00	600
三角等式证题法	2016－01	28.00	601
吴大任教授藏书中的一个因式分解公式:从一道美国数学邀请赛试题的解法谈起	2016－06	28.00	656
易卦——类万物的数学模型	2017－08	68.00	838
"不可思议"的数与数系可持续发展	2018－01	38.00	878
最短线	2018－01	38.00	879
数学在天文、地理、光学、机械力学中的一些应用	2023－03	88.00	1576
从阿基米德三角形谈起	2023－01	28.00	1578

书　名	出版时间	定　价	编号
幻方和魔方(第一卷)	2012—05	68.00	173
尘封的经典——初等数学经典文献选读(第一卷)	2012—07	48.00	205
尘封的经典——初等数学经典文献选读(第二卷)	2012—07	38.00	206
初级方程式论	2011—03	28.00	106
初等数学研究(Ⅰ)	2008—09	68.00	37
初等数学研究(Ⅱ)(上、下)	2009—05	118.00	46,47
初等数学专题研究	2022—10	68.00	1568
趣味初等方程妙题集锦	2014—09	48.00	388
趣味初等数论选美与欣赏	2015—02	48.00	445
耕读笔记(上卷):一位农民数学爱好者的初数探索	2015—04	28.00	459
耕读笔记(中卷):一位农民数学爱好者的初数探索	2015—05	28.00	483
耕读笔记(下卷):一位农民数学爱好者的初数探索	2015—05	28.00	484
几何不等式研究与欣赏.上卷	2016—01	88.00	547
几何不等式研究与欣赏.下卷	2016—01	48.00	552
初等数列研究与欣赏·上	2016—01	48.00	570
初等数列研究与欣赏·下	2016—01	48.00	571
趣味初等函数研究与欣赏.上	2016—09	48.00	684
趣味初等函数研究与欣赏.下	2018—09	48.00	685
三角不等式研究与欣赏	2020—10	68.00	1197
新编平面解析几何解题方法研究与欣赏	2021—10	78.00	1426
火柴游戏(第2版)	2022—05	38.00	1493
智力解谜.第1卷	2017—07	38.00	613
智力解谜.第2卷	2017—07	38.00	614
故事智力	2016—07	48.00	615
名人们喜欢的智力问题	2020—01	48.00	616
数学大师的发现、创造与失误	2018—01	48.00	617
异曲同工	2018—09	48.00	618
数学的味道(第2版)	2023—10	68.00	1686
数学千字文	2018—10	68.00	977
数贝偶拾——高考数学题研究	2014—04	28.00	274
数贝偶拾——初等数学研究	2014—04	38.00	275
数贝偶拾——奥数题研究	2014—04	48.00	276
钱昌本教你快乐学数学(上)	2011—12	48.00	155
钱昌本教你快乐学数学(下)	2012—03	58.00	171
集合、函数与方程	2014—01	28.00	300
数列与不等式	2014—01	38.00	301
三角与平面向量	2014—01	28.00	302
平面解析几何	2014—01	38.00	303
立体几何与组合	2014—01	28.00	304
极限与导数、数学归纳法	2014—01	38.00	305
趣味数学	2014—03	28.00	306
教材教法	2014—04	68.00	307
自主招生	2014—05	58.00	308
高考压轴题(上)	2015—01	48.00	309
高考压轴题(下)	2014—10	68.00	310

刘培杰数学工作室
已出版(即将出版)图书目录——初等数学

书　　名	出版时间	定　价	编号
从费马到怀尔斯——费马大定理的历史	2013—10	198.00	Ⅰ
从庞加莱到佩雷尔曼——庞加莱猜想的历史	2013—10	298.00	Ⅱ
从切比雪夫到爱尔特希(上)——素数定理的初等证明	2013—07	48.00	Ⅲ
从切比雪夫到爱尔特希(下)——素数定理100年	2012—12	98.00	Ⅲ
从高斯到盖尔方特——二次域的高斯猜想	2013—10	198.00	Ⅳ
从库默尔到朗兰兹——朗兰兹猜想的历史	2014—01	98.00	Ⅴ
从比勒巴赫到德布朗斯——比勒巴赫猜想的历史	2014—02	298.00	Ⅵ
从麦比乌斯到陈省身——麦比乌斯变换与麦比乌斯带	2014—02	298.00	Ⅶ
从布尔到豪斯道夫——布尔方程与格论漫谈	2013—10	198.00	Ⅷ
从开普勒到阿诺德——三体问题的历史	2014—05	298.00	Ⅸ
从华林到华罗庚——华林问题的历史	2013—10	298.00	Ⅹ
美国高中数学竞赛五十讲.第1卷(英文)	2014—08	28.00	357
美国高中数学竞赛五十讲.第2卷(英文)	2014—08	28.00	358
美国高中数学竞赛五十讲.第3卷(英文)	2014—09	28.00	359
美国高中数学竞赛五十讲.第4卷(英文)	2014—09	28.00	360
美国高中数学竞赛五十讲.第5卷(英文)	2014—10	28.00	361
美国高中数学竞赛五十讲.第6卷(英文)	2014—11	28.00	362
美国高中数学竞赛五十讲.第7卷(英文)	2014—12	28.00	363
美国高中数学竞赛五十讲.第8卷(英文)	2015—01	28.00	364
美国高中数学竞赛五十讲.第9卷(英文)	2015—01	28.00	365
美国高中数学竞赛五十讲.第10卷(英文)	2015—02	38.00	366
三角函数(第2版)	2017—04	38.00	626
不等式	2014—01	38.00	312
数列	2014—01	38.00	313
方程(第2版)	2017—04	38.00	624
排列和组合	2014—01	28.00	315
极限与导数(第2版)	2016—04	38.00	635
向量(第2版)	2018—08	58.00	627
复数及其应用	2014—08	28.00	318
函数	2014—01	38.00	319
集合	2020—01	48.00	320
直线与平面	2014—01	28.00	321
立体几何(第2版)	2016—04	38.00	629
解三角形	即将出版		323
直线与圆(第2版)	2016—11	38.00	631
圆锥曲线(第2版)	2016—09	48.00	632
解题通法(一)	2014—07	38.00	326
解题通法(二)	2014—07	38.00	327
解题通法(三)	2014—05	38.00	328
概率与统计	2014—01	28.00	329
信息迁移与算法	即将出版		330

刘培杰数学工作室
已出版(即将出版)图书目录——初等数学

书　名	出版时间	定价	编号
IMO 50 年.第 1 卷(1959—1963)	2014—11	28.00	377
IMO 50 年.第 2 卷(1964—1968)	2014—11	28.00	378
IMO 50 年.第 3 卷(1969—1973)	2014—09	28.00	379
IMO 50 年.第 4 卷(1974—1978)	2016—04	38.00	380
IMO 50 年.第 5 卷(1979—1984)	2015—04	38.00	381
IMO 50 年.第 6 卷(1985—1989)	2015—04	58.00	382
IMO 50 年.第 7 卷(1990—1994)	2016—01	48.00	383
IMO 50 年.第 8 卷(1995—1999)	2016—06	38.00	384
IMO 50 年.第 9 卷(2000—2004)	2015—04	58.00	385
IMO 50 年.第 10 卷(2005—2009)	2016—01	48.00	386
IMO 50 年.第 11 卷(2010—2015)	2017—03	48.00	646
数学反思(2006—2007)	2020—09	88.00	915
数学反思(2008—2009)	2019—01	68.00	917
数学反思(2010—2011)	2018—05	58.00	916
数学反思(2012—2013)	2019—01	58.00	918
数学反思(2014—2015)	2019—03	78.00	919
数学反思(2016—2017)	2021—03	58.00	1286
数学反思(2018—2019)	2023—01	88.00	1593
历届美国大学生数学竞赛试题集.第一卷(1938—1949)	2015—01	28.00	397
历届美国大学生数学竞赛试题集.第二卷(1950—1959)	2015—01	28.00	398
历届美国大学生数学竞赛试题集.第三卷(1960—1969)	2015—01	28.00	399
历届美国大学生数学竞赛试题集.第四卷(1970—1979)	2015—01	18.00	400
历届美国大学生数学竞赛试题集.第五卷(1980—1989)	2015—01	28.00	401
历届美国大学生数学竞赛试题集.第六卷(1990—1999)	2015—01	28.00	402
历届美国大学生数学竞赛试题集.第七卷(2000—2009)	2015—08	18.00	403
历届美国大学生数学竞赛试题集.第八卷(2010—2012)	2015—01	18.00	404
新课标高考数学创新题解题诀窍:总论	2014—09	28.00	372
新课标高考数学创新题解题诀窍:必修 1~5 分册	2014—08	38.00	373
新课标高考数学创新题解题诀窍:选修 2—1,2—2,1—1,1—2分册	2014—09	38.00	374
新课标高考数学创新题解题诀窍:选修 2—3,4—4,4—5分册	2014—09	18.00	375
全国重点大学自主招生英文数学试题全攻略:词汇卷	2015—07	48.00	410
全国重点大学自主招生英文数学试题全攻略:概念卷	2015—01	28.00	411
全国重点大学自主招生英文数学试题全攻略:文章选读卷(上)	2016—09	38.00	412
全国重点大学自主招生英文数学试题全攻略:文章选读卷(下)	2017—01	58.00	413
全国重点大学自主招生英文数学试题全攻略:试题卷	2015—07	38.00	414
全国重点大学自主招生英文数学试题全攻略:名著欣赏卷	2017—03	48.00	415
劳埃德数学趣题大全.题目卷.1:英文	2016—01	18.00	516
劳埃德数学趣题大全.题目卷.2:英文	2016—01	18.00	517
劳埃德数学趣题大全.题目卷.3:英文	2016—01	18.00	518
劳埃德数学趣题大全.题目卷.4:英文	2016—01	18.00	519
劳埃德数学趣题大全.题目卷.5:英文	2016—01	18.00	520
劳埃德数学趣题大全.答案卷:英文	2016—01	18.00	521

刘培杰数学工作室
已出版(即将出版)图书目录——初等数学

书　　名	出版时间	定　价	编号
李成章教练奥数笔记.第1卷	2016—01	48.00	522
李成章教练奥数笔记.第2卷	2016—01	48.00	523
李成章教练奥数笔记.第3卷	2016—01	38.00	524
李成章教练奥数笔记.第4卷	2016—01	38.00	525
李成章教练奥数笔记.第5卷	2016—01	38.00	526
李成章教练奥数笔记.第6卷	2016—01	38.00	527
李成章教练奥数笔记.第7卷	2016—01	38.00	528
李成章教练奥数笔记.第8卷	2016—01	48.00	529
李成章教练奥数笔记.第9卷	2016—01	28.00	530
第19~23届"希望杯"全国数学邀请赛试题审题要津详细评注(初一版)	2014—03	28.00	333
第19~23届"希望杯"全国数学邀请赛试题审题要津详细评注(初二、初三版)	2014—03	38.00	334
第19~23届"希望杯"全国数学邀请赛试题审题要津详细评注(高一版)	2014—03	28.00	335
第19~23届"希望杯"全国数学邀请赛试题审题要津详细评注(高二版)	2014—03	38.00	336
第19~25届"希望杯"全国数学邀请赛试题审题要津详细评注(初一版)	2015—01	38.00	416
第19~25届"希望杯"全国数学邀请赛试题审题要津详细评注(初二、初三版)	2015—01	58.00	417
第19~25届"希望杯"全国数学邀请赛试题审题要津详细评注(高一版)	2015—01	48.00	418
第19~25届"希望杯"全国数学邀请赛试题审题要津详细评注(高二版)	2015—01	48.00	419
物理奥林匹克竞赛大题典——力学卷	2014—11	48.00	405
物理奥林匹克竞赛大题典——热学卷	2014—04	28.00	339
物理奥林匹克竞赛大题典——电磁学卷	2015—07	48.00	406
物理奥林匹克竞赛大题典——光学与近代物理卷	2014—06	28.00	345
历届中国东南地区数学奥林匹克试题及解答	2024—06	68.00	1724
历届中国西部地区数学奥林匹克试题集(2001~2012)	2014—07	18.00	347
历届中国女子数学奥林匹克试题集(2002~2012)	2014—08	18.00	348
数学奥林匹克在中国	2014—06	98.00	344
数学奥林匹克问题集	2014—01	38.00	267
数学奥林匹克不等式散论	2010—06	38.00	124
数学奥林匹克不等式欣赏	2011—09	38.00	138
数学奥林匹克超级题库(初中卷上)	2010—01	58.00	66
数学奥林匹克不等式证明方法和技巧(上、下)	2011—08	158.00	134,135
他们学什么:原民主德国中学数学课本	2016—09	38.00	658
他们学什么:英国中学数学课本	2016—09	38.00	659
他们学什么:法国中学数学课本.1	2016—09	38.00	660
他们学什么:法国中学数学课本.2	2016—09	28.00	661
他们学什么:法国中学数学课本.3	2016—09	38.00	662
他们学什么:苏联中学数学课本	2016—09	28.00	679

刘培杰数学工作室
已出版(即将出版)图书目录——初等数学

书　名	出版时间	定　价	编号
高中数学题典——集合与简易逻辑·函数	2016—07	48.00	647
高中数学题典——导数	2016—07	48.00	648
高中数学题典——三角函数·平面向量	2016—07	48.00	649
高中数学题典——数列	2016—07	58.00	650
高中数学题典——不等式·推理与证明	2016—07	38.00	651
高中数学题典——立体几何	2016—07	48.00	652
高中数学题典——平面解析几何	2016—07	78.00	653
高中数学题典——计数原理·统计·概率·复数	2016—07	48.00	654
高中数学题典——算法·平面几何·初等数论·组合数学·其他	2016—07	68.00	655
台湾地区奥林匹克数学竞赛试题.小学一年级	2017—03	38.00	722
台湾地区奥林匹克数学竞赛试题.小学二年级	2017—03	38.00	723
台湾地区奥林匹克数学竞赛试题.小学三年级	2017—03	38.00	724
台湾地区奥林匹克数学竞赛试题.小学四年级	2017—03	38.00	725
台湾地区奥林匹克数学竞赛试题.小学五年级	2017—03	38.00	726
台湾地区奥林匹克数学竞赛试题.小学六年级	2017—03	38.00	727
台湾地区奥林匹克数学竞赛试题.初中一年级	2017—03	38.00	728
台湾地区奥林匹克数学竞赛试题.初中二年级	2017—03	38.00	729
台湾地区奥林匹克数学竞赛试题.初中三年级	2017—03	28.00	730
不等式证题法	2017—04	28.00	747
平面几何培优教程	2019—08	88.00	748
奥数鼎级培优教程.高一分册	2018—09	88.00	749
奥数鼎级培优教程.高二分册.上	2018—04	68.00	750
奥数鼎级培优教程.高二分册.下	2018—04	68.00	751
高中数学竞赛冲刺宝典	2019—04	68.00	883
初中尖子生数学超级题典.实数	2017—07	58.00	792
初中尖子生数学超级题典.式、方程与不等式	2017—08	58.00	793
初中尖子生数学超级题典.圆、面积	2017—08	38.00	794
初中尖子生数学超级题典.函数、逻辑推理	2017—08	48.00	795
初中尖子生数学超级题典.角、线段、三角形与多边形	2017—07	58.00	796
数学王子——高斯	2018—01	48.00	858
坎坷奇星——阿贝尔	2018—01	48.00	859
闪烁奇星——伽罗瓦	2018—01	58.00	860
无穷统帅——康托尔	2018—01	48.00	861
科学公主——柯瓦列夫斯卡娅	2018—01	48.00	862
抽象代数之母——埃米·诺特	2018—01	48.00	863
电脑先驱——图灵	2018—01	58.00	864
昔日神童——维纳	2018—01	48.00	865
数坛怪侠——爱尔特希	2018—01	68.00	866
传奇数学家徐利治	2019—09	88.00	1110

刘培杰数学工作室
已出版(即将出版)图书目录——初等数学

书 名	出版时间	定价	编号
当代世界中的数学.数学思想与数学基础	2019－01	38.00	892
当代世界中的数学.数学问题	2019－01	38.00	893
当代世界中的数学.应用数学与数学应用	2019－01	38.00	894
当代世界中的数学.数学王国的新疆域(一)	2019－01	38.00	895
当代世界中的数学.数学王国的新疆域(二)	2019－01	38.00	896
当代世界中的数学.数林撷英(一)	2019－01	38.00	897
当代世界中的数学.数林撷英(二)	2019－01	48.00	898
当代世界中的数学.数学之路	2019－01	38.00	899
105 个代数问题:来自 AwesomeMath 夏季课程	2019－02	58.00	956
106 个几何问题:来自 AwesomeMath 夏季课程	2020－07	58.00	957
107 个几何问题:来自 AwesomeMath 全年课程	2020－07	58.00	958
108 个代数问题:来自 AwesomeMath 全年课程	2019－01	68.00	959
109 个不等式:来自 AwesomeMath 夏季课程	2019－04	58.00	960
110 个几何问题:选自各国数学奥林匹克竞赛	2024－04	58.00	961
111 个代数和数论问题	2019－05	58.00	962
112 个组合问题:来自 AwesomeMath 夏季课程	2019－05	58.00	963
113 个几何不等式:来自 AwesomeMath 夏季课程	2020－08	58.00	964
114 个指数和对数问题:来自 AwesomeMath 夏季课程	2019－09	48.00	965
115 个三角问题:来自 AwesomeMath 夏季课程	2019－09	58.00	966
116 个代数不等式:来自 AwesomeMath 全年课程	2019－04	58.00	967
117 个多项式问题:来自 AwesomeMath 夏季课程	2021－09	58.00	1409
118 个数学竞赛不等式	2022－08	78.00	1526
119 个三角问题	2024－05	58.00	1726
紫色彗星国际数学竞赛试题	2019－02	58.00	999
数学竞赛中的数学:为数学爱好者、父母、教师和教练准备的丰富资源.第一部	2020－04	58.00	1141
数学竞赛中的数学:为数学爱好者、父母、教师和教练准备的丰富资源.第二部	2020－07	48.00	1142
和与积	2020－10	38.00	1219
数论:概念和问题	2020－12	68.00	1257
初等数学问题研究	2021－03	48.00	1270
数学奥林匹克中的欧几里得几何	2021－10	68.00	1413
数学奥林匹克题解新编	2022－01	58.00	1430
图论入门	2022－09	58.00	1554
新的、更新的、最新的不等式	2023－07	58.00	1650
几何不等式相关问题	2024－04	58.00	1721
数学归纳法——一种高效而简捷的证明方法	2024－06	48.00	1738
数学竞赛中奇妙的多项式	2024－01	78.00	1646
120 个奇妙的代数问题及 20 个奖励问题	2024－04	48.00	1647

书　名	出版时间	定　价	编号
澳大利亚中学数学竞赛试题及解答(初级卷)1978~1984	2019—02	28.00	1002
澳大利亚中学数学竞赛试题及解答(初级卷)1985~1991	2019—02	28.00	1003
澳大利亚中学数学竞赛试题及解答(初级卷)1992~1998	2019—02	28.00	1004
澳大利亚中学数学竞赛试题及解答(初级卷)1999~2005	2019—02	28.00	1005
澳大利亚中学数学竞赛试题及解答(中级卷)1978~1984	2019—03	28.00	1006
澳大利亚中学数学竞赛试题及解答(中级卷)1985~1991	2019—03	28.00	1007
澳大利亚中学数学竞赛试题及解答(中级卷)1992~1998	2019—03	28.00	1008
澳大利亚中学数学竞赛试题及解答(中级卷)1999~2005	2019—03	28.00	1009
澳大利亚中学数学竞赛试题及解答(高级卷)1978~1984	2019—05	28.00	1010
澳大利亚中学数学竞赛试题及解答(高级卷)1985~1991	2019—05	28.00	1011
澳大利亚中学数学竞赛试题及解答(高级卷)1992~1998	2019—05	28.00	1012
澳大利亚中学数学竞赛试题及解答(高级卷)1999~2005	2019—05	28.00	1013
天才中小学生智力测验题.第一卷	2019—03	38.00	1026
天才中小学生智力测验题.第二卷	2019—03	38.00	1027
天才中小学生智力测验题.第三卷	2019—03	38.00	1028
天才中小学生智力测验题.第四卷	2019—03	38.00	1029
天才中小学生智力测验题.第五卷	2019—03	38.00	1030
天才中小学生智力测验题.第六卷	2019—03	38.00	1031
天才中小学生智力测验题.第七卷	2019—03	38.00	1032
天才中小学生智力测验题.第八卷	2019—03	38.00	1033
天才中小学生智力测验题.第九卷	2019—03	38.00	1034
天才中小学生智力测验题.第十卷	2019—03	38.00	1035
天才中小学生智力测验题.第十一卷	2019—03	38.00	1036
天才中小学生智力测验题.第十二卷	2019—03	38.00	1037
天才中小学生智力测验题.第十三卷	2019—03	38.00	1038
重点大学自主招生数学备考全书:函数	2020—05	48.00	1047
重点大学自主招生数学备考全书:导数	2020—08	48.00	1048
重点大学自主招生数学备考全书:数列与不等式	2019—10	78.00	1049
重点大学自主招生数学备考全书:三角函数与平面向量	2020—08	68.00	1050
重点大学自主招生数学备考全书:平面解析几何	2020—07	58.00	1051
重点大学自主招生数学备考全书:立体几何与平面几何	2019—08	48.00	1052
重点大学自主招生数学备考全书:排列组合·概率统计·复数	2019—09	48.00	1053
重点大学自主招生数学备考全书:初等数论与组合数学	2019—08	48.00	1054
重点大学自主招生数学备考全书:重点大学自主招生真题.上	2019—04	68.00	1055
重点大学自主招生数学备考全书:重点大学自主招生真题.下	2019—04	58.00	1056
高中数学竞赛培训教程:平面几何问题的求解方法与策略.上	2018—05	68.00	906
高中数学竞赛培训教程:平面几何问题的求解方法与策略.下	2018—06	78.00	907
高中数学竞赛培训教程:整除与同余以及不定方程	2018—01	88.00	908
高中数学竞赛培训教程:组合计数与组合极值	2018—04	48.00	909
高中数学竞赛培训教程:初等代数	2019—04	78.00	1042
高中数学讲座:数学竞赛基础教程(第一册)	2019—06	48.00	1094
高中数学讲座:数学竞赛基础教程(第二册)	即将出版		1095
高中数学讲座:数学竞赛基础教程(第三册)	即将出版		1096
高中数学讲座:数学竞赛基础教程(第四册)	即将出版		1097

书　　名	出版时间	定　价	编号
新编中学数学解题方法 1000 招丛书.实数(初中版)	2022—05	58.00	1291
新编中学数学解题方法 1000 招丛书.式(初中版)	2022—05	48.00	1292
新编中学数学解题方法 1000 招丛书.方程与不等式(初中版)	2021—04	58.00	1293
新编中学数学解题方法 1000 招丛书.函数(初中版)	2022—05	38.00	1294
新编中学数学解题方法 1000 招丛书.角(初中版)	2022—05	48.00	1295
新编中学数学解题方法 1000 招丛书.线段(初中版)	2022—05	48.00	1296
新编中学数学解题方法 1000 招丛书.三角形与多边形(初中版)	2021—04	48.00	1297
新编中学数学解题方法 1000 招丛书.圆(初中版)	2022—05	48.00	1298
新编中学数学解题方法 1000 招丛书.面积(初中版)	2021—07	28.00	1299
新编中学数学解题方法 1000 招丛书.逻辑推理(初中版)	2022—06	48.00	1300
高中数学题典精编.第一辑.函数	2022—01	58.00	1444
高中数学题典精编.第一辑.导数	2022—01	68.00	1445
高中数学题典精编.第一辑.三角函数·平面向量	2022—01	68.00	1446
高中数学题典精编.第一辑.数列	2022—01	58.00	1447
高中数学题典精编.第一辑.不等式·推理与证明	2022—01	58.00	1448
高中数学题典精编.第一辑.立体几何	2022—01	58.00	1449
高中数学题典精编.第一辑.平面解析几何	2022—01	68.00	1450
高中数学题典精编.第一辑.统计·概率·平面几何	2022—01	58.00	1451
高中数学题典精编.第一辑.初等数论·组合数学·数学文化·解题方法	2022—01	58.00	1452
历届全国初中数学竞赛试题分类解析.初等代数	2022—09	98.00	1555
历届全国初中数学竞赛试题分类解析.初等数论	2022—09	48.00	1556
历届全国初中数学竞赛试题分类解析.平面几何	2022—09	38.00	1557
历届全国初中数学竞赛试题分类解析.组合	2022—09	38.00	1558
从三道高三数学模拟题的背景谈起:兼谈傅里叶三角级数	2023—03	48.00	1651
从一道日本东京大学的入学试题谈起:兼谈 π 的方方面面	即将出版		1652
从两道 2021 年福建高三数学测试题谈起:兼谈球面几何学与球面三角学	即将出版		1653
从一道湖南高考数学试题谈起:兼谈有界变差数列	2024—01	48.00	1654
从一道高校自主招生试题谈起:兼谈詹森函数方程	即将出版		1655
从一道上海高考数学试题谈起:兼谈有界变差函数	即将出版		1656
从一道北京大学金秋营数学试题的解法谈起:兼谈伽罗瓦理论	即将出版		1657
从一道北京高考数学试题的解法谈起:兼谈毕克定理	即将出版		1658
从一道北京大学金秋营数学试题的解法谈起:兼谈帕塞瓦尔恒等式	即将出版		1659
从一道高三数学模拟测试题的背景谈起:兼谈等周问题与等周不等式	即将出版		1660
从一道 2020 年全国高考数学试题的解法谈起:兼谈斐波那契数列和纳卡穆拉定理及奥斯图达定理	即将出版		1661
从一道高考数学附加题谈起:兼谈广义斐波那契数列	即将出版		1662

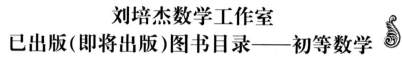

刘培杰数学工作室
已出版(即将出版)图书目录——初等数学

书　名	出版时间	定　价	编号
代数学教程.第一卷,集合论	2023－08	58.00	1664
代数学教程.第二卷,抽象代数基础	2023－08	68.00	1665
代数学教程.第三卷,数论原理	2023－08	58.00	1666
代数学教程.第四卷,代数方程式论	2023－08	48.00	1667
代数学教程.第五卷,多项式理论	2023－08	58.00	1668
代数学教程.第六卷,线性代数原理	2024－06	98.00	1669
中考数学培优教程——二次函数卷	2024－05	78.00	1718
中考数学培优教程——平面几何最值卷	2024－05	58.00	1719
中考数学培优教程——专题讲座卷	2024－05	58.00	1720

联系地址:哈尔滨市南岗区复华四道街 10 号　哈尔滨工业大学出版社刘培杰数学工作室
邮　　编:150006
联系电话:0451－86281378　　13904613167
E-mail:lpj1378@163.com